天然寶石百科

飯田孝一／著
何姵儀／譯

Encyclopedia of GEMSTONE

序

近來掀起了一陣【礦石】風潮。我喜歡「石」這個稱呼。當這片大地形成，石頭簡素又無所不有的存在，一直伴隨在人們身邊。它們一動也不動，既不會像動物那樣活蹦亂跳，也不會像植物那樣隨風搖曳。這些石頭有的被舖在道路旁，也有的被裝飾在寶石店櫥窗裡。欣賞石頭其實不需要什麼理由，更不需要什麼大道理，只要用感官仔細地去感受，有喜歡它勝過一切的心就可以了，契機才是最重要的。想要正確培養這個契機，就必須具備某種程度的知識才行。如果缺乏知識，就會被其他資訊所擺弄，反而無法掌握真正的情報。今日與筆者度過青春歲月的時代已經大為不同，有關石頭的情報只要透過電腦上的關鍵字查詢，不管是誰都能夠輕鬆獲得。可是筆者的那個時代是個要靠記憶力，而且自己判斷親自搜尋而來的情報，憑著自己的思考能力展開研究的時代。然而現在的人卻只能理解從網路上得到的資訊，除此之外別無其他資料可循。

本書以圖文並列的方式編排，冀望讓讀者在閱讀的時候能夠感覺更具體。同時筆者希望讀者們能夠捕捉到屬於自己的「石頭」，因為這裡一定存在著每個人的石頭觀・寶石觀。

想要明白石頭真正的魅力，那就要瞭解這些為數眾多的石頭每一顆每一粒的成長歷程，這點非常重要。所以筆者為了讓這本書能夠成為捕捉石頭魅力的知識集，以評價各種寶石的立場來撰寫這本書。

除非解說上需要，基本上有關標本的產出地名與大小均不記載。因為本書是使用有限的標本來拍攝，加上這本書是配合圖片來解說，如果先標出這些資訊，讀者在欣賞這些標本的時候，恐怕會受到產地特徵與石頭大小等先入為主的印象影響。

除了利用彩色頁讓讀者更確切地瞭解寶石，本書另外以圖畫的方式並列說明。攝影方面，是請在寶石攝影方面廣受好評的小林淳協助拍攝。另外，編輯方面則是有勞亥辰舍的島野聰子，再次一同獻上謝意。

日本彩珠寶石研究所
所長 **飯田孝一**
2011年1月

愛石與解石的歷史

日本人的石觀歷史

對於日本人而言，石頭不只是工具或咒術的對象物，從推古天皇時代開始就已經晉身為嗜好品之列。愛石文化可以說是從這個時期左右，一直到了3世紀左右，經由唐朝時代的中國所派遣的「遣唐使」將此文化帶進日本而成形。

當時有種娛樂稱為「盆石」，也就是將石頭擺在平坦的盆中當做一種自然景觀來欣賞。這原本是個唐朝文化的娛樂被傳進日本之後，竟不斷演變並漸漸成為日本獨有的特殊文化。在平安時代（藤原時代）後期所撰寫的《本朝無題詩》中，藤原茂名在這首詩中提到：

【新卷簾帷攜水石　漸移枕簟蔭林蘿】

這首詩雖然有好幾個解釋，但最想要表達的，就是「重新捲起簾帷提起山水石，緩緩地將枕頭與竹席帶到林中乘涼」，也就是說在炎炎夏日將寢具搬到清涼微風吹拂的林中休息，為此還特地營造出一個涼爽的自然景觀。此時的山水石稱為「泉石」，意指泉水與庭院裡的石頭。到了室町時代，石頭隨同茶文化一起被帶進茶室，成為室內石，利用淋水濡濕，創造出室內的自然景觀。接下來出現的是附上青苔的「養石」，也就產生了「山水石」這個名稱。這種石頭文化在到江戶時代這段歷史之間已經奠定為日本獨有的文化。愛石文化在明治時代初期迎接高峰，但接下來因為大量吸收了西方的寶石文化，結果造成熱愛石頭的人口越來越少，當時的住宅已經廣泛西化也是影響之一。到了昭和40年左右，歐美的寶石工藝與愛石風潮引進日本，受到這些外來文化的刺激，讓愛石文化再次引領高潮，之後風潮興盛衰退起起落落，一直延續到今日。令人感到可惜的是，過去日本傳統的石頭文化自明治時代以後便已消聲匿跡。

今後石頭學在日本的定位

2011年興起了一股嶄新的石頭風潮。例如從「精神世界」的面向去看石頭、或對於石頭自身充滿能量的「能量石」說法，以及將石頭的魅力融入「風水」學中，甚至是將石頭的種種資訊搭配「風水」內容，創造出獨自的說法。有的還以「靈視、先知」等說法與石頭作結合，成為相當吸引人們的特殊石頭療法。

可惜的是在這些說法當中，對於寶石這個部分通常都找不到任何科學根據。就像之前曾經風靡一時的「負離子」說法，石頭究竟是在何種原理之下會發生這種情況呢？對於我們人體哪個部分會產生什麼樣的功能呢？又會展現出什麼樣的效果呢？這些完全沒有科學上的根據來證明。

只要手裡握有石頭就能夠被療癒的這種說法，說不定從原始時代就一直被潛意識記憶在我們人類的DNA裡。但石頭能夠散發出能量並且對人體能夠產生良好效果的這個解釋，卻是發生在尚未能夠以科學立場來看待石頭的原始時代。

能量石的定義，取決於擁有它的人。換句話說，石頭的能量，存在於擁有它的人心中。因為屬於無機物的石頭，本身是絕對不會產生能量的。但的確，只要一看到以美而聞名的寶石或礦物，心情就會變得平和舒適，這和接觸植物或寵物是一樣的道理。總而言之，只要愛上石頭並且不停增進自己的好奇心、探索心的話，一定也會在心中感到一股力量。

當筆者年輕時去挖掘古蹟石器時，只要看見有面貌的陶器，就會深深感受到一股繩文人的氣息，這個記憶至今依舊深深烙印在腦海裡。每當在礦山敲打著岩石表面，開闢晶洞之際，當無數水晶紛紛探頭時，腦海裡彷彿看到滾滾流動的岩漿。不過陷入沈思的心情卻又馬上回到現實，腦子裡不禁開始思考在這5000年間，陶器為何不會被土同化？水晶在洞穴中為何不會變質？

礦物的定義是〔存在於自然界、沒有生命力，並且擁有幾乎不變的化學式與原子組合的物質，除了天然水銀與水之外的固體物質〕，所以礦物本身並不會像動植物那樣繁殖衍生。有的礦物雖然會釋放出輻射，但就算放置在某一個固定的地方，也不會因此產生遠紅外線。

方解石群的礦物裡有種變種岩石稱為「紫方鈉石（Hackmanite）」，這種礦物受到裡頭所含的硫磺這種不純物成分的影響，只要一接觸紫外線就會立刻變成其他顏色；可是一旦遠離紫外線的照射，就會恢復原來的色彩，非常不可思議。雖然結晶學學者的研究結果闡明了這種礦石變色的構造，但是遠古時代的人並不知道紫外線的存在，所以當時的人才會認為這恐怕是神明帶來的神蹟。另外像「亞歷山大變石（Alexandrite）」在發現之初可說是極為不可思議的寶石，不管是白天或黑夜，都會展現出風貌不同的色彩。

寶石的魅力，就像纏繞著一種「虛擬科學」。隨著寶石給人的印象附加說明的話的確會展現出更加迷人的魅力，但若沒有事先充分瞭解該寶石的本質的話，恐怕會讓情況本末倒置。

天然寶石百科

如何閱讀本書

●如果包含目前市場上特別稀少的種類，寶石種類的數量可說是無以計數，本書僅挑出市面上流通比較常見的種類來解說，因此原本屬於特別貴重物質的鎳鐵隕石亦包含在內。

●本書所收錄的寶石是從目前寶飾市場上流通的寶石中精挑細選而定的，並且以正式的寶石名稱來稱呼。至於靈性名或能量石名因不屬於學術上的稱呼，故不以此來標記。另外，在地名稱呼以及別名原則上並不採用。

●資料中的英文名使用的是〔國際礦物協會（International Mineralogical Association）新礦物名委員會〕所採用的名稱。結晶系方面採用的是將六方晶系分為「六方晶系與三方晶系」這兩種的7晶系方式，並且標示為等軸、六方、三方、正方、斜方、單斜、三斜晶系。當在標記三方晶系的時候，會以六方晶系（三方晶系）的方式來表達。

●化學式是以2005年9月出版之加藤昭的著作《礦物種一覽》（小室寶飾刊行）為基準。

●寶石名與礦物種名如果相同的話則直接記載，但像祖母綠、紅寶石或閃玉等以寶石名稱較為人所熟知的話，則捨棄礦物名稱，以寶石名稱為標題。

●系統分類方面是按照類（Class）、型（Type）、族（Family）、群（Group）、系（Series）的順序來區分，並且以各自的種名為標題。不過本書基本上優先使用流通的寶石名，至於上述分類方式中的族、群與系在本書中算特例，是以同一等級的方式來做為分類的基準。

分類內容解說

- 海水藍寶與祖母綠從綠柱石系中獨立解說，至於其他的寶石種則概括説明。

- 撞擊岩、鎳鐵隕石與泰國隕石／捷克隕石是以物質名為標題。

- 綠簾石、黝簾石與斜黝簾石雖然屬於「綠簾石系」礦物，不過這裡以為人所知的名稱將綠簾石分為黝簾石與斜黝簾石。

- 石榴石從成分構造上可將族分為2個群，並且還能夠以種名再分別仔細分類。

- 化石（Fossil）方面是以已經「矽化」的石頭為主，並且將流通量最多的木化石當做一個項目，至於珊瑚與貝類化石則歸在同一個項目。

- 方解石從該系當中單獨當做一個項目來解說，其他的礦物種則是歸類成一個系列。

- 岩石類可二分為火成岩與堆積岩，分別以「流紋岩與其他」、「砂岩與其他」等岩石名記載，不過火成岩中記載的綠簾花崗岩因為是以寶石流通於市面上，因此這裡將其含括在內。

- 石英類是將矽酸鹽礦物群中的寶石，也就是紫水晶、黃水晶、煙水晶、粉晶與砂金石英獨立講解，而在煙水晶中則是加入了同種的黑水晶。以含有內包物而流通的「Inclusion Quartz」亦獨立為一個項目。另外，屬於石英群的蛋白石、玉髓、瑪瑙、碧玉也是獨立解說。而玉髓底下的綠玉髓、瑪瑙底下的變種寶石縞瑪瑙與苔瑪瑙、碧玉底下的血石均獨立解說。

- 藍寶石與紅寶石為寶石名，系統方面雖然同屬剛玉，不過本書將其分為兩個項目解說。

- 沸石以族名列出，內文再以礦物種來區分。

- 天青石雖然是重晶石系的礦物，但因前者的名稱在寶石市場為主流稱呼，因而將重晶石納入其項目當中。

- 樹枝石雖然不是礦物種名，但因以寶石名為人所知，所以直接做為標題。

- 長石族（Feldspar）底下分為鹼性長石系與斜長石系。前者以一個項目來説明，並且從中將以寶石名稱稱呼的天河石與月長石獨立説明；至於後者則是將流通最廣、寶石名稱為日長石與鈣鈉斜長石獨立解説。

- 赤鐵礦項目裡頭，將色澤以及光澤類似的鈦鐵礦、硬錳礦和磁鐵礦一同解說。

- 貴橄欖石這個項目裡頭，英文名是以寶石名的Peridot來稱呼，而不是使用礦物名的Olivine，並且連同過去被混為一同的硼鋁鎂石一併説明。

- 雲母族乃是從中挑選經常用來做為寶石的鱗雲母與鉻雲母來説明。

- 海泡石的英文名使用的並不是礦物名的Sepiolite，而是採用寶石名的Meerschaum。

- 薔薇輝石在流通上有好幾種外觀類似的礦石，因此在這個項目裡與鈣薔薇輝石和硅錳鈉鋰石一同解說。

目　次

堇青石 Iolite

堇青石

英文名：Iolite
中文名：堇青石（水藍寶）

成　分：$(Mg, Fe^{2+})_2$ (Al_2Si) $[Al_2Si_4O_{18}]$
晶　系：斜方晶系
硬　度：7～7.5
比　重：2.53～2.78
折射率：1.52～1.53，1.56～1.58
顏　色：藍色、淡藍紫色、淡灰褐藍色
產　地：印度、斯里蘭卡、巴西、馬達加斯加、緬甸、坦桑尼亞、加拿大、英國、納米比亞、格陵蘭、美國

關於堇青石

Lolite這個名稱來自希臘文，因為是藍色岩石，故將「ion（堇色，藍紫色）」與「lithos（石頭）」這兩個字組合為名。1813年，法國地質學家Pierre Louis Antoine Cordier初次記載這個礦物，因此在礦物世界裡又被稱「Cordierite」（以Cordier姓氏為名）。

只要透過光線轉動並且觀察結晶，就會發現堇青石的藍色有時會非常明亮，但有時卻會轉變成黃色，真的是非常不可思議，這是因為方向不同的光線穿過結晶體內時，會選擇性吸收光線而呈現的「多向色性（Pleochroism）」所造成的。堇青石這個性質特別強烈，故又稱為「二向色石（Dichroite）」，但其實它應該是可以看見藍色之中帶著紫色、淡藍色、黃色之中帶著灰色這三種色彩的三向色礦石（Trichroism）。不過意外的是，這個性質自古以來即為人所知，但由於不知其因，故被視為是會對某種力量產生反應的神奇寶石。能量石相關書籍中便記載維京人當初就是使用堇青石來替代羅盤，他們相信只要朝著照耀在太陽底下反射出來的藍色光線前進，船隻就能夠安全航行，這個解釋可說是完全超脫學識範圍之外。對於當時的航海人而言，沒有一件事比濃霧瀰漫還要危險，乘船的人認為這個散發藍色光芒、能夠看穿方向的神奇寶石可以讓濃霧盡散，窺探藍天，因而將其視為航行的護身符。如果維京人真的使用這個礦石的話，應該就是這個原因吧。

形成這個多向色性的原因，就是結晶體裡所含的鐵（Fe）。這個鐵同時還能夠讓堇青石散發出藍色光芒，看起來有點像藍寶石，不過它的顏色稍微有點帶黑。

堇青石形成於低壓的區域變質岩或接觸變質岩中，由於成因使得其細微的鱗片狀龜裂現象密集，故外表看起來通常並不是十分透明。

在結晶花崗岩中還有含鐵（Fe）量比鎂（Mg）還要高的「鐵堇青石 $(Fe^{2+}, Mg)_2(Al_2Si)$ $[Al_2Si_4O_{18}]$（Sekaninaite）」，但從外觀來看卻無法與一般的堇青石明確區別辨識。

從照片認識堇青石①

❶為貫入硫化鐵礦床，結晶於石英脈中的礦物。在日本茨城線日立礦山中挖掘到了這塊美麗的結晶體。後方的❷❸兩塊原石形成於黑雲母片岩中，❸基本上由石英與雲母所構成。雲母與變質壓力呈垂直方向並列，石英則可看出大顆粒凝聚成塊，而堇青石就像是要將這些礦石縫隙填滿般成長，這讓變質岩中的堇青石產生了許多細微裂痕， 因此形狀碩大而且透明度高的切石非常稀少。這類礦床通

常也會出現「紅柱石（Andalusite）」、「藍晶石（Kyanite）」、「矽線石（Sillimanite）」及「十字石（Staurolite）」等等。

堇青石在切割的時候，通常會沿著能夠清楚看見藍色光線的方向來做切面。❹的礦石因為是朝看不見藍色光線的方向切割，因此不可能在市面上流通。❺看起來就像是美麗的藍寶石。❻❼❽的含鐵量依順時針方向由多排到少，不含鐵的會變成透明礦石，此時稱為「白堇青石（White Cordierite）❾」。另外像❿的項鍊般尺寸較小的石頭有時不容易與丹泉石（坦桑石，Tanzanite）區別。

相反地，萬一堇青石的鐵含量過多的話，多餘的鐵就會形成內包物，例如「鐵堇青石 γ-FeO(OH)（血點堇青石，Lepidocrocite）」就是其代表，能夠成為礦石中呈現薄薄的紅色鱗片、魅力無比的寶石變種。⓫為「Aventurine Iolite」，鐵堇青石會因為光線反射而顯得十分耀眼燦爛。

如果平行觀察鐵堇青石的話，會因為某個特定方向折射的光線而呈現紅色，這稱為「血點堇青石（Bloodshot Iolite）⓬」，也就是「散發血光」之意，但若是像⓭的項鍊那樣整個呈現紅色的話，就失去了堇青石給人原有的印象。

堇青石因為常結為雙晶，因此其構造與獨特的無數細微裂縫讓它更顯得出色迷人⓮。

赤鐵礦（Hematite）的內包物也能夠形成被稱為「Silver Eye⓯⓰」的貓眼石。即使是鐵堇青石也能夠形成貓眼石，由於這時候眼睛是紅色的，故稱為「Red Eye⓱」。

從照片認識堇青石②

堇青石形成於「角頁岩（Fornfels）」這種變質岩，當變成雲母或綠泥石時可以保留其結晶體的形狀，而且顏色會從白色變成淡淡的粉紅色⓲⓳。原本屬於斜方晶系的堇青石會因為「反覆雙晶」而變成六方晶系，讓外型看起來宛如花朵般綻放。正確來說，這應該稱為「斜方貫入假晶」，以京都龜岡的櫻天神地區出產的最為出名，而且還被指定為天然紀念物。這種礦石從外型又稱為「櫻花石」，與菊花石以及梅花石共列為日本的「三大花紋石」而聞名。⓳是連同母岩一起琢磨成弧面型（Cabochon cutting），⓲則是原石的狀態。

符山石
Idocrase

符山石

英文名：Idocrase
中文名：符山石、維蘇威石

成　分：$Ca_{19}Al_{10}(Mg, Fe^{2+})_3[(OH,F)^{10}]|(Sio_4)_{10}|(Si_2O_7)_4]$
晶　系：正方晶系・單斜晶系
硬　度：6～7
比　重：3.32～3.47
折射率：1.70～1.71，1.74～1.75
顏　色：綠色，黃綠色，褐色，黃色，藍色，紅色，粉紅色，紫色，白色，透明
產　地：產美國、義大利、俄羅斯、加拿大、坦桑尼亞、肯亞、挪威、巴基斯坦、墨西哥、瑞士、芬蘭、日本

關於符山石

在寶石的世界中被稱為Idocrase的符山石，在礦物界則被稱為「維蘇威石（Vesuvianite）」，不過這兩個名稱長久以來一直視為同物。根據「國際礦物學協會（International Mineralogical Association）」的記錄，捷足登記（1795年）的Vesuvianite成為正式名稱之後才被承認有優先權。

符山石乃形成於矽卡岩這個因貫入石灰岩層的岩漿而形成的岩石裡，通常會伴隨著鈣鋁榴石（Grossular）、矽灰石（Wollastonite）與透輝石（Diopside）。符山石的結晶體會因產地不同而混入錫（Sn）、鉛（Pb）、錳（Mn）、鉻（Cr）、鋅（Zn）、硫（S）、銻（Sb）、硼（B）、鈰（Ce）、釹（Nd）等元素，呈現出非常複雜的分析結果。

從資料中可以看出這是一種顏色範圍十分廣泛的礦物。我們平常看見的棕色系到綠色系列結晶體是由鐵與鈦造成的；含鉻的話會呈現色彩鮮豔的綠色，但如果是含錳的話，就會變成粉紅色；加拿大魁北克州的阿斯貝斯托（Asbestos）甚至還生產紫紅色的符山石。這種礦石也會在火山的噴氣孔附近形成，當矽酸鹽岩漿貫穿石灰岩所造成的堆積岩噴出時就會產生化學反應。這種礦石最早發現於義大利的維蘇威火山，故以Vesuvianite為名，取名者為德國的地質學家F. Werner。另一方面Idocrase這個名稱是因為這種礦石不容易與一起產出的石榴石（Garnet）辨識，故法國的礦物學家Haüy組合了希臘語的「找到（eidos）」與「混合（krasis）」這兩個字而命名。

這種礦石的產地雖多，卻鮮少發現大型的結晶體，最大頂多6cm，因此能夠翻光面琢、品質透明的結晶體實為罕見。因含銅離子而呈現藍綠色的稱為「青符山石（Cyprine）」，以挪威的泰勒馬克（Telemark）產最為知名。紐約產的黃褐色符山石稱為「黃符山石（Xanthite）」，「玉符山石（加利福尼亞石，Californite）」則是塊狀淺黃綠色的符山石，但這只不過是商業名稱。

同為黃綠色的礦石裡，還有西伯利亞薩哈共和國（Sakha Republic）維柳伊河流域（Vilyuy River）所產的「硼符山石（鈣鋁榴石，Viluite）」。1790年發現的這種礦石裡頭包含硼與鈰，在光學上屬於單斜晶系的二軸晶亞種。

從照片認識符山石

❶為符山石典型的結晶體。❷❸的結晶體均相同，均為在矽卡岩（石灰岩與花崗岩接觸面之間所形成的岩石）中所形成的結晶體分離而成的。尤其是❸的結晶

體非常類似石榴石，這從符山石的希臘語字源即可明白。或許Haüy就是看到這樣的結晶體才會想到以此為名。❹的白色部分為方解石（Calcite），由此可看出是從矽卡岩形成的，不過結晶體卻是平行的柱狀。像這樣的礦石常被誤以為是綠簾石（Epidote）。

❺為「硼符山石」，❻是該切石，❼雖然擁有相同色彩，不過產自坦桑尼亞。❽為「黃符山石」，❾雖然寬達6cm，在符山石的結晶體中已經算是相當碩大，但就算將透明度最高的部分切割，也無法切出像❽那麼大的寶石。透明的符山石切石非常罕見，所以才會被稱為Collector Stones。

從照片中看見的❿的標本外緣到內側會慢慢變成黃綠色。呈現黃綠色代表裡頭含有豐富的鐵與鈦，粉紅色的話代表裡頭含有大量的錳。⓫為紫紅色小結晶體的聚集體，內含鉻，因此與❿的標本相比顏色看起來會比較鮮豔。

⓬為塊狀的符山石，黃綠色的部分混雜著石榴石。深綠色的部分為鉻含量特多的石榴石。

⓭⓮為切石。這樣的礦石外觀「宛如長滿苔蘚」，因此又有「苔蘚玉（Moss jade）」這個假名。

⓯～⓱為細密的結晶體，算是相當漂亮的半透明狀。⓯⓰的在地名稱為「玉符山石（Californite）」。⓱的切石與❿的標本一樣呈雙色，這個礦石的粉紅色部分為水綠榴石（Hydrogrossular Garnet）（➡請參考p.363的水綠榴石。為從❺的背面拍攝的礦石）。⓲也是「玉符山石」。

⓳與⓴為產自中國河南省的「獨山石」，屬類似翡翠的礦石。輝長岩碰到熱水後會變得有點像綠簾花崗石（➡請參考p.470），在歐洲稱其為「蝕變斜長岩（鈉黝簾石岩，Saussurite）」。除了變質形成的符山石，⓳的石頭裡還含有黝簾石（Zoisite）。

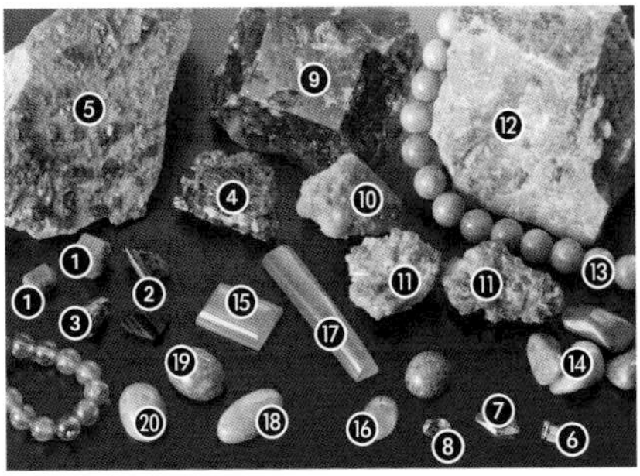

象牙
Ivory

象牙

英文名：Ivory
中文名：象牙

成　分：牙本質（碳磷灰石）：64%
碳酸鹽類：0.1%
有機質：24%
水分：11.9%
晶　系：六方晶系（纖維粒子的集合體）
硬　度：2.5
比　重：1.70～1.90
折射率：1.54
顏　色：白色，淺黃白色，淺灰白色
產　地：非洲象⇨肯亞、坦桑尼亞、剛果、加蓬、非洲中央部、喀麥隆、迦納、塞拉利昂、安哥拉、蘇丹、莫三比克
亞洲象⇨印度、斯里蘭卡、印度支那半島

關於象牙

象牙的字源來自拉丁語的「ebur」與梵語的「ibhas」，後者的意思是大象。

象牙是來自大象上顎發達巨大的門牙，其重量的60%為「碳磷灰石（Hydroxylapatite）」所構成的牙本質，只要經過研磨，牙齒的橫切面就會出現美麗的圖案。無數平行線彎曲斜交為象牙特有的現象，亦可稱為「花環圖案（Rosette）」或「引擎紋（Engine turning）」。這個圖案可用來區別象牙與其他動物牙齒的不同。

象牙因為黏性佳，適合加工，自古以來即為理想中的工藝品材料。白色象牙中帶著迷人的微妙乳白色，讓人感覺到柔和的溫暖色調，因而特地創造出「象牙白（Ivory white）」這個顏色的名稱。

只可惜人類為了奪取象牙而任意捕獲，使得大象陷入絕種的危機之中，因此1973年華盛頓條約簽訂後，限制了象牙與玳瑁的買賣交易。

象牙大致可分為亞洲象與非洲象，但現在只可買到後者。

棲息地的不同，象牙的硬度也會微妙地有些差異。棲息在剛果等非洲西部到非洲中央部森林裡的大象象牙稱為「硬象牙（Hard ivory）」，質地細密且富黏性。相對地，棲息在肯亞與坦三尼亞等非洲東部、中央部、南部草原的大象象牙稱為「軟象牙（Soft ivory）」，質地略為柔軟。前者的象牙用來做為鋼琴鍵盤與印章，後者則是用來雕刻。至於泰國象牙的硬度正好處於這兩者之間，因此稱為「中間類型的象牙（Bastard ivory）」。

在珠寶市場裡還可以找到摒除在華盛頓條約之外的「長毛象（Mammoth）」化石象牙，充滿了與現生象牙截然不同的成熟韻味。

從照片認識象牙 ①

自古以來象牙在國外被視為貴重品。正因為是高級品，從前的人會使用其他動物的牙齒，有時甚至利用骨頭來當做象牙的替代品。這些東西的質感與大象牙齒非常類似，因此國外才會通通總稱為「Ivory」。在日本的寶石市場提到Ivory時，理所當然指的就是象牙，但在國外購買的時候頓時可能不會想到，因此要特別注意。國際上象牙的正確名稱是「Elephant ivory」。

現在市場上除了現生大象的象牙，還有已經絕跡的化石象牙。現生大象的象牙中有「非洲象」與「亞洲象❶」，化石象裡有「長毛象❷」與「古棱齒象」。但在這兩者之中，我們提到的象牙均以前者壓倒性地多。

將象牙外層研磨後橫放的裝飾品稱為

「Tusk❶」，意思就是牙齒。日本的礦石業界稱此為「原木」，不過市面上流通的Tusk有的卻是塑膠製的贗品。如❶的前端，真正的象牙前端會有個神經黑點稱為「象牙芯」，這就是辨識的要點之一。❸乃利用大象臼齒切割而成的。這就是狹義的「Elephant tooth ivory」。

在本書的照片中同時也陳列出同樣被稱為「Ivory」的其他動物獠牙與牙齒。❹為「海象牙」，亦稱為海獸牙，也就是脊椎動物的獠牙。❺為「抹香鯨齒」。有時象骨❻也會被當做象牙來使用。

❼❽為象牙的橫切面。❼是非洲象象牙，❽是長毛象象牙。長毛象象牙的特色，就是切面外緣呈深褐色。（➡請參考p.387藍鐵礦❾～⓭）

從照片認識象牙②

中國自古以來就利用象牙創作出許多巧奪天工的雕刻品，其中以構造複雜的多層球「天球❾」最為知名。這是先將一根象牙切割成球形，再利用特殊手法將內部鏤穿成好幾層的同心球，而且每層均可自由轉動，堪稱神技。不僅如此，每層象牙球還鏤空刻花。雖然大多數的天球均不超過15層，不過台灣故宮博物院所收藏的「雕象牙透花雲龍紋套球」這個清朝完成的工藝品卻多達21層。據說這是歷經祖孫三代才完成的極致技法，不過具體的雕刻手法卻是到了近年才解明。

日本人會將象牙做成一種名為「根付（墜子）」的精巧雕刻品❿，穿過繩子夾在皮帶上，用來繫綁錢袋或煙盒。⓫為使用長毛象象牙、產自中國的複製品。從人偶臉部表情似乎也可看出兩國國情的不

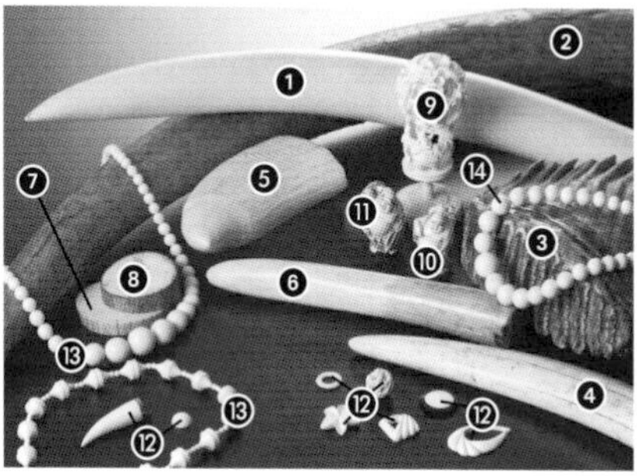

同。

象牙不僅是昂貴的裝飾品，說得極端一點，日本昭和時代還出現了許多如同「特產」般的首飾⓬，象牙製的項鍊受歡迎的程度可說是超越時代，而且現在在市面上還可找到非洲象⓭與長毛象⓮象牙製成的項鍊。由於現生象牙受到華盛頓條約的保護，因此這兩者之間的差異非常重要，需要專業鑑定來加以區別。

藍方石
Hauyne

藍方石

英文名：Haüyne
中文名：藍方石

成　分：$Na_6Ca_2[SO_4|(AlSiO_4)_3]_2$
晶　系：等軸晶系
硬　度：5.5～6
比　重：2.44～2.50
折射率：1.49～1.50
顏　色：（深淺）藍色、淺灰白色、淺綠白色、淺黃白色、淺紅白色
產　地：德國、義大利、俄羅斯、阿富汗、美國、加拿大、西伯利亞、法國、摩洛哥、中國

關於藍方石

藍方石是以R. J. Haüy之名命名的礦物，因此該寶石名也可稱為「Hauynite」，意為「Haüy的寶石」。

Haüy乃結晶學創始者的法國礦物學家。

此礦物屬「似長石（Feldspathoids）」的一種，隸屬於方鈉石家族。所謂似長石，指的是擁有類似長石化學式的礦物，特色就是裡頭的矽酸含量比長石少。這種礦石通常形成在「響石（Phonolite）」及「粗面岩（Trachyte）」等岩石之間，由此可知以日本的地質條件幾乎無法產出這樣的礦物。

這種礦石亦形成於「玄武質熔岩（Basanitic lava）」之中，不過起初是1807年在松馬火山（Monte Somma）中的維蘇威熔岩裡發現的。

雖然極為罕見，但像是大理石等變質岩亦會形成藍方石，其中最具代表性的變質岩就是青金石（Lapis lazuli）。

【**註**：對於熟知寶石學的人而言，藍方石通常被視為是夾雜在青金石裡的礦物，其實這是非常少見的情況。】

構成這個青金石的一連串藍色礦物也是似長石，由此可得知日本不生產似長石的理由為何。

藍方石是由「黝方石$Na_8[SO_4|(AlSiO_4)_6]$」與固溶體所形成。

從切石為藍色這一點便可看出藍方石非常類似藍寶石，甚至比藍寶石還要美麗。這種礦石的色彩非常奇特，就算顆粒不大，價格之高卻非藍寶石可比擬。同樣地比藍寶石還要昂貴的寶石還有「藍錐石（藍錐礦，矽酸鋇鈦礦，Benitoite）」。德國萊茵河西部的埃費爾（Eifel）地區為藍方石知名產地，當地甚至還暱稱其為「埃費爾的藍寶石」。

日本人認為藍方石屬於「藍色方解石家族的礦石」，故稱此為「藍寶石」。該性質與同一家族的方解石、黝方石、天藍石（Lazulite）非常類似，憑肉眼難以辨識，因此這些藍色礦石通常讓人混淆不清。

藍方石本為八面體或十二面體的晶體，然而反映該成因所形成的多數礦石卻無法呈現明確的結晶體，而且絕大部分都是形狀不定的顆粒狀或雙晶體。這些結晶體大多非常模糊，不然就是刮痕累累，因此想要切割出一個完美無瑕的石頭是件不容易的事，至於翻光琢面的石頭則是以Collector Stones的形式來流通。2克拉以上的藍方石極為稀少。寶石顆粒越小，顏色就越鮮明，因此主要以圓型明亮車工的方式來切割。

藍方石（主要）為形成於火山岩中的矽酸鹽礦物，由此可知這種礦石十分耐熱。

【**註**：雖說耐熱，但寶飾品加工時由

於會導熱，一但急速冷卻，內部的刮痕會非常容易碎裂。】

除非溫度非常高，否則藍方石是不會熔解的：一旦熔解，就會形成藍綠色的玻璃。不過藍方石會溶於酸中，一旦溶化就會變成膠凝狀的二氧化矽。故當在進行戒指等主要做為裝飾時尚配件加工時，必須盡量避免接觸到強酸性液體。

從照片認識藍方石

夾雜藍方石在內的岩石❶為「粗面岩（Trachyte）」，屬於輕石質岩石，母岩相當脆弱。裡頭所含的藍方石只要稍微碰撞就會輕易掉落，因此生產藍方石的地方常在風化形成的土壤上發現點點散落的藍色顆粒。

市面上銷售的，大多是將採集時受到撞擊而從母岩脫落的顆粒黏接修復成產出狀態的礦石，不然就是將採集到的藍方石顆粒黏接在其他岩石上做成標本，因此完全沒有經過修補並且附著在母岩上的藍方石其實非常珍貴少見。

藍方石雖然幾乎沒有完整的結晶體，不過❷卻保留了原本的結晶面。

像照片裡那樣透明度高的藍方石產量非常稀少。那樣的原石通常會琢磨成圓型明亮車工❸等混合琢型（Mixed cut）❹，如果是半透明到不透明的原石的話，就會琢磨成弧面型（Cabochon cut）❺。

斧石 Axinite

斧石

英文名：Axinite
中文名：斧石

成　分：$Ca_2(Fe^{2+}, Mn^{2+})Al_2B[OH|O|(Si_2O_7)_2]$
晶　系：三斜晶系
硬　度：6.5～7
比　重：3.26～3.36
折射率：1.67～1.68，1.69～1.70
顏　色：褐色、黃色、淺紫色、淺紅色、淺粉紅色、藍色
產　地：墨西哥、美國、坦桑尼亞、法國、阿富汗、巴基斯坦、英國、德國、挪威、義大利、瑞士、芬蘭、巴西、日本

關於斧石

這種礦物擁有因加熱而產生靜電的性質（焦電性，Pyroellectricity），過去一直被認為是電氣石（Tourmaline）的一種。

1797年礦物學家Haüy在阿爾卑斯山調查礦物的時候，就將這種礦石記錄成黑色電氣石（黑碧璽，Schorl Tourmaline），不過2年後Haüy自己卻將這個礦石又重新記錄成另一個獨立的礦物。

這種礦石的結晶體屬於三斜晶系，擁有外形不對稱、看起來像斧頭的「蛤刃」，因此取名為「斧頭外形的石頭（Axe stone）」。

不過之後有段時間許多人稱斧石為「玻璃質的電氣石（Vitreous tourmaline）」。

斧石是礦物的家族名，根據日後的研究，從結晶體所含的微量成分可分為4類。

A鐵斧石（Ferro-axinite）
$Ca_2Fe^{2+}Al_2B[OH|O|(Si_2O_7)_2]$
B鎂斧石（Magnesio-axinite）
$Ca_2MgAl_2B[OH|O|(Si_2O_7)_2]$
C錳斧石（Manganisinite）
$Ca_2Mn^{2+}Al_2B[OH|O|(Si_2O_7)_2]$
D錳鐵斧石（Tinzenite）
$(Mn,Ca)_2Mn^{2+}Al_2B[OH|O|(Si_2O_7)_2]$

這裡頭產出最普遍的斧石為**A**鐵斧石，裡頭鐵（Fe）的含量比錳（Mn）還要多，就連鈣（Ca）也超過1.5%。

將化學式裡的鐵換成鎂（Mg），就是「**B**鎂斧石」，如果換成錳，就是「**C**錳斧石」。這裡頭錳的含量比鐵還要多，同時鈣（Ca）的含量超過1.5%。

介於鐵斧石與錳斧石之間的為「**D**錳鐵斧石」，裡頭雖然也含了超過1.5%的鈣，與錳斧石不同的是，錳鐵斧石的錳含量比較多，而且出現在化學式中的兩個位置，因此這並非只是單純處於中間物的斧石，而是獨立品種。

鎂斧石是種非常罕見的礦物，在日本並沒有生產。這種礦石是在切割其他寶石的時候發現的。

如果單純指「斧石」的話，習慣上指的是這裡頭的鐵斧石。

日本大分縣尾平礦山的矽卡岩礦床中曾經形成一個結晶體連晶成一個巨大礦石的產物。這個礦物歸類在錳斧石底下，世界上幾乎所有知名博物館均有收藏。至於阿富汗等國外產地的話，主要生產藍色色彩強烈而且呈多色性的結晶體。

宮崎縣的土呂久礦山曾經形成長達10cm的單結晶體，只可惜現在已經絕產，不過日本過去曾為舉世聞名的斧石產地。

鐵斧石形成於偉晶花崗岩、變質岩與

火山岩中，顏色從褐色到略帶紫色均有。這是種多色性非常強烈的礦物，依照方向不同會呈現出藍紫色、褐色或綠色，有時還會出現深紫色或綠色的結晶體。

錳斧石與錳鐵斧石均形成於錳礦中，除了黃色與橙色，有的甚至是紫色、紅色或粉紅色。鎂斧石主要形成於高壓的變質岩中，其中有的呈現非常強烈的藍色。

斧石的耐化學性很強，只有氟或氫才能夠侵蝕。

從照片認識斧石

只要一看❶與❷的結晶體，就可以看出如同斧頭刀刃的形狀。從這個外形就不難理解這個礦物的英文與中文為何會以此為名了。

❷的結晶體來自尾平礦山。細膩平行的連晶讓這個礦石整個呈現蛤刃的外形。❸為土呂久礦山的斧石，結晶體的一部分為白色的賽黃晶。

形成自尾平礦山與土呂久礦山、外形端正的斧石與輝安礦、日本律雙晶，以及賽黃晶均讓世界的收藏家傾迷不已。

其他的為阿富汗、巴基斯坦與坦桑尼亞生產的礦物。❹雖然是放射狀的集合體，但每個結晶體都十分尖銳，光是觸摸極有可能割傷手指。尤其是❶的阿富汗產結晶體與土呂久礦山所生產的礦物非常類似。

❺的結晶體充分展現了這種礦物強烈的多色性。這種礦物雖然歸類在鎂斧石底下，但經由光線透射卻會呈現藍色、粉紅色與褐色這三種顏色。❻為產自錳礦礦床的錳鐵斧石。

斧石非常容易被誤認為是金綠寶石

（Chrysoberyl）、鐵鈣鋁榴石 （黑松來，Hessonite Garnet）、蛋白石與電氣石（Tourmaline）。不過這種礦物的特色，就是疵點與混濁物多，因此透明而且尺寸大的切石非常稀少，而且大小幾乎不到5ct。

❼為「鐵斧石」，❽為「鎂斧石」，❾為「錳斧石」，至於❿則是錳斧石與錳鐵斧石的中間體。

海水藍寶
Aquamarine

海水藍寶

英文名：Aquamarine
中文名：海水藍寶、海藍寶

成　分：$Al_2Be_3[Si_6O_{18}]$
晶　系：六方晶系
硬　度：7.5～8
比　重：2.63～2.83
折射率：1.57～1.58，1.58～1.59
顏　色：（深淺）藍色，此外還有看起來非常接近透明到明亮藍寶石的色彩。通常會略帶幾分綠色與黃色。單純形容其接近水藍色色彩時，會稱為海水藍。
產　地：巴西、巴基斯坦、馬達加斯加、印度、納米比亞、坦桑尼亞、俄羅斯、斯里蘭卡、奈及利亞、阿富汗、中國、美國、愛爾蘭

關於海水藍寶

海水藍寶是歐洲自古以來就特別受人喜愛的寶石，並且以Aquamarine這個拉丁語為名，意為「海水」。希臘神話中提到這是「住在海底深處的海洋精靈所擁有的寶物，然而大海卻因大風暴而波濤洶湧，使得這個寶物才會被沖打到海岸邊，因而被人發現」，因而產生「不會沉沒，卻會浮起」的祥兆，所以歐洲人長久以來便將這種石頭用來當做軍船團士兵們的護身符。當時的人別出心裁以「凹雕（Intaglio）」的方式將海水藍寶刻成印章戒指。不過把寶石雕刻成印章時必須挑選較大的結晶體，據說當時的寶石商人主要是將印度與烏拉爾的原石帶進歐洲，不過筆者從容易製作印章的結晶體形狀與生產這些原石的地理交通情況來看，這些原石應該是來自阿富汗週邊一帶。

海水藍寶與祖母綠一樣都是屬於「綠柱石（Beryl）族」的寶石，裡頭的水藍色是微量的鐵（Fe）元素所造成的。這種元素會在同一個結晶體中呈現複數形態，因而在水藍色之中增添幾分綠色或黃色色彩。海水藍寶只要一加熱，就會變化成清澈的水藍色，這也是鐵形成另外一個形態而造成的。不過這個時候寶石會因為內包物的狀態而破裂，因此必須事先將透明的部分切割下來。站在結晶學的立場來看，海水藍寶的內包體通常比祖母綠還要少，但是為了加熱增色，因此會事先將原石處理過，如此一來這種情況就會更加明顯。

從照片認識海水藍寶 ①

從海水藍寶的日文名稱「藍柱石」便可看出這種礦物通常都是長柱形的結晶體。

海水藍寶絕大多數形成於容易在粗粒岩中造成空洞的偉晶花崗岩中，通常會形成大型的結晶體，這點與形成於變質岩中的祖母綠不同。照片中排列的原石乃形成於偉晶花崗岩的石英之中。鋰（Li）含量較多的偉晶花崗岩所形成的結晶體通常會像❶或❷的結晶體那樣呈現短柱狀或板狀。尤其是❷乃平常罕見的標本，塊狀（多結晶體）的海水藍寶礦脈上形成了不少結晶塊。

只要礦床內的環境一變化，就會影響到形成於偉晶花崗岩裡的綠柱石與鋰輝石等結晶體。即使是已經十分美麗的結晶體，只要一浸泡在新的礦液中，結晶體的表面就會產生細微的凹蝕圖案（稱為蝕像Etching figure），一但開始進行腐蝕，部分結晶體就會開始溶解，形成雙錐形❸～❻。❶的結晶體端面呈階梯狀的幾何凹蝕圖案，至於❼的結晶體因為溶解

作用而失去原有形狀，結果演變成像冰塊般的外形，這就稱為「骸晶（Skeleton crystal）」。

❽的海水藍寶彎曲地相當漂亮，不過結晶體其實不太可能像鐵絲那樣可以彎曲。這塊海水藍寶在延伸的過程當中前端因為有電氣石（照片中的黑粒）阻擋伸展，使得結晶面看起來似乎有點彎曲。這類礦物通常歸在「奇石・珍石」的類別之下。

顏色最美的海水藍寶就像❾～⓬那樣水藍色彩鮮明而且充滿光澤。巴西米納斯吉拉斯州（Estado de Minas Gerais）的Santa Maria de Itabira礦山中生產色彩宛如藍寶石般湛藍明亮的礦石⓭，並且擁有「Santa Maria Aquamarine」這個暱稱，但從Aquamarine這個字的意思來看卻屬異端。之後莫三比克同樣也產出顏色深邃、名為「Santamaria Africana」的礦石，然而非洲並沒有礦山叫做Santamaria，所以這只是憑著礦石顏色來稱呼罷了。

以海水藍寶為代表的綠柱石家族礦物在柱狀結晶體中非常容易形成平行的「管狀」內包物，這類內包物密集凝聚的話就形成了貓眼石⓮。

從照片認識海水藍寶②

水藍色的海水藍寶才是名符其實的海水藍寶，所以像⓯那樣太過深邃的藍色畢竟顛覆了海水藍寶給人的印象，因此稱它為「藍色綠寶（Blue beryl）」可能比較適合。

巴西盛產品質優良的結晶體是眾所皆知的事，現在緊接在後的就屬巴基斯坦與阿富汗。這兩個地方雖然生產相當大型

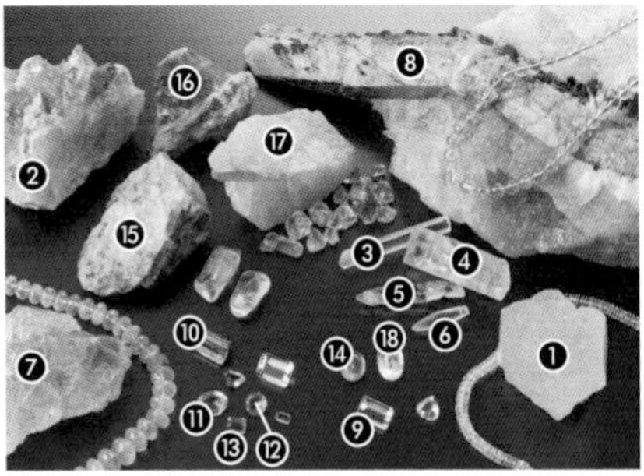

的結晶體，不過顏色與巴西產的相比卻顯得比較淺。❶為阿富汗產，❷巴基斯坦產。日本的環境雖然無法形成品質優良的寶石，但唯獨海水藍寶例外。雖然產量稀少，但有數處卻發現可達寶石品質的結晶體。茨城線的山尾⓰與山梨縣的黑平⓱所形成的海水藍寶雖然不大，但卻相當美麗動人。

⓲的裂痕（Crack）部分會反射出彩虹光芒，呈現出十分美麗的效果，所以才會擁有「Iris Aquamarine」這個迷人的名稱。

陽起石／透閃石
Actinolite／Tremolite

❶ ❷
陽起石／透閃石

英文名： ❶Actinolite／❷Tremolite
中文名： ❶陽起石／❷透閃石

成　分： ❶$Ca_2(Mg, Fe^{2+})_5[OH|Si_4O_{11}]_2$
❷$Ca_2Mg_5[OH|Si_4O_{11}]_2$
晶　系： 均為單斜晶系
硬　度： 均為5～6
比　重： ❶3.03～3.44／❷2.90～3.20
折射率： ❶1.62～1.64／❷1.56～1.58
顏　色： ❶（深淺）綠色、黑色
❷無色、白色、灰色、淺黃色、淺綠色、褐色、粉紫紅色、藍紫色
產　地： ❶坦桑尼亞、馬達加斯加、其他軟玉（Nephrite）產地
❷坦桑尼亞、緬甸、獅子山共和國、美國、加拿大、義大利、瑞士、奧地利、其他軟玉部分產地

關於陽起石／透閃石

這兩者均屬於「角閃石族（Amphibole family）」的礦物。站在化學式的立場來看，角閃石約可細分成80種礦物種，這些礦物種大致可分為「單斜角閃石」與「斜方角閃石」，但絕大多數屬於前者。角閃石與輝石一樣，以普通的「造岩礦物」廣泛形成於世界各地，可惜能夠用來製作寶飾的種類並不多。可切割成寶石的種類當中，以陽起石與透閃石最為人熟知，無色或白色的為「透閃石（Grammatite）」，粉紫紅色的則是「含錳透閃石（Hexagonite）」。透閃石的結晶體呈直線，因此才會以希臘語的「線（gramme）」這個字為名；至於含錳透閃石（Hexagonite）的英文名稱，可以表現該礦物剖面呈六角形的結晶體。著色的原因來自微量的錳（Mn），有的呈褐色，有的則是綠色。

陽起石與透閃石屬同一系的礦物，不過透閃石的內含物主要為鈣（Ca）與鎂（Mg），而且是經過接觸變質（熱變質）與廣域變質（壓縮變質）形成的。在形成的過程當中，有的礦物會吸收鐵（Fe）成長，至於Mg與Fe在成分上會連續轉變。如果部分的Mg轉換成Fe的話就叫作陽起石，但若Fe＞Mg的話，就會稱為「鐵陽起石$Ca_2Fe^{2+}{}_5[OH|Si_4O_{11}]_2$（Ferro-actinolite）」。

日本人所指的綠閃石其實就是「陽起石」。從字面上可看出被歸類在中藥的「石藥」領域之中，據說只要將這個礦石磨成粉末服用的話，就能夠讓男性恢復昔日雄風，但實際療效如何仍待商榷。

有些透閃石擁有非常奇特有趣的性質，例如在暗處將兩塊透閃石摩擦或輕輕敲擊，就會發出黃色光芒。這個性質叫做「摩擦發光（Tribo-luminesence）」，而具代表性的礦物裡頭，「硫化鋅 Zinc sulfide（ZnS）」的結晶體「閃鋅礦（Sphalerite）」也有相同性質。

相對於輝石族的礦物，角閃石族的礦物在形成的時候通常會比較細長，而且在變質岩中就會形成柱狀或針狀的結晶體。如果是針狀結晶體的話，透閃石的針會比陽起石來的尖銳，因此在採集礦物的時候手會很容易被刺到而遲遲無法拔出，非常麻煩。極端一點的話還會成為纖維狀，因此陽起石與透閃石有時會形成「石棉」。這些被視為「不可燃纖維」的礦物過去曾運用在工業與日常用品上，但因發現對人體有害而停止使用。經證明一旦吸入這種石棉纖維狀的細針，肺部氣管壁就會被刺入而且不容易拔起，這個部分到最後會形成肉瘤，進而引起癌症。

在礦石形成之際只要施以高壓，纖維狀結晶體的纖維就會變成纖細的結晶塊，而且不會分散，這在寶石的世界裡稱為

「閃玉（軟玉）Nephrite」。

從照片認識陽起石／透閃石①

❶為「陽起石」的結晶集合體。陽起石這個字的字源來自「放射的光線」，其形狀正好比擬了這種情況。❷為「含錳透閃石（Hexagonite）」的結晶塊。

❸與❹為「透閃石」的單結晶體。（⇨透閃石的英文名Tremolite來自產地之一，也就是瑞士的Tremola溪谷。）

像這樣從無色到白色的結晶體又稱為「透閃石（Grammatite）」。❺為薄片狀及針狀的結晶體呈放射線狀集合的礦物。像這樣的結晶體所形成的碎片通常都會變成銳利的細針。外觀與此非常類似的礦物還有「矽灰石（Wollastonite）」，不過這個結晶體細部的形狀與解理性的方向卻截然不同，區別的關鍵就是不鬆散的針狀結晶體。

❻為結構精緻細膩的透閃石集合塊，稱為「白（軟）玉（White Nephrite）」。左邊的石頭❼雖然也是軟玉，不過這裡頭所含的鐵分比❻還要多，因此呈現出清澈透明的綠色。如果鐵的含量十分豐富，就會像❽那樣呈現沒有光澤而且黑色略深的綠色。

從照片認識陽起石／透閃石②

❾為翻光琢面的透閃石，❿為翻光琢面陽起石，⓫為含錳透閃石的切石。⓬是陽起石的集合體，⓭則是透閃石的集合體。這兩種礦石均呈現貓眼石的效果，因此⓬可稱為「陽起貓眼石」，⓭則稱為「透閃貓眼石」。

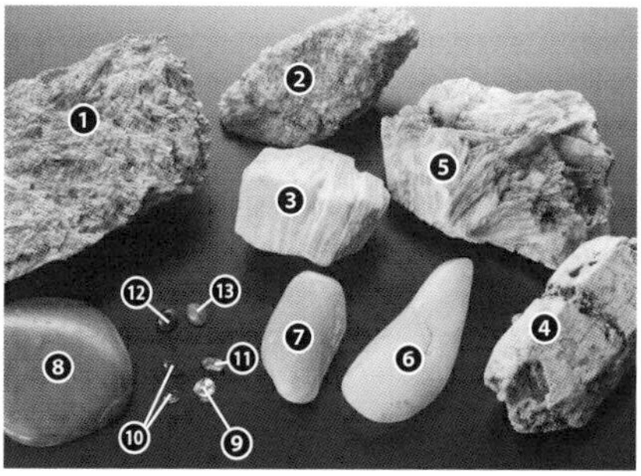

瑪瑙
Agate

瑪瑙

英文名：Agate
中文名：瑪瑙

成　分：SiO_2
晶　系：六方晶系（隱晶質）
硬　度：7
比　重：2.57～2.64
折射率：1.53～1.54
顏　色：白色、灰色、褐色、紅色、黃色、藍色、綠色、黑色、紫色、粉紅色、橙色
產　地：巴西、烏拉圭、希臘、印度、印尼、美國、墨西哥、納米比亞、中國、非洲各國、德國、日本

關於瑪瑙

瑪瑙與玉髓（石髓，Chalcedony）只要一敲打就會產生銳利的斷口，因此在遠古時代的人將其當做石器材料，而且規模遍及世界。希臘羅馬時代盛行以此為材料來製作「浮雕飾品」與「印章」。這種礦物質地堅硬細緻，能夠刻出非常細膩的線條與溝紋，非常適合用來雕刻。當時西西里島上一條名為「acate」河的河畔旁可以採集到條紋圖案美麗、品質極佳的石材，自此之後這條河的名稱便成了這個石頭的代名詞，也就是「Agate」。

這種寶石在日本稱為「瑪瑙」，但這個名字其實來自中國。這種寶石的原石裡有的呈現葡萄果房或腎臟的外形，那種成串的膿包模樣會讓人聯想到馬的大腦，因此才會以此為名。起初是寫成「馬腦」，後來改成「瑪瑙」。在日本江戶時代撰寫的《本草綱目啟蒙》（譯註：小野蘭山著，1803年日本享和三年出版）這本書物中曾記載：「馬腦，呈紅色，富紋理，因似實物，故以此為名」。

瑪瑙與玉髓同為「石英（Quartz）」族的一員，只不過是以不同形態的亞種來稱呼。它們的成分與水晶一樣，由滲入岩石孔洞或縫隙內的地下水所形成，而溶於水中的「二氧化矽（Silica）SiO_2」會慢慢地凝結成果凍狀。但與玉髓不同的是，沉澱在瑪瑙裡的這些圓圈會顯現出多彩多姿的圈形條紋圖案，瑪瑙可以讓我們清楚欣賞這些沉澱的圓圈圖案。

當這兩者溶入水中的其他成分沉澱時，就會呈現樹形（Dendrite）或苔蘚（Moss）般的圖案。接著內含的金屬成分會因地熱等因素而發色，讓石頭變成紅色或褐色，不然就是橙色或黃色，形成世界上獨一無二的寶石。

這種寶石自古以來便以人為加工的方式進行著色。當時人們在製作石器，進行悶燒原石這個加工過程時，察覺到石頭會變成紅色。這個偶然的發現（➡參考p.142的玉髓）讓後代的人們產生了對化學的思考，讓金屬離子渲染滲入石頭組織裡的細微縫隙之間，再經過加工處理讓顏色變得更加鮮豔。因此在現在的寶飾市場上可以找到天然與人工這兩種顏色的寶石。

從照片認識瑪瑙 ①

照片中除了❶，其他排列的均為天然色彩的礦石。❶是將一片瑪瑙板分割著色而成的，每塊石片共通可見的白色部分在組織上因為沒有縫隙存在，因此無法著色。

瑪瑙擁有各種堪稱大自然造化奧妙的圖案。❷的石片是從瑪瑙球（Nodule）切下的，可看出圖案形成的方式。靠近邊緣的白色圓形部分是矽酸溶液進入瑪瑙球的

地方，如今已經填滿了石英。矽酸溶液會從這個孔洞進入，封鎖在內之後會變成凝膠狀，經由內壓產生形成像洋蔥般的數層同心圓。❸的瑪瑙球所封鎖的溶液在內部形成2圈，當封鎖在內的溶液含量較少時就會像❹那樣薄，而且封鎖在這個瑪瑙球中剩餘的溶液會結晶成方解石（Calcite）。

❺形成於裂縫較大的岩石。當裂縫平行重複沉澱時，紋路就會被壓縮地非常細密，這叫做「藍紋瑪瑙（Blue lace agate）」。❻的石板稱為「Crazy lace agate」，已故的益富壽之助博士將這個複雜的圖案譯成「亂紋瑪瑙」。

瑪瑙與玉髓並非只形成於岩石的孔洞或裂縫之間。礦物結晶體群生的地方如果填滿矽酸溶液的話，也能夠形成瑪瑙，不過這種情況極為罕見。接著先前群生的礦物群會因為礦床內的變化而溶化，最後只剩角形的瑪瑙，而在地層縫隙交點形成的瑪瑙也會出現同樣的形狀。❼的外形在瑪瑙類中則可說是超乎一般人的想像。

從照片認識瑪瑙 ②

另外還有一種非常珍奇的，就是沉澱的層次非常緊密而且均等的瑪瑙。像❽的層次厚度僅1mm，並且不斷重複形成數十層的條紋，使得繞射光柵（Diffraction grating）充分發揮作用，讓透過這個部分的光線分成彩虹顏色。這就叫做「暈色瑪瑙（Iris agate）」，又稱做「彩虹瑪瑙（Rainbow agate）」，照片中因為攝影的關係因此只有拍攝背面。❾為「火瑪瑙（Fire agate）」，❿為其原石。當鐵分在瑪瑙的條紋之間沉澱成三明治狀時，就會誕生這樣的礦物。只要琢磨原石黑色的

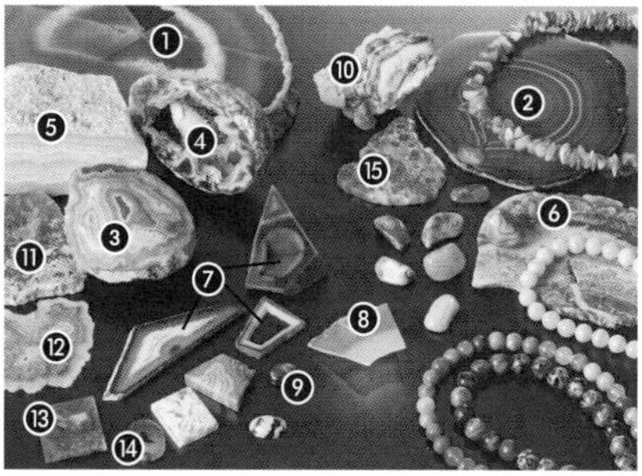

部分，就可以讓瘤狀的表面散發出彩虹色彩。

「苔瑪瑙（Moss agate）」同樣也呈現獨一無二的美，不僅顯現出各式各樣的「苔蘚」狀紋路，這裡頭還可發現內含「雲母⓫」、「針鐵礦（Goethite）⓬」、「綠泥石（Chlorite）⓭」、「水錳礦（manganite）⓮」或「硫化鐵（白鐵礦）⓯」等標本。

藍銅礦
Azurite

藍銅礦

英文名：Azurite
中文名：藍銅礦、石青

成　分：$Cu_3[OH|CO_3]_2$
晶　系：單斜晶系
硬　度：3.5～4
比　重：3.77～3.89
折射率：1.73～1.84
顏　色：深藍色、有時為淺藍色
產　地：美國（亞利桑那州、猶他州、新墨西哥州）、納米比亞、墨西哥、法國、澳洲、義大利、俄羅斯、希臘、摩洛哥、中國

關於藍銅礦

這個深藍色的礦物又別名石青。不論東西洋，自古以來即當做「顏料」來使用。古埃及王朝特別常使用這個礦物的原因，在於當時的人將它當做藥物來治療白內障，並且十分期待其所帶來的療效。至於藍銅礦是否真有這樣的療效則令人質疑，說不定是因為古埃及人相信只要不斷地凝視如同夜空般深邃的顏色，視力就會隨之好轉。

藍銅礦乃形成於銅礦床氧化區域上部的次生礦物。當溶入碳酸離子的水接觸含銅礦物產生反應之後，就會形成藍銅礦，並且呈現柱狀、板狀、皮殼狀、葡萄狀、球狀與鐘乳狀等各式各樣的外形。

藍銅礦的構成成分與孔雀石（Malachite）非常相似，只差在離子比率的不同，因此這兩者就像是表兄弟的關係。磨成粉末的藍銅礦會用來當做繪圖的工具（顏料），因此東西洋的畫家均利用藍銅礦創造出美麗無比的作品。日本人之所以稱這種礦物顏料為「紺青」其實是有典故的，因為中世的西方畫家所繪出的大海與天空的顏色照理來說應該是湛藍色的，可惜因受到融於顏料的油與擺飾畫作的地點影響而產生化學作用，到了現在卻變成了綠色。藍銅礦只要加水讓裡頭的碳酸跑出來，就會變成孔雀石，因此這種礦物在產出的時候通常會伴隨著部分孔雀石，當然這種孔雀石是從藍銅礦變化而來的。從這些事實我們可以看出藍銅礦比孔雀石還要不穩定，換句話說，這是一種產量非常稀少的礦物。當這兩種礦物共生時，會將這兩者名稱合併稱為「天青孔雀石（Azurmalachite）」。

藍銅礦是種非常稀少的礦物，不過卻會形成結晶面非常多的柱狀或板狀外形，而且這些結晶面超過50面是非常普遍的事，有時甚至還會高達100面。

不管藍銅礦有多麼珍貴，在冶金（金屬礦業）的世界卻會為了採取金屬銅而連同孔雀石投入熔礦爐裡熔解。

從照片認識藍銅礦 ①

藍銅礦的形成方式大致可分為4種。

◎第1種➡［屬於長柱狀結晶體］

結晶體十分美麗的❶因為顏色濃到幾乎看起來像是黑色，不像藍色，所以❶的切石無法將其魅力展現出來；可是只要透過強烈的光線，就會呈現美麗的皇家藍。

◎第2種➡［在銅礦物裡頭層次算比較厚］

這在藍銅礦的產狀中算是最稀少的❷。質地細膩，只要切割琢磨就能夠得到品質更佳的寶石。❸稱為「Royal copper blue」，是最頂級的珍品。

◎第3種➡［屬於球狀的］

這種類型的藍銅礦會形成5mm～

3cm的球狀集合體❹❺。其中「Blueberry azurite❻」因為顆粒較小，故以此為名。這些都是稱為「結石（Concretions）」的集合體，只要試著將球體切開，就會發現內部像❺那樣呈中空，或者結晶體群生，有時還會形成孔雀石。

◎第4種➡［與孔雀石緊密混合的］

也就是❼的天青孔雀石，不過這種礦物幾乎兩者都混在一起，通常無法清楚辨識，因此能夠清晰呈現這兩種礦石的結晶體非常罕見。

此外還有其他變種結晶體，例如❽就是形成於膨潤土層中的棘皮動物化石。乍看之下很像「海膽」，但如果將它整個替換成藍銅礦的話，就會發現「怎麼會是這個模樣！」真的非常特別。這種形狀的礦物其他還有「藻類」化石。轉換成遺骸的為何是銅而不是鐵或硫磺呢？這真的是非常不可思議。

不管屬於哪種產狀的藍銅礦硬度都非常低，即使是集合狀態依舊非常脆弱，不夠強固，因此大多數不適合直接做成寶飾品，普遍會浸泡在合成樹脂內強化硬度，這道程序就叫做「穩定化（Stabilization）」。

從照片認識藍銅礦②

被稱為「結石」的球狀藍銅礦以複數形態存在廣為人知。其球體表面有聚集細膩微晶質的❹❻，以及聚集了錐狀結晶的❾。

❿的項鍊會以礦染狀存在於「赤銅礦（Cuprite）」與「黑銅礦（Tenorite）」之間，這兩者都是使其變質的根源。有的藍銅礦會以產地名來稱呼，像是

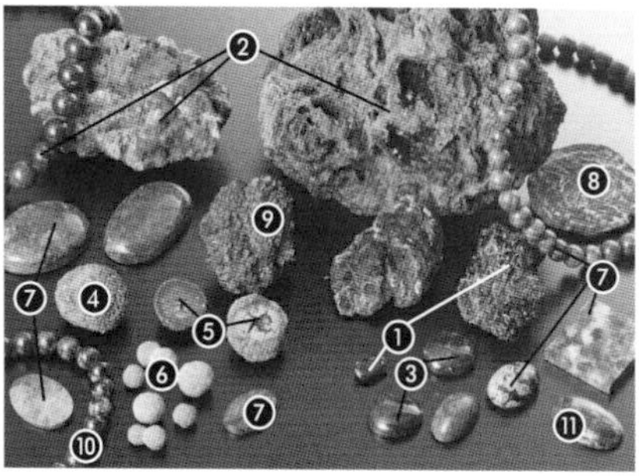

「Chessylite⓫」就是來自法國Chessy這個地名，也是生產能夠用來當做顏料、品質最佳的原石產地。

磷灰石
Apatite

磷灰石

英文名：Apatite
中文名：磷灰石

成　分：$Ca_5[(F, OH)|(PO_4)_3]$
晶　系：六方晶系
硬　度：5
比　重：3.10～3.35
折射率：1.63～1.64
顏　色：黃色、綠色、黃綠色、藍色、紫色、白色、無色、灰色、粉紅色、褐色、紫紅色
產　地：墨西哥、加拿大、巴西、印度、馬達加斯加、莫三比克、坦桑尼亞、西班牙、阿富汗、緬甸、斯里蘭卡、納米比亞、捷克、俄羅斯、葡萄牙、日本

關於磷灰石

「磷灰石」為屬於磷酸鹽礦物族的磷酸鈣名稱，源自希臘語，但其原意卻是「隱瞞」、「欺騙」，非常有趣。磷灰石的結晶體會呈現出複數形狀（稱為晶癖），因此不易辨識出這是一種礦物。有時甚至會有原以為是綠柱石，結果卻是磷灰石的情況。正因為這種難以捉摸的狀態，才會誕生出這個字源，但實際上這種礦物化學組成的多樣化也是令人難以猜透。明治時期的小藤文次郎透過化學成分的內容將Apatite以漢字來表示，並且取名為磷灰石。

磷灰石依氟化物、氯化物以及氫氧化物的離子含量不同，可分為「氟磷灰石（Fluorapatite）$Ca_5[(F, OH)]|(PO_4)_3]$」、「氯磷灰石（Chlorapatite）$Ca_5[Cl|(PO_4)_3]$」與「氫氧基磷灰石（Hydroxyapatite）$Ca_5[OH|(PO_4)_3]$」。由於同一族的礦物會廣泛地形成固溶體，所以到目前為止依舊無法找到100%純正的磷灰石。這當中產出最普遍的，就是含氟量（F）最多的氟磷灰石。

氟磷灰石顏色繽紛，每一種色彩都充滿柔和迷人的魅力，洋溢著可以譽名為糖果色的氛圍。

不過其中有好幾種顏色擁有特定名稱。

像是黃色的磷灰石稱為「蘆筍石（Asparagus stone）」，綠色到藍綠色的磷灰石稱為「藍磷灰石（Moroxite）」。其中加拿大生產的綠磷灰石還擁有「透綠磷灰石（Trilliumite）」這個商業名稱。

其他比較罕見的還有粉紅色與紫羅蘭色，以及類似帕拉伊巴碧璽（Paraiba tourmaline）的顏色。

有的磷灰石含有管狀的內包物，展現出貓眼石的效果。不過要特別留意的是，這當中黃綠色的礦石外觀極為酷似金綠寶石貓眼石（Chrysoberyl cat's eye）。由於磷灰石的性質比金綠寶石貓眼石還要脆弱，加工的時候可能會造成損傷，就連使用超音波清洗機也會遭到磨損。

磷灰石知名的特色，就是會形成「生物礦物（Biomineral）」。氫氧基磷灰石會以細微結晶體的狀態集合，並且形成哺乳動物的骨頭或牙齒的「硬組織」。這種性質非常接近人體，因此經常用來做為人造骨或人造牙的材料。

這種礦物在工業原料上還擁有十分重要的用途，會當做磷礦來採掘，而最為人熟知的，就是用來製作火柴與肥料。

「鳥糞石（海鳥糞）（Guano）」也是磷灰石的一種。該原文名稱字源就是「huano」這個字，意思就是糞便。在珊瑚礁形成的離島上，積滿了海鳥與蝙蝠的排泄物、海鳥的死骸與當作餌料的魚，經過數千年、數萬年的悠久歲月形成化石。這種礦物的主要產地有智利、祕魯、厄瓜

多爾及大洋洲諸國。

從照片認識磷灰石

磷灰石的結晶體有的非常接近板狀或圓柱狀，形狀雖然不一定，但基本上會形成六角柱狀，外形大致上可分為擁有平坦的底面與擁有如同水晶般的錐面這2種。光是從形狀來看的話，有時會誤判成綠柱石、電氣石，甚至是方柱石。

提到磷灰石的魅力，絕對不能忘記其美麗的色調。

❶與❷被稱為「蘆筍石（Asparagus stone）」，❸為藍磷灰石，色彩明亮的藍色礦石❹稱為「帕拉依巴磷灰石（Paraiba apatite）」。這種礦石感覺非常類似帕拉伊巴碧璽，在受到眾人矚目的同時，也晉身成為其替代品。然而這個稱呼並不正確。這種礦石其實產於馬達加斯加島，但是為了增加人們的印象，像寶石這種商品有時連產地名都會更改，這是一個讓人並不樂見的事實。

❺為「透綠磷灰石（Trilliumite）」。這是產自加拿大、夾雜著綠色的磷灰石。加拿大的磷灰石以碩大聞名，曾產出重量高達200kg的結晶體。這個礦石有時還會以「加拿大祖母綠（Canadian emerald）」這個別名來稱呼。

❻為阿富汗Kumar省產自偉晶岩（Pegmatite）的礦物，呈現出宛如紫水晶般的淡淡色彩。

❼為日本產的磷灰石，來自栃木縣足尾銅山。這座礦山開採自江戶時期，除了銅，還有金、銀、鋅與鉛等礦產，以生產品質優越且珍奇、甚至可以拿來做為礦物標本的礦物結晶體而聞名，而磷灰石就

是其中一項，對於收藏家而言是必藏的礦物。這是在石英礦脈的「砷黃鐵礦」上結晶而成的礦物。❽為栃木縣今市市（為現今的日光市）文挾Kure礦山所產，是日本知名的「土耳其石」產地。❾為磷灰石貓眼，從照片中亦可看出這與金綠寶石貓眼石非常類似。就因為太過相像，常讓人誤以為這就是金綠寶石貓眼石而作成裝飾品，卻又很容易破損刮傷，這樣的情形屢見不鮮。

砂金石英
Aventurine quartz

砂金石英

英文名：Aventurine quartz
中文名：砂金石英、砂金水晶、東菱石、東菱玉、冬陵石、印度玉、海洋石、砂金石

成　分：SiO_2
晶　系：六方晶系（粒狀集合體）
硬　度：7
比　重：因內包物的不同而有些微變動
折射率：1.54～1.55
顏　色：綠色、藍色、褐色、黃色、粉紅色、咖啡色、白色
產　地：印度、巴西、辛巴威、西伯利亞、阿富汗、智利、俄羅斯、中國、尼泊爾

關於砂金石英

「Aventurine quartz」這個奇妙的詞來自於18世紀的義大利威尼斯慕拉諾島（Murano）上的一間玻璃工坊，可惜鮮少人知道這件事。

在製作彩色玻璃時因工匠失誤，竟偶然創造出這個耀眼動人、前所未見的閃亮玻璃。發現的工匠們稱這個情況為「aventurino（偶然的玻璃）」，因此才會促使Aventurine這個名字的誕生，也就是「a ventura（偶然地）」誕生的玻璃。當時出現的玻璃為「Gold aventurine glass（茶金石）」，如今只單純稱其為「Gold stone」。這個無意間脫口而出的一句話之後成為光學現象的用語，正式說法就是「砂金現象（Aventurescence）」。

這個契機讓自然學界從以前就注意到這樣的礦石，並且迫不及待地將看起來像紫水晶的砂金石英切割成寶石，就因為其光線散發的樣子非常貼近茶金石。但這在砂金石英中畢竟屬於十分罕見的種類，不僅無法滿足作為礦石的需要量，也無法得到等同於茶金石的供給量。

這時候在印度發現了被稱為「綠色石英岩（Green Quartzite）」的砂金石英。這是被稱為印度翡翠的綠色石英岩的一部分，原為去除類似翡翠的等質部分之後剩餘的部分。也就是說，這是一項新發現。

只可惜這種礦石因為產量過多，使得天然砂金石的價值掉到一般普通行情價格。在日本這個「綠砂金石（Green Aventurine quartzite）」也被稱為「砂金石」。

從照片認識砂金石英

現在流通於寶飾市場上的砂金石，就筆者所知，除了石英之外，還有玉髓（Chalcedony）、球狀碧玉（海洋碧玉，Jasper）、黑曜岩（Obsidian）、方柱石（Scapolite）、綠柱石（Beryl）、長石（Feldspar）、堇青石（Iolite）、蛋白石（Opale）與黃玉（Topaz）等這些礦石。

不過本書只針對屬於石英的砂金石來談論。

光是列在照片中屬於石英的砂金石就有好幾種，但以❶的產量最少。自古希臘羅馬時代即出現利用這種類型的石英製作而成的工藝品。首次以天然砂金石英形態出現的就是這種類型。在錐面（水晶頭的部分）區域內會晶出鱗片狀的赤鐵礦（Hemutite）結晶體，看起來就像是砂金石英。當時採掘的地點是在阿富汗，不過這裡的標本產自尼泊爾。衍生在錐面上的黃綠色結晶體是綠簾石（Epidote）。不過在喜馬拉雅山一帶產出的水晶裡頭像這樣的礦物並不多。

綠色的礦物❷❸❹為現在流通最

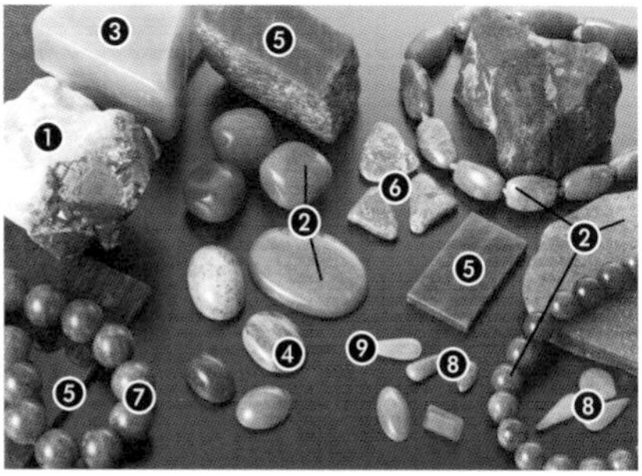

普遍的砂金石英。這種礦石以石英岩（Quartzite）為底，從❷便可看出它的顏色比❶還要燦爛鮮艷。顏色閃爍的原因來自石英岩形成時同時產生的「鉻雲母（Fuchsite）」。其存在會讓石英岩看起來像綠色，當中的雲母會朝一定的方向排列，如此一來會讓光線反射，顯得十分燦爛耀眼。可惜因流通上的問題，使得不會發光的種類也冠上砂金石英這個名稱來銷售，原因出在Aventurine這個名字的意思沒有得到充分的理解。

❸為「石英片岩（Aventurine quartz schist）」，其所形成的環境壓力比石英還要高，而且還會出現綠色的層狀。情況如果極端一點的話就會像❹一樣呈現宛如彩色帶態，這叫做「帶狀砂金石英（Banded aventurine quartz）」。

照片中其他顏色的類型，同樣也是石英岩在形成的時候因為裡頭所摻雜的礦物粒子而讓顏色更加閃耀動人。

❺裡含「金紅石（Rutile）」小碎片，看起來呈藍色；至於❻則是內含「鋰雲母（Lepidolite）」，因此看起來像粉紅色。❼的項鍊基本上與❻屬同類，不過這裡頭含赤鐵礦，故呈現出深紅色。

❽雖然含「白雲母（Muscovite）」的石英岩，但因還帶有針鐵礦（Goethite），因此呈黃褐色。像這樣砂金現象的形成原因各個都不同。❾為突變種，其母體為石英岩，裡頭石英粒子的交界線會將光線反射，因此看起來閃耀燦爛。顏色之所以看起來呈黃色，原因就是滲入粒子之間的針鐵礦造成的。

魚眼石
Apophyllite

魚眼石

英文名：Apophyllite
中文名：魚眼石

成　分：$KCa_4[(F, OH)|Si_8O_{20}] \cdot 8H_2O$
晶　系：正方晶系，斜方晶系
硬　度：4.5～5
比　重：2.30～2.50
折射率：1.53～1.54
顏　色：無色、白色、淺灰色、淡黃色、綠色、淺褐白色、粉紅色
產　地：印度、美國、墨西哥、巴西、蘇格蘭、愛爾蘭、加拿大、瑞典、德國、日本

關於魚眼石

1805年法國礦物學家Haüy組合了希臘語中的「apo（破裂）」與「phyllon（葉片）」這兩個字，當做這個礦石的名字。

當他在分析（吸管分析法）這種礦石時，注意到只要一加熱，這個礦物就剝離成薄片，故以此狀態命名。這是構成結晶體層次之間所含的水分膨脹所造成的。但有人卻捷足先登，比Haüy提早5年就以這個礦物的外觀來為它取名，巴西礦物學家J. B. d'Andrada e Silva以「魚（ichthys）的眼睛（ophthalmos）」之意將這個礦物取名為「Ichthyophthalme」，Deloys同樣也是以「魚眼石頭」之意將其取名為「Ichthyophthalmite」，就連德國的地質學家Abraham Gottlob Werner同樣也是以魚（fisch）眼（augen）之石（stein）這個意思，將礦物命名為「Fischaugenstein」。從某個特定的方向觀察時，這種礦石看起來會像雲母一樣反光，因此歐美暱稱此為「Fish-eye stone」。

日本明治時期的礦物學家採用了歐美使用的Fish-eye stone這個暱稱，當做這個閃耀動人的礦物取名的要點。

這個礦物會散發出光芒的結晶面（與柱面呈垂直方向）看起來就像是魚眼的反光。之所以會如此，原因在於這一面產生了微薄的縫隙。這種礦物會與雲母一樣從這一面突然破裂，所以結晶頭缺損是常有的事，因此在處理魚眼石的結晶體時必須小心謹慎。

魚眼石會在「玄武岩（Basalt）」、「安山岩（Andesite）」等火成岩或「巨晶花崗岩」所形成的空洞中隨同「沸石族（Zeolite family）」的礦物或方解石一起產出，特別是與沸石幾乎形影不離，常被許多人認為是沸石的一種。

魚眼石過去常被認為是單一種類，不過現在從構成成分上可大致分為：

A氟魚眼石（Fluorapophyllite）
$KCa_4[(F, OH)|Si_8O_{20}] \cdot 8H_2O$

B氫氧魚眼石（Hydroxyapophyllite）
$KCa_4[(OH, F)|(Si_4O_{10})_2] \cdot 8H_2O$

如果再更加細分的話還有：

C鈉魚眼石（Natroapophyllite）
$NaCa[(F, OH)|(Si_4O_{10})_2] \cdot 8H_2O$

這3種。

一般當我們提到魚眼石時，指的通常是**A**，而以標本上市的有90％都是氟魚眼石，不過這種礦石卻無法用肉眼與其他種類區別，加上彼此間的成分還會互相混合，更增加了識別的困難。

從照片認識魚眼石

❶的結晶體十分碩大，紋路細膩的結晶以平行連晶的方式覆蓋在底面。❷與❸

底部非常寬大，這點和❶相同。魚眼石的結晶體這一面具有平行且完整的解理，處理的時候要是過於粗魯的話這面會破裂成碎片。

❶與❸的結晶體⇒前端可以看見這種礦物特有的閃亮部分，這種光線的反射情況非常類似魚眼反光，因此才會孕育出Fish-eye stone的暱稱與魚眼石這個名字。

❹～❼的柱面呈現斜交的錐面，這是魚眼石最典型的形狀。印度則是以生產美麗又碩大的這類礦物結晶體而廣為人知。這種礦物從結晶體形狀與特有的閃爍雖然不難辨識，但在岩石中如果形成脈狀的話，除非透過正確的分析方法，否則還是無法輕易判別。

❺的標本⇒前端成形的東西就是魚眼石，但其實只要仔細觀察就會發現隨處都有結晶體。這個礦物形成於「輝沸石（Stilbite）$(Na, K, Ca_{0.5})_9[Al_9Si_{27}O_{72}]\cdot 28H_2O$」上。由於它們之後會整個覆蓋在形成於玄武岩晶簇內的玉髓冰柱表面上，所以整體才會呈現鐘乳石狀。

❸❻❼❽❾因鐵的成分而呈現綠色。只要含鐵量越多，顏色就會越深。如果是被研磨過的，乍看之下會以為是綠色綠柱石（Green beryl）。❻的黑色結晶體部分（箭頭前端）則是部分構成這個結晶體成長洞穴的玄武岩。

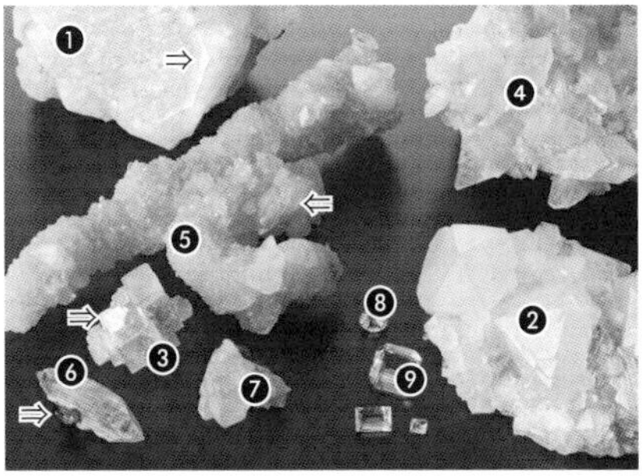

天河石
Amazonite

天河石

英文名： Amazonite
中文名： 天河石、亞馬遜石

成　分： $K[AlSi_3O_8]$
晶　系： 三斜晶系
硬　度： 6～6.5
比　重： 2.56～2.58
折射率： 1.52～1.53
顏　色： 青綠色、綠色、天藍色
產　地： 美國、巴西、加拿大、馬達加斯加、納米比亞、俄羅斯、印度、巴基斯坦、坦桑尼亞、南非共和國、撒哈拉沙漠

關於天河石

歐美有種寶石稱為「Amazonite」，意思就是「亞馬遜的石頭」。日本人雖然將這種石頭稱為「天河石」，不過這是以亞馬遜河為概念而取的名字。

Amazonite這個名字可以說是因為人們相信寶石商人說這是產自巴西亞馬遜河的說詞而產生的，但事實上，至今在這條河的流域裡從未發現過這種寶石。

既然如此，那為何要冠上亞馬遜這個名字呢？據說有位商人在離亞馬遜河非常遙遠的礦山處買到一塊藍色長石，他為了找出這塊寶石的出處而來到亞馬遜河附近。這位商人在位於河川流域的產金礦山所排放的「岩屑（Detritus）」中找到非長石的青綠色礦石並以「亞馬遜石」之名帶到市場上。不過這個青綠色的礦石很有可能是石英。

據說亞馬遜（Amazon）這個名字原本是早期探索亞馬遜河的探險家Francisco de Orellana以希臘神話中的女人族Amazonas為名而取的，他將這個名字與在當地望見的壯觀河流以及天空顏色和神話結合。其實除了上述的Amazonas命名說，亦有人猜測那位寶石商人說不定也是將這個長石的顏色與神話結合，所以才會如此稱呼。

姑且不論哪一種說法才是正確的，當我們知道這種寶石並不產自亞馬遜河之際已經為時已晚，積非成是，因此才會截至今日遲遲沒有正名。

寶石學中將天河石限定在「長石族（Feldspar family）」中的「微斜長石（Microcline）」這種長石的青綠色變種。

這個顏色的範圍非常廣泛，從完全的水藍色到綠色均是，不過最常見的還是帶著綠色的藍色礦石。其實每個人對這種「帶著綠色、帶著藍色」的主觀色感完全不同，有的人說不定會覺得這看起來像是帶著藍色的綠色礦石。

這個顏色雖然是受到裡頭所含的鉛（Pb）離子影響，可是這種長石的變種卻會在青綠色的色底中留下斷續的白色格紋。白色的部分是「鈉長石（Albite）」系的異種長石，這個構造就稱為「條紋長石（Perthite）」，是識別其他顏色與天河石類似的寶石時的特徵。

天河石的顏色擁有相當纖細的一面。這種礦石並不是十分耐熱，當加工做成首飾時如果遇到高溫的話有時會褪色，加上長石類特有的解理性，當遇到衝擊或溫度等急驟變化時會非常容易破裂，因此在進行加工或清潔時，千萬一定要小心謹慎。

從照片認識天河石

從❶的結晶體形狀可看出天河石屬於顏色變種的「微斜長石（Microcline）」。

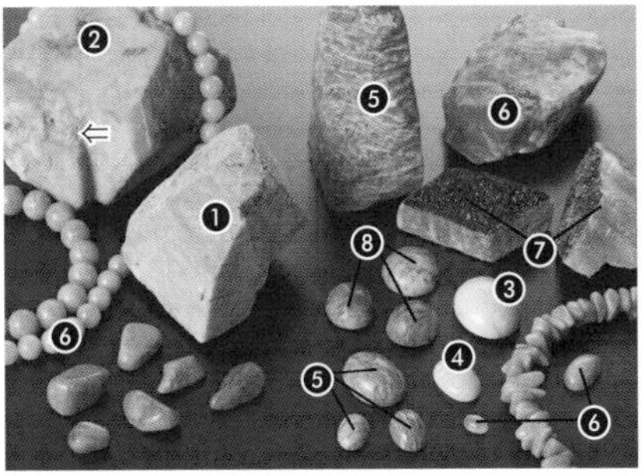

(➡請參考p.116的正長石／微斜長石)。這個結晶體為名叫硬沸石式的接觸雙晶，從結晶柱的剖面可看出四角形。❷的結晶體有一部分（⇒的部分）帶著鈉長石的結晶。結晶體中所含的鉛是天河石顏色的形成原因，但這種寶石的產地其實非常有限，與產出普遍的微斜長石格外不同，數量十分稀少。但這種長石的價格卻非常低廉，由此亦可看出次貴重寶石（Semi-Precious Stones）這個分類基準並不妥當。

當天河石切割成弧面（Cabochon cut）這個形狀時，有時存在於內部、同時也會成為缺點的「解理（Cleavage）」面會反射光線，產生如同月長石（月光石，Moonstone）般的光芒，也就是❸❹。如此一來天河石的美會顯得更加獨特，結果讓市場上發生以「Amazonite moonstone」這個錯誤名稱來流通的事情。

日本產的天河石切石縱使顏色淺淡，但交易價格卻十分昂貴。像❸就是產自長野縣的田立。

❺的天河石可看見典型的條紋長石構造，不過更罕見的，就是無法用肉眼看出條紋長石構造、顏色看起來幾乎一模一樣的❻。這些礦物完全看不出天河石的模樣，反而像是土耳其石或翡翠。這樣的礦石亦別稱為「亞馬遜天河石（Amazon turquoise）」、「亞馬遜玉（Amazon jade）」，但這些都不是正式名稱。

覆蓋在❼部分結晶面上的黑色結晶群為黑電氣石（Black tourmaline）。從這張照片可以看出這個黑電氣石亦代表著「Schorl（無用的礦物）」。(➡請參考p.354的電氣石)

利用染料在顏色較淡的天河石上著色的是❽。本書雖然沒有談及，但這種礦石在市場上非常普遍，因此特地在此提出。這種礦石是將白色的鈉長石整個染上顏色，故可從此處區別辨識。

紫水晶
Amethyst

紫水晶

英文名：Amethyst
中文名：紫水晶

成　分：SiO_2
晶　系：六方晶系(三方晶系)
硬　度：7
比　重：2.65
折射率：1.54～1.55
顏　色：紫色（深淺因結晶體而異），有的還會帶點褐色或灰色
產　地：巴西、烏拉圭、印度、俄羅斯、南非共和國、墨西哥、美國、斯里蘭卡、韓國、北韓、辛巴威、坦桑尼亞、肯亞、馬達加斯加、阿富汗、烏干達、加拿大、日本

關於紫水晶

西元1世紀左右，紫水晶在西方一位名為Flavius Josephus的人物所撰寫的《猶太古史（Antiquities of the Jews）》中以「Ahlamah」之名登場，在英文名稱為Amethyst，是水晶的色變種中被評為最高級的品種。

這個名字來自希臘語中的「amethystos」，也就是出自在神話中被「酒神巴庫斯（Bacchus）」惡作劇變成石頭的可憐少女Amethyst之名。這種礦物還具有與酒神名字相關的「Bacchus stone」這個別稱。或許是受到酒神巴庫斯無法稱心如意的這個傳說影響，甚至有人說只要隨身帶著這個礦石就不會酒醉。

或許是因為紫色原本就是代表高貴的顏色，自古以來這個寶石在日本受到眾人喜愛。不用說巴西是最大的產地，不過日本亦生產品質極為優良的紫水晶，而且還被尊名為「加賀紫」。

西元3世紀左右，中國人撰寫了《神農本草經》這本書，這是世界上第一本藥學書，當中記載著紫水晶「只要磨成粉末服用，即可得到長生不老之效」。紫水晶因內含微量的鐵（Fe）元素，因此顯現出美麗的紫色色彩。或許就是這個以不純物存在的鐵分效果讓人體的新陳代謝整個提升。這種水晶雖然被當做「靈藥」，不過當時的人並不知道這裡頭其實含有鐵離子。

從照片認識紫水晶

讓水晶呈紫色的鐵離子與藍色的藍寶石一樣，只要一溶入結晶之中，就會出現顏色不均的現象，這是非常普通的事，因此想找到色彩均勻而且沒有任何變色部分的紫水晶其實並不容易。幾乎所有紫水晶會在錐面的這個部分交錯重複出現深淺這兩種紫色，而且每個部分的錐面還可以看見顏色斑點。這從彩色照片頁中便可看出所有紫色原石均為這個模樣。

鐵離子狀態如果不同，還會出現了結晶面分成紫色與黃色部分的變種水晶，稱為「紫黃晶（Ametrine）❶」。Ametrine的原文是由紫水晶（Amethyst）與黃水晶（Citrine）組合造成的。紫黃晶雖然是玻利維亞的特產，不過墨西哥與非洲也生產了紫色與無色結合的「Amethyst rock crystal❷」。

❸稱為「Phantom amethyst」。Phantom的意思是「幻影」。這種礦石是由含鐵分的礦液與不含鐵分的礦液交錯重疊形成的結果，由此可看出結晶體的成長是有週期的。

紫水晶的產出狀態大致可分為2種。

一個是像❹在不定形的球狀礦石中成長的類型。這種紫水晶會從玄武岩等

熔岩中形成一個氣體抽出之後的中空洞穴。洞穴內部牆壁整面都密密麻麻地佈滿了紫水晶三角錐。內含這種結晶體的球體稱為「異質晶簇（Geode）」。當球體成形後內含這種結晶體的玄武岩會因為風化而使得部分晶簇崩落，殘留下來的就是這個球體。這個暱稱為「雷公蛋（Thunderegg）」的礦石在外殼與紫水晶之間會形成一層薄薄的瑪瑙。❺的結晶體是從洞穴中取出的，稱為「紫水晶晶尖（Amethyst points）」或「紫晶（Serra points）」，也就是用來稱呼其中一種紫水晶結晶體的名稱。

在形成於晶簇內的瑪瑙瘤表面成長的❻外形就像是一朵花椰菜。位在內部的部分晶簇❼因為花椰菜外形破裂，使得藏在內部的瑪瑙外露，這種狀態就叫做「紫水晶花（Flower amethyst）」。

前方的圓片狀礦石❽特別稱為「日冕紫水晶（Corona amethyst）」，形成於滴落在晶簇內的冰柱表面上，其剖面的圖案看起來就像是太陽的日冕。

另外一種類型形成於滲入岩石裂縫內的「礦脈（Vein）」之中。誠如我們所看見的❾，這類的紫水晶通常為柱狀，而且大多色彩明亮。其中有的顏色非常地淺，因此擁有「粉紅紫水晶❿」這個非正式的暱稱。

⓫的結晶群是煙水晶（Smoky quartz）形成之後紫水晶覆蓋在頂部而成的。這種形態的紫水晶稱為「權杖水晶（皇冠水晶）（Scepter quartz）」，在日本則稱為「松茸水晶」。這個標本因為表面暴露在含鐵豐富的礦液之中，因此覆蓋了一層「褐鐵礦（Limonite）」。

當吸收過剩的鐵再次結晶時，就會形成含有美麗內包物的紫水晶。其代表例就

是「針鐵礦（Geothite）⓬」與「纖鐵礦（Lepidocrocite）⓭」。

❺的結晶體也可看見針鐵礦的內包物，但從顏色與外形來看的話，有時會讓人以為是金紅石（Rutile）。

霰石 Aragonite

霰石

英文名：Aragonite
中文名：霰石、文石

成　分：$Ca[CO_3]$
晶　系：斜方晶系（假六面體）
硬　度：3.5～4
比　重：2.93～2.95
折射率：1.53～1.68
顏　色：無色、白色、黃色、淺紫色、粉紅色、灰色、藍色、綠色、黃綠色、褐色
產　地：西班牙、摩洛哥、奧地利、美國、英國、法國、德國、墨西哥、匈牙利、納米比亞、捷克、義大利、祕魯、智利、中國、日本

關於霰石

霰石的英文名稱來自起初被發現的西班牙的地名。西元前4000年左右，據說蘇美人在Aragon這個地方發現了六角柱狀的原石，因而將它削成圓柱形做成「圓筒形印章（Cylinder seal）」。之後雖然命名為Aragonite，不過這即有可能是方解石的結晶體。

霰石與方解石（Calcite）乃「同質異像」關係的礦物，但產量以方解石居多。產出地方如果是在地表附近的話方解石會比較穩定，有時結晶成霰石的礦物之後也會變成方解石。這種現象就叫做「移轉（Inversion）」。

霰石會連同構造相同的「白鉛礦（Cerussite）$Pb[CO_3]$」「菱鍶礦（Strontianite）$Sr[Co_3]$」「毒重石$Ba[CO_3]$（Witherite）」一起組成「霰石家族」，有的含鉛（Pb）或鍶（Sr）等不純物。其中亦有含鋅（Zn）與銅（Cu）的霰石，但卻無法像方解石家族那樣生產出擁有中間化學構造的亞種。

霰石亦形成於玄武岩的縫隙或蛇紋岩中。在蛇紋岩縫隙中形成的針狀到柱狀礦物幾乎都是霰石，膨潤土（Bentonite）等黏土亦可形成霰石，而且還會成為六角柱狀的結晶體或令人聯想到栗子球的柱狀結晶塊。

如果是在溫泉或鐘乳洞的話會以砂粒為核心形成一個小小的石塊。日文中霰石這個名稱是江戶時代的本草學者依其外形而取的，不過當時指的不是方解石就是蛋白石，這完全是不同的東西，而且要經過了好久一段時間才整個真相大白。這樣的礦石暱稱「洞穴珍珠（Cave pearl）」，顆粒較大的稱為「豆石（Pisolite）」。

此外還有類似鐘乳石與珊瑚樹的形狀，尤其是後者又稱為「文石華（Flos ferri）」。

令人意外的是，霰石還可以形成「生物礦物（Bio minerals）」。不管是貝殼還是珍珠，霰石通通都可以形成。不過貝殼死後會變成方解石。

從照片認識霰石

❶為典型的形狀，形成於蛇紋岩地帶的縫隙。本來應該形成接近這種菱形、前端纖細的柱狀結晶體，但因聚片雙晶的關係而變成大家熟知的六角柱狀。或許是因為這個原石的形狀為六角柱狀，所以蘇美人才會將它做成圓筒形印章。❷產自摩洛哥，不過西班牙亦生產相同礦物。❸產自島根縣松代礦山。這些都是結晶體在黏土層中集合而成的。這種形態稱為「團簇（Cluster）」。

被稱為水石之后，也就是「根尾的菊花石（➡請參考p.223的碧玉）」上的花朵

圖案原本是形成於堆積在湖底火山灰中的霰石（Aragonite）團簇，但卻隨著時間的流逝變成了方解石。❹為形狀不變，但卻變成玉髓的罕見霰石。像這樣結晶體的維持原狀，但內部卻完全變成另外一種礦物的東西稱為「假晶（Pseudomorph）」。

這當中有混合了霰石與方解石的礦物，例如❺就是產自美國內華達，別名「White buffalo turquoise」。這個標本是由霰石粒子與方解石粒子約各佔一半所構成的。當然這裡頭並不含土耳其石，但因內華達州為土耳其石的產地，因此這算是利用引人矚目的印象來取名。

後方的印材❻稱為「文石」，是台灣特產寶石中最出名、知名度最高的礦石。這是在澎湖島玄武岩的氣孔中所形成的霰石，上頭的模樣宛如中國的文人畫（文人消遣時所作的畫）般充滿韻味，故以此為名。拍攝這個標本的時候，隱隱約約地透露出雄雞的樣貌。❼為部分切割的霰石。❽是將圓形紋的部分鑲嵌在大理石中製作的仿製品。

❾看起來非常像文石，但這在台灣稱為「聖眼石」，是霰石在碳酸鈣堆積物中形成的同心球晶。在水石的世界裡又稱為「龍眼石」。

溫泉等的沈澱物亦可形成霰石。❿為長野縣鹿鹽生產的霰石，⓫則是在石灰洞的水中凝固而成的霰石，稱為「洞穴珍珠（Cave pearl）」。

⓬為俗稱的「條紋狀大理石（Onyx marble）」，形成於海底這個寬敞的地方。因為呈現白色條紋圖案所以才會加上Onyx這個名稱。這種類型的礦石有的屬方解石，因此無法憑肉眼區別辨識。

⓭的藍色條紋圖案會令人聯想到「藍色針鈉鈣石（拉利瑪石，Larimar，Blue

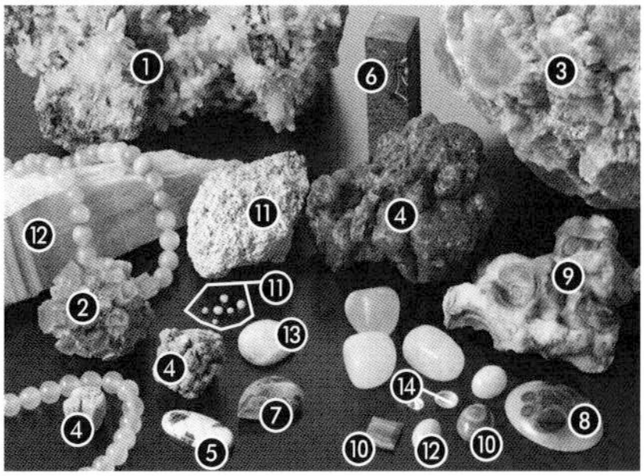

Pectolite）」，不過在產出方面反而是這種的比較稀少。

品質像⓮可以翻光琢面的結晶體則遠比方解石來得更加鮮少。

明礬石
Alunite

明礬石

英文名：Alunite
中文名：明礬石

成　分：$KAl_3[(OH)_3|(SO_4]_2$
晶　系：六方晶系(三方晶系)
硬　度：3.5～4
比　重：2.60～2.90
折射率：1.57～1.59
顏　色：白色、紅色、黃色、淺赤褐色、灰綠色、暗綠色、綠色、灰色、黑色
產　地：美國、義大利、烏克蘭、匈牙利、西班牙、捷克、澳洲、中國

關於明礬石

一提到「明礬」，立刻浮現腦海的是熟悉的日用品，令人難以將其與寶石聯想在一起，甚至可能還有人會認為明礬是粉末而不是礦石。

原本這種礦石就算切割做成寶飾也沒有什麼迷人之處，但現今卻琢磨成寶飾用石並且在市面上流通，因此才會在本書中介紹。

明礬石乃是受到「流紋岩（Rhyolite）」、「粗面岩（Trachyte）」及「安山岩（Andesite）」等火山噴氣與溫泉水的影響，經過變質之後形成的礦物，通常呈塊狀、粒狀或土狀，無法看出大塊清晰的結晶體。質地細膩的結晶集合體形成時會將脈狀的龜裂處與縫隙填滿，極端一點的話岩石本身還會變成明礬石塊。這就叫做「明礬石化作用（又稱硫氣作用，Alunitization）」。

日本別府溫泉鄉的八湯之一「明礬溫泉」是個知名勝地，這裡的土地就是將溫泉所在地的岩石換成明礬石。接下來本文會將原礦石稱為明礬原石，提煉過的稱為明礬。明礬的英文為「Alum」，廣泛運用在藥品與化學工業等範圍，現在的做法是將硫酸鉀（Potassium sulfate）與硫酸鋁（Aluminium sulphate）這兩種材料的水溶液混合製作而成，更早之前是利用明礬原石的礦石提煉製成的。義大利的托爾法（Tolfa）產地自15世紀即興起使用明礬原石的化學工業。對於現代文明而言，明礬可說是種不可或缺的礦物。

如果試著在我們生活周遭尋找明礬的用途，有讓醬菜發色、預防芋頭或栗子煮散、去除山菜澀味、做為糕點的膨鬆劑與蒸包子的漂白劑、做為中式麵條的鹹水、讓生魚片的蘿蔔絲形狀更加安定等等功用，如果說做為食品添加物的明礬如果就此消失匿跡的話，現在的食品流通界可能會無法存在，這其實一點也不為過。

明礬還可以做為染色時的穩定劑與淨水場的沈澱劑，這些都是自羅馬時代即沿用至今的科學。羅馬人利用明礬來改善水質，水不是非常乾淨時就會在裡頭加入明礬粉讓雜質沈澱，變成飲用水。當時的人穿著盔甲的時候，會在腋下沾些明礬粉以用來制汗與除臭。只要是生活在現代的日本人，應該都記得在理科實驗課中製作明礬結晶的經驗。

從照片認識明礬石 ①

明礬原石是種將許多伙伴列入族中的礦物，❶通常是明礬原石，從其成分又可稱為「鉀（K）明礬」。標本❷為粉紅色的明礬原石，覆蓋在表面上的褐色結晶群為明礬家族之一的「鐵明礬石（Jarosite）$KFe^{3+}{}_3[(OH)_3|SO_4]_2$」。由於這兩種明礬

礦石成分可互相替換，因此必須要調查鐵（Fe）與鋁（Al）的成分比例才能夠正確區分。

❸的項鍊為綠色明礬原石，類似變種的磷鋁石（Variscite）與土耳其石（Turquoise）。❹雖然與❸相同，不過褐色部分卻是由鐵明礬石與褐鐵礦（Limonite）（正確應為針鐵礦）所形成。

❺是從像❶的原石切割而成的。

❻為大塊的八面體人工明礬結晶。這是將結晶體吊在線上之後再浸泡在明礬液中成長形成的，而燒杯就是結晶體的故鄉。這個八面體結晶的線頭部分有許多平行連晶的小結晶體，令人不禁想起當初在製作時煞費了一番心思才完成這個透明又完美的八面體結晶。

❼為添加鉻（Cr）的鉀明礬。

❽的標本是在砂岩上形成的鉻・鉀明礬結晶體，在礦物展上以「翡冷翠（螢石，Fluorite）」之名銷售。當然這是贗品（非真品），只要擁有可以溶解於這種水的成分，短時間內就能夠輕易完成。

從照片認識明礬石 ②

標本❾為「膽礬（Chalcanthite）」，不過是將天然礦石浸泡在硫酸銅水溶液中使其表面結晶而成的，天然的膽礬結晶是不會出現這樣尖銳的形狀（➡請參考p.124的膽礬）。市面上雖然買的到天然膽礬，但只要利用蒸發法任誰都能夠輕易地做出結晶標本，這警告我們在明礬的項目裡同時還存在著人工結晶。

但這當中有的卻會造成問題。例如❿為「重鉻酸鉀 $K_2Cr_2O_7$」的結晶

體，形成於因褐鐵礦而變成褐色的砂岩（Sandstone），看起來就像是天然產出的礦物。重鉻酸鉀為「六價鉻」的一種，含毒，易引火，光是碰到手汗就會溶解，只要接觸到皮膚就會起疹子甚至發炎，有時還會因體質而引發癌症。這種礦石會當做「雞冠石（Realgar）」來銷售。

Mini 知識

廣義的「明礬」指的就是「十二水合硫酸鋁鉀 $AlK(SO_4)_2 \cdot 12H_2O$」。這是種從無色到白色的八面結晶體，只要加熱至300℃就會釋出結晶水，成為無水硫酸鋁鉀，這就叫做「燒明礬」。

鐵鋁榴石／錳鋁榴石／鎂鋁榴石
Almandine garnet／Spessartin garnet／Pyrope garnet

❶鐵鋁榴石／❷錳鋁榴石／❸鎂鋁榴石

英文名：❶Almandine garnet
❷Spessartin garnet
❸Pyrope garnet
中文名：❶鐵鋁榴石（貴榴石）
❷錳鋁榴石（荷蘭石）
❸鎂鋁榴石（紅榴石）

成　分：❶$Fe^{2+}{}_3Al_2[SiO_4]_3$
❷$Mn^{2+}{}_3Al_2[SiO_4]_3$
❸$Mg_3Al_2[SiO_4]_3$
晶　系：均為等軸晶系
硬　度：❶7.5／❷7.25／❸7.25
比　重：❶3.95～4.25
❷3.78～4.28
❸3.65～3.75
折射率：❶1.78（範圍1.78～1.83）
❷1.79（範圍1.79～1.81）
❸1.74（範圍1.73～1.74）
顏　色：❶紫色、紅黑色、紅褐色、黑色／❷橙色、紅橙色、紅色、褐色、金黃色、黃色、黑色／❸紅色、粉紅色、黑色、無色（略帶淺淺的粉紅色）
產　地：❶印度、巴西、斯里蘭卡、坦桑尼亞、馬達加斯加、阿富汗、美國、中國、日本
❷斯里蘭卡、馬達加斯加、緬甸、巴西、美國、義大利、澳洲、挪威、坦桑尼亞、肯亞、德國、巴基斯坦、尼泊爾、中國、日本
❸捷克、德國、挪威、坦桑尼亞、義大利、美國、南非共和國、蘇格蘭、中國、希臘、阿根廷

關於鐵鋁榴石與其他石榴石

這3種石榴石的英文亦可稱為「Almandine」、「Spessartin」、「Pyrope」，將Pyrope、Almandine、Spessartin的粗體字部分拼湊起來，即為「Pyralspite（鋁榴石）」這個系統名。這3種石榴石都含鋁（Al），故又可稱為「Aluminum Garnet（鋁榴石）」。由於構成結晶成分（原子）的大小（又稱為離子半徑）非常相近，因此分別構成鐵鋁榴石、錳鋁榴石與鎂鋁榴石的二價鎂（Mg）、鐵（Fe）與錳（Mn）原子會互相混合而且非常容易替換，這種現象就叫做「異質同形（Isomorphism）」。

◎鐵鋁榴石

石榴石中以鐵鋁榴石的產量最多。或許就是因為廣泛產於全世界，在所有石榴石當中最早受到人們注意，並且利用至今，自古以來最普遍的用途就是當做研磨材。不論東西方，都是用來琢磨其他寶石。結晶像砂粒般顆粒細微的鐵鋁榴石其實會混合河砂大量產出，因此非常適合做為研磨材，日本人特將其稱為「金剛砂」。所謂金剛，在佛教用語當中指的就是「金剛不壞（最為堅固之物，無物可將其損壞）」。

◎鎂鋁榴石

相反地，在鋁榴石當中最罕見的就是「鎂鋁榴石」。從其成分可看出這種石榴石其實並沒有可以呈現色彩的離子。理論上應屬無色透明，然而這樣的礦物實際上並不存在，因此鎂鋁榴石經常呈現紅色。雖然鎂鋁榴石普遍會與鐵鋁榴石摻和，但就像在義大利的皮埃蒙特（Piemonte）所發現的一樣，有的鎂鋁榴石僅會在相當接近端成分（譯註：固溶體範圍較小）的地方呈現粉紅色。相反地鉻（Cr）含量豐富亞種稱為「鉻鎂鋁榴石（Chrome Pyrope）」，這種礦石的顏色如同鮮血般鮮艷，知名產地有美國的亞利桑那州與捷克。這種鎂鋁榴石與錳鋁榴石混合的話幾乎會形成中間物質，其中最知名的就是「玫瑰榴石（Rhodolite）」。

◎錳鋁榴石

鐵鋁榴石與錳鋁榴石都能夠自由混合。看起來略帶褐色的暗紅石榴石幾乎都是處於這中間的礦物。產自肯亞的同色石榴石有時會稱為「馬拉亞榴石（Malaya Garnet）」，不過這個詞原意並不是非常

好，因此有避免使用的傾向。接近純淨無雜質（端成分）的錳鋁榴石價值非常高，呈現出十分美麗的黃色到橘色這之間的色彩。

從照片認識鐵鋁榴石與其他石榴石

❶的標本為阿富汗「偉晶岩」中的鐵鋁榴石，不過隨處可見海水藍寶與長石散佈。雖然同樣都是偉晶石，但日本產的形狀卻截然不同。❷的項鍊串珠就是從這種結晶體切割而來的。❸與前方的3粒結晶體是從茨城縣真壁郡山之尾的偉晶岩中形成的鐵鋁榴石，而此地正是日本知名的石榴石產地。這個以鐵鋁榴石為代表的石榴石系從照片上可看見「24面體」。❹形成於福島縣石川町的偉晶石，左右寬度為10cm呈不透明狀。❺～❽的標本也是鐵鋁榴石，不過❺～❼形成於「黑雲母片岩（Biotite schist）」中。從標本❺可看出這是堆積岩形成之際在這裡頭成長碩大而形成的。❽形成於「片麻岩（Gneiss）」，產自南極的釣鉤島（Ongul Island）。❾為形成於錳礦床石英脈礦中的錳鋁榴石集合體。石榴石這個名稱源自於拉丁語的「granatum」，意思是穀粒或種子。這個名字清楚地表達了❾的產狀。❿為在表面滿滿地覆蓋一層錳鋁榴石的煙水晶。⓫產自長野縣和田峠，鐵含量多，散發出宛如研磨過後的黑色光芒，因為外形使得這種礦石自古以來便稱為「菱形石」。

⓬為「玄武岩（Basalt）」中的鎂鋁榴石。⓭為風化脫落的母岩，特色與其他石榴石一樣沒有明顯的結晶外形。⓮乃是在高壓之下形成的白雲母（Muscovite）中結晶而成的礦物（⇒的部分）。⓯是鐵鋁榴石，以紅黑色為特徵，過去的人會像⓰那樣將內側挖空好讓顏色看起來更加明亮。像這樣的石榴石有的還會像⓱那樣出現星星或貓眼圖案。

⓲顯現出「玫瑰榴石（Rhodolite Garnet）」的色彩。⓳為錳鋁榴石的理想顏色，⓴在鎂鋁榴石的顏色範圍內，從接近無色到如同鮮血般紅艷的都有。鐵鋁榴石與錳鋁榴石的原文來自地名；相對地，鎂鋁榴石的原文含義則是「如同火焰」。

紅柱石／空晶石
Andalusite／Chiastolite

1 紅柱石／2 空晶石

英文名：1 Andalusite
2 Chiatolite
中文名：1 紅柱石
2 空晶石

成　分：Al_2SiO_5
晶　系：斜方晶系
硬　度：1 6.5～7.5／2 5～5.5
比　重：1 3.13～3.17
2 3.00～3.05
折射率：1 1.63～1.65／2 1.58～1.60
顏　色：1 黃色、淺紅褐色、灰綠色、暗綠色、灰色、黑色 2 灰色．褐色底色加上黑色的交叉線
產　地：1 巴西、墨西哥、斯里蘭卡、緬甸、美國、馬達加斯加、澳洲、俄羅斯、加拿大、日本
2 俄羅斯、西伯利亞、澳洲、巴西、美國、中國、日本

關於紅柱石／空晶石

這個寶石起初是在西班牙的安達魯西亞（Andalucía）發現的。當初發現的寶石為黃褐色，之中帶著紅色，隨後又出現更加深邃的紅色、完全呈黃色，以及灰色與略帶黑色的寶石。這種寶石最大的特色，就是呈現的顏色會隨著結晶體觀察的方向不同而改變。這就是「多色性」性質，亦常見於丹泉石（Tanzanite）與董青石（Iolite）。

「藍晶石（Kyanite）」與「矽線石（Sillimanite）」的成分雖然相同，但結晶構造卻相異。擁有這種關係的礦物稱為「同質異象（同質異晶）」。成長條件方面，形成的時候紅柱石在中高溫與低壓的環境之下會比較穩定，不過藍晶石必須在低溫與高壓的環境之下才會比較穩定；相反地矽線石在高溫與中高壓之下就會顯得比較穩定。形成於鋁（Al）和矽酸（SiO_2）含量較多的變質岩，尤其是區域變質岩（廣域變質岩）裡頭，通常剛玉、藍晶石、董青石、矽線石也會跟著形成，有時還會出現在花崗岩或偉晶岩裡。紅柱石在日本產地非常多，當然還包含了後述的空晶石，有時在形成於偉晶岩的紅柱石中還會發現藍寶石。

另外還有包含錳（Mn）在內的亞種，稱為「錳紅柱石（Viridine）」。這種礦石會因與鐵分組合而呈現草綠色到深綠色，不過以小顆石粒居紅柱石在常壓之下可承受將近700℃的高溫，加上結晶體體積會隨著溫度影響而變小，因此可用來製作耐火磚瓦的材料。

「紅柱石」這個名稱是因為其結晶體呈長柱狀，加上鮮艷的紅色之中又帶著粉紅色而來的。

因為泥質岩承受了接觸變質而形成的「角頁（Hornfels）」裡頭，有一部分會帶著粉紅色，但大多數會產出帶白色的結晶。這種礦物會呈現雙晶的形態，從四角柱的結晶剖面還可看到如同石墨等碳素質的X字線條，這種構造稱為「空晶石構造」，而交叉的結晶會讓人聯想到十字架。這個變種的礦石名源自希臘語中的「chiastos」，意思是「十字架」，之後取名為「空晶石（Chiastolite）」。16世紀的西班牙人還將這種礦石當做驅魔避邪的護身符，並且暱稱為「十字石（Cross stone）」。就連「Staurolite（➡請參考p.256）」也擁有相同暱稱，以象徵十字架而深受人們珍藏。

從照片認識紅柱石／空晶石 ①

從❶與❷的照片不難明白紅柱石這個名稱的由來。雖然其名稱來自將柱子捆

綁起來的圖案，不過❷卻是將外形較大的結晶柱往縱切面剖開而成的礦物。從結晶體中可發現小顆藍寶石（⇒的部分），周圍則是變質而成的「白雲母」。❸形成於偉晶岩，為成捆狀的多結晶體（⇒的部分為藍寶石）。❹的切石因為多色性而顯現出美麗效果，能夠觀察到與相對翻光琢面不同的色彩。照片中的礦石看起來粉紅色之中帶著綠色與褐色。不過這個效果卻會讓人誤以為這是因為光線而造成的變色效果，有時甚至還會讓人誤以為是變石（亞歷山大變石，Alexandrite），不過卻有人刻意以「巴西變石（Brazilian Alexandrite）」這個別名來銷售。

有時其多色性會被誤認為是電氣石。當然有的多色性比較差，像❺這樣的礦石有時就會誤被鑑識成「帝王黃玉（Imperial Topaz）」而流通於市面上。

利用弧面琢磨（Cabochon cut）而成的紅柱石如果改用翻光琢面的話，會呈現截然不同的多色性效果。在本照片中因為相機鏡片效果發揮作用，故可清楚看出夾雜著綠色、咖啡色與粉紅色的斑點。

從照片認識紅柱石／空晶石②

形成於粉紅色長石中的是「草綠色紅柱石❼」。獨特的色彩讓草綠色紅柱石的切石❽常因為其色調而非常容易地被誤認為是透輝石（Diopside）。

❾❿是結晶體橫切面圖案非常獨特的空晶石。擺在右邊項鍊裡面的是可以看出產狀的標本❾。這是變質成角岩的泥岩，因裡頭含碳（C），所以才會變成黑色的母岩。⇒的部分為空晶石，不過這裡的標本還殘留著紅柱石的粉紅色。從標本❿我

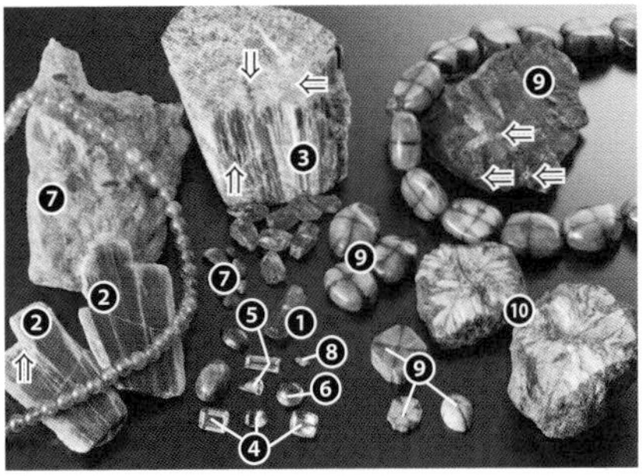

們可以看出空晶石的結構是由「雙晶」所形成的。

琥珀 Amber

琥珀

英文名：Amber
中文名：琥珀

成　分：基本上為$C_{10}H_{16}O + H_2S$
晶　系：非晶質
硬　度：2～2.5
比　重：1.05～1.10
折射率：1.54
顏　色：黃色、褐色、橙黃色、黃白色、紅色、淺青黃色、（深淺）藍色、淺綠黃色
產　地：俄羅斯、拉脫維亞、立陶宛、愛沙尼亞、波蘭、德國、丹麥、日本、挪威、義大利、緬甸、英國、多明尼加、中國、墨西哥

關於琥珀

琥珀這個名稱來自中國，從前的人相信這個顏色是老虎的魂魄入土變成的石頭，因而寫成「虎魄」。其實它的真面目是植物釋出的樹液中所含的樹脂經過長年累月凝固而成的化石，但卻完全看不出石頭的模樣。

英文的Amber是從anbar這個阿拉伯語轉化而來的，意思是「龍涎香」。龍涎香是分泌自抹香鯨體內的生成物，重量非常輕；漂在海上燃燒的話，散發出的芳香會非常像琥珀。琥珀如果浮在海上燃燒的話，一樣也會散發出香氣，不過燃燒方式卻非常特殊。起先它會徐徐燃燒，接著會突然燃起大火，冒出黑煙。古時候的人看到這種情況，就深深覺得這種石頭隱藏著一股不可預知的神奇力量。

起初發現的是被沖上波羅的海（Baltic Sea）的琥珀，希臘人尤其喜愛其所散發的神秘美。彷彿將陽光封鎖在內的金黃色加上浮在海面的輕盈，讓人覺得沈入海中、凝固海底的夕陽精華因某種機緣而被沖上海岸。尼喜阿斯（Nicias）將這種礦石稱為「太陽之石」，並且把這個嗜好傳達給羅馬人知道。

希臘人還發現到這種礦石只要一摩擦就會吸引塵埃的神奇力量，因而特地將這種力量稱為「Elektron」，但這只不過是靜電造成的。之後這個字便成為電氣的英文，也就是「Electricity」這個字的來源。

當這種寶石越來越受歡迎時，波羅的海的沿岸國家與其他地方也開始發現被沖上海岸的琥珀。不僅如此，就連內陸地區也陸陸續續從地層中發現樹脂化石。這些化石裡頭有的雖然擁有琥珀的外觀，但絕大部份的性質卻十分脆弱。樹脂必須經過至少3000年的時間才有辦法固化成像琥珀那樣堅硬，由於年份短的樹脂化石性質脆弱，因此無法用來製作寶飾。

為了區別，像這樣的化石會稱為「柯巴樹脂（Copal）」，融化之後可用來製作香料、藥品與塗料（➡請參考p.180的柯巴樹脂）。但光憑肉眼不容易區分這兩種的差異，因此有人會誤將柯巴樹脂當做琥珀來販賣。

從照片認識琥珀①

琥珀會隨同滲出樹脂的木頭一起埋入地層之中並且漸漸硬化。❶產自北海道，在這塊砂泥岩中可以看見夾雜著煤炭片的琥珀塊。這種狀態的琥珀稱為「礦珀（Pit Amber）」。相同的東西❷為岩手縣久慈產，❸為多明尼加產，另外還有墨西哥產。

之後當地層一崩壞，形成的琥珀就會從這裡頭流出，有的甚至還會被沖刷流

匯至大海裡。琥珀因為會浮在海面上，所以會隨著海浪漂流到遠處， 並且再次堆積在漂流地的海岸或地層之中。相對於前者，這些琥珀稱為「海珀（海石，Sea Amber）❹」，最典型的就是「波羅的海海珀（Baltic Amber）」。以俄羅斯為代表的波羅的海沿岸諸國在一直以來提供了寶飾市場產量十分穩定的海珀。

海珀會從原產地地層沖刷流出，在漂流搬運的過程當中強韌的部分會自然地殘留下來，一般來說這種琥珀性質會比礦珀來得堅硬。俄羅斯與波羅的海沿岸國家善加利用琥珀的性質，並且研究加工方法，進而開發了不少產品化的技巧。

其中最常進行的就是「加熱加工」，這種技巧可以提升琥珀的透明感或者讓色調更濃。❺的圓薄片圖案是熱加工時內部空氣跑出形成的氣泡，稱為「Glitter」，意思就是「閃閃發光」。從前人們將琥珀稱為太陽之石，故又叫做「太陽花（冰花，Sun spangle）」。

❻是讓原石表面經過熱加工發成紅色，之後再雕刻圖案以顯現出顏色對比。

從照片認識琥珀②

今日在寶飾市場看見的琥珀產地大致可分為2處，一個是來自波羅的海的海珀，另一個就是產自多明尼加的琥珀。例如大家熟知的「藍琥珀（Blue amber）❼」就是來自多明尼加。只要在這種琥珀底下擺張黑紙，就能夠呈現出非常清楚的藍色色彩。

利用紫外線讓樹脂裡頭所含的成分發出螢光，就能夠看見深淺不同的藍色；相同原因之下還能夠隱約看到綠色的❽。其

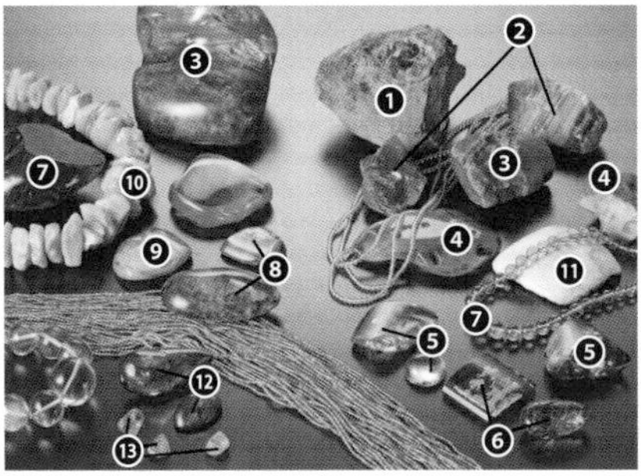

實琥珀只能看見這種程度的綠色，至於現在市面上看見的綠色琥珀則是經由傳統加工技巧創作而成的，色彩十分鮮艷，與一般的琥珀截然不同。

❷❾❿是沒有經過熱加工處理、保留著從樹上流下來時的樣子的不透明琥珀。這種不透明的黃色是內部無數氣泡所造成的。⓫是氣泡變多，讓本身的黃色消失變成白色的琥珀。⓬是因地熱而發色變成紅色的罕見琥珀。琥珀不但擁有寶石的迷人魅力，甚至還是化石界的「時空膠囊」，這對於古生物學家而言可說是極為貴重資料，例如⓬⓭就是將昆蟲與植物整個封存在內的珍貴琥珀。另外還有將朝露、甚至礦物的「黃鐵礦（愚人金，Pyrite）」封存起來的奇特琥珀。

紅扇珊瑚／海竹珊瑚
Melithaea／Keratoisis

❶紅扇珊瑚／❷海竹珊瑚

英文名：❶Melithaea
❷Keratoisis（Lepidisis及Acanella）
中文名：❶紅扇珊瑚
❷海竹珊瑚、竹珊瑚、象牙珊瑚、枝竹珊瑚

成　分：$CaCO_3$ ＋ 碳酸鎂 ＋ 有機物（紅扇珊瑚為胡蘿蔔素等）
晶　系：六方晶系（粒狀體）
硬　度：❶3.5～4／❷3.5～4
比　重：❶2.0～2.5／❷2.5～2.7
折射率：1.49～1.65
顏　色：❶紅色、淺橘紅、黃褐色
❷黃白色、白色、淺褐色
產　地：遍布全球各地，有西高東低的傾向，大多分布在從赤道周邊到南半球這一帶。

關於紅扇珊瑚／海竹珊瑚

◎紅扇珊瑚類

紅扇珊瑚的外觀非常類似用來做為寶石的「貴重珊瑚➡請參考p.184」。在魚兒游來游去的海裡，我們會看見潛水者漫遊在以豔紅珊瑚為背景的大海裡，這個珊瑚就是紅扇珊瑚，因為太平洋的寶石珊瑚無法生長在一般潛水者可抵達的深度。不管是國外還是日本都一樣，常聽到漁夫拿著碰巧撈到的珊瑚請熟知的人鑑定，但得到的答案往往是否定的，成為億萬富翁的夢頓時煙消雲散。「磯赤珊瑚（Isoaka sango）」這個日文別名也印證了人們多麼希望它是寶石珊瑚的念頭。

紅扇珊瑚與貴重珊瑚一樣都是屬於八放珊瑚亞綱的「柳珊瑚目（Gorgonacea）」，並且分類為扇珊瑚科。當中有好幾種廣為人知的種類，不過通常用來做為寶飾品的是「網扇軟柳珊瑚（Gorgonian coral）」。紅扇珊瑚的高與寬均約20cm左右；相對地網扇軟柳珊瑚比較大，高有1m而且寬約40cm，就連主枝幹的直徑也將近2cm。

紅扇珊瑚類的枝幹呈現蛇腹狀的皺摺圖案（角質節），此外還擁有顏色較淺的網目狀圖紋。

◎海竹珊瑚類

海竹珊瑚這個名字聽起來有點奇妙的珊瑚屬於「柳珊瑚目」。

擁有角質節這種珊瑚外形看起來十分像植物的大木賊（Equisetum hyemale L.），但因主幹的形狀看起來類似竹子，故以「海竹」為名。

海竹珊瑚有好幾種，除了白色有的還略帶褐色，擁有許多亞種，可惜有些在生物學上分類尚未明確。儘管如此，寶石業界卻還是會利用藥品將這種珊瑚漂白做成寶飾品。將竹節部分切除的稱為「白珊瑚」，不過有的染色之後卻會偽裝成「紅珊瑚」或「粉紅珊瑚」，其實這些都是海竹珊瑚的染色品。

過去從地中海經由絲路運送到東洋、產自地中海的珍貴珊瑚——紅珊瑚，在西藏與中國佛教僧侶之間會用來做為佛珠，但是只有地位相當的高僧才能夠擁有這種佛珠。由於一般信徒無法擁有真品，因此才會想出將出土的珊瑚化石染成紅色，做為佛珠。在交通便利的今日，經過染色的海竹珊瑚會在中國製作，並且運送到過去的周交路一帶。而山珊瑚這個名稱就是過去遺留下來的。

從照片認識紅扇珊瑚／海竹珊瑚

當今的寶飾市場流通著貴重珊瑚與包含其在內的柳珊瑚目珊瑚，此外還有黑珊瑚目的黑角珊瑚（Black coral）。過去在寶石業界的行情十分低迷，僅列入首飾業界等級的珊瑚如今也為寶石業者所青睞，因此這一頁會一併談到紅扇珊瑚與海竹珊瑚這個主題以外的珊瑚。

紅扇珊瑚類的❶枝幹上呈現淺色脈狀的紋路，最大的特色就是無數密集的小孔洞，不過這種珊瑚就算琢磨，也會因為這些孔洞而無法呈現光澤，為了提升琢磨效果，通常會利用合成樹脂將孔洞填滿，例如❷～❹。從標本❷的箭頭部分可以看出滲入的合成樹脂溢出凝固的樣子。而在處理含浸固化的珊瑚時，有的還會刻意將樹脂染成紅色。

貴重珊瑚價格不菲，故本頁列出的是利用價格低廉的珊瑚製作而成的產品。這種顏色為紅色的珊瑚又以「Apple coral」之名流通於市面上。這種珊瑚孔洞細小密集，以前稱為「Sponge coral」。過去暱稱為「管珊瑚（Organ-pipe coral）」的則稱為「笙珊瑚（Tubipora musica）（八放珊瑚亞綱）❺」。這種珊瑚會形成珊瑚礁因此也稱為造礁珊瑚。

❻為「藍珊瑚（蒼珊瑚，Heliopora coerulea）（屬八放珊瑚亞綱）」，這種珊瑚也能夠形成珊瑚礁。呈現的藍色是膽汁三烯（Bilin）的色素。

❼～❾為海竹珊瑚的原木，從外觀便可看出種類不同。❿為磨成串珠的海竹珊瑚，從洞口還可看出角質環節的痕跡。

⓫的項鍊使用的是黃白色與白色的海竹珊瑚，不過白色部分在切割的時候刻意避開環節的部分，有時會當做白珊瑚流通於市面上，此外還有經過染色的白色海竹珊瑚⓬，買賣時常被認為是貴重珊瑚。

⓭為「筒星珊瑚（Cyathelia axillaris）（屬六放珊瑚亞綱）」。

⓮為「柱星螅目（Stylasterina）（屬

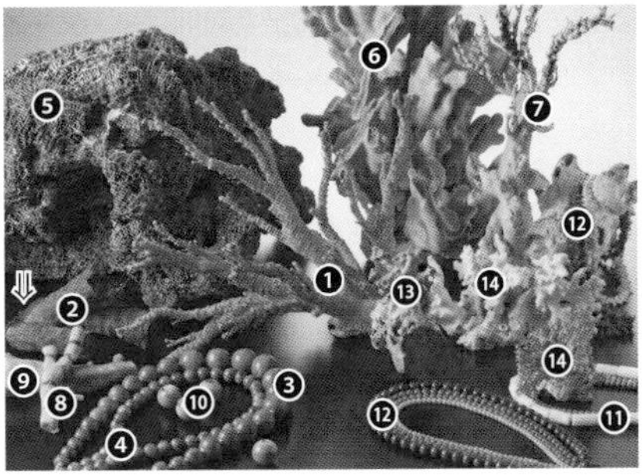

水螅綱）」，不熟悉它的人會以為這是寶石珊瑚。日本珊瑚業界有人稱其為「七兵衛」或「Asunaro」。所謂七兵衛，乃是發現自己打撈起來的珊瑚「並非珍貴珊瑚，因而夢想破滅」的漁夫名；至於Asunaro這個名字則隱含了諷刺意味，「不管你有多希望它明天就能變成寶石珊瑚，但你撿到的那塊就是不會變成可以當做寶石的珊瑚」。（譯註：「Asunaro」音近日文的「明天變成」之意。）

撞擊岩
Impactite

撞擊岩

英文名：Impactite
中文名：撞擊岩

成　分：從整體的種類來看可發現特色就是SiO_2含量較多，將近80～100%。含Na量少，但與Fe、Ni相比的話算多
晶　系：非晶質
硬　度：5～6
比　重：2.10～2.31
折射率：1.46～1.54
顏　色：黑色、黑褐色、*淺黑綠色、*綠色、*黑綠色、*褐色、黃色、灰色
※打上「*」符號的顏色類似捷克隕石（Moldavite）的顏色。
產　地：澳洲、迦納、塔斯馬尼亞、哈薩克斯坦、埃及、阿拉伯半島

關於撞擊岩

同樣都是因隕石墜落而形成的熔解玻璃，不過撞擊岩與包含捷克隕石在內的泰國隕石（玻璃隕石、玻隕石、似曜岩，Tektite）外形卻不太一樣，不管是表面狀態或是內部構造均截然不同，充分反映了這兩者的形成方式。廣義上來說，撞擊岩雖然包含了泰國隕石，撞擊時飛散（彈跳）的距離卻比不上泰國隕石。隕石落下時因衝擊力所發生的壓力與熱會讓地表的岩石頓時玻璃化。本書為了說明成因，特地將範圍限定在隕石墜落之後，於撞擊地形成的物質裡頭含玻璃質的岩石來談論。

地球與隕石（小天體）的撞擊自地球形成期開始便不斷地反覆發生並且直到今日，而廣為寶石相關者熟悉的，就是形成捷克隕石的「里斯盆地（Rieskrater）」（➡請參考p.338的泰國隕石／捷克隕石）。

這個隕石撞擊形成的環形山直徑約24km，受到隕石撞擊的砂土會因為衝擊波而彈飛，一邊融化急冷一邊形成「捷克隕石」，並且飛散至250km遠的地方；剩下的砂土則是會因為衝擊所產生的超高溫高壓而粉碎，一部份熔解變質，同時受到發生的高壓氣氣流積壓而散落堆積在壁緣或外圍，至於里斯盆地則是散落在1.5km周圍。相對於泰國隕石，這種隕石就稱為「衝擊凝灰角礫岩（Suevite）」。

隨著隕石相關研究的發展，讓人們漸漸瞭解到環形山裡並不會形成飛翔物（捷克隕石）。

西非的「阿維爾玻璃隕石（400萬年前）」形成於阿維爾隕石坑，澳洲的「亨伯里玻璃隕石（Henbury glass）（4000年前）」則是形成於Henbury隕石坑。不過這當中也有尚未確認的隕石坑，最有名的就是埃及南部的「利比亞玻璃隕石（Libyan Glass）（2800萬年前）」、塔斯馬尼亞島的「達爾文玻璃隕石（Darwin Glass）（70萬年前）」與阿拉伯半島北部的「瓦伯玻璃隕石（Warbar glass）（年代不詳）」。當中有的甚至是隕石在撞擊地表的前一刻爆發而成的。

這就像二次世界大戰在廣島與長崎投下的原子彈在地表之間爆發的情形一樣。廣島型威力雖然有10kt，但是一般的隕石卻擁有超過好幾百倍的能量，從這就不難理解地上的岩石為何會立刻玻璃化了。

從照片認識撞擊岩

❶～❺為殘留在隕石墜落的隕石坑壁中的玻璃，從這可看出砂土溶解後流動的模樣。尤其是標本❷擁有無數氣泡跑出後留下的孔洞，由此可看出隕石撞擊時因為產生高溫，所以才會驟然產生氣泡蒸發的情況。❸與❹裡頭還殘留著尚未融化的岩

石片，從這裡頭包圍的不定向流紋便可看出隕石爆發的時候還出現了攪拌作用。

❻～❿為「達爾文玻璃隕石」，⓫～⓮為「利比亞玻璃隕石」，只要仔細觀察，就能夠看出這與飛出的泰國隕石十分不同。

⓫為古代人製作的石器。一提到可以製作石器的原石，條件就是要容易切割。而黑曜岩（Obsidian）也是其典型之一，均為大型原石。

試著將利比亞玻璃隕石與泰國隕石以及捷克隕石比較，就會發現這3種的形成方式均不同，因此形狀與結構也會隨之而異。捷克隕石沒有碩大的結晶塊，也比其他隕石脆弱易碎；利比亞玻璃隕石雖然是這3者中最大的，但也是最容易破碎的，從此便不難理解為何這樣的性質會利用來當做打製石器的材料。

利比亞玻璃隕石含有許多氣泡，就連標本⓫的白色礦脈也是氣泡聚集而成的。事實上如果用放大鏡觀察利比亞玻璃隕石，就會發現這個不規則的外形四處混合了斷裂的圖案與圓圓的氣泡。另外可以看出砂土融解模樣的「脈理（Swirl）」也沒有捷克隕石那樣生動清晰。捷克隕石看起來就像是用筷子攪拌果糖那樣，不過利比亞玻璃隕石對於不定形的氣泡顯得穩定多了，這說明了它們當場會瞬間玻璃化。出現在手鍊⓰串珠中的白色顆粒也是特徵，這是石英的其中一種形態「方英石（Cristobalite）」。這種礦物的存在讓人明白這種玻璃隕石是在高溫的環境之下熔解急冷，同時又理解到因為熱應變（Thermal strain）而不容易碎裂。

為了瞭解成因，標本⓯也一併陳列在旁。這是1945年7月16日人類在新墨西哥州阿拉莫戈多（Alamogordo）進

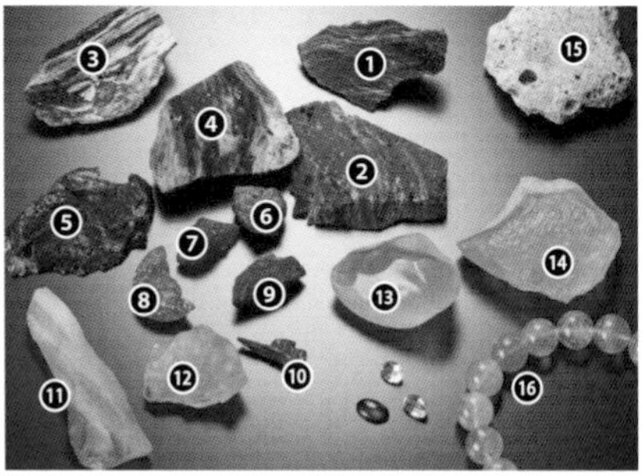

行第一次鈽原子彈實驗時融化於核爆地的岩石。這個標本以原子彈為名，稱為「Trinitite」。當時試爆成功的原子彈事後接連地投擲在廣島與長崎。這個標本至今依舊殘留著幅射。這裡頭雖然可以看見玻璃化後蒸發形成的大小氣泡因浮起而留下的痕跡，不過標本❻～⓮卻沒有完全玻璃化，由此可看出泰國隕石與衝擊凝灰角礫岩是在如何強大的能量之下形成的。

鈉硼解石
Ulexite

鈉硼解石

英文名：Ulexite
中文名：鈉硼解石、電視石

成　分：$NaCa[B_5O_6(OH)_6]\cdot 5H_2O$
晶　系：三斜晶系
硬　度：2～2.5
比　重：1.65～1.95
折射率：1.50～1.52
顏　色：無色、白色、灰色
產　地：美國、阿根廷、祕魯、土耳其、智利、俄羅斯、加拿大

關於鈉硼解石

鈉硼解石又稱為電視石。這種礦物起初是在智利Tarapacá州發現的。Ulexite這個名字，取自正確地分析出這個礦物的德國化學家G. L. Ulex的名字，因為這種礦石形成的時候從球狀到不規則的塊狀均有，並不會呈現清楚明瞭的結晶形狀，偶而會出現聚集成捆的纖維狀結晶體。當結晶體呈平行而且十分緊密地聚集時，只要垂直地將纖維切斷琢磨成板狀，文字就會透過石板浮現在另外一面上。鈉硼解石之所以又稱為「電視石（Television stone）」，是因為這些纖維發揮了光纖效果，將光線整個傳遞出來。這種類型的礦石是在美國加州（Boron地區）採集的。如果將組織橫切的話，就會形成貓眼石。

鈉硼解石形成於沙漠中的鹽湖或蒸發岩（➡請參考不可不知的知識）的窪坑裡，通常「硬石膏（Anhydrite）」、「硬硼鈣石（Colemanite）$Ca[B_3O_4(OH)_3]\cdot H_2O$」、「硼砂（Borax）$Na_2[B_4O_5(OH)_4]\cdot 8H_2O$」也會跟著共生。這種礦石的性質就是不會溶於冷水，但卻非常容易溶於熱水，只要放在濕氣中的地方就會因為吸水而分解，所以當在保存標本的時候，必須連同矽膠一起放入密閉容器裡保管。此外，這種礦物還廣泛地與硼砂及硼（B）運用在工業範圍上，不過日本並不生產這種礦石。

從照片認識鈉硼解石

標本❶為形成捆狀的纖維狀結晶體，❷為質地十分綿密的集合體，直角裁切之後就是❸的石板，透過石板可以看見底下的文字。❹的切石是沿著虛線方向將❷的原石琢磨成弧面。除此之外的大多數貓眼石通常會將❷的原石切割成薄片並且貼在各種寶石背面。換句話說，就是在❷的上面放塊透明的石頭。

以下列出幾種寶石僅供參考。❺粉晶（薔薇石英、芙蓉晶）（Rose quartz）、❻海水藍寶（海藍寶）（Aquamarine）、❼磷灰石（Apatite）、❽紅色電氣石（紅碧璽、玫瑰碧璽）（Rubellite tourmaline）、❾堇青石（水藍寶）（Iolite）、❿透輝石（Diopside）、⓫火蛋白石（Fire opal）、⓬丹泉石（坦桑石）（Tanzanite）、⓭黃水晶（Chitrine）、⓮綠色電氣石（綠碧璽）（Green tourmaline）、⓯海水藍寶（Aquamarine）、⓰祖母綠（綠寶石）（Emerald）、⓱鐵鋁榴石（Almandine garnet）、⓲藍色電氣石（藍碧璽）（Blue tourmaline）、⓳煙水晶（Smoky quartz）、⓴粉紅電氣石（粉紅碧璽）（Pink tourmaline）、㉑紫水晶（Amethyst）、㉒白蛋白石

（White opal）、㉓綠色電氣石（Green tourmaline）、㉔黃色電氣石（黃碧璽）（Yellow tourmaline）、㉕玫瑰榴石（Rhodolite garnet）。

這些都是貼在鈉硼解石片上的貓眼石，以顯現出弧面琢磨的鏡片效果，讓貓眼石的圖案看起來更加清晰鮮明。這些墊層貓眼石可廣泛稱為「仿造貓眼石（Imitation cat's-eye）」，但如果是像❻❼❽❿⓬⓮⓯⓰⓲⓴㉓㉔那樣貼上內含管狀內包物的石頭為特色的話，不但無法確認底部是否為鈉硼解石，反而可能會直接被誤認為是真正的貓眼石。

不可不知的知識

◎「蒸發岩（Evaporite）」

因蒸發作用而形成的岩石，當湖水或封鎖在內陸部的海水蒸發之後，融於水中的成分濃度會增加，進而產生化學反應，在這種情況下形成的礦物集合岩就稱做蒸發岩。

可以形成蒸發岩的礦物有

〔鹵化礦物〕⇨岩鹽、鉀鹽（Sylvius）、光鹵石（Carnallite）；

〔硝酸鹽礦物〕⇨鈉硝石（Nitratine）；

〔硼酸鹽礦物〕⇨硼砂、鈉硼解石、硼鈣；

〔硫酸鹽礦物〕⇨石膏、鈣芒硝；

〔碳酸鹽礦物〕⇨重碳酸蘇打石、天然蘇打、霰石。

◎形成的過程

蒸發岩礦物會隨著鹽湖水分的蒸發而開始堆積。

氧化鐵⇨霰石形成（當餘量剩1/5）

石膏⇨重晶石形成（當餘量剩1/10）⇨

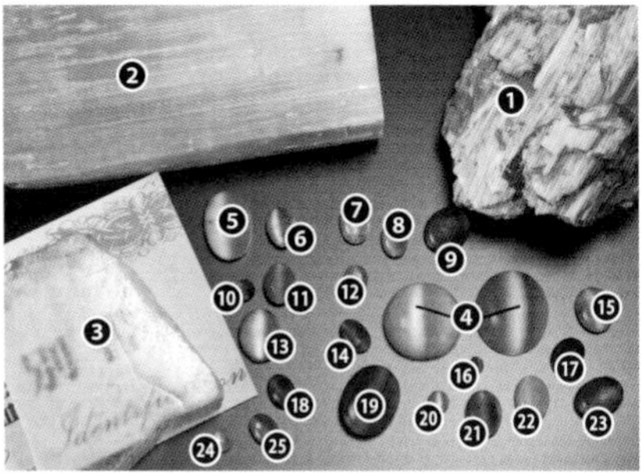

光鹵石⇨瀉鹽形成。這些礦物在特徵上會形成一個同心圓狀的集合體，俗稱「沙漠玫瑰」（➡請參考p.219的石膏／硬石膏⓫⓬、➡p.295的天青石／重晶石⓫）。

當水分完全蒸發時，最後沈澱下來的就是「岩鹽」。

Mini 知識

硼素廣泛運用在製造工業上，在窯業是玻璃與釉藥的重要原料；在冶金領域可用來製鋼與鑄造。它還能夠用來製作熔礦爐的溶劑，在農業方面還能夠用來製作肥料，此外還可以做為水軟化劑並且製造肥皂，在製作預防口臭的口腔清潔劑時更是不能少了它。

綠簾石
Epidote

綠簾石

英文名：Epidote
中文名：綠簾石

成　分：$Ca_2Fe^{3+}Al_2[OH|O|SiO_4|Si_2O_7]$
晶　系：單斜晶系
硬　度：6～7
比　重：3.25～3.52
折射率：1.74～1.77
顏　色：綠色、黃綠色、褐綠色、粉紅色、紅色
產　地：奧地利、俄羅斯、捷克、法國、莫三比克、挪威、緬甸、尼泊爾、中國、墨西哥、坦桑尼亞、馬達加斯加、美國、日本

關於綠簾石

綠簾石是由礦物所組成的族名，種類超過10種，通常會形成柱狀的結晶體。由於每組平行柱面形成的時候會比其他柱面來得寬，加上如果是平行結晶的話就會變得非常厚。這樣的形狀看起來就像是結晶變多一樣，所以英文名才會取為Epidote，字源來自希臘語中的「增加（epidiosis）」。這種礦石通常以黯淡的綠色或黃綠色居多，因外觀看起來像簾子，故取名為「綠簾石」。

結晶體的鐵（Fe）含量越多，呈現的綠色就會越深，儘管如此，顯現出來的色調依舊千變萬化。名為「Pistacite（豆石）」的綠簾石顏色非常類似開心果，而產自法國的黃綠色綠簾石稱為「Delphinite」，至於挪威Arendal所生產的綠簾石則是稱為「Arendalite」，呈現出色澤黯淡的綠色。

綠色結晶體的特色就是多色性強烈，觀察的方向不同，看到的結晶體顏色也會跟著改變。

這樣的綠色如果再加上褐色，通常很容易被誤認為是電氣石。

鋁（Al）的含量越多，就會形成褐色或灰色的結晶體。這種鋁含量比鐵還要多的綠簾石稱為「斜黝簾石（Clinozoisite）」。含錳（Mn）的系列會呈現紅色，並且稱為「紅簾石（Piemontite）$Ca_2(Mn^{3+}, Fe^{3+})(Al, Fe^{3+})_2[OH|O|SiO_4|Si_2O_7]$」。

不管是綠簾石還是紅簾石，都有可能成為變質岩的主成分礦物。綠簾石會與石英以及綠泥石形成「綠色片岩（綠泥片岩）（Green schist）」，至於紅簾石則是會與石英相伴形成「紅簾石片岩（Piemontite schist）」。

此外綠簾石也是熱液變質岩的一種，能夠讓火成岩中的長石變質形成「綠簾花崗岩（Unakite）」。由於黃綠色的部分依舊是綠簾石，因此這種作用就稱為「綠簾石化作用」。

從照片認識綠簾石

就像標本❶～❸，其他綠簾石家族的礦物亦會形成針狀、柱狀與角柱狀的結晶體。❹為結晶體平行重複聚集而成，由此也可明白為何這種礦石會取名為「簾石」。從標本❺亦可看出這種形態就是平行連晶造成的結果。

❻是從凝灰岩與變質的安山岩中產出的「團塊（Nodule）」，孔洞內部可見針狀綠簾石群生。這種形狀在日本長野縣武石村稱為「鶯餡（譯註：青豆泥餡）烤年糕石」，是當地生產的珍石。

有不少綠簾石會與水晶或長石共生。最近市面上常見來自喜馬拉亞・尼泊爾的

標本，❼為與「冰長石（Adularia）」共生的綠簾石。❽產自中國，水晶本身內包赤鐵礦（Hematite），乍看之下會以為是紫水晶。從這個標本裡頭可看見在水晶錐面上晶出的綠簾石。

有的綠簾石會像❾那樣被內包在水晶裡頭。除了綠簾石，擁有纖維狀結晶的電氣石、耀石與角閃石均稱為「髮晶（Sagenitic quartz）」並且深受日本人喜愛。不過包裹綠簾石在內的水晶並不如內含電氣石的水晶多。

標本❿形成於玄武岩的縫隙之中，乍看會誤以為是貴橄欖石（Peridot）。

⓫是罕見含有大量錳的綠簾石，顏色十分紅艷，讓人不禁懷疑這真的是綠簾石嗎？⓬來自坦桑尼亞，是塊擁有美麗綠色的含鉻綠簾石。雖然都是綠色，不過產自緬甸、感覺黑色較深的稱為「度冒石（Tawmawite）⓭」。這當中有的還具有變色效果，看起來非常類似變石（亞歷山大變石，Alexandrite）。

⓮～⓱為「紅簾石片岩」。切石⓯石英含量較多，如果是像⓮那樣紅簾石含量越多，顏色就會越紅。⓰的礦石因為呈現紅色條紋，因此稱為「帶狀紅簾石（Banded piemontite）」。標本⓱裡的石英摻著幾分粉紅色。雖然基本成分裡含有「錳黝簾石（Thulite）」的微晶，但依舊可找到紅簾石四處散落的深紅色微晶體（➡請參考p.296的黝簾石／斜黝簾石）。

這些礦石的岩帶在日本沿著中央構造線縱貫日本列島，廣為人知的埼玉縣長瀞的綠簾石甚至還被指定為天然紀念物。

⓲是名為「綠簾花崗岩」的熱液換質岩，黃綠色的部分就是綠簾石。

祖母綠 Emerald

祖母綠

英文名：Emerald
中文名：祖母綠、綠寶石

成　分：$Al_2Be_3[Si_6O_{18}]$
晶　系：六方晶系
硬　度：7.5～8
比　重：2.68～2.78
折射率：1.57～1.58，1.59～1.60
顏　色：（深淺）綠色、略帶黃色或微妙地帶點藍色。
產　地：哥倫比亞、阿富汗、俄羅斯、印度、巴西、巴基斯坦、奧地利、南非共和國、辛巴威、坦桑尼亞、莫三比克、澳洲、馬達加斯加

關於祖母綠

這種寶石據說是西元前4000年左右巴比倫人初次當做寶石來使用的礦石，但事實上並無法確定當時所用的是否就是今日的祖母綠。古時候的人認為大地精靈會將神力寄宿在綠色寶石中。當時這個綠色寶石拉丁語稱為「smaragdus」，之後以希臘語的「smaragds」為名。不過這當中包含了今日的陽起石（Actinolite）與綠簾石，但因為顏色微妙地有些差異，故將按等級來區分。之後這個名字從波斯語演變成英語的「Emerald」，其中被視為最高等級的smaragds則是以鉻著色的祖母綠。

這種祖母綠最大的特色，就是受到著色成分與成長條件的影響，絕大多數都會產生內包物，因此產生了一種說法：「想要找尋沒有內包物的祖母綠，就像是在大海裡撈針」。從這裡也就衍生了「mossy（法國人稱jardin）」這個暱稱，因為這裡頭所含的內包物越多，看起來就像是豐富的海藻，至於jardin則是庭院的意思。

產出世界上最美的祖母綠的地方是南美的哥倫比亞。這裡的祖母綠內包物非常獨特，在結晶物裡形成的細微孔洞中含有鹽水。這是因為哥倫比亞位於安地斯山脈中段，過去曾在海底。在封閉的鹽水內含有岩鹽結晶的祖母綠非常罕見，不過這些結晶非常細小，如果沒有放大數十倍的話是無法清楚確認的。

但在礦物標本界中對祖母綠的顏色評價與紅寶石一樣非常草率，在寶石世界中有的甚至是不予置評。

從照片認識祖母綠 ①

祖母綠豔麗的綠色（彩色頁底下的切石顏色）都是結晶體中微量的鉻（Cr）元素所形成的。在寶石界中凡被稱為祖母綠的礦石都會經過Cr檢驗這個步驟。產自中國的礦石之中有的雖然稱為祖母綠，但有的就像❶，是以釩（V）為主體的綠色礦物。如果按照現行定義的話就會變成「釩綠柱石（Vanadium Beryl）」，但從顏色上來看的話，這種礦石簡直和祖母綠沒兩樣。哥倫比亞Cosquez地方所產的❼過去也是因為相同理由而引起爭議。看來在不久的將來，勢必需要重新定義祖母綠的顏色起因。

鉻是隨著鹽基性火成活動衍生的金屬元素，不容易在海水藍寶等一般的偉晶花崗岩礦床上結晶。祖母綠大多數會以經過「區域變質作用」而形成的結晶片岩為母岩，並且在因酸性火成作用而形成的偉晶花崗岩貫穿部分產生結晶，也就是在合體的地質活動性質完全相反、極為罕見的環境之下形成。由此便可明白祖母綠的產地為何會如此稀少的理由了。

與這些礦石最為不同的，就是來自

哥倫比亞的產狀。這裡所產的祖母綠是在貫穿頁岩（堆積岩）的方解石脈中結晶，類型十分特殊。這裡的礦脈歸類在「熱液礦床」底下，在安地斯山脈形成的過程當中，鉻會溶於來自地底深處的熱水中，接著造山運動會讓祖母綠在堆積岩所產生的孔洞中成長。由於這裡的空間自由寬敞，使得哥倫比亞能夠生產出與其他產地不同、結晶外形美麗的祖母綠❺～❿。只要比較這兩者的產狀，就能夠一目瞭然。

從照片認識祖母綠 ②

鉻元素能夠帶來美麗的綠色，在結晶體形成時還會造成各種影響。與同為綠柱石家族的海水藍寶相比，祖母綠不但比較不容易形成大塊結晶，萬一元素過於飽和的話，小塊結晶就會像⓫一樣，不是不規則地聚集在一起，就是和❹一樣呈現與菊花一樣的放射狀。哥倫比亞特別知名的就是擁有「查皮丘祖母綠（達碧茲祖母綠、粒狀祖母綠，Trapiche）」這個形狀特殊的祖母綠⓬。這種祖母綠是由特殊雙晶形成的。由於它的外形非常類似搾取「蔗糖」的機器齒輪，因此才會將其取名為Trapiche。從⓭的泥岩中可看出查皮丘祖母綠的結晶體。

⓮是「祖母綠貓眼石」。

❶是在「黑雲母石英片岩」的平行夾層裂縫中形成的祖母綠，產地為中國雲南省文山。

❷是以「黑雲母片岩」為母岩，產自澳洲的祖母綠。

❸是石英脈礦中的祖母綠，產自巴西巴伊亞州（Bahia）的卡奈巴（Carnaiba）礦場，通常會有鉛灰色的輝鉬礦

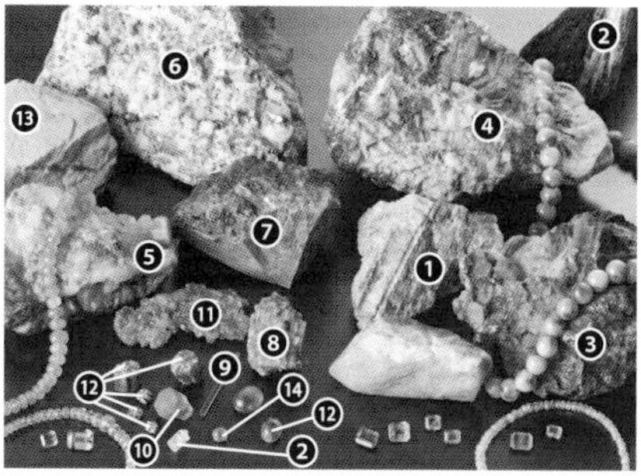

（Molybdenite）伴生。

❹形成於「石英片岩」中，產自巴西戈亞斯州（Goiás）的Santa Terezinha礦山。

❺形成於「碳質頁岩」中的方解石礦脈中，產自哥倫比亞木佐（Muzo）礦山。⓬⓭的「查皮丘祖母綠」產地亦同。

❻形成於「泥岩」中的方解石礦脈中，產自哥倫比亞契沃爾（Chivor）礦山。通常會與黃鐵礦（Pyrite）美麗的自形晶相伴。❼的母岩表面礦染了一層褐鐵礦。⓬的查皮丘祖母綠亦來自相同產地。

縞瑪瑙
Onyx

縞瑪瑙

英文名：Onyx
中文名：縞瑪瑙、縞瑪瑙、黑瑪瑙、條紋瑪瑙

成　分：SiO_2
晶　系：六方晶系（隱晶質)
硬　度：7
比　重：2.57～2.64
折射率：1.53～1.54
顏　色：白色條紋，基本色是褐色、紅色、黃色、藍色、綠色、黑色、灰色
產　地：巴西、烏拉圭、印度、印尼、美國、中國、非洲各國、德國、日本

關於縞瑪瑙

Onyx這個名字的原意為「白條紋」，以希臘人將寶石上的條紋稱為「onux」為起源。歷代的寶石書曾將這種條紋圖案比喻成人類指甲上的月牙這個白色部分。本書也效仿此法，將其視為擁有白色條紋圖案的瑪瑙。

縞瑪瑙的本質為條紋瑪瑙（Agate），狹義地來說，就是擁有清楚白色條紋圖案的瑪瑙亞種。歐洲人甚為喜愛這種白色條紋，特別是古羅馬人對它更是愛不釋手，甚至還利用這種礦石來製作印章或凹雕，尤其是浮雕的技法從西元前4世紀亞歷山大大帝時代起到希臘期更是蓬勃發展。不過令人感到意外的是，18世紀製作的瑋緻活（Wedgwood）陶器浮雕（稱為Cameo ware或Jasper ware）卻鮮少有人知道這是以瑪瑙浮雕為範本製作而成的。

代表縞瑪瑙這種寶石的是「纏絲瑪瑙（紅條紋瑪瑙）（Sardonyx）」。因為紅色與白色的組合令人聯想到「熱血沸騰與生命發展」，所以才被選為寶石材，自古以來即為神聖的寶石。

這幾年的寶石書將縞瑪瑙定義為「擁有白色直線條紋的瑪瑙」，但這只不過是站在製作浮雕時的立場來解釋，如果以寶石的歷史學觀點來看的話，這個定義並不正確。

此外必須牢記的一點，就是「Onyx」這個寶石名的表現其實是相當錯綜複雜的。今日日本人只是單純地將它稱為黑瑪瑙，其實這裡頭誤會甚大，但為何會演變成今日這種局面呢？這裡頭其實是有隱情的。明治時代的有學識者將Onyx這個名稱解釋為條紋圖案而非白色條紋，從那個時候開始，有條紋的瑪瑙稱為Onyx，而將這種瑪瑙染成黑色的就稱為Black onyx（黑瑪瑙），進一步簡化的話就變成了Onyx。

從照片認識縞瑪瑙 ①

出現在瑪瑙上的白色條紋有的像❶那樣筆直，有的像❷一樣彎曲。這些原石的條紋會因為礦石的切割方向與製作的成品外形而整個呈現出來。以照片中的項鍊上琢磨的串珠為例，可以看出只要欣賞的方向不同，串珠就會呈現不一樣的風貌。

❸的項鍊可以看出白色條紋呈平行線，不過❹的圖案卻是呈同心圓。從這些例子可以得知一般被稱為紅條紋瑪瑙的❺是如何將原石的圖案琢磨出來的。

像❹這種類似眼石的東西特別稱為「眼紋瑪瑙（Eye agate）」或「獨眼瑪瑙（Cyclops agate）」。從這種可成為眼石的狀態亦可觀察出浮雕的取石方向。

歐洲自古以來便將這些圖案琢磨呈現，並且隨身攜帶當做「驅魔之眼」。之後這個習慣傳到東方，越往東呈現的面貌

就越不同。❻與❼為喜馬拉雅山系藏族之間佩戴的佩飾玉（垂掛在衣物上的飾玉），稱為「Gzi（天珠）」，眼睛部分的圓紋稱為「migu」，具有驅鬼降魔的作用，不過這裡的白色條紋卻是使用藥物漂白而成的。這是古代美索不達米亞所開發的技術，也就是利用鹼性強的「氫氧化鈉溶液」將鐵分漂白，並在紅玉髓（光玉髓，Carnelian）上增加白色條紋或圖案，屬於一種蝕刻技術。❻為古代串珠，❼則是中國製作的現代版。販賣的時候商人會說這是自然形成的圖案，並且表示眼睛圓紋（migu）的數量越多就稀少珍貴，但不管是擁有何種條紋的原石以什麼樣的方式切割，實際上天然石是不會出現這種圖案的。

站在礦物學的立場來看，白色縞瑪瑙的來源有兩個；一個是白玉髓❷，另一個是等同於蛋白石的石英❶。**【註：並非因為是白玉髓，所以才呈彎曲線條；同樣的，並非因為是蛋白石，所以才呈直線線條。】**

後者產量雖少，但如此多樣的類型卻也說明了縞瑪瑙這種寶石與一般的玉髓與瑪瑙不同，是因幅度極大的溫度與變化劇烈的環境而形成的。

從照片認識縞瑪瑙 ②

❽以縞瑪瑙的條紋為界，顯現出褐色與紅色這兩個色層，這樣的寶石稱為「紅玉髓纏絲瑪瑙（Carnelian sardonyx）」。上述提及將瑪瑙染成黑色的稱為黑瑪瑙，而❾就是真正的黑瑪瑙。至於❿則可在纏絲瑪瑙與黑瑪瑙之間看見中間夾著一層白條紋。因為組織狀態的關係使得這些白色

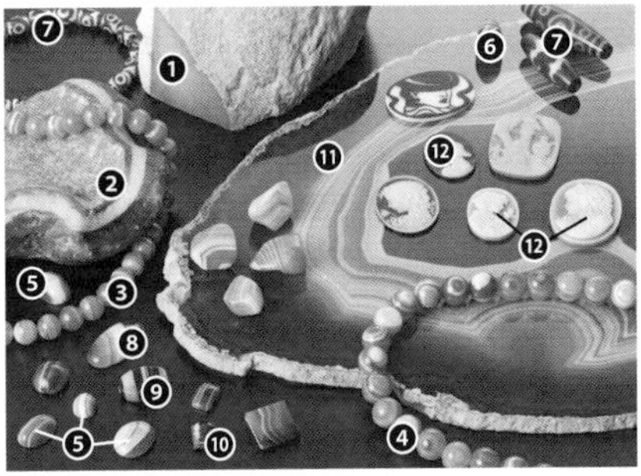

條紋並不容易著色，不過像⓫的普通瑪瑙由於在組織的粒子之間隱藏著非常細微的縫隙，所以才能夠以人工的方式著色。現代版的浮雕與古代獨有的天然色浮雕相比，色彩顯得繽紛許多。例如⓬就是利用各式各樣的金屬染色藥水調出在自然界找不到的顏色。

蛋白石
Opal

蛋白石

英文名： Opal
中文名： 蛋白石、歐泊、澳寶、閃山雲

成　分： $SiO_2 \cdot nH_2O$
晶　系： 非晶質
硬　度： 5.5～6.5
比　重： 1.99～2.25
折射率： 1.44～1.46
顏　色： 無色、白色、黃色、橙色、紅色、粉紅色、黃綠色、綠色、藍色、紫色、灰色、黑色
產　地： 澳洲、墨西哥、斯洛伐克、宏都拉斯、捷克、美國、印尼、祕魯、坦桑尼亞、衣索匹亞、日本

關於蛋白石

蛋白石為希臘羅馬時代上層階級甚為喜愛的寶石，當時的人以梵語「upala」這個字為名，意思就是「頂級寶石」。不過那時候的人並不知道這個寶石散發出如同彩虹般色彩的原因，故認為這是種將紅色寶石與藍色寶石，還有綠色、黃色及紫色等小粒寶石聚集在一起的奇特礦石。蛋白石之所以能夠顯現出如此多變的彩光，其實與礦物本身的特殊構造有關。

蛋白石就像是由無數顆粒微小到無法用肉眼看出的矽土球（SiO_2）聚集排列形成的天然果凍。只要這種矽土球在某一特定大小的狀態之下以三次元的方式整齊重疊排列，當光線從球體縫隙穿透時，就會折射散發出彩虹光譜，這種現象稱為「衍射（Diffraction）」。但如果矽土球的大小不一，或者排列方式凌亂不規則的話，蛋白石就可能完全不會散發出光芒。

在寶石的世界裡，散發出彩虹光芒的蛋白石稱為「貴蛋白石（Precious opal）」，不會散發出光芒的稱為「普通蛋白石（Common opal）」。Upala原本是擁有天然衍射花紋的寶石。只要改變蛋白石的觀察方向，就能夠欣賞到靈活多變的彩虹色彩，這就叫做「彩光（Play of color）」，又可稱為「遊彩現象」。

以前的Upala產地，據說是靠近今日斯洛伐克的普雷紹夫（Prešov）近郊。這種寶石現在稱為「匈牙利歐泊（Hungarian opal）」，但由於色澤並不是非常鮮明光亮，結果被後來出現的澳洲產蛋白石奪去寶座。

從照片認識蛋白石 ①

可以形成蛋白石的矽酸原為溶於水中的物質。與形成水晶的熱水不同的是，形成蛋白石的水溫約50℃，溫度相當低。在這種條件下形成的矽土球顆粒非常微小，而且球體表面還會吸著一層原本就溶入矽酸的水。出現在化學式裡的H_2O指的就是這個。

當矽酸溶液滲入岩石縫隙或孔洞的時候，就會開始形成蛋白石，滲透的地方不同，呈現的形態也非常多樣。如果是滲入地層內部的動植物組織裡的話，該組織有時候也會形成蛋白石。在❶中如果換成木頭，就稱為「木蛋白石（Wood opal）」。

澳洲的蛋白石形成於堆積岩的縫隙或裂縫中。❷形成於因褐鐵礦而凝固成球狀砂泥岩的裂縫之中，並且特別為它取了一個「礫背蛋白石（Boulder opal）」這個礦床專業術語。此外有的蛋白石像標本❸或❹，沈澱著深埋在地層深處的動植物分解痕跡，例如卷貝（附著在❸右方的化石）與烏賊的近親箭石（Belemnites）（附著在❸左方的化石），❹則是雙殼貝

（Bivalvia）與卷貝的化石蛋白石。

❺產自墨西哥，形成於在流紋岩這種火成岩裡頭空氣跑出時痕跡殘留的孔洞之中。當地人將這種礦石稱為「Cantera opal」。此外還有形成於偉晶岩或火山岩氣孔中的蛋白石。

❻稱為「玉滴石（Hyalite）」，是由火山口噴氣孔中冒出的水蒸氣所形成。因外觀呈玻璃狀，故稱為「Mullers glass（玉滴石）」或「Glass opal（玻璃蛋白石）」。

「矽華（Geyserite）❼」則完全看不出蛋白石的模樣。這種礦石是由高溫的溫泉沈澱形成的，日本人俗稱此為「湯華（Yunohana）」。經過X光的分析，等級相當於結晶度低的「方矽石（Cristobalite）」。

從照片認識蛋白石②

目前穩定持續提供市場寶石品質等級的蛋白石國家有澳洲與墨西哥。澳洲生產非常類似產自斯洛伐克普雷紹夫蛋白石的「白蛋白石（White opal）❽」與「黑瑪瑙❾」，墨西哥則是生產「水蛋白石（Water opal）❿」與「火蛋白石（Fire opal）⓫」。

蛋白石在日本是相當熱門的寶石，市場上除了基本款的普通蛋白石與變種蛋白石，亦可找到色彩十分繽紛豔麗的彩色蛋白石。有使用鎳泥著色的「淺綠蛋白（Chrysolite Opal）⓬」，以及包含「鎂鋁皮石（坡縷石，Palygorskite）」這種黏土礦物在內而且呈粉紅色的⓭，如果是含「矽孔雀石（Chrysocolla）」在內的話，就會形成藍色與綠色的蛋白石

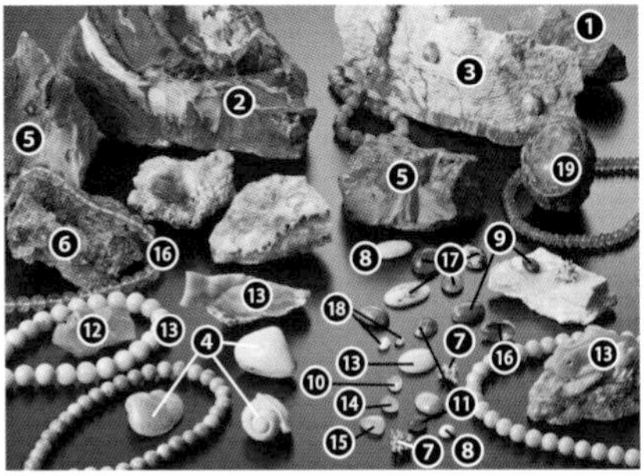

⓮⓯。這當中還有因為含鈾而擁有極微量輻射的黃蛋白石（Yellow opal）⓰，也有含美麗內包物的蛋白石。⓱為包含黑色枝晶（Dendrite）的各色「枝狀蛋白石（Dendritic opal）」。

標本⓲蛋白石上的貓眼石圖案是因為構造因素所造成的。

⓳是日本為數不多的蛋白石，產自福島縣的寶坂。這個蛋白石是在「珍珠岩（Perlite）」形成球體，雖然絕大多數是乳白色，但品質卻能夠媲美墨西哥蛋白石。

黑曜岩
Obsidian

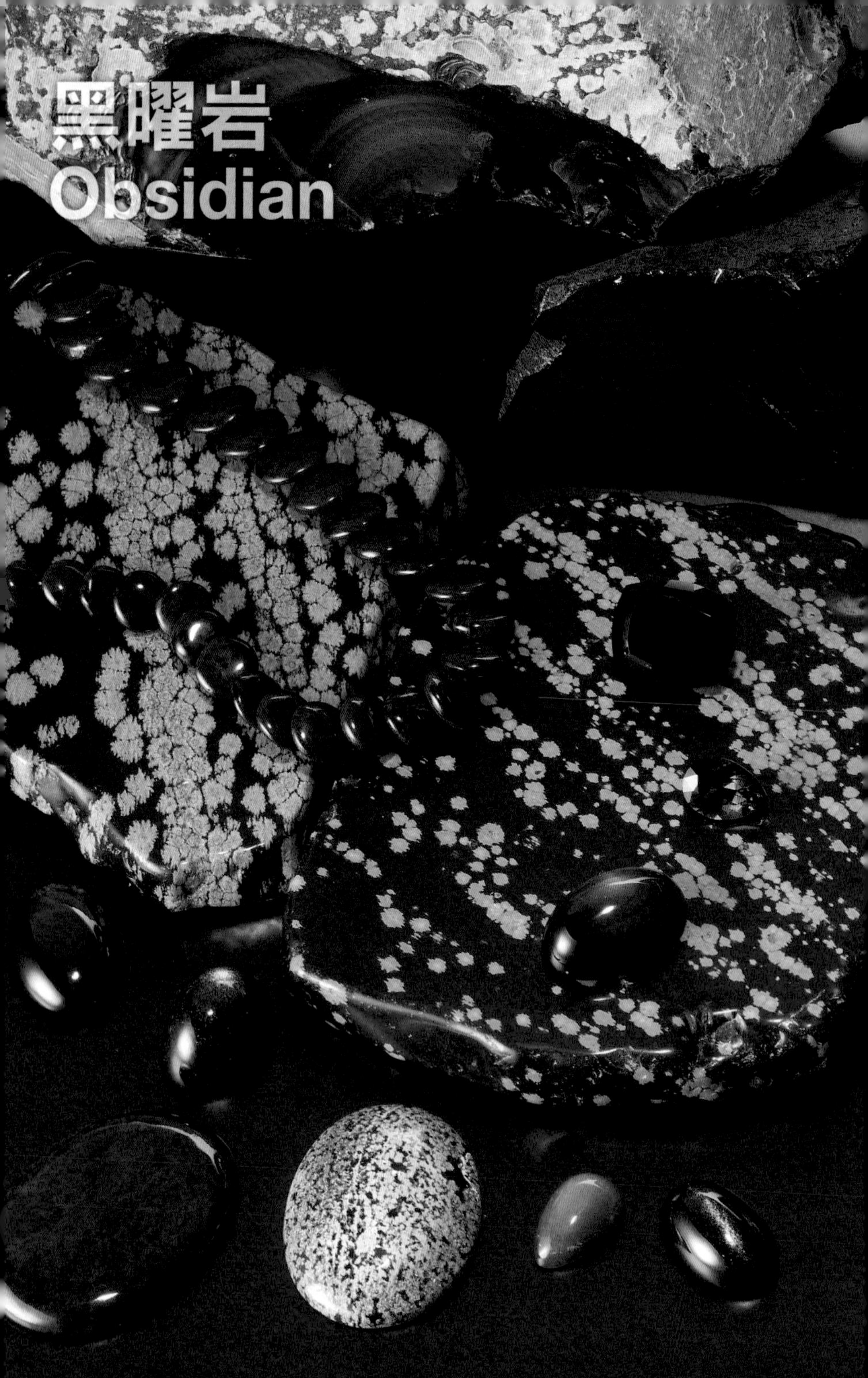

黑曜岩

英文名：Obsidian
中文名：黑曜岩

成　分：SiO_2 + CaO, Na, K等
晶　系：非晶質
硬　度：5
比　重：2.33～2.42
折射率：1.48～1.51
顏　色：黑色、灰色、黑色底帶著紅褐色或褐色的流動狀圖案、黑色底帶著白色或（偶爾）褐色的斑紋圖案、綠褐色、綠色
產　地：墨西哥、美國（加州等）、愛爾蘭、泰國、印尼、加拿大、祕魯、紐西蘭、巴布亞新幾內亞、日本

關於黑曜岩

黑曜岩被當做工具使用的歷史比被做為寶飾的歷史還要來得久，是支撐整個石器時代的重要岩石。敲斷後產生的銳利斷口，非常適合用來製作刀子或箭頭。自石器時代以來便當做交易材料被廣泛地運送至各地。

黑曜岩的原形為玻璃，本來應該是在地球內部慢慢冷卻形成的流紋岩等礦物，卻因火山爆發噴出地表，然後幾乎在一瞬間冷卻凝固。噴出的熔岩塊會從外層慢慢地冷卻形成「Microlite」這種微晶體，亦可稱為「微晶（Crystallite）」，並且產生不同風貌的光學現象。

黑曜岩別名「玻璃熔岩（天然玻璃）（Glass lava）」。Lava意思是熔岩。概念上雖然屬於「礦物」，但其實黑曜岩屬於貨真價實的「岩石」。據說古希臘人會把這種岩石當做鏡子來使用，就連墨西哥人與印地安人也會將切平的表面磨亮當做反射鏡以作為通訊方法。

黑曜岩雖然顏色樸實，卻是種色彩奧妙的寶石，不僅擁有「黑曜岩之眼」這個詩情畫意的形容，連在文學作品中也曾屢次登場。

這種礦石過去在日本稱為「烏石」或「漆石」。

熔岩在形成的過程當中會產生顏色分化，甚至還會形成紅黑色相雜的「桃紅黑曜岩（Mahogany obsidian）」。

在冷卻的過程當中會產生細微的氣泡聚集在一起，有時還會呈現耀光效果（Sheen effect），散發出金色、銀色、綠色或灰色等色彩，當中還有呈現彩虹光芒、眾所皆知的「彩虹黑曜岩（Rainbow obsidian）」。這種熔岩會隨著冷卻的時間一同結晶化，而且還可能發生「去玻作用（失透，玻璃質化）（Devitrification）」。在這段過程當中會產生一種叫做「方英石（Cristobalite）」的白斑紋石英，形成「雪花黑曜岩（Snow flake obsidian）」或「花狀黑曜岩（Flowering obsidian）」。

從照片認識黑曜岩

熔岩冷卻之後形成黑曜岩這種寶石的過程如下。

從標本❶可看出熔岩的外觀並不一樣，上面的流紋顯示出熔岩的流向。這個標本是在含氧化鐵的紅色流紋中夾雜著黑色熔岩，呈現的圖案令人聯想到木紋，因此稱為「桃紅黑曜岩（Mahogany obsidian）」。類型相同的❷稱為「十勝石」，這種礦石非常罕見，是當黑色熔岩在火成活動中粉碎時，紅色熔岩貫穿流入捕獲形成的。這樣的礦石稱為「角礫構造（Breciated structure）」，❸與❹也是相

同成因，尤其是從❷可以清楚地看出這個標本曾經經歷過非常壯觀的火山活動，粉碎的黑曜岩之中亦可看出白色的方英石，像這樣的礦石就稱為「花十勝」。

❺是罕見會讓人誤以為是煙水晶、透明度極高的黑曜岩。由於絕大部分黑曜岩都會產生微粒子與微晶（Microlite），因此通常會呈不透明到半透明的狀態。

黑曜岩如果劇烈產生微粒子與氣泡聚集的話就會出現耀光效果，並且稱為「金沙黑曜岩（Gold sheen obsidian）❻」、「銀沙黑曜岩 （Silver sheen obsidian）❼」與「粉紅黑曜岩（Pink sheen obsidian）❽」。❾因為形成耀光效果的氣泡往一定的方向延伸，使得黑曜岩呈現貓眼石效果。

熔岩的流動一旦出現週期與冷卻差異，就會大大地影響到產生的氣泡與微粒子大小，進而形成散發出彩虹色彩的「彩虹黑曜岩（Rainbow obsidian）❿」，從⓫的原石便可窺探出其原本風貌。

⓬為「雪花黑曜岩」，⓭為「花狀黑曜岩」，因受到去玻作用的影響而產生方英石。只要仔細觀察圖案連接的方向，就會發現這些點紋是在熔岩流動的過程當中形成的。前者的白色點紋看起來就像是雪花紛飛，後者則是花朵綻放的模樣。⓮甚至還可以看見花蕊的部分，像這樣的黑曜岩便稱為「花紋石」。除了白色，有的點紋還會呈現黃色⓯與粉紅色⓰，尤其是前者甚至暱稱「Peanuts obsidian」。

⓱暱稱為「阿帕契眼淚（Apache tear）」，在「珍珠岩（Perlite）」這種火山岩中形成液滴狀。外形雖然看起來圓圓滾滾，十分討人喜愛，但是這個暱稱的典故，卻是從「印地安人掉落的血淚因過度悲傷而變成黑色」而來的，不過這個礦石名字的真正含義似乎不在此。⓱的原石前方是從珍珠岩剝落下來的黑曜岩，呈現這種狀態的稱為「Marekanite ball」，不過這個外形卻會讓人誤以為是「捷克隕石」。

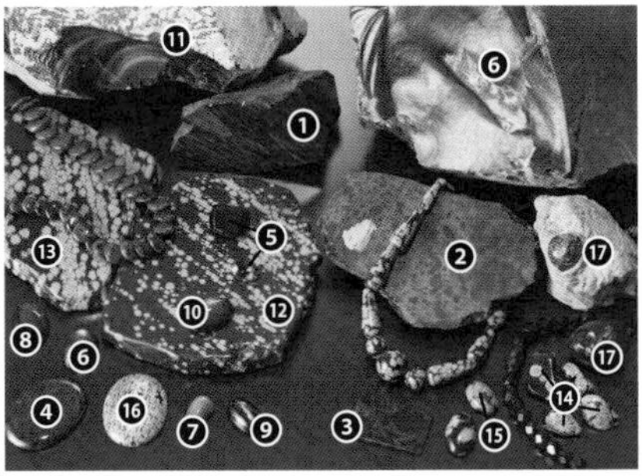

正長石／微斜長石
Orthoclase／Microcline

❶正長石／❷微斜長石

英文名：❶Orthoclase／❷Microcline
中文名：❶正長石／❷微斜長石

成　分：❶$K[AlSi_3O_8]$
❷$K[AlSi_3O_8]$
晶　系：❶單斜晶系／❷三斜晶系
硬　度：❶6～6.5／❷6～6.5
比　重：❶2.55～2.63／❷2.55～2.63
折射率：❶1.52～1.53／❷1.52～1.53
顏　色：❶無色、白色、黃色、灰色、淺藍色、橙色、紅色、褐色、淺綠色
❷無色、白色、黃色、灰色、青綠色、綠色、粉紅色、橙色、褐色
產　地：❶英國、美國、捷克、加拿大、德國、義大利、西班牙、瑞士、馬達加斯加、日本
❷俄羅斯、日本、馬達加斯加、美國、納米比亞、坦桑尼亞、辛巴威、德國、墨西哥、加拿大、阿富汗

關於正長石／微斜長石

正長石與微斜長石這兩種礦石均分類在「長石族（Feldspar family）」底下。

長石在造岩礦物中佔了絕大部份，從化學式與結晶結構來看大致可分為Ａ鹼性長石（Alkali feldpar series）與Ｂ斜長石（Plagioclase series），此外還可加以細分。

屬於Ａ的長石有：

◎正長石 Orthoclase

$K[AlSi_3O_8]$ 單斜晶系

◎微斜長石 Microcline

$K[AlSi_3O_8]$ 三斜晶系

◎透長石 Sanidine

$K[(Si, Al)_4O_8]$ 單斜晶系

◎歪長石 Anorthoclase

$(Na, K)[AlSi_3O_8]$ 三斜晶系

有的還包含了氨（NH^{4+}）與銣（Rb），也有的內含鋇（Ba），不過這些礦石都是依構造上的特徵歸類在Ａ底下。正長石、微斜長石與透長石的主要成分為鉀（K），因此又稱為「鉀長石」。前面提到的天河石（Amazonite）（➡請參考p.056）為微斜長石的寶石變種，之後會提到的月長石（Moonstone）（➡請參p.448）則是正長石的寶石變種。

屬於Ｂ的長石全都歸類在三斜晶系底下，稱為「斜長石系」，並且以「鈉長石（Albite）」、「鈣斜長石（Anorthite）」為端成分形成固溶體系列的長石種，如果是寶石的話可再細分為：

◎鈉長石 Albite

$(Na[AlSi_3O_8])_{100\sim90}(Ca[Al_2Si_2O_8])_{0\sim10}$

◎鈣鈉長石 Oligoclase

$(Na[AlSi_3O_8])_{90\sim70}(Ca[Al_2Si_2O_8])_{10\sim30}$

◎中長石 Andesine

$(Na[AlSi_3O_8])_{70\sim50}(Ca[Al_2Si_2O_8])_{30\sim50}$

◎鈣鈉斜長石 Labradorite（拉長石）

$(Na[AlSi_3O_8])_{50\sim30}(Ca[Al_2Si_2O_8])_{50\sim70}$

◎倍長石 Bytownite

$(Na[AlSi_3O_8])_{30\sim10}(Ca[Al_2Si_2O_8])_{70\sim90}$

◎鈣長石 Anorthite

$(Na[AlSi_3O_8])_{10\sim0}(Ca[Al_2Si_2O_8])_{90\sim100}$

這些礦石雖然能夠如此區分，但事實上它們的成分都是連續的，因此無法明確地將每個長石加以區分。現在除了鈉長石與鈣長石，其他的均不視為是獨立的長石。

斜長石中的鈣鈉斜長石（➡請參p.480）因為包含了能夠呈現光學效果的寶石變種，故另列說明。

正長石與微斜長石大多形成於「花崗岩（Granite）」或「偉晶岩（Pegmatite）」中，亦形成於其他火成岩或高溫形成的接觸變質岩。

正長石的英文名Orthoclase來自希臘語的「ortho」，意思是「垂直」，因為其

兩個解理面是成正直角相交的；相對地微斜長石的解理面角度並非直角，而且有點斜交。這個只有0.5度的傾斜角度雖然是微斜長石的英文名來源，不過這個差異其實是無法用肉眼辨識的。

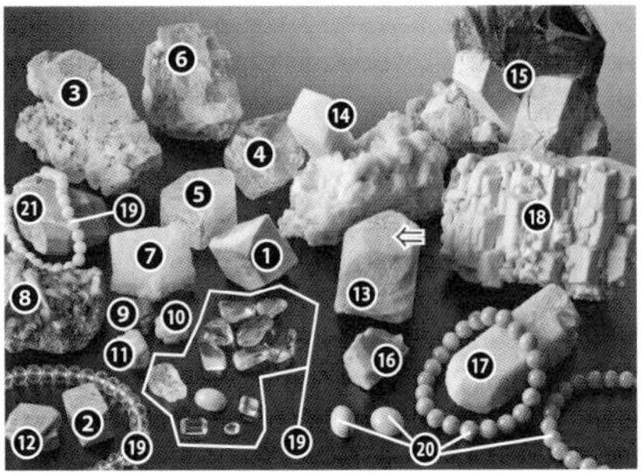

從照片認識正長石／微斜長石

彩色頁左側排放的是正長石，右側是微斜長石。❶～❸為正長石典型的外形，❹❺則是透明度高的寶石變種。❺～❼的英文稱為「Adularia」，是在低溫下形成的正長石亞種。這種礦石多為透明，故稱為「冰長石」，以菱形剖面為其特色。❺與❾～⓬並非單結晶，而是兩種固體以平行的方式組合成「卡爾斯巴德雙晶律（Carlsbad law）」的複合雙晶（Twin）。從❻可看出「肖鈉長石雙晶律（Pericline law）」的複合雙晶。如此有趣的雙晶結構，也是長石這種礦物迷人之處。

⓭為微斜長石的卡爾斯巴德雙晶律，從箭頭部分可以看出接合面（雙晶面）。⓮與⓯為「巴維諾雙晶律（Baveno law）」的複合雙晶，⓰是被稱為「曼尼巴雙晶律」（Manebach law）的接觸雙晶，⓱則是由這些結構組合形成的雙結晶。⓲的大多數結晶方向相同而且排列整齊。這種特殊的形成方式稱為「平行連晶」，亦可見於標本❸。

切石⓳與項鍊⓳為正長石。⓴雖然是微斜長石，但這個結晶體在形成的時候因為沒有含鉛（Pb）離子，所以無法變成藍色的天河石（Amazonite）。

長石類如果在岩石中風化分解的話，就會變成「高嶺石（Kaolinite）」等黏土礦物，不過有時卻會保持原狀但內部變成其他礦物，這就稱為「假晶（Pseudomorph）」，例如㉑的結晶外形依舊是正長石，不過內部卻變成「方鈉石（Sodalite）」，這個奇妙的結晶體產自阿富汗。

藍晶石
Kyanite

藍晶石

英文名：Kyanite
中文名：藍晶石

成　分：$Al_2[O|SiO_4]$
晶　系：三斜晶系
硬　度：4～7.5
比　重：3.53～3.68
折射率：1.72～1.74
顏　色：藍色、青綠色、綠色、黃色、白色、幾乎無色、灰色、粉紅色、灰黑色、橙色
產　地：巴西、肯亞、印度、美國、加拿大、緬甸、瑞士、奧地利、義大利、挪威、法國、尼泊爾、俄羅斯、澳洲

關於藍晶石

從這個寶石的名字「藍色晶石」便可看出它的藍既美麗又獨特。1789年，Abraham Gottlob Werner因為它的藍而將此寶石命名為「Cyanite」。至今之所以仍有人稱這種礦石為Cyanite，原因就在於此。不過隔年Werner卻把這個名字改成「Kyanite」，字源來自希臘語的「kyanos」。同樣意為暗藍色的字還有「cyanos」，不過這是用來形容藍銅礦（石青，Azurite）的顏色，由此可推斷當初是考量到原文，所以才決定修改的。

這個藍色是鐵與鈦造成的。由於色調與藍寶石的藍相同，光從外觀的話極有可能會被誤認為是藍寶石。其實將切割的藍晶石當做是藍寶石，並以相同方式加工製作成寶飾時寶石破損的案例層出不窮，這點與解理性強，而且非常容易因衝擊而破碎的藍晶石性質有相當大的關係。

因此這也是在切割做為寶飾時容易遭遇困難的礦物之一。

藍色這個色彩會以平行的方向形成於柱內，越靠近結晶體中心顏色就越深；相反地，越往外層顏色就越淺。藍晶石的剖面為扁平的四角柱狀結晶，平坦寬敞的柱面擁有平行完整的解理性，但有的是呈交叉略為不完整的雙向解理。不僅如此，藍晶石的另外一個性質，就是硬度會隨著結晶的方向不同而相差甚遠。往結晶柱的垂直長軸方向切的話硬度是7.5，但往結晶柱的平行長軸方向切的話硬度會變成4。這種極端的硬度差讓它擁有「二硬石（Disthene）」這個別名。除了這些性質，藍晶石還有充滿特色的顏色分布問題，讓礦石在切割的時候非常困難，使得成品更加稀少。

過去美國部分地區與巴西為寶石等級藍晶石的代表產地，不過近年來在尼泊爾卻發現美麗的寶藍色藍晶石。以藍寶石為例，過去生產的藍晶石色調與澳洲的藍寶石一樣，而來自尼泊爾的藍晶石色調則可媲美緬甸或斯里蘭卡的藍寶石，色調湛藍。其中有的藍晶石竟與海水藍寶一樣清澈透明。最重要的，就是尼泊爾所生產的藍晶石結晶出現了前所未有的特徵，越往外層顏色反而越深，這樣的顏色分配與我們認識的藍晶石完全相反，甚至連光學上的結晶構造也截然不同。

白色的藍晶石稱為「Rahetizite」，但並不用來做為寶石。

從照片認識藍晶石

藍晶石與「紅柱石（Andalusite）」以及「矽線石（Sillimanite）」為「同質異象」的礦物，在這3者當中會在低溫高壓的地質條件下形成，以在區域變質岩中結晶的礦石為代表，例如❶就是產自變質

岩中的石英礦脈，還有黑色的「十字石（Staurolite）」相伴。從⇒部分的十字石可以看出形成的是X字形的雙晶。❷的項鍊串珠含有石榴石，整體看起來呈紅色，但只要仔細觀察，就會看見藍色部分，至於黑色與紅褐色的部分則是十字石。像這樣的礦石在鑑識上稱為「礫背藍晶石（Matrix Kyanite）」。

其中也有如刀一般，相當薄長的結晶體❸。

誠如其名，與藍色的藍晶石相比，❹屬於少見的綠色藍晶石。雖說是綠色，但通常會讓人感覺像藍色，至於❺則是伴隨著帶狀藍色的藍晶石，有的稱為「二色（Bicolour）」。由此可知沒有混雜其他色彩、顏色深濃的綠色藍晶石相當珍奇罕見。問題出在名稱。從礦石名的字源來看並無法稱這種礦石為藍晶石，因而遲遲沒有命名。如果要暫時為它取個名字的話，可能要稱這類礦石為「綠色二硬石（Green Disthene）」。最近在緬甸發現因含錳（Mn）而呈現完美橘色結晶的❻，這種礦石也必須要替它取一個新的名字才行。

藍晶石非常容易在結晶柱中衍生平行的管狀內包物，而這種不知不覺形成的礦石稱為「藍晶石貓眼（Kyanite cat's eye）❼」。

另外還有擁有獨特的解理面，光線反射之後看起來就像是貓眼石的❽。不過這種礦石的特色就是眼睛部分是條模糊的粗線條，故將其稱為「Girasol eye」以示區別。

Mini 知識

這種寶石的藍色看在歐洲人的眼裡，

是一種「沈穩的藍色」（➡請參考彩色頁照片★的原石與切石）。

這樣的藍色在彩色世界中非常少見，色調雖然不甚華麗，卻是極為貴重的顏料，自古以來即被視為高級色彩，在歐洲的宗教畫中，甚至還用來做為瑪利亞畫像的衣服以及天上世界的顏料。

這個顏色在日本人的日常生活當中也極為豐富普遍，那就是「藍染」。這個十分普及的藍染更是讓歐洲人稱日本為藍色之國。

膽礬
Chalcanthite

膽礬

英文名：Chalcanthite
中文名：膽礬

成　分：$Cu[SO_4] \cdot 5H_2O$
晶　系：三斜晶系
硬　度：2.5
比　重：2.286
折射率：1.52～1.55
顏　色：藍色、青綠色
產　地：智利、美國、英國、愛爾蘭、日本、法國、德國、西班牙、紐西蘭、中國

關於膽礬

膽礬屬「硫酸鹽礦物」的一種，化學成分為「硫酸銅水合物」。

所謂水合物（Hydrate）指的是在無機化學與有機化學中含有水分子的物質，依水合水的數量稱為一水合硫酸銅、二水合硫酸銅、三水合硫酸銅，由此算來膽礬屬五水合硫酸銅。

膽礬是由「黃銅礦（Chalcopyrite）」與「輝銅礦（Chalcocite）」等變質形成的二次礦物，在銅礦床氧化帶中因水的作用而產生。這種礦石是由二次礦物特有的微結晶聚集而成的，可以是同心狀，也可以是放射狀，外形非常奇異。而世界上最大的膽礬礦床，就是智利阿達卡馬沙漠（Desierto de Atacama）的丘基卡馬塔（Chuquicamata）礦山。

膽礬的英文Chalcanthite語源來自希臘語，是由表示「銅」的「khalkos」與表示「花」的「anthos」這兩個字拼湊而成的。

這種礦石較難找到大塊結晶體，通常不是以鐘乳石狀態垂掛在銅山坑道的天花板上或牆壁上，就是形成時覆蓋在牆壁上，有時還會從牆壁裡伸展出霜柱狀的結晶體。

為了回收這裡頭所含的硫酸銅，因而利用其易溶於水的特性，排水溶解之後再加以回收。

屬於膽礬系的礦物之中有4種最廣為人知：

◎膽礬 Chalcanthite
　$Cu^{2+}[SO_4] \cdot 5H_2O$
◎五水錳礬 Jokokuite
　$Mn^{2+}[SO_4] \cdot 5H_2O$
◎五水瀉鹽 Pentahydrite
　$Mg[SO_4] \cdot 5H_2O$
◎鐵礬 Siderotil
　$Fe^{2+}[SO_4] \cdot 5H_2O$

從照片認識膽礬 ①

只要有硫酸銅的水溶液，就能夠輕易做出膽礬（請參考➡p.071的明礬石❻），不過天然形成的膽礬結晶外形線條比較清晰，可惜產量稀少。❶是長菱形的結晶體，形成之後因為周圍開始溶解，所以才會使得外形變得不完整。

❷為略厚的皮殼狀形成的一部分原石，右側因為溶解而變得比較圓順，天然膽礬大多屬這種形態。

標本❸形成於坑道天花板的縫隙之間，箭頭前端指的部分呈放射狀（⇒**a**部分）或鐘乳狀（⇒**b**部分）。**b**雖然說是鐘乳狀，卻是由下往上衍生，正確應該稱為石筍狀。自然形成的膽礬最普通的形狀就像標本❸，從此可以得知其英文名Chalcanthite的語源（譯註：

chalcanthum，意指銅花），因為膽礬就如同在銅礦山中盛開的「藍色花朵」。

❹的切石是滲入砂岩、同時染成藍色的膽礬。膽礬這種礦石非常容易溶於水，必須要耗盡一番功夫才能夠切割成這種模樣。

從照片認識膽礬②

有好幾種礦物就像膽礬，溶於水中之後可製作二次礦物。為了理解膽礬的形成方式，在此列出一個以相同方式完成的膽礬。❺稱「綠礬（Melanterite）$Fe[SO_4]\cdot7H_2O$」，為「含鐵的含水硫酸鹽礦物」。這種礦物與膽礬一樣，鮮少出現外形線條清楚的結晶體，通常會形成塊狀或鐘乳石狀。形成綠礬的礦物為「黃鐵礦（Pyrite）」與「白鐵礦（Marcasite）」，只要這些礦物群裡頭含銅的礦物越多，綠礬的顏色就會從綠轉藍。膽礬亦有相同特徵，只要含鐵量越多，呈現的綠色就會越深。

不可不知的知識

◎如何保存礦物結晶

這種礦物很容易因大氣中的水分而溶化，但只要連同乾燥劑一起放入密閉容器中保存，就能夠維持現有狀態。綠礬雖然沒有膽礬那麼嚴重，但保存的時候還是盡量避免濕氣重的地方，這點非常重要。

Mini 知識

只要將鐵釘浸泡在膽礬或硫酸銅藥物的水溶液中，鐵釘就會鍍成素銅色。金屬銅會沈澱在鐵的表面，加上溶解的銅離子化傾向（Ionization tendency）比鐵還要小，所以溶液中的銅離子才會變成金屬銅並且沈澱在釘子表面。在進行「鍍金（Metal plating）」的時候，利用的就是這個性質，此時覆蓋在鐵釘上的銅稱為「沈澱銅」。銅礦山的泉水裡通常含有硫酸銅的成分，因此自然界的「天然銅（Native copper）」就是因為這樣沈澱形成的。

黃銅礦 Chalcopyrite

黃銅礦

英文名：Chalcopyrite
中文名：黃銅礦

成　分：$CuFeS_2$
晶　系：正方晶系
硬　度：3.5～4
比　重：4.10～4.35
折射率：無法使用寶石折射儀測量
顏　色：黃銅色、帶有綠色色調的金黃色
產　地：日本、美國、加拿大、墨西哥、智利、祕魯、英國、西班牙、義大利、澳洲、中國

關於黃銅礦

這種礦物的英文是將希臘語中意指「銅」的「khalkos」與黃鐵礦（Pyrite）組合而成的，表達出其所呈現的紅黃色色彩。黃鐵礦的英文名字本身就是來自「pyr」這個意指「火」的字，因此黃銅礦的英文名就是表示銅與火。不過這個字的英文念法卻是來自希臘語，由此可知為何這種礦物的英文名又可稱為「Copper pyrite」。光澤亮麗，並且以不定形出現在礦石裡時，黃銅礦很容易被誤認為是金礦，所以這種礦物與黃鐵礦才會俗稱為「愚人金（Fool's gold）」。

黃銅礦乃分布於全世界的礦物，除了低溫到高溫域的熱水礦脈，亦廣泛形成於矽卡岩礦床（Skarn deposit）、黑礦礦床與層狀硫化物礦床，而且幾乎都會與黃鐵礦相伴。

日本的綠色凝灰岩（Green tuff）地區分布著從低溫到中溫的熱水礦脈，這裡頭大多會與銅、鉛、鋅、鐵等礦物共生，形成極為漂亮的結晶體。日本自明治時代即以生產美麗的黃銅礦標本而舉世聞名，與「輝銻礦（Stibnite）」以及「黃玉」並列為國外大學與博物館珍藏對象。這種礦物的結晶體是以三角形面為主的扁平四面體，經常形成雙晶。如此珍貴的結晶體當然會成為收藏的對象。

日本生產這種礦物的礦山從南到北分布廣泛，尤其是東北地方可以生產出相當美麗的結晶體，像是秋田縣的荒川礦山、尾去澤礦山、阿仁礦山所產的結晶更是遠近馳名。

塊狀的黃銅礦乃是當做銅礦石來開採，雖然裡頭的銅含量僅30％，但由於產量多，因此在銅礦石之中占有相當重要的地位。

塊狀的黃銅礦原石乍看之下非常類似氧化的黃鐵礦，不過它的硬度比較軟。剛切割的剖面呈黃銅色，可是一旦生鏽，色彩就會變得繽紛燦爛。這樣的礦物有的非常類似「斑銅礦（Bornite）Cu_5FeS_4」，因此有人會刻意利用藥物處理的方式來製作這樣的礦石。

黃銅礦礦床的氧化帶會形成不少次生的銅礦物，其中以孔雀石（Malachite）與藍銅礦（Azurite）最廣為人知，另外還有輝銅礦（Chalcocite）、天然銅（Copper）、赤銅礦（Cuprite）與斑銅礦（Bornite）。

從照片認識黃銅礦

❶的結晶塊產自秋田縣的宮田又礦山，箭頭前端可以看見「附耳」雙晶。這種雙晶非常特殊，而秋田地方的礦山就生產這種與眾不同的獨特雙晶。這個標本形成於熱水性石英礦脈中的結晶群，右上方

可以看見水晶群。構成結晶群塊的每個結晶周圍還鑲嵌了一層小小的水晶結晶。由此可看出黃銅礦形成之後還釋出了矽酸溶液。

標本❷有石英礦脈上的黑色「閃鋅礦（Sphalerite）」相伴，⇒部分前端的結晶為「軍配型（譯註：軍配意指日本古代軍事將領在指揮作戰時使用的一種團扇。此處所稱軍配型結晶乃為日本律雙晶的一種。）」。這個標本雖然產自祕魯，但因非常類似，所以就算說這是日本產也不會受到質疑。除了中國產的輝銻礦（Stibnite），最近產自國外而且十分類似日本產的黃銅礦越來越多。現在處理礦石的人所做的礦物標本透過各種途徑充斥在日本市面上，使得過去那些專業的標本礦物商無法再一展長才，真的是令人感到十分惋惜。

標本❸的結晶表面覆蓋著一層形成之後才產生的氧化被膜（鏽），非常美麗。這個礦石的被膜不是利用藥品而是自然形成的，因此稱為「孔雀石（Peacock stone）」或「彩虹石（Rainbow stone）」，十分珍貴。

❹的結晶群表面覆蓋著一層厚厚的氧化被膜。這樣的外形採掘於古時候的標本，其實只要透過不同的標本便可看出這之間的差異。從結晶的切口可以觀察到內部的顏色，不過黃鐵礦並不會出現這樣的顏色。

拋光切割(Tumbled cut)的❺研磨面因為氧化而呈現出與❹的切口相同的顏色。

❻的切石混雜著黃鐵礦，看起來很像白色，但只要仔細觀察，就會發現黃白交錯的變色部分，而且黃銅礦部分的黃色比黃鐵礦還要深，由此可看出這個礦石混雜著兩種礦物。

❼的切石形成於「綠泥石片岩（Chlorite schist）」，寶石名為「東方黃金（Oriental gold）」。

方解石
Calcite

宝石

方解石

英文名：Calcite
中文名：方解石

成　分：$Ca[CO_3]$
晶　系：六方晶系(三方晶系)
硬　度：3
比　重：2.69～2.82
折射率：1.49～1.66
顏　色：無色、白色、灰色、黃色、橙色、綠色、藍色、粉紅色、紫紅色、黑色
產　地：愛爾蘭、英國、法國、挪威、德國、緬甸、義大利、納米比亞、阿富汗、美國、中國、日本

關於方解石

「方解石（Calcite）」這個礦石名和水晶一樣，只要是日本人不管是誰從小就知道，因為它出現在小學的理科課本裡。

課本中將它形容為「不管榔頭把它敲得多碎，破碎的方解石看起來就像是被壓扁的火柴盒」，「透過結晶體俯視，可以看見底下的文字分成兩段」。雖然是大家熟悉的礦物，但在寶石的世界裡卻罕見它的蹤影，反而是下一項要談的方解石系礦物比較常見。

Calcite這個英文名字是以希臘語「石灰（calcium）之石」為語源，自古以來即被當做提升體溫的藥石。不過這種礦石的名字卻有個小小的問題。從字面上來看，方解石這個名字應該是分解成四角形的意思，但是這種礦石的解理卻是菱形，正確來說應該要叫做「菱解石」。其實方解石這種礦石的英文名原本是「Anhydrite（硬石膏）」，但不知從何時開始卻被Calcite這個字所取代。明知如此，事到如今卻已經積非成是，無法正名。像這樣取名錯誤的礦石在礦物界有好幾種眾所皆知。

有的人會將焦點放在可以透視石頭與文字會出現疊影這些現象上。這是種名為「雙折射（Double refraction）」的光學現象，1828年英國的物理學家William Nicol利用方解石的結晶體做出「偏光稜鏡」，之後發明了裝載偏光稜鏡的偏光望遠鏡，使得自此之後的岩石學進步迅速。如果沒有方解石的話，現在的岩石學就不會存在，這麼說其實一點也不為過。

派上用場的透明結晶體特地稱為「冰洲石（Iceland spar）」。冰島這個地方以生產品質優良、無色透明的結晶體而聞名，「Spar」指的是散發出非金屬光澤的礦物表面。這種透明的方解石在日本亦稱為「冰洲石」。所謂冰洲，指的就是冰島共和國。此外，方解石還以各種形態的結晶體廣為人知。菱形、板狀、六角柱狀、斗笠狀、針狀、犬牙狀、釘頭狀等，就連形成雙晶也是非常普遍的事，有時還會形成像「鐘乳石（Stalactite）」、「石筍（Stalagmite）」的多結晶集合體。此外方解石還能夠組成「大理石（Marble）」這種變質岩，在生物世界中還擁有組成貝殼與珊瑚骨架的礦物成分。只要淋上鹽酸（HCl）就會迅速起泡溶解，辨識非常簡單。

顏色方面含鐵的是黃色，含錳的是粉紅色，含鈷的是粉紅紫，含鎳的話就會變成綠色。另外含鍶的藍色方解石也相當有名。

這種礦石與「霰石（Aragonite）（➡請參考p.064）」屬同質異象（同質異晶）的關係。

從照片認識方解石

標本❶～❻乃是利用「解理性（Cleavage）」切割而成的。這種形狀就是「壓扁的火柴盒」。❼～⓭的方解石呈現各種結晶外形，❼為菱形，❽為板狀，❾為六角柱狀，❿為斗笠狀，⓫為針狀，⓬為犬牙狀，⓭為釘頭狀。⓮看起來好像只有一個結晶，但縱看其實可以看到2個黏在一起的雙晶。⓯的切石則是可以看出內部的雙晶面因為干擾光線而散發出如同彩虹般的色彩。

⓰為解理片整面磨平的標本，底下的文字可以看出疊影，這就叫做「雙折射現象（Doubling）」。⓱的球體亦可看出這種現象，像是映入球體中的標本⓫有一部分呈現重疊的白色影子。除非擁有極為高超的技巧，否則是無法將擁有解理性的方解石琢磨成像這樣的球體。❶與❸的顏色是鐵形成的，❷、❺與❼則是鎳，❹❻是錳，⓲是鈷，❽的顏色則是鍶形成的。

⓫晶出於紫水晶的上方，⓳則晶出於瑪瑙球體內部（⇒的部分），分別是水晶與瑪瑙製作時的殘液所形成的方解石。⓬內部含「自然銅」結晶，可以觀察到素銅色。方解石有時還會出現二次結晶體，例如⓴的「大理石」就是受到沈澱在海底的石灰岩重壓時所產生的熱與壓力變質形成的。像是希臘白特利肯山（Pentelikon）與義大利的卡拉拉（Carrara）所產的白色大理石便用來興建希臘的帕德嫩神廟（Parthenon）與文藝復興的雕像。

從標本㉑可以看出因堆積形成的條紋圖案 。這些大理石會因為酸性地下水再次融解，並且從縫隙中滴落，形成㉒和㉓的「鐘乳石」，而且標本㉓前端還有菱形方解石的結晶叢生。㉔～㉖為貝殼化石，標本㉖的殼有一部分已經融化，內部的方解石形成罕見的二次結晶。方解石有時還會

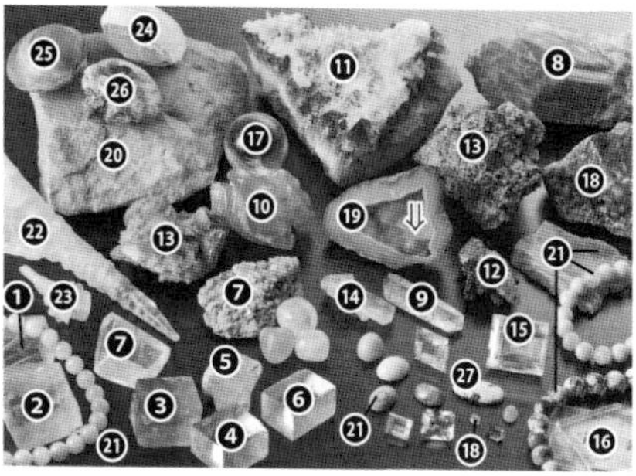

與形態多樣的霰石共存。㉗產自亞利桑那州，當地稱為「White buffalo turquoise」（➡與p.067的霰石❺相同，請參考該解說）。

方解石系礦物
（白雲石／菱鐵礦／菱鎂礦／菱鎳礦）
Dolomite／Siderite／Magnesite／Gaspéite

❶白雲石／❷菱鐵礦／❸菱鎂礦／❹菱鎳礦

英文名： ❶Dolomite／❷Siderite
❸Magnesite／❹Gaspéite
中文名： ❶白雲石／❷菱鐵礦
❸菱鎂礦／❹菱鎳礦

成　分： ❶$CaMg[CO_3]_2$／❷$Fe[CO_3]$
❸$Mg[CO_3]$／❹$Ni[CO_3]$
晶　系： 六方晶系（三方晶系）
硬　度： ❶3.5～4／❷3.5～4.5
❸3.5～4.5／❹4.5～5
比　重： ❶2.85～2.93／❷3.83～3.96
❸3.00～3.12／❹3.70～3.75
折射率： ❶1.50～1.68／❷1.63～1.87
❸1.50～1.70／❹1.61～1.83
顏　色： 無色、白色、灰色、黃色、橙色、綠色、藍色、粉紅色、紫紅色、黑色
產　地： 加拿大、巴西、英國、墨西哥、瑞士、法國、德國、緬甸、義大利、西班牙、澳洲、美國、奧地利、印度、挪威、薩伊（譯註：現為剛果）、納米比亞、阿富汗、巴基斯坦、南非共和國、中國、日本、韓國

關於方解石系的礦物

方解石系的礦物歸類在「碳酸鹽類（Carbonates）」底下。除了本書提到的「菱鋅礦（Smithsonite）」與「菱錳礦（Rhodochrosite）」，「菱鈷礦（Sphaerocobaltite）」亦屬於方解石系的礦物。

碳酸鹽類的礦物是地球在構成地殼部分時的重要礦物，而且存在於地殼之中的碳酸鹽礦物更是超過70種，不過大部分都是「方解石」、「白雲石」與「菱鐵礦」這3種。本項與前項的方解石分開，列出同系的4種礦物，不過方解石與本項的各種礦物會互相混合。

◎白雲石

大部份為菱面體形或板狀結晶體，結晶面通常會彎曲成像馬鞍般的形狀。這種礦石是因為含鎂（Mg）的礦液與石灰岩（Limestone）產生反應形成的。

將鎂換成鐵（Fe）的是「鐵白雲石（Ankerite）$Ca(Fe, Mg, Mn)[CO_3]_2$」，換成錳就是「鎂錳方解石（鎂菱錳礦、錳白雲石）（Kutnahorite）$CaMn[CO_3]_2$」。這種礦物與方解石或霰石不同，磨成粉末淋上鹽酸時會產生氣泡。

◎菱鐵礦

過去稱為「球菱鐵礦（Chalybite）」，現在這個名稱乃是針對產自英國Cornwall、帶著綠色的礦石。外形通常呈塊狀、葡萄狀或粒狀，有時會和白雲石一樣產生菱面體形或板狀的結晶體。此時的結晶面畢竟還是以彎曲居多。

成分中的鐵如果替換成錳（Mn）或鎂的話，測量出來的折射率與複折射率數值就會比較低。翻光琢面的礦石相當稀少。因含鐵而呈褐色的菱鐵礦不容易與鐵菱鎂礦（Breunnerite）以及鐵白雲石（Ankerite）區別。但若是磨成粉末淋上鹽酸的話，菱鐵礦就會起泡，而且溶液會染成黃色，不過鐵菱鎂礦卻不會產生氣泡，因此可憑這點辨識。

◎菱鎂礦

會形成菱面體狀或柱狀的結晶體，但是線條清晰的菱鎂礦卻十分罕見，通常會以塊狀、纖維狀或粒狀的形態出現。中國遼寧省的大石橋是世界等級的大產地。這裡所產的菱鎂礦會用來替代「白紋石（Howlite）」，並且染成土耳其石的顏色上市（➡請參考p.374的白紋石），不過最近卻光明正大地以菱鎂礦之名在市面上流通。這種礦石會因鐵分的混入而使得折

射率與複折射率變高，並且以「鐵菱鎂礦（Breunnerite）」這個亞種而為人所知。磨成粉末淋上鹽酸時，必須先將鹽酸加熱，否則不會產生氣泡。

◎**菱鎳礦**

幾乎不會出現結晶體，僅形成塊狀。被認定是獨立礦物是在1966年，發現於加拿大魁北克顏色黯淡的黃綠色礦脈中。與鎂混合的菱鎳礦會變成明亮的黃綠色，故以「檸檬綠玉髓（Lemon Chrysoprase）」之名在市面上流通。

從照片認識方解石系的礦物

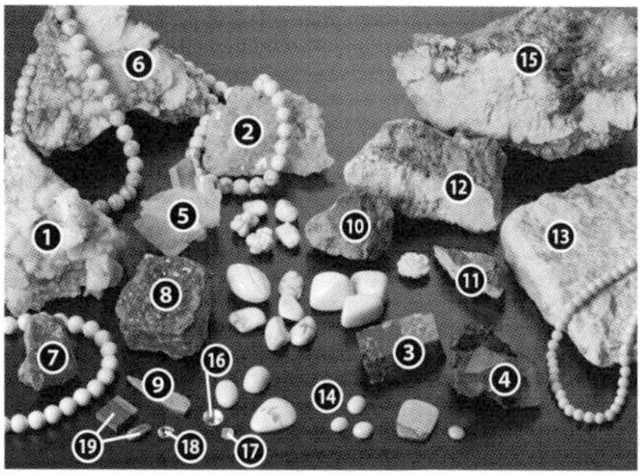

❶為「白雲石」，從彎曲的菱形結晶面即可判斷。❷為「菱鐵礦」，但菱鎂礦的固溶情況非常顯著，因此呈現非常明亮的灰褐色。典型的菱鐵礦顏色應該像❸❹，不過標本❹是形成在水晶上的。

❺雖然是「菱鎂礦」的結晶體，但幾乎很難找到線條如此清楚的結晶。❻為塊狀的菱鎂礦，不過外觀非常類似白紋石（➡請參考p.375白紋石❶❸❹）。❼稱為「菱鈷礦（Sphaerocobaltite）$Co[CO_3]$」，與白雲石或方解石一起固溶的稱為「含鈷白雲石（Cobaltian Dolomite）❽」或「含鈷方解石（Cobalto Calcite）❾」。

❿為「菱鎳礦」，但非常容易與菱鎂礦混淆，其含量越多，綠色色彩就會像⓫～⓭一樣越來越淺。有的還有石英成分滲入其中。⓮的折射率非常接近石英，有時會被誤稱為「檸檬綠玉髓（Lemon Chrysoprase）」，但綠色色調與真正的綠玉髓其實是不一樣的（➡請參考p.160的綠玉髓）。

原石⓯表面呈葡萄狀，而且隨處可見裂縫，由此可看出這是在凝膠狀態下形成的。與玉髓（➡請參考p.143的❽）以及綠玉髓（➡請參考p.163的❹❺）比較即可一目瞭然。

⓰為「白雲石」，⓱⓲為「菱鎂礦」。⓳是白雲石，不過這樣的礦石還擁有「帶狀白雲石（Banded dolomite）」這個寶石名。

玉髓
Chalcedony

玉髓

英文名：Chalcedony
中文名：玉髓（石髓）

成　分：SiO_2
晶　系：六方晶系（隱晶質）
硬　度：7
比　重：2.57～2.64
折射率：1.53～1.54
顏　色：白色、灰色、藍色、褐色、黃色、（深淺）綠色、黃綠色、黑色、紫色、粉紅色
產　地：希臘、巴西、烏拉圭、印度、印尼、美國、澳洲、中國、南非共和國、納米比亞、坦桑尼亞、日本

關於玉髓

談到瑪瑙（Agate）時，曾經提及玉髓在古代與瑪瑙一樣因其性質而被人類利用，當做製作石器與印章的素材，西元前6000年左右來自美索不達米亞的玉髓印章與裝飾品還十分受到古埃及與希臘人的喜愛（➡請參考p.038的瑪瑙）。希臘的Chalcedon原為生產上等原石之地，因此該地地名便成為這種寶石的名字。

玉髓的性質與瑪瑙相同，而且這個寶石名稱還告訴我們無法看見的條紋圖案。有些變種的玉髓會將色別表現在名字上，例如紅褐色的稱為「肉紅玉髓（棕瑪瑙）（Sard）（彩色頁的⓯）」，鮮紅色的就稱為「紅玉髓（紅瑪瑙）（Cornelian）（彩色頁的⓰）」。玉髓為微晶質的石英結晶集合體，這兩種的顏色均因沈澱在微晶體縫隙間的含鐵礦物而形成。「綠玉髓（Chrysoprase）」則是因為鎳泥（含Ni的黏土礦物）而顯現出黃綠色（➡請參考p.160的綠玉髓）。

玉髓的形成方式大致可分為3種：將火山岩空洞部填滿的類型、沈澱在堆積岩縫隙中的類型，以及滲入地層中將多孔質岩石與堆積物凝固的類型。有時甚至還會出現與地層中的動植物遺骸對換的情況。

第一種類型稱為「異質晶簇（晶洞）（Geode）」，只要對切成一半，就會發現內部有小水晶群晶生長在一起，有時內部甚至還會流出創生時的水溶液。將封住水溶液的部分原石切割琢磨，可以看見內部的水泡彷彿正在流動，可說是種倍覺神祕魅力的寶石。

從照片認識玉髓 ①

❶乃形成於火山岩氣孔（熔岩時內含氣體釋出之後留下的孔洞）中的球狀玉髓（⇒的部分）。這種玉髓的形成方式屬於前段解說的第一個，稱為「泡狀玉髓」。附著在表面的綠色泥狀礦石為「綠鱗石（Celadonite）$K(Mg, Fe^{2+})(Fe^{3+}, Al)[(OH)_2|Si_4O_{10}]$」，屬於雲母家族的一員。後方的礦石❷母岩部分風化程度相當嚴重。產自青森縣母衣月海岸邊的❸就是隨著風化作用的進展而使得球體剝落，當地人稱其為「舍利石」。❷產自巴西，像這樣的礦石在日本就稱為「舍利母石」。

這類的球體歐美人暱稱「雷公蛋（Thunderegg）」，不過❹的蛋殼內側卻長滿了結晶細小的紫水晶。

❺為第二種類型所形成的玉髓。照片中的礦物乃是母體岩石風化消失之後殘餘的部分，外形看起來很像煎餅，表面粗糙的模樣是消失的岩石肌理痕跡。❻就像是在黑色礦石的裂縫中填入骨髓。玉髓這個名字就是因為這種狀態而來的。

另外❼的表面呈葡萄狀，這也是玉髓

的特徵之一。這樣的形狀會讓人聯想到佛陀的螺髮，因此有些地方會將這種形狀的玉髓稱為「佛頭石」。

❽屬於第三種類型，是由矽酸成分將堆積岩中的軟泥凝固形成的，稱為「藍玉髓（Blue Chalcedony）」，從其表面可看出這塊礦石是經過膠狀態凝固形成的（➡請參考p.162的綠玉髓，p.138的菱錳礦）。

從照片認識玉髓②

有些玉髓歸類在上述3種分類之外。

❾是在流紋岩形成時因空氣膨脹龜裂而擴大的孔洞中造成的。這個孔洞的形狀如果是星形的話，便稱為「星形玉髓（Star Chalcedony）」（➡請參考p.155的方石英❾）。

❿看起來就像是用來引水的導水管。這種礦石形成於因地層斜交而產生的裂縫之中，非但沒有玉髓應有的曲面，反而呈現平面狀態，非常特殊。

⓫就是「雷公蛋（Thunderegg）」，不過矽酸溶液卻從滲入孔洞內部的上頭滴落，形成「玉髓鐘乳石（Chalcedony stalactite）」。這個雷公蛋形成之後因為某種刺激使得內部壓力降低，所以才會形成鐘乳石狀的玉髓。

有的玉髓在形成時會因為過於飽和而慢慢從岩石縫隙間溢出，例如⓬就是高黏性的矽酸液從岩石的裂縫中咕嚕咕嚕地冒出來，最後擴散形成累環狀，從⓭的原石便可觀察到圖案的形成方式。⓬將這種累環比擬成瑪瑙的條紋圖案，稱為「日冕瑪瑙（Corona agate）」。位在外層的細膩水晶結晶讓人聯想到太陽日冕的放

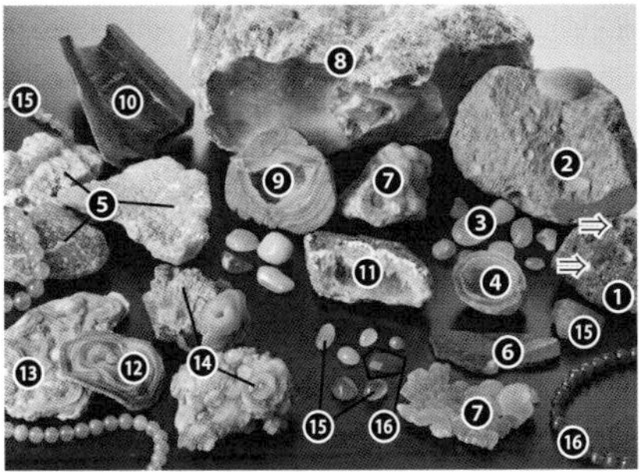

射光芒，因此又稱為「日光瑪瑙（Solar agate）」。如果整體表面覆蓋著一層細微的水晶結晶但累環外層卻沒有的話，這時候就稱為「花狀瑪瑙（Agate flower）」，⓭就是這種花狀瑪瑙的簇生。

⓮的花狀瑪瑙表面非常光滑，這是因為裡頭包含了多形（同質異象）的石英「斜矽石（Moganite）」，而且這些標本還會以摩根石之名在市面上銷售。暱稱為「粉玉髓玫瑰（Pink chalcedony rose）」。

赤銅礦 Cuprite

赤銅礦

英文名：Cuprite
中文名：赤銅礦

成　分：Cu_2O
晶　系：等軸晶系
硬　度：3.5～4
比　重：5.85～6.15
折射率：2.824
顏　色：紅色、紅褐色、紫紅色、黑色
產　地：剛果、納米比亞、美國、墨西哥、澳洲、玻利維亞、智利、羅馬尼亞、法國、德國、英國、俄羅斯、中國、日本

關於赤銅礦

這是黃銅礦（Chalcopyrite）、輝銅礦（Chalcocite）與斑銅礦（Bornite）等銅的硫化礦物完全分解之後形成的次生礦物。

赤銅礦會在銅礦床的氧化帶與孔雀石（Malachite）、藍銅礦（Azurite）、自然銅（Copper）以及矽孔雀石（Chrysocolla）共生，而且大多還會伴隨著褐鐵礦（Limonite）。有時是微結晶集合形成的塊狀或土狀，有時是微小的結晶。赤銅礦的結晶體有8面體與6面體，偶爾會出現罕見的12面體，但通常以塊狀的形態佔大多數。

扭轉這種產出情況的是剛果的礦山，這裡生產的結晶體外形碩大，可達數公分。將這樣的結晶體切割而成的寶石經常出現在市面上。

赤銅礦有90％都是礦物，而且還伴隨著同為銅的次生礦物，就連產出區域也相當廣泛。這個礦物構成要素單純，以銅礦石來說其存在相當重要。至於名稱則是來自拉丁語的「銅（cuprum）」。

結晶體表面狀況良好的話，反射出的光線會非常刺眼。可惜在空氣中一旦長時間暴露在陽光底下的話，表面就會開始慢慢變黑，原因在於赤銅礦變成「黑銅礦（Tenorite）CuO」之後，會使得光線的吸收度大增。大顆結晶體切割而成的赤銅礦一開始雖然會反射出非常燦爛耀眼的光線，充分顯現出寶石應有的氣派，但經過研磨之後表面卻會慢慢地變得模糊不清，屬於保存不易的寶石。

赤銅礦有時會因為十分特殊的形成方式而產生細針狀的結晶，因其結晶的粗細狀態又稱為「毛赤銅礦（Chalcotrichite）」。這是赤銅礦沿著立方體稜的方向生長形成的，至於為何會產生這種形狀，詳情不得而知。這樣的針狀結晶有時會隨意聚集，有時則是會朝一定的方向排列。

如同赤銅礦，黃銅礦（Chalcopyrite）也會罕見地出現針狀結晶體，但都只限於呈纖維狀的礦物。

日本秋田縣日三市礦山為毛赤銅礦知名產地，不過該縣的荒川礦山與尾去澤礦山亦有產出。國外方面，美國亞利桑那的銅礦山也生產毛赤銅礦。

從照片認識赤銅礦

❶與❷乃最普遍的塊狀原石，不過❶的原石比❷還要細緻，經過切割之後就會變成❸。❷的部分原石（孔洞部分）甚至還形成針銅礦。❹的切石雖然來自部分塊狀的❷，不過原石的細密差異卻整個呈現在❸與❹研磨之後的光澤上。

出現在❶與❸上的水藍色部分為矽孔

雀石。❺～❾為加工研磨礦石，出現在⇒的紅褐黑色部分就是赤銅礦，至於水藍色到青綠色部分則是矽孔雀石。

❽左上方色調明亮的咖啡色部分是自然銅（Copper），❾的肉色部分是玉髓質地的水晶。❿的項鍊雖然有矽孔雀石共生，不過有些藍色部分卻混合了「藍矽銅礦（Shattuckite）$Cu_5[OH|SI_2O_6]_2$」。

⓫～⓯為結晶標本。像這樣大的結晶體在剛果發現之後可切割成像⓰般的寶石。⓭的結晶為8面體，⓮為12面體，⓫⓬⓯為6面體與8面體的「聚形」。標本⓫的每粒結晶就像佛珠一樣串連在一起，並且形成樹枝狀，至於褐色部分就是褐鐵礦（Limonite）。

⓭～⓯的結晶體表面是孔雀石，不過標本⓯表層的孔雀石卻十分厚實，形成一個「假晶」。⓮的結晶表面有一部份除了孔雀石之外，還出現了矽孔雀石。

不可不知的知識

◎集形（Combination）

包覆在兩種以上並且擁有相同對稱要素的晶面（即內容相同或同價的晶面）之下所組成的結晶體。相對於此，僅有單一晶面的稱為單形。

◎假晶（Pseudomorph）

又稱為假像，意指某種礦物隱藏了原本特有的結晶形態，以借用其他礦物的形態方式來展現，其類型有以下數種。

A原礦物成分的一部分變化而成的交代假晶

B原礦物表面覆蓋著一層其他礦物的覆蓋假晶

C原礦物內部融解之後殘留的外殼內部形成其他礦物的填充假晶

D原礦物保持原有形態，但內部結晶構造產生變化的多形假晶

※**D**的假晶又可稱為同質異像假晶。

石英
Quartz（Rock Crystal）

石英

英文名：Quartz（Rock Crystal）
中文名：石英、水晶

成　分：SiO_2
晶　系：六方晶系(三方晶系)
硬　度：7
比　重：2.65
折射率：1.54～1.55
顏　色：無色、白色、乳白色，並請參考其他石英（紫色為紫水晶⇨p.062、黃色為黃水晶⇨p.214、粉紅色為粉晶⇨p.498、深淺咖啡色～黑色為煙水晶⇨p.286）。另外還有灰色、灰褐色、綠色、藍色，但因內包物而異
產　地：巴西、馬達加斯加、美國、德國、哥倫比亞、瑞士、印度、澳洲、加拿大、斯里蘭卡、日本、中國、墨西哥、祕魯、阿富汗、巴基斯坦、尼泊爾

關於石英

在尚未具備任何地質學知識，甚至相信自然現象就是超自然現象的時候，阿爾卑斯山山頂就已經以生產品質優良的石英而廣為人知。這個地方是以「阿爾卑斯型脈」而聞名的熱液礦床，從地底下湧出的熱水形成了各式各樣美麗的礦物與透明水晶。當古希臘人從覆蓋著萬年雪的冰塊當中看見露出地面的水晶，誤以為這是變成冰塊的石頭，因而稱它為「Crystallus（水晶）」。「Rock Crystal（水晶石）」的意思是「透明岩石的結晶」。這種結晶就是碩大成長的「石英（Quartz）」亞種，所以水晶的寶石名才會稱為「Rock Crystal」。不過日本寶石界習慣將不具透明感的稱為「石英（Quartz）」，具透明感的稱為「水晶石（Rock Crystal）」。

水晶有好幾種顏色變種，以紫水晶與黃水晶最為人所熟悉。水晶最大的魅力，就是能夠切割出透明碩大的寶石，此外還能夠琢磨出大顆的水晶球。水晶不像蛋白石那樣擁有清晰的「解理（Cleavage）」斷口，具備素材的優點，能夠自由自在地切割雕刻。

水晶不僅是普遍產於世界各地的礦物，內包物的種類更是琳琅滿目，有電氣石、金紅石（Rutile）、陽起石，以及綠簾石、雲母（Mica）、氫氧化錳礦等，無以數計。水晶本身並無任何色彩，故能夠有效地將裡頭的內包物完美地映襯而出。

巴西雖然是上等水晶的產地，不過現今的中國卻慢慢迎頭趕上。

日本山梨縣過去亦因生產品質優良的水晶而名譽天下，甲府甚至還以最精湛的加工技術來製作水晶球或印材，跨出了在地產業領域。

無色水晶切石做成的寶石項鍊非常適合映襯炎炎夏日，閃亮耀眼而且清涼無比，過去還以「雕花項鍊」之名而成為熱門商品之一。

從照片認識石英

清澈透明的結晶體正是這種礦物的魅力。通常許多人就是因為水晶這個契機才開始迷上礦物。水晶在日本自古以來稱為「六方石」，其外形看起來彷彿已經經過研磨。多數的水晶會像❶那樣聚集成一座「針山」，稱為「水晶簇（Cluster）」，做為裝飾品非常受人們喜愛。

❷的水晶結晶體柱面上可以看見非常美麗的成長痕跡，稱為「生長線（Striation）」，這個垂直地出現在柱面的線條是辨識水晶的重要特徵，不過有些結晶體線條並不是非常清楚。❸為雙錐型的結晶，光芒閃亮耀眼，並且以美國紐約

州的產地為名，稱為「赫基蒙水晶」，甚至還有「赫基蒙鑽（閃靈鑽）（Herkimer Diamond）」這個暱稱。❹雖然也是雙錐型結晶，但其晶面形狀與大小都與❸同等發達，堪稱「理想型（Ideal form）」的結晶，一般又稱為「雙頭水晶」或「雙劍水晶」，廣受大家喜愛。這個結晶體因內含無數細微滴液而呈現白色，故又有「乳石英（Milky quartz）」這個寶石名。有的水晶會因為這個原因而著色，有的則是像❺那樣將母岩的顏色映照出來，讓水晶本身看起來就像是擁有色彩。這個水晶因為附著在岩石上的褐鐵礦，所以看起來呈黃色。

❻稱為「虹水晶（暉色石英、暈彩石英，Rainbow quartz）」，特殊的雙晶構造顯現出如同彩虹般閃爍動人的光芒，這個十分有趣的特色使得這種礦石近來在市面上非常活絡。

有的水晶內部圖案充滿風格，像❼就稱為「幽靈水晶（Phantom quartz）」，從這裡我們可以看出水晶的錐面是不斷地重複成長伸長，而此時成長的痕跡就會以線條的方式垂直地出現在柱面上。

標本❽只有結晶前端形成幻影，稱為「斗笠水晶（Roof quartz）」。另外還有成長之後再次受到影響的水晶，例如出現在❾錐面上的，就是表面腐蝕所形成的三角形圖案。❿的結晶在形成之後，許多新長出的水晶就像屋頂的磚瓦般覆蓋在錐面上，讓稜線部分繼續增加碩大。

雙晶與連晶也是其魅力之一。⓫稱為「日本律雙晶（Japanese twin）」，亦以「夫婦水晶」或「羽箭型水晶」等暱稱而聞名。

⓬與⓭的水晶幾乎朝同一個方向形成雙柱或捆狀，像這樣的礦石稱為「平

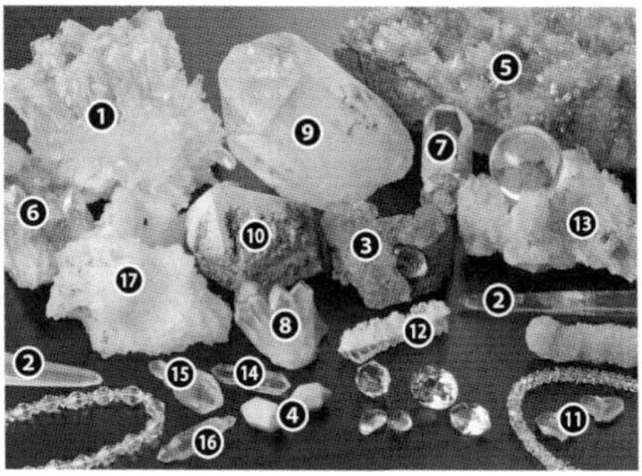

行連晶（Parallel growth）」。有的連晶就如同⓮～⓰般形成於結晶體的上下兩端，尤其是像⓯的形狀在國外稱為「權杖水晶（Scepter quartz）」或「磨菇水晶（Mushroom quartz）」，日本人則是稱其為「松茸水晶」或「冠水晶」，但外形如果像⓰的話就稱為「獨鈷水晶」。

⓱原本是石英滲入岩石裂縫中而形成的，但是之後卻失去了本體的岩石，只有石英殘留下來。像這樣的礦石就稱為「空殼（Negative cast）」。

方石英／鱗石英
Cristobalite／Tridymite

❶方石英／❷鱗石英

英文名：❶Cristobalite／❷Tridymite
中文名：❶方石英／❷鱗石英

成　分：❶SiO_2／❷SiO_2
晶　系：❶正方晶系／❷單斜晶系、 斜方晶系
硬　度：❶6～7／❷6.5～7
比　重：❶2.33／❷2.27
折射率：❶1.48～1.49／❷1.47～1.48
顏　色：無色、白色、灰色、藍色、黃色、淡褐色
產　地：均為巴西、法國、德國、俄羅斯、紐西蘭、印度、墨西哥、美國、日本

關於方石英／鱗石英

這兩種都是成分與「石英（Quartz）」相同的礦物，尤其是方石英（又稱為方矽石）在發現當時（1884年）完全被認為是石英。發現者是德國礦物學家G. von Rath。但之後研究卻發現其結晶構造異於石英，到了1887年才被承認是另一種礦物。一方面，鱗石英發現時其結晶呈六角形的薄片狀，外形看起來就像是魚鱗。這樣的形狀在雲母（➡請參考p.438）項目內亦會提到，可以形成「偽六方三連晶（Trilling）」，因為雙晶重疊三個，故看起來就像是六角形。

縱使這些矽酸（SiO_2）礦物成分相同，卻個別擁有不同結晶系這個特徵，反映出造成這些礦物的環境不同，形成的構造也會隨之而異，像這樣的關係就稱為「同質異像（同質異晶，同質多晶）（Polymorphism）」。因為形態複數，又可稱為「多形」。

方石英還可以細分成兩種類型。在268℃以下的環境形成結晶的稱為「低溫型方石英（正方晶系）」，在1470～1728℃的環境下形成結晶的稱為「高溫型方石英（等軸晶系）」。鱗石英亦擁有相同性質，在不到105℃的環境下會形成單斜晶系，一旦溫度升高至350℃就會變成斜方晶系，若環境溫度繼續持高至465℃的話就會變成六方晶系。如果溫度是在超過這個範圍的高溫域的話，形態就會變成幾乎是另外一種礦物的「高溫型方石英」。像這樣構造相同的物質因形態產生變化，進而出現與此截然不同的性質（包含形態）的情況就稱為「變態（Modification）」。

由於這兩種礦物的結晶體過於細小，因此無法加工製作寶飾。有時會混雜著其他寶石一同產出，或者有時明明被稱為蛋白石，但透過X光檢驗才發現其實是方石英，類似這樣的情況與其說屢見不鮮，倒不如說是正常現象。通常站在寶石學的立場上檢查出來的「非晶質寶石（Amorphous）」透過X光觀察時，往往會變成晶質寶石，關於這一點常引起眾人議論（➡請參考不可不知的知識）。

從照片認識方石英／鱗石英

（➡請參考p.114的黑曜岩）

❶被稱為雪花黑曜岩（Snow Flake Obsidian）」或「花狀黑曜岩（Flowering obsidian）」，上頭的白色斑點就是方石英。❷～❹亦同。尤其是❸與❹在觀賞石的世界中被視為是極為珍貴的「花紋石」。❺上頭礦染的鐵分顯現出鮮紅色，形成一朵紅花。❹的花朵內部伴隨著看起來就像是細小黑點、屬於微粒狀的「鐵橄欖石（Fayalite）」。❻是從❹的球粒部分

剝落而成的，標本表面覆蓋著一層褐色的風化物。

❼雖然是鱗石英的標本，但聚集在表面淺淺凹洞的結晶體才是鱗石英，外形看起來就像是六角形。❽～⓫如果透過X光看的話是方石英，但如果站在一般範圍的寶石學來檢查的話，❽與❾會變成「玉髓」，❿與⓫則是「普通蛋白石」。這個標本產自日本福島縣寶坂的蛋白石礦山，在現實生活中當地與標本商會將其視為「普通蛋白石（Common Opal）」而流通市面。這些都是在火山岩的縫隙之中（空氣釋出之後留下的縫隙）次生形成的礦石。⓫是形成於空隙部的礦石剝落物，因形狀而贏得了「算盤球石」這個暱稱。從❽的縱剖面形狀便可理解為何要將其稱為算盤球。⓬～⓱是切割而成的寶石，⓮甚至還呈現藍色。在寶飾市場上看見的一部分藍色蛋白石其實就是這種寶石。

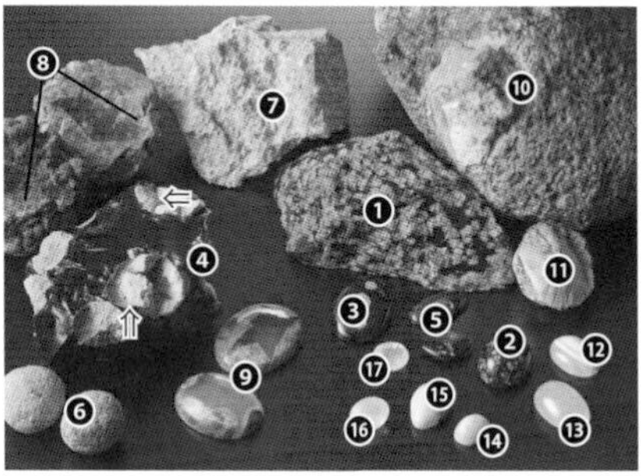

石英的多形除了這裡提到的方石英與鱗石英，另外還有「柯石英（Coesite）・單斜晶系」與「斯石英（Stishovite）・正方晶系」。這些多形都處在極為高溫與高壓環境下的石英形成的。起初是由科學家合成製作，不過之後在1960年卻從隕石孔以及隕石中發現它的存在。

不可不知的知識

蛋白石與玉髓採掘或切割之後，憑肉眼便可看出其所產生的變化，也就是變質。這種現象以「混濁」、「變色」、「產生裂縫」最為人所熟知。從造成這些情況的原因，可以得知蛋白石與玉髓的形成溫度為何會比水晶還要低、只要50～150℃就可以形成的理由。做為一個結晶體，這些礦物的狀態其實並不完整，在經過一連串的採掘與切割等刺激之後，礦物內部會變成低溫型的方石英。

Mini 知識

矽孔雀石 Chrysocolla

矽孔雀石

英文名： Chrysocolla
中文名： 矽孔雀石、花寶、台灣藍寶

成　分： $Cu_4H_4[(OH)_8 | Si_4O_{10}] nH_2O$
晶　系： 單斜晶系
硬　度： 2～4
比　重： 2.8～3.2
折射率： 1.46～1.57（因礦染的矽酸量而異）
顏　色： 藍色、綠色、青綠色
產　地： 美國（亞利桑那州、內華達州）、墨西哥、智利、俄羅斯、薩伊（譯注：現為剛果）、尚比亞、以色列、祕魯、英國、印尼、台灣

關於矽孔雀石

這種礦物十分類似土耳其石。如果將土耳其石比擬成女性美的話，那矽孔雀石獨特的藍就是男性美。矽孔雀石在史前時代與土耳其石一樣，屬於深受人們喜愛的寶石，但與土耳其石相較之下卻顯得比較脆弱，因此鮮少直接使用。儘管如此，希臘人與羅馬人依舊對這種寶石愛不釋手，因此特地尋找能夠承受研磨的原石，並且將其刻成浮雕或者戒指印章。

當時的人相信這種礦石具有增加黃金的力量，因此希臘哲學家Theophrastus將「chrysos（金）」與「kolla（膠）」這兩個字組合起來，以Chrysocolla為其名。這是發生在西元前315年的事。當時他創立這個名字的目的，其實是為了稱呼在冶煉金合金時所使用的多種金屬礦石，但到最後卻特地留下僅當做這種礦石的名稱。矽孔雀石可做為專門用來煉銅的礦石，這種礦石在這方面的表現比孔雀石還要出色。熔解金的時候如果加入這種銅的話，就能夠製作出色調深濃的合金（金－銅系列）。這樣的結果讓人誤以為這裡頭的金含量增加，所以才會演變成能夠「增金」這個結果。仔細想想整個情況的前因後果，就不難推測當時的人是將矽孔雀石粒連同金礦石直接投入熔爐之中。

紅海亞喀巴灣（Gulf of Aqaba）的埃拉特海灣（Eilat）生產混入孔雀石的矽孔雀石。這種礦石以其產地為名，稱為「埃拉特石（Eilat stone）」，但這個名字其實還有「留下埃拉特海湛藍色彩的寶石」、「猶太人的藍色眼淚」等含義。當地人甚至還稱這種礦石為「Soromon stone」，因為當地的銅礦山打從所羅門王時代便把矽孔雀石當做銅礦石來開採。

矽孔雀石這種礦物的形成環境溫度相當低，不易找到結晶體。在銅礦床的氧化帶中，矽孔雀石會與褐鐵礦、藍銅礦、孔雀石和赤銅礦共生，並且形成葡萄狀或皮殼狀的塊礦，有時還會形成鐘乳石狀，其成長方式甚至還會讓人聯想到土耳其石，因為上等的矽孔雀石會呈現非常清澈的藍色，完全察覺不到有任何雜質存在，例如美國西南部的部分地區就是生產品質優良的矽孔雀石而聞名，不過那裡也是土耳其石的產地。有時矽孔雀石會因為被石英、玉髓和蛋白石礦染而使得透明度大幅提升，絲毫察覺不到原本脆弱的性質。寶飾市場特地將這樣的礦石稱為「矽化寶石（Gem Silica）」。一般來說，原石在交易時都是以噸（t）為單位，但是矽孔雀石卻是以寶石的交易單位克拉（ct）來處理。可惜這個礦石名給人一種「矽酸含量多的寶石級礦物」的印象，在內容上其實沒有一個正確的區分基準。

從照片認識矽孔雀石

從呈現條紋圖案的綠色原石❶便可看出矽孔雀石這個名字代表的就是「矽酸質的孔雀石」。

矽孔雀石大致可分為2種類型。一種像土耳其石般由細膩結晶聚集而成的❷，另外一種則是充滿膠質的❸，不過這個類型的矽孔雀石會因為水分蒸發而產生裂縫。至於產量方面則是以後者居多。

如同前述，幾乎所有的矽孔雀石原石最大的特色就是比土耳其石來得脆弱許多，無法直接承受切割等加工處理。現在為了解決這些性質所帶來的問題，因而比照土耳其石的作法將液狀的合成樹脂壓入矽孔雀石中使其固化（稱為Stabilize）以增加強度，這種手法非常普遍。例如❹就是經過這種加工方式處理而成的原石。

被稱為「矽化寶石（Gem Silica）」等級的矽孔雀石乃是捨棄注入合成樹脂這個人為的加工方式，讓原石在自然的狀態下滲入矽酸液，強化性質，好將硬度提升至與瑪瑙一樣。

❺與❻的原石與切石就是利用這種方法形成的。其正式名稱為「矽化的矽孔雀石（Silicified chrysocolla）」，但對於這種均勻又美麗的礦石，寶石界特地將其稱為矽化寶石。這個名稱並不是本體的礦物名，誠如前項所述，只不過是個印象名稱。

台灣生產的矽孔雀石品質優良，稱為「台灣藍寶❻」。不過中國卻把這種礦石稱為藍寶石，就連「藍方石（Hauyne）」有時候也會寫成藍寶石，因為命名過於複雜而容易讓人產生誤解。

矽化寶石如果要以寶石名稱呼，透明度有點下降的稱為「矽孔雀石玉髓（藍玉髓，Chrysocolla chalcedony）」，透明度完全跌落的稱為「矽孔雀石石英

（Chrysocolla quartz）」，可以看見條紋圖案的稱為「矽孔雀石瑪瑙（Chrysocolla agate）」。如此區分稱呼其實非常瑣碎複雜，除非是非常典型的寶石，否則是不會刻意如此嚴格區別的。

❼與紅色的赤銅礦（Cuprite）伴生，形成非常獨特的圖案。❽則是埃拉特石。

❾乃鐘乳石狀的原石，中心點的綠色與藍色部分就是矽孔雀石。其周圍包圍著一圈次生形成的微小水晶。

綠玉髓
Chrysoprase

綠玉髓、澳洲玉

英文名：Chrysoprase
中文名：綠玉髓

成　分：$SiO_2 + Ni$
晶　系：六方晶系（隱晶質）
硬　度：7
比　重：2.57～2.64
折射率：1.53～1.54（依礦染的矽酸量與鎳泥的內容而異）
顏　色：淺綠色、綠色、淺青綠色、黃綠色、白綠色
產　地：澳洲、坦桑尼亞、波蘭、土耳其、俄羅斯（烏拉山脈，Ural Mountains）、巴西、美國、紐西蘭

關於綠玉髓

在玉髓的變色種當中價值最高的寶石。它的色彩可以用「蘋果綠（Apple green）」來形容，宛如成熟前的蘋果顏色，非常奇妙，世界上找不到任何一種寶石顏色與它一樣，真的是非常獨特的比喻。

讓玉髓呈現這種色彩的是含鎳的矽酸鹽礦物泥。而綠玉髓的特徵就是因為這個鎳礦物裡頭含有膠泥，所以大多數的原石都會出現龜裂。

這種綠色寶石看起來彷彿又帶點黃色。這個微妙的色感自古以來讓人以為這是從黃金堆中誕生的寶石。據說它的名稱是從希臘語的金「chryso」與韭菜「prason」組合而成的，不過此說卻讓人不禁在心裡頭產生一個小小疑問。

韭菜在當時已經是大家十分熟悉，而且能有效治療血液與腸胃疾病的植物，經常當做腸胃藥來食用。加上他們認為這種植物還能夠有效治療血液疾病，由此可看出這種寶石象徵的含義就是「潔淨肉身」。

位於現今中歐附近的古代西利西亞（Silesia）Kosemiitz地區生產上等的礦石。當時綠玉髓屬於極為珍貴的寶石，在希臘、羅馬時代主要用來製作浮雕與鏈墜，就連埃及也曾出現大量使用綠玉髓做為寶飾品的記錄。不過當時所使用綠玉髓是否來自Kosemiitz地區則無法明確判定。

1700年代在西利西亞，1800年代在烏拉山脈以及美國加州發現了礦床，之後雖然在巴西亦找到產出，可惜產量均非常稀少。

不過到了20世紀，澳洲的昆士蘭州卻發現了前所未有的廣大礦床，讓綠玉髓幸能得以普及市面，但卻也因為大量產出而使得價值掉落。其所顯現的綠色色彩有時會與玉石相較，也因此產生了「澳洲玉（Australian jade）」這個誤稱。

從照片認識綠玉髓

這個寶石名誕生的時候，應該是針對像❶那種色調的礦石而來的。事實上希臘人在進行浮雕等加工作業時，最愛的就是這種顏色的礦石。由此可以看出這種寶石所呈現的綠色裡頭還透出黃色色彩。

在組合了金與韭菜這兩個字的稱呼之中，有的地方會擷取「prason」這個部分，直接將寶石名取為「Prase」。從照片中可以看出❷這塊綠玉髓的綠色色澤比一般的還要黯淡，現在歸類在「綠玉髓」底下。考量到該名稱曾經出現在歷史上，故本書在拍攝時特地將這款寶石列在本頁中。

玉髓在含鎳的黏土層中會聚集成像❸的綠玉髓團塊（Nodule）（從菱鎂礦

／菱鎳礦（請參考➡p.138）這個項目即可明白），或者形成如同❹般埋入岩石的裂縫部分。絕大部分的特徵，就是出現在原石表面的乾裂現象，這種狀態從原石表面上的灰褐色部分就能夠觀察到。另外礦石內部還會出現非常細小的孔洞裂縫，從❺的⇒部分便可觀察出在這裂縫當中出現了細小水晶群生的奇異現象。拋光切割（Tumbled cut）的❻上頭的乾裂部分還埋了一些綠玉髓。原石表面因為混入了一些堆積物的泥沙，所以才會看起來有點灰白。

❼的原石包含黑色氧化錳的內包物，稱為「樹紋綠玉髓（Dendritic chrysoprase）」。

「矽鎂鎳礦（Garnierite）」這種鎳礦石有時會被玉髓礦染，例如❽事實上就能夠判定成是綠玉髓。

不可不知的知識

日本業界習慣將這種寶石單純稱為「Chryso」，不過這個稱呼本來是使用「鉻化合液」染成綠色的玉髓簡稱。其前因後果說來話長，總之這種染色石的正確名稱應該是「Chrysophrase」。

Mini 知識

Garnierite稱為「矽鎂鎳礦」，構成成分為$(Ni, Mg)_3Si_2O_5(OH)_4$，乃以鎳為主要成分的數種矽酸鹽礦物名稱，但無獨立的礦物種。

金綠寶石
Chrysoberyl

金綠寶石

英文名：Chrysoberyl
中文名：金綠寶石

成　分：Al_2BeO_4
晶　系：斜方晶系
硬　度：8.5
比　重：3.68～3.73
折射率：1.75～1.76
顏　色：黃色、淺黃綠色、黃綠色、淺褐綠色、褐綠色、亮綠色（薄荷綠）、褐色、灰色、黑灰色、無色
產　地：巴西、斯里蘭卡、印度、俄羅斯、加拿大、瑞士、馬達加斯加、坦桑尼亞、辛巴威、肯亞

關於金綠寶石

這是從維多利亞到愛德華時代在歐洲風靡一時的寶石，起初稱為「貴橄欖石（Chrysolite）」。不過當時的人在稱呼礦物時比較偏好選擇重視色調而非礦物的名稱，因此常會出現與貴橄欖石（Peridot）、電氣石（Tourmaline）以及綠柱石（Beryl）混淆的情況。其實金綠寶石被視為是綠柱石的變種，因其光澤較亮，故冠上意為黃金的希臘語，稱為「Chrysoberyl（黃金綠柱石）」。總之這個礦物名是因為誤解而誕生，積非成是沿用至今的最佳範例。

在寶石礦物中金綠寶石的產量非常稀少，就連產地本身也是少之又少。一般來說，金綠寶石的結晶體是因為鐵（**Fe**）而發色的，從黃色到褐色具有產出，　但不知為何擁有這種色彩的透明礦石卻乏人問津；相對地，充滿光學效果的變種反而比較熱門。「金綠玉貓眼石（Chrysoberyl cat's-eye）」過去稱為「Cymophane」。這個名稱是1797年法國的Haüy取的，他組合了希臘語中的「κῦμα（波浪）」與「εμφάνιση（外觀）」這兩個字，以用來形容這種礦石散發而出的光彩效果。

「亞歷山大變石（Alexandrite）」也是其寶石變種之一。

這種變石在白天的日光以及晚上的燈光或白熾燈照耀下會呈現出不同色彩，這種效果就稱為亞歷山大效果（The Alexandrite Effect）。這種擁有神奇效果的寶石1842年首次出現在烏拉山脈，之所以會以此為名，是為了將這種寶石獻給當時的皇帝「亞歷山大二世」而取的。所呈現的色彩效果是裡頭所含的鉻（**Cr**）與釩（**V**）形成的，不過清楚地從綠色變成紅色的礦物其實非常罕見。不僅如此，還有擁有變色與貓眼這兩種性質、更加珍奇的「亞歷山大變色貓眼石（Alexandrite Cat's Eye）」。

近年來坦桑尼亞還發現了顏色來自釩的變石，稱為「釩金綠寶石（Vanadium chrysoberyl）」。清爽的綠色瀰漫著一股謐靜氣息，深受世人喜愛。這種寶石的產量非常地稀少。但其實這種變石是先以合成的方式製作之後，才發現原來有自然石的存在，真的是不可思議。

從照片認識金綠寶石

這種礦物的結晶體最受歡迎的不是單結晶，而是「雙晶（Twin crystal）」。其實從寶石與礦物相關書籍裡的照片與結晶圖中幾乎找不到單結晶的金綠寶石，因為這種礦物的雙晶形狀令人印象太深刻了。原本是斜方晶系的金綠寶石照理來說應該會出現菱形結晶，但是❶卻是將2個結晶接合在一起形成「接觸雙晶」，變成尖銳的

三角形；❷是3個結晶貫穿形成「穿插雙晶（貫穿雙晶、透入雙晶）」，結果變成六角形。後者屬於特殊類型的雙晶，又可稱為「輪座雙晶」，對於礦物收藏家而言，可說是夢寐以求的逸品。❸為「黑雲母片岩（Biotite schist）」中的金綠寶石。從這個標本雖然看不出來，不過有時會與祖母綠共生。這個標本整個都是六角形的穿插雙晶。

❶～❺是亞歷山大變石的雙晶。包含亞歷山大變石在內的金綠寶石穿插雙晶會像❶～❹那樣，比較容易形成六角板狀，像❺那樣的六角柱形狀則是比較少見。

❻屬單結晶，不過這個標本有一部分看起來略顯白濁，那是形成於內部的細微管狀內包物所造成的，像這樣的結晶只要經過凸面切磨，就會像❻❼那樣出現貓眼圖案。

金綠玉貓眼石在日本又稱為「真性貓眼石」。這個相對於石英等其他貓眼石的名稱雖然不是非常好聽，卻能夠充分顯現出銳利的貓眼。過去日本甚至有業者將❻稱為「銀眼」，將❼成為「金眼」。

❽為亞歷山大變石，❾為亞歷山大變色貓眼石，❿為釩金綠寶石。像這樣的綠色俗稱「薄荷綠」。⓫雖為金綠寶石，卻幾乎不含應有的鐵分，稱為「白金綠寶石（White chrysoberyl）」；相反地，裡頭的鐵分含量越多，顏色就會從黃色變成褐色（⓬→⓭→⓮），若是變成像⓮那樣的話，就稱為「褐金綠寶石（Brown chrysoberyl）」。

Mini 知識

⓯是被水磨成圓形的結晶，因堆擠在古老河床、湖底與海岸邊而被發現。這種礦物是因為從成長的母岩中剝落而被沖積到其他地方，這種含有寶石的砂礫層就稱為「寶石礫層（Gem gravels）」。另外，這種類型的礦床在學術界稱為「次生礦床」，第一次形成的稱為「原生礦床」。次生礦床的稱呼因寶石產出國而異。包含這種寶石的礦層在斯里蘭卡稱illam，在緬甸稱byon，在泰國則是稱kasa。

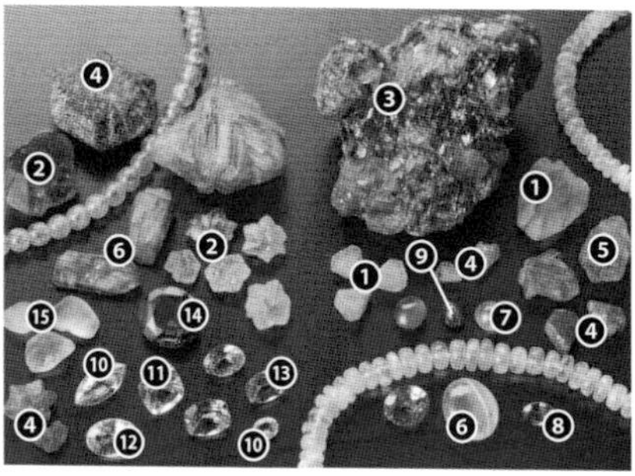

斜綠泥石
Clinochlore

斜綠泥石

英文名：Clinochlore（Chlorite）
中文名：斜綠泥石、綠龍晶

成　分：$(Mg, Fe^{2+}, Al)_3[(OH)_2|AlSi_3O_{10}]$ $(Mg, Fe^{2+}, Al)_3(OH)_6$
晶　系：單斜晶系、三斜晶系
硬　度：2～2.5
比　重：2.65～2.78
折射率：1.58～1.68
顏　色：淺灰綠色、暗綠色、淺綠色、白色、黃色、紫色、無色（較少）
產　地：美國、瑞士、墨西哥、日本、尼泊爾、印度、澳洲、紐西蘭

關於斜綠泥石

綠泥石是形成「綠泥石群礦物」的礦物總稱，有的呈白色或褐色，但絕大部份為黯淡的綠色。根據這種情況，1789年德國地質學家Abraham Gottlob Werner以德語將其取名為「Chlorit」。明治11年（1878年）和田維四郎觀察到這種礦石細緻的結晶集合體看起來十分像綠泥，同時參考其原文語源的形容而將其譯成綠泥石。

綠泥石按照化學成分可再加以細分，現在知道的種類已經超過10種。一般我們常見的綠泥石可分為兩個系列，有以鎂（**Mg**）與鐵（**Fe**）為主要成分、色調較深的「斜綠泥石（Clinochlore）」，以及以鋁為主要成分、色調較淺的「鮞綠泥石（Chamosite）$(Fe^{2+}, Mg, Al)_6[(OH)_8|(Si, Al)_4O_{10}]$」。這兩個系列的綠泥石形成於各種岩石之中，常見於溫度及壓力較低的變質岩，或因熱水而變質的岩石或礦脈之中。「綠泥片岩（Chlorite schist）」裡大多會形成斜綠泥石，至於金屬礦床則通常會形成鮞綠泥石，鐵分的含量越多顏色就會越深。不管是斜綠泥石或鮞綠泥石均會形成固溶體。

其他還有「須藤石（Sudoite）$(Al, Fe)_2[(OH)_2|AlSi_3O_{10}]\cdot Mg_2Al(OH)_6$」與「錳鋁綠泥石（Pennantite）$Mn^{2+}_5Al[(OH)_8|AlSi_3O_{10}]$」，至於斜綠泥石則是綠泥石的代表礦石。其名稱乃是將希臘語的「klinen（傾斜）」與「chloros（綠色）」組合而定的。

斜綠泥石會構成綠泥片岩等變質岩以及「綠色凝灰岩（Green tuff）」等堆積岩。因顏色呈綠色，自日本古墳時代便開始做為翡翠與碧玉的替代材料以用來製作玉類。至於綠色凝灰岩的顏色則是輝石與角閃石以及黑雲母變質產生的斜綠泥石所造成的。

斜綠泥石在偉晶岩內會成長為碩大結晶，並且呈假六角厚板狀，可以剝下薄片，狀態十分類似雲母，不過彈性卻比雲母差，禁不住彎折力道，憑這一點可加以區別這兩者的差異。不僅如此，斜綠泥石有時還會形成假斜方三角柱的結晶體。

這種礦物本身鮮少切割成寶飾用切石。最為人熟悉的，就是含有內包物的狀態，不是形成苔瑪瑙（Moss agate），就是覆蓋在水晶或長石結晶表面，形成一層黯淡的綠色。

另外還有含鉻（**Cr**）的變種，呈艷紫色，稱為「鉻斜綠泥石（Kämmererite）」，別名Purple clinochlore。1840年在俄羅斯的Itkul湖發現了寶石品質等級的美麗礦物。當時這塊鉻斜綠泥石在鉻鐵礦的縫隙與裂痕之間與鈣鉻榴石（Uvarovite Garnet）共生，呈現出非常特殊的美麗姿態。

從照片認識斜綠泥石

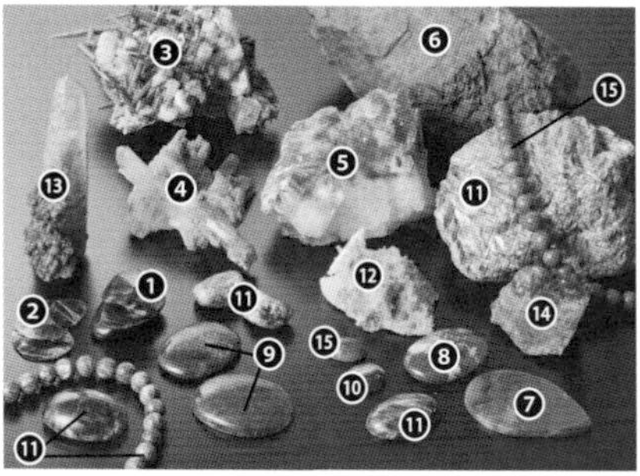

❶是將厚板狀的斜綠泥石結晶琢磨成弧面的切石。如果是在從前，根本就難以想像切割的斜綠泥石竟然可以流通市面。❷是利用其解理性剝落的薄片，外觀看起來非常類似雲母。至於❶則是不將其完全解理，以凸浮的狀態拍攝而成的。

❸的斜綠泥石覆蓋在水晶（Rock crystal）表面，❹是覆蓋在鈉長石（Albite）表面，❺則是覆蓋在冰長石（Adularia）表面，使得這些礦石本身外觀呈綠色。這種情況是因為斜綠泥石在水晶與長石的成長末期融入滲透的熱水之中，最後釋出表面，形成結晶。❻為綠泥片岩。

❼❽為滲入瑪瑙之中的斜綠泥石，因內含纖維泥狀，故名「苔瑪瑙（Moss agate）」。從❽可以欣賞到融入綠泥石的綠色以及白色條紋圖案這兩個部分形成十分美麗的對比，像這樣的礦石有時會暱稱為「大理石苔瑪瑙（Marble moss agate）」。另外「紅苔瑪瑙（Carnelian moss agate）❼」所散發出的鮮紅色彩亦十分美麗動人。

相對地，礦石❾上沒有任何條紋圖案，本來應該屬「苔玉髓（Moss chalcedony）」，卻依舊被稱為瑪瑙，其實這只不過代表著這個名字比較普遍。換句話說，如果使用玉髓這個名字的話，反而會讓人理解成這是變種礦石。像這樣類似的情況其實不少。

❿的斜綠泥石在白石英中以微粒狀的方式呈現，稱為「帶狀綠石英（Banded green quartz）」。

⓫為葉片狀斜綠泥石的集合體，其中一部分會以「綠龍晶（Seraphinite）」這個暱稱來稱呼，不過這個名字並無任何地學根據。

⓬乃形成於水晶結晶孔洞（Cavity）之中的綠泥石，鋰（Li）含量豐富，稱為「鋰綠泥石（Cookeite）$LiAl_4[(OH)_8|AlSi_3O_{10}]$」。

⓭以水晶結晶中或表面的粒狀灰色集合體而形成，這種狀態稱為「球藻水晶」，產自大分縣的尾平礦山，亦可稱為「星星水晶（Hollandite in Quartz）」。尾平這個地方乃是以生產「賽黃晶（Danburite）」、「斧石（Axinite）」、「砷黃鐵礦（Arsenopyrite）」等世界知名礦物的礦山。

⓮為鉻斜綠泥石的結晶體。從⓯的弧面切石或項鍊即可看出這種礦石已經不能稱為斜綠泥石了。

鈣鋁榴石／鈣鐵榴石／鈣鉻榴石
Grossular garnet／Andradite garnet／Uvarovite garnet

1 鈣鋁榴石／2 鈣鐵榴石／3 鈣鉻榴石

英文名： 1 Grossular garnet
2 Andradite garnet
3 Uvarovite garnet

中文名： 1 鈣鋁榴石
2 鈣鐵榴石
3 鈣鉻榴石（綠榴石）

成　分： 1 $Ca_3Al_2[SiO_4]_3$／2 $Ca_3Fe^{3+}{}_2[SiO_4]_3$／3 $Ca_3Cr^{3+}{}_2[SiO_4]_3$

晶　系： 均為等軸晶系

硬　度： 1 6.5～7／2 6.5／3 7.5

比　重： 1 3.64～3.68／2 3.82～3.85
3 3.40～3.80

折射率： 1 1.738（範圍1.73～1.75）
2 1.875（範圍1.86～1.89）
3 1.820（範圍1.74～1.87）

顏　色： 1 無色、黃色、金黃色、褐色、綠色（有Cr、V、Fe這3種類型的顏色）、粉紅色
2 黃綠色、綠色、灰綠色、黃色、黑色
3 翠綠色（祖母綠）

產　地： 1 斯里蘭卡、坦桑尼亞、巴基斯坦、阿富汗、義大利、瑞士、俄羅斯（烏拉山脈）、肯亞、加拿大、墨西哥
2 俄羅斯（烏拉山脈）、義大利、瑞士、英國、羅馬尼亞、美國、韓國、肯亞、剛果、巴基斯坦、日本
3 俄羅斯（烏拉山脈）、芬蘭、加拿大、美國

關於鈣鋁榴石與其他石榴石

這3種石榴石各取其名稱的粗體字部分，也就是**U**varovite、**Gr**ossular、**And**radite，可以組成「Ugrandite（鉻鈣鐵榴石）」這個系統名。因其組成成分之中共通含有鈣（**Ca**），故又稱為「鈣榴石（Calcium garnet）」。

在這個系統的石榴石裡頭，分別構成鈣鋁榴石、鈣鐵榴石與鈣鉻榴石的三價元素鋁（**Al**）、鐵（**Fe**）、鉻（**Cr**）可以相互替換。鈣鋁榴石的原文亦可稱為「Grossularite」。與源自人名的鈣鐵榴石（Andradite）與鈣鉻榴石（Uvarovite）相比，鈣鋁榴石的原文名稱之所以來自擁有淺黃綠色的「西方醋栗（Grossularia）果實」，原因就在於起初發現的結晶體為黃綠色而來的。

◎鈣鋁榴石

鈣鋁榴石乃是產自以矽卡岩為代表的接觸交代礦床、輝長岩（Gabbro）、翡翠（Jadeite）、鈉長岩（Albitite）的石榴石，但卻非常容易與鈣鐵榴石混淆。其實鈣鋁榴石的產出形式比鈣鐵榴石還要豐富多樣，就連在隕石中（阿顏德隕石，Allende meteorite）也能夠發現它的蹤跡，非常特殊。自古以來被稱為「Cinnamon stone（鈣鋁榴子石、肉桂石）」或「Jacinth（紅鋯英石、紅風信子石）」的寶石屬於橙色系列的鈣鋁榴石，不過前者顏色偏紅，後者則帶點褐色。之後鈣鋁榴石雖然改名為「Hyacinch」，並且做為鋯石（Zircon），甚至與藍寶石混合使用，但因缺乏正確性，因而漸漸不再使用，最後只徒留記憶。黃、褐、橙這三色的鈣鋁榴石現在則一律統稱為「金黃榴石（Hessonite）」。

有的鈣鋁榴石主要發色源為釩（**V**），呈現出明亮柔和的綠色色彩。這種變種的石榴石發現於1967年，時間上非常晚，至於其名稱則取自於產地（肯亞的查佛（Tsavo）國家公園），稱為「沙弗萊石（Tsavorite）」。

◎鈣鐵榴石

鈣鐵榴石在石榴石中以「分散度」大而聞名，只要切割就會呈現虹彩的「火焰」，十分閃亮耀眼。這樣的美讓這種礦石自古以來便做為寶飾品。黃色系列的稱為「Topazolite」，一旦切割成普麗亮鑽石型（Brilliant cut），就會散發出如同鑽石般的璀璨光芒。另外還有全黑不透明的

鈣鐵榴石稱為「黑榴石（Melanite）」，能夠反射出強烈光線。

在這種石榴石中，最有名的就是「翠榴石（Demantoid）」。這種礦石的原文也是因為其散發出的光彩而以「宛如鑽石般」為意。翠榴石以在俄羅斯烏拉爾山脈石綿礦山發現的最為有名，交易價格在石榴石中最為昂貴。這種礦石的結晶中還有呈放射狀散開的石綿纖維，稱為「馬尾（Horsetail）」。如此珍奇的現象讓這種礦石的身價倍增。

◎鈣鉻榴石

以不產出大顆結晶而為人所知的「鈣鉻榴石」屬於產量稀少的石榴石，通常會在「鉻鐵礦（Chromite）$FeCr_2O_4$」的裂縫中以薄膜被或1mm大小、色調如同祖母綠的細小結晶群的形態出現，顆粒大到足以切割出寶石的結晶體幾乎不曾出現。如果這種石榴石能夠出現足以切割成寶石的大小的話，價值可是會遠超過翠榴石。

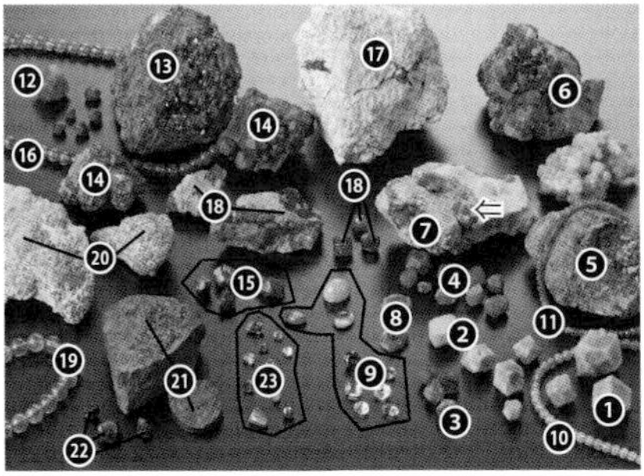

從照片認識鈣鋁榴石與其他石榴石

這個系列的石榴石與鐵鋁榴石系的不同，外形為「12面體」。❶～❹的結晶體為鈣鋁榴石，形狀非常典型。裡頭的鐵含量越多，這個鐵鋁榴石系的結晶就會加上充滿特色的24面體面，而且外形會從這兩者匯集的形狀演變成24面體。❺和❻就是這樣的礦石，還可看出是產自矽卡岩礦床。❼亦產自矽卡岩礦床，至於❹的結晶體則是成長於這樣的母岩之中。❽的結晶與❼箭頭所指的黑色部分鈦（Ti）含量特別多。位在❾範圍內的切石與❿⓫為各種顏色的鈣鋁榴石，綠色的為「沙弗萊石」，黃色、橙色與紅橙色的為「金黃榴石」。⓬～⓴為「鈣鐵榴石」。其中⓱～⓴為「翠榴石」，⓱為烏拉山脈產，⓴為義大利產。這兩者的白色部分為石棉（Asbestos）。㉑為結晶於鉻鐵礦層裂縫、產自俄羅斯的「鈣鉻榴石」。㉒結晶於矽卡岩礦床中，為芬蘭歐托昆普（Outokumpu）所產。㉓範圍內的是鈣鐵榴石切石，綠色的是「翠榴石」。從最前面的三角形切石可看見虹彩的光學效果。這種礦石稱為「彩虹榴石（Rainbow Garnet）」，其右邊的礦石則可看見星芒或貓眼圖案。

針鐵礦
Goethite

針鐵礦

英文名：Goethite
中文名：針鐵礦

成　分：α-FeOOH
晶　系：斜方晶系
硬　度：5～5.5
比　重：3.3～4.3
折射率：2.26～2.40
顏　色：褐色、黃色、黑色
產　地：美國、德國、日本、澳洲、南非共和國、墨西哥、古巴、智利、英國、俄羅斯、北韓

關於針鐵礦

針鐵礦是鐵的氫氧化合物，也就是「天然的鐵鏽」。從成分可看出這種礦物遍布全世界的地面上，但出乎人意料之外的是資料中列出的產地並不多，原因在於這裡僅列出能夠大規模生產或者產出獨具特色的針鐵礦產地。

像是水晶或綠柱石等結晶外形清楚的礦物自古以來便會為其取名，然而像照片中的土狀或團塊狀的礦物卻遲遲沒有定名，使得這樣的氫氧化鐵塊在過去擁有各式各樣的名稱，一直要到19世紀以後才統一稱為「Limonite（褐鐵礦）」。至於這個字則源自希臘語中的「leimōn（草地）」。

到了20世紀後半，人們才終於發現這些礦物裡頭其實有的構造不同，因而將其分為兩類。當時最常見的是「針鐵礦」，其次是「鱗鐵礦」。從包含水晶在內的礦石即可看出前者就像是細線般細細長長地成長，從前日本甲府的寶石切割者稱這種礦石為「孑孓」；至於後者的外形呈鋸齒狀，看起來就像是銀杏葉或蟹腳。但是如果沒有透過X光分析的話，通常難以正確辨識這兩者。

針鐵礦的主要成分褐鐵礦（Limonite）通常呈土狀或團塊狀，若呈中空的話則暱稱「壺石」。內部有的會含小石子或禾樂石（Halloysite）類黏土，只要一晃動就會發出咕嚕咕嚕的聲音，因此稱為「鳴石・鈴石」。裡頭所含的黏土部分在奈良時代稱為「禹余糧」，並且做為藥石來使用。

針鐵礦本身幾乎不會拿來切割，但以內包物而聞名並且經常出現在水晶內，充分展示出美麗的效果。

從照片認識針鐵礦①

❶與❷的原石是名副其實的針鐵礦，特別是從❶的外觀便可看出這塊礦石是細膩纖維針狀的集合體。原石❷則是多數針鐵礦集合成串，並且形成束柱狀。這些都是含鐵礦物變質之後在霜柱狀部分隨處形成房狀結晶的集合體。❸的結晶在最上部，外形呈葡萄狀。像這樣的形成方式稱為「幾何篩選作用（Geometrical selection）」，就連孔雀石與菱錳礦（Rhodochrosite）的形成方式也與此一樣。

不只是針鐵礦，過去被稱為褐鐵礦的礦物還會以微粉狀的形態出現在其他礦物上。❹的水晶外觀就是受到表層的針鐵礦影響而呈橘色，稱為「Tanjerine quartz」或「Mandarin quartz」（橘子水晶、橘水晶），但如果是覆蓋在表面的咖啡色被膜的話，採掘之後通常會利用酸來溶解，做為一般的水晶流通於市面上，也就是說

保留下來的都是擁有美麗鐵鏽的礦石。被稱為「虹鐵（Painbow iron）」的❺亦有相同的鐵鏽，並且在水晶表面覆蓋著一層針鐵礦，不過上頭還覆蓋著好幾層鱗片狀的鱗鐵礦（Lepidocrocite），顯得十分複雜。像這種構造上的差異會引起「薄膜干涉」，讓光線反射出彩虹色彩。

❻為「壺石」，周圍黏著著一層砂礫，構成一個中空外殼。這個標本內部的小石子與黏土已經流失。❼為澳洲的「礫背蛋白石（Boulder opal）」原石。Boulder這個字乃是岩石學用語。比砂還要大的顆粒稱為「礫（Gravel）」，至於boulder則是這裡頭最大的砂礫（超過256mm）（➡請參考p.198的砂岩）。標本中的針鐵礦乃是在鐵分含量多的砂泥質堆積岩中凝固形成的「團球（Nodule）」，與周圍的岩石之間有層蛋白石沈澱其中。以黏土塊為中心的針鐵礦還有一層厚厚的外殼。這種礦石就是東方世界所指的禹余糧。❽稱為「鳴石」。❾乃位在頁岩交叉部分的「節理」所形成的團球，外形為四角形。切割成兩個部分的話可以做為容器使用，暱稱為「香合石」，歸類在「珍石・奇石」類別下，深受特殊品收藏家的歡心。

❿⓫含括在變質的安山岩中，原本為黃鐵礦（Pyrite），但因在岩石中產生化學變化，使得硫磺（S）流失而發生氧化現象。尤其是⓫因外形而被稱為「升石（方石）」，亦屬於奇石類。⓬原為白鐵礦（Marcasite）的放射狀球晶，本屬於斜方晶系，但受到集合體的影響而形成這種形狀，如今已經變成針鐵礦。像這樣保留原本結晶體的外形，直接變成另外一種礦物的現象稱為「假晶（Pseudomorph）」。

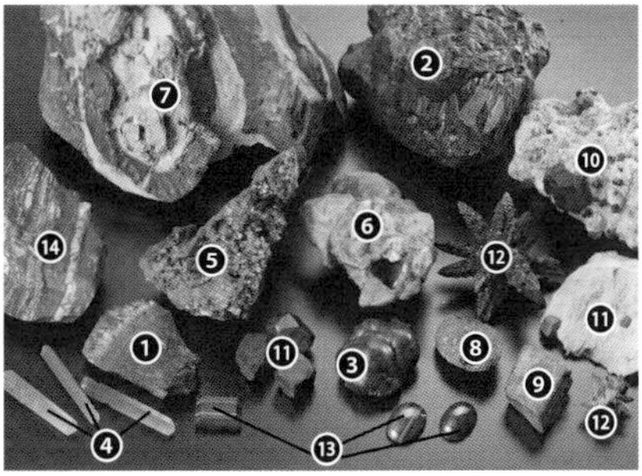

從照片認識針鐵礦②

這些鐵的礦物現在依舊在世界各地不斷地形成。當今正在成長的鐵礦層大多形成於久遠以前地球創生時代之際。在地球如此悠久的歷史時間規模當中形成，人們在不知情的情況之下將它做成了寶飾品⓭。⓮的岩石成長於距今超過30億年前的海底之中，因出現在原始世界的細菌排出氧氣而使得鐵礦層變成紅色與褐色。 這當中虎眼石為胚胎，形成一個非常獨特的外觀，因此稱為「鐵虎眼石（Iron Tiger's eye）」。

柯巴樹脂
Copal

柯巴樹脂

英文名：Copal
中文名：柯巴樹脂

成　分：基本上為$C_{10}H_{16}O + H_2S$
晶　系：非晶質
硬　度：2
比　重：1.03～1.08
折射率：1.54
顏　色：微黃色、淺黃色、黃色、乳白色
產　地：紐西蘭、非洲（坦桑尼亞等）、南美、墨西哥、新墨西哥、澳洲、多明尼加、日本、中國

關於柯巴樹脂

類似琥珀的化石樹脂統稱「石脂（脂狀琥珀）（Gedanite）」，原文名稱取自過去大量生產這類化石樹脂、位在波羅的海南部的格但斯克（Gdańsk）這個地名。這裡所生產的柯巴樹脂看起來與琥珀一樣，可惜物理性質脆弱，無法用來製作寶飾，因此世世代代的人們均將其比喻成「松軟琥珀（Mellow amber）」或「脆琥珀（Brittle amber）」。

總而言之，如果要為柯巴樹脂下個定義，那就是「不含琥珀在內的天然樹脂總稱」。不過琥珀當中有的性質比較脆弱，柯巴樹脂之中當然也有的性質較硬，因此無法嚴格將這兩種化石區隔開來，若硬要區分的話，產出狀態較穩定的為琥珀，比較脆弱的則是柯巴樹脂。

寶石業界中會將名為「黑樹脂石（Stantienite）」、「伯克樹脂石（Beckerite）」、「圓樹脂石（褐色樹脂體、褐色琥珀）（Glessite）」的樹脂歸類在柯巴樹脂底下。那麼柯巴樹脂究竟是什麼？墨西哥人稱它是「散發出芳香的香料」，其字源為「copalli」。光從字源來看其實與琥珀並無多大的差異，不過自古以來歐洲與南美利用化石樹脂的方式卻截然不同，由此可看出南美人主要是做為香料來使用。

一般來說，人們對於柯巴樹脂這個名字比樹脂還要來得熟悉。提到琥珀與柯巴樹脂物理性質的差異，最大的問題在於做為寶飾素材的時候，柯巴樹脂會融於酒精、松節油與亞麻仁油。

安定的樹脂化石與脆弱的樹脂化石只差別在具流動性的樹液於常溫底下固化所花的時間。在琥珀項目中曾經提到，樹液大約須經過至少3000萬年的時間才能夠成為琥珀，至於柯巴樹脂的形成時間較短，通常以1000萬年左右的化石居多，其中亦有10萬年左右、年份相當短的化石。外表看起來好像非常堅硬，其實不然。由於硬度不夠，故常因生活環境程度的熱而融解，或是因酒精滲入而使得表面出現黏著狀態。長久以來一直使用琥珀做為寶飾素材的業界並不會使用脆弱的柯巴樹脂，而是將其做為香料或漆的原料。

現在在市面上可以找到放入高壓鍋中，經過某個程度的壓力與熱處理而產生化學反應，讓硬度可比擬琥珀的柯巴樹脂。這樣的柯巴樹脂有些色彩呈鮮艷的綠色或黃色，故在寶飾與鑑識業界中有的人會將其視為琥珀。無論如何，這本來就是「壓縮地壓與時間流程」、完全沒有琥珀的時間經驗、硬是改變它的物理性質到接近琥珀的柯巴樹脂，因此無法稱為貨真價實的琥珀。

從照片認識柯巴樹脂

從照片可以看出除了顏色相對較淡之外，柯巴樹脂與琥珀幾乎無法區別。這當中有的顏色深到無法與琥珀劃分清楚❶，不過物理性質卻非常脆弱，就算切割成寶石，表面也會慢慢的變得模糊並且出現裂縫。

彩色頁的所有化石都是來自當地（稱為原礦床）。這些脆弱的樹脂塊如果像波羅的海的琥珀般流出大海的話，非但不會有機會沖到對岸，而且還會整個支離破碎，消失匿跡。

❷是木頭直接殘留在流動樹液裡，並且讓柯巴樹脂整個附著在上凝固而成的化石。❸還保留著木頭原有紋路，可以看出樹液湧出、衝斷木頭的光景。❹為樹脂滴落堆積在地面上，凝固而成的化石。

柯巴樹脂也算是樹脂的一種，和琥珀一樣會有昆蟲內包物。例如非洲的坦桑尼亞、馬達加斯加，以及南美的哥倫比亞就大量生產像❺那樣的「內含昆蟲的柯巴樹脂」。除了昆蟲，有時還會包裹著植物甚至是小動物。

將原石❻切開一部分，就會發現裡頭有無數白蟻包裹在內。有昆蟲內含物的琥珀（蟲珀）以多明尼加共和國的最為知名，這個國家亦生產柯巴樹脂。可惜這兩者無法憑肉眼辨識，有時柯巴樹脂還會被當做是琥珀來加工做成寶飾品。

柯巴樹脂會因為產地不同而出現其它寶石名，除了上述的「黑樹脂石（波蘭）❼」與「伯克樹脂石（波羅的海沿岸）❽」之外，另外還有英國的「黃脂石（Copalite）❾」、加拿大Saskatchewan河口的「琥珀脂（Chemawinite）❿」等名稱。世界最出名的柯巴樹脂來自紐西蘭，稱為「紐西蘭琥珀（栲裏松脂）（Kauri gum）⓫」。流出這個樹脂的木

頭為「貝殼杉（Kauri pine）」，現在在該地依舊茂密成長。南美西印度群島的「長角豆」樹亦會形成柯巴樹脂。

國外在買賣的時候會明確區分琥珀與柯巴樹脂的不同，但是日本業者卻會把柯巴樹脂當做琥珀來販賣，因此要特別留意，尤其這裡頭如果含有昆蟲的話都會特地稱為琥珀，這時候就要特別要求鑑識的重要性。

⓬是完美的創作品。首先將現有的蜥蜴放在琥珀上，接著再把柯巴樹脂與合成樹脂混合溶解的液體覆蓋在上使其成形，看起來簡直與真品完全沒有兩樣。

珊瑚
Coral

珊瑚

英文名：Coral
中文名：珊瑚

成　分：$CaCO_3$ ＋ 碳酸鎂 ＋ 胡蘿蔔素等有機物
晶　系：六方晶系（粒狀體）
硬　度：3.5～4
比　重：2.6～2.7
折射率：1.49～1.65（方解石的資料）
顏　色：粉紅色、紅色、朱紅色、白色、淺黃色
產　地：從地中海沿岸、非洲、東海、台灣、中途島近海、夏威夷沿海
日本產：高知縣、和歌山縣、八丈島、小笠原、五島、奄美、鳥島、沖繩

關於珊瑚

珊瑚是由珊瑚蟲這種微小腔腸動物的息肉在海中形成的樹枝狀骨骼。

珊瑚的傳統產地為地中海地方。這裡的珊瑚與近代在太平洋發現的珊瑚不同，生長的深度極端地淺，因此每當暴風雨來襲就會被海浪沖打到陸地上。珊瑚一旦被打到陸上，珊瑚蟲就會因為缺水而漸漸乾燥死亡，覆蓋在骨骼上的息肉就會開始層層剝落，暴露出內部的骨骼。古時候的人看到這種情況，以為這是「在海底王國茂密生長的樹木被沖打到陸地上之後變成的堅硬石頭」。

不久後，來自地中海的珊瑚被視為珍貴的寶石流傳到東方，傳播的途徑中曾經過胡國。在這個過程當中，珊瑚亦被用來做成樂器。「珊」這個字代表將材料掛在棧板下的模樣。這個利用繩子將珊瑚枝幹掛起來敲擊的樂器聲音清脆悅耳。從中文名字便可看出這是「經過胡國、名為珊的樂器」。從字面上看，不管是冊或胡都是王字旁。王這個字其實與玉這個字有互換性，基本上可以看出珊瑚在過去曾為寶石。地中海的珊瑚現在在市場上又稱為「胡渡珊瑚（渡過胡國的之意）」。

用來製作寶石的珊瑚並非形成於珊瑚礁，而是生長在深海之處。這樣的珊瑚被視為是深海精靈寄宿之處，並且做為擁有「沸騰熱血與躍動生命」意義的寶石來使用。

從照片認識珊瑚

地中海的珊瑚在國外俗稱「Gorgon（蛇髮女怪）」，這指的是出現在希臘神話中的怪物美杜莎（Medusa），只要與她目光相對就會變成石頭。生長在海裡的珊瑚在分類上屬於「濃赤珊瑚（Corallium rubrum）❶」，不過這種外形卻會讓人聯想到希臘神話中蛇髮女妖美杜莎。

加工之前的珊瑚枝幹例如❷❸並不稱原石，而是稱為「原木」。此外像照片中屬樹枝外形的珊瑚在日本稱為「觀賞珊瑚」。從珊瑚的構造來看，細小的方解石結晶表面會覆蓋著一層蛋白質，像這樣的東西稱為「生物礦物（Biomineral）」，學術上這種蛋白質就稱為「珊瑚硬蛋白（Gorgonin）」。這個名稱的原文也是受到美杜莎神話的影響而來的。珊瑚之所以一敲就會發出清澈的聲響，就是緊密集合的方解石結晶所造成的。

形成紅色與粉紅色的，是蛋白質裡頭所含的「類胡蘿蔔素（Carotenoid）」與「鐵」。

方解石的骨骼會隨著成長方式而形成如同木頭般的同心狀木紋構造（從❶的箭頭部分可看見呈同心圓的枝幹剖面），加上生長的海域與水深不同，使

得珊瑚在成長的時候呈現各種獨特的形態。寶石珊瑚與形成珊瑚礁的「石珊瑚目（Madreporaria）」屬不同種族，歸類在「柳珊瑚目（Gorgonacea）」項下，在這裡頭還另外分類出「貴重珊瑚（Corallium nobile）」這個項目。

石珊瑚目的珊瑚構造與貴重珊瑚不同，即使切割成寶石，也無法呈現出美麗的一面。貴重珊瑚的種類現在已經超過30種，不過有的在生物學上卻尚未分類。本書從這當中挑選了8種。除了❶，其餘的均來自太平洋海域，❷是「天使珊瑚（Corallium elatius）」，❸是「波紋珊瑚（Corallium elatius）」，❹是「日本紅珊瑚（Paracorallium japonicum）」；❺是「桃紅珊瑚（Corallium elatius）」，❻是「白珊瑚（Corallium konojoi）」；❼是「珊瑚石榴石（Corallium sp）」，❽是「深水珊瑚（Corallium sp）」，這些珊瑚均來自中途島海域，sp是尚未分類的意思。像這些珊瑚亦有珊瑚石榴石與深水珊瑚等俗名。

❷⓫⓬為桃紅珊瑚的變種色，這種顏色的珊瑚特地稱為「純天使珊瑚」，色彩就如同碰到少許水暈開的水彩畫。❹⓭⓮為日本紅珊瑚，這樣的色澤稱為「血紅色」，色彩深濃，宛如鮮血。位在⓮內側的⓯為紅珊瑚，這種色調又稱為「猩紅色（Scarlet）」，與血紅色的韻味截然不同。有時也會產出深紅色的桃紅珊瑚⓰，這時會被稱為「血桃珊瑚」。

用來做為裝飾品的觀賞珊瑚表面通常都會經過琢磨，不過❶與❺的外觀卻保留了珊瑚的肉質部。❾的桃紅珊瑚上有無數敞開的孔洞，像這樣的珊瑚稱為「巢球」，這是珊瑚在海底被海綿等動物侵蝕所造成的。這樣的珊瑚在歐洲非常熱門，

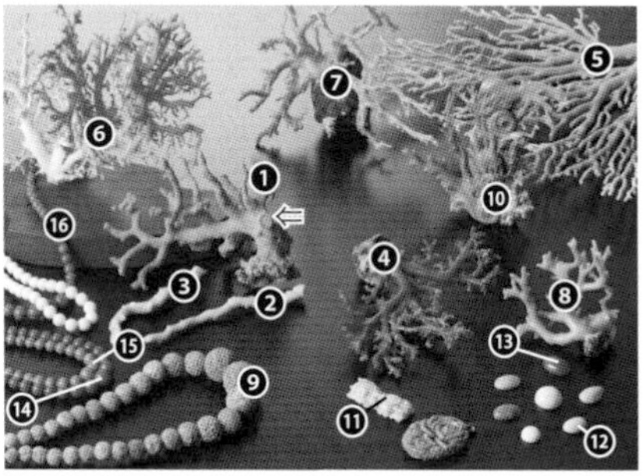

因為他們認為精靈會寄宿在這些孔洞裡頭。

不僅如此，珊瑚的雕刻品也是魅力無比而且十分熱門，絕大多數的作品都是善用枝骨的形狀來雕刻，從❿便可看出珊瑚樹原本的形狀。這個素材是桃紅珊瑚。

不可不知的知識

2003年寶石珊瑚隸屬的珊瑚科底下創設了類紅珊瑚屬（Paracorallium），因此來自日本的日本紅珊瑚必須從珊瑚屬（Corallium）移到類紅珊瑚屬，如此分類才算正確。

藍寶石 Sapphire

藍寶石

英文名：Sapphire
中文名：藍寶石
※廣義的剛玉

成　分：Al_2O_3
晶　系：六方晶系（三方晶系）
硬　度：9
比　重：3.99～4.05
折射率：1.76～1.77，1.77～1.78
顏　色：藍色、綠色、黃色、金黃色、粉紅色、紫紅色、紫色、橙色、褐色、灰色、黑色、無色
產　地：緬甸、斯里蘭卡、泰國、柬埔寨、寮國、印度、越南、澳洲、阿富汗、美國、非洲（坦桑尼亞、馬達加斯加等）、俄羅斯、中國、尼泊爾

關於藍寶石

古波斯人認為人們居住的這片大地是由藍寶石所創，照耀在大地上所反射的陽光形成了一片蔚藍的天空。Sapphire這個名字的字源來自「sapphirus」這個意為藍色的拉丁語。西元79年，羅馬的老蒲林尼（Gaius Plinius Secundus）雖然因維蘇威火山（Vesuvio）爆發而不幸喪生，不過他在生前所寫的大作《博物誌（Historia naturalis）》中卻提到「sapphirus（藍寶石）呈藍色，偶爾可見紫色藍寶石。礦石之中還可看見金黃色小點，散發出閃爍燦爛的光芒。以來自米底亞（Medes，伊朗高原）的藍寶石品質最佳」。不過這並非我們現在認識的藍寶石。其實當時的人把青金石（Lapis lazuli）稱為藍寶石。至於真正的藍寶石在博物誌中則是以「Hyacinthus」這個名稱登場。這種寶石是羅馬時代從斯里蘭卡及印度帶來的。當時的人覺得礦石顏色不同，種類也就隨之而異，所以藍寶石與紅寶石被認為是兩種不同的寶石。

闡明藍寶石與紅寶石屬同類礦石的是法國的學者Rome de l'Isle。這是發生在1783年的事。到了1798年，英國學者Charles Francis Greville將包含這兩種礦石的系統名稱為「剛玉（Corundum）」。取名時他引用了梵語中的「kuruvinda」。不過印度人卻是用這個字來稱呼紅寶石。

或許是經過了這段歷史，之後在分類剛玉這種寶石時，如果要使用拉丁語（為了學名化）的話，就會將紅色寶石稱為「rubeus（紅色）」，藍色寶石則稱為「sapphirus（藍色）」以區分使用。

但是剛玉的顏色種類實在是太多了，除了紅色，不知從何時開始，其餘的全被歸類至藍寶石（剛玉）項下。這裡的藍寶石在結晶時會因為所包含的鐵、鈦、鉻等金屬氧化的不純物而著色，呈現大家熟悉的綠色、黃色、粉紅色、紫色與橙色。理論上而言，單純的寶石照理應該不帶任何色彩，但在現實當中大家都知道自然形成、完全無色的藍寶石其實非常罕見。

藍寶石的色彩當中，以特別稀少而聞名的顏色有兩種，一種是「矢車菊藍（Cornflower blue）」，另外一種就是「粉橙色（帕帕拉夏）（Padparacha pink）」。

從照片認識藍寶石

藍寶石產自缺乏矽酸成分的火成岩、含有豐富氧化鋁（Aluminium oxide）的區域變質岩，以及在中～高溫酸性熱水中形成的變質帶中，不過寶石等級的結晶體卻主要採掘於砂礦床（次生堆積層）之中。靠近彩色頁第一排的分離結晶就是這類礦石。從照片中可以看出藍

寶石的母岩種類非常多，像❶～❸是「片麻岩（Gneiss）」，❹是「角閃岩（Amphibolite）」，❺是「黝簾石片岩（Zoisite schist）」，而且通常會與紫色藍寶石共生，只要與本書紅寶石項目中的❽比較一下顏色（➡請參考p.495的紅寶石❽），就會發現鮮紅的程度有所差異，從這一點就不難明白為何會區分成紅寶石與藍寶石這兩個名稱了。

以紅寶石為代表的剛玉（藍寶石）屬於化學性質穩定的礦物，在土壤或水中雖然不易腐蝕，但卻會像❻的結晶體一樣，在河川裡流動的時候會漸漸磨損。

❼是因為礦化作用而處於慢慢變質的狀態。在因硫化氣（SO_4）發揮作用而變成「硬水鋁石（Diaspore）α-AlOOH」的過程當中，有一部分的礦石會形成「葉蠟石（Pyrophyllite）」（白色部分）。這塊礦石來自坦桑尼亞，黑色部分則是「鎂鈉閃石（Tschermakite）」。

❽整個都是藍寶石粒塊的集合體，應該稱為剛玉岩（Corundum）。這塊礦石不但與白雲母共生，其中一部分還與藍寶石的自形結晶相伴。

以紅寶石為代表的剛玉結晶大部分乍看之下以為只有一個，但這些結晶體通常都是以雙晶形態來呈現。從❶與❾可看出線條清晰、朝柱子方向傾斜的無數斜格狀雙晶面。礦石形成的礦床不同，這個部分就很可能晶出「水鋁礦（勃姆礦）（Böhmite）γ-AlOOH」的針狀結晶。至於包圍在❾結晶周圍的，是「絹雲母（Sericite）（微粒狀的白雲母）」。

有時從外觀亦可看出該礦石的構造為雙晶。例如❿就是如同日本律雙晶般的接觸雙晶。

⓫⓬為俗稱的「達碧茲藍寶石（磨盤

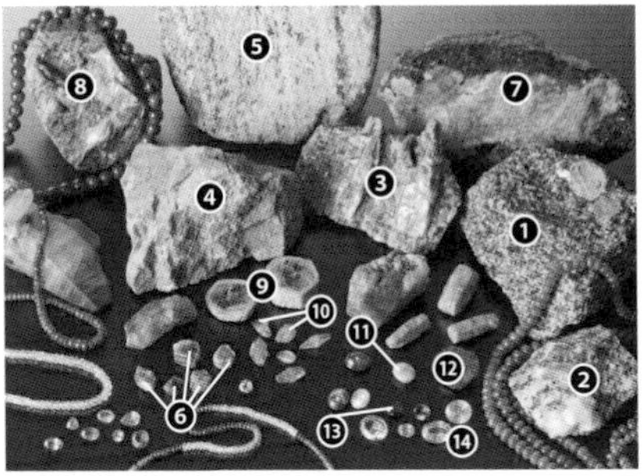

藍寶石）（Trapiche sapphire）」。

⓭為「喀什米爾藍寶石（Kashmir sapphire）」，⓮則是「帕德瑪藍寶石（蓮花剛玉）（Padparadscha sapphire）」。

日長石
Sunstone

日長石

英文名： Sunstone
中文名： 日長石、日光石、閃光長石、太陽石

成　分： $(Na[AlSi_3O_8])_{90\sim70}+(Ca[Al_2Si_2O_8])_{10\sim30}$
晶　系： 三斜晶系
硬　度： 6～6.5
比　重： 2.62～2.67
折射率： 1.54～1.55
顏　色： 從無色到淺黃色（有時會因內包物而呈現紅色或橙紅色）
產　地： 印度、挪威、加拿大、美國、剛果、俄羅斯、坦桑尼亞、肯亞、中國、日本

※資料為鈣鈉長石（Oligoclase）的內容

關於日長石

日長石以長石的特殊寶石變種而廣為人知，不過這個寶石名與月長石一樣並非礦石名。換句話說，日長石這種長石其實並不存在。

有好幾本寶石書提到古時候的人會利用印度產的日長石來做成寶飾，但這不禁讓人懷疑那些寶石應該是水晶種，因為長石的色澤並非如此光鮮亮麗（➡請參考p.051砂金石英的❶）。最初發現能夠散發出燦爛光芒的長石種日長石應該產自南印度斜長石族中的「鈣鈉長石（Oligoclase）」。不過這項發現卻不如月長石久遠。這種寶石應該是1800年代以後用來做為古董（首飾）的素材，因此日長石這個名稱本身歷史非常短暫。

日長石這個名稱乃是對照月長石而取的。其如同陽光般燦爛耀眼的光芒正好與月長石靜謐柔和的光芒成對比，充滿了與反射色彩沈靜的月長石完全相反的魅力，不僅光彩奪目，而且還十分動人。而形成這種光芒的就是「鱗鐵礦內包物」。

這種寶石別名「Heliolite」，helio是希臘語的太陽，即意指「太陽石」。如同後述，有好幾種礦物被稱為日長石，而且其閃耀的外觀依長石種類而異。雖然筆者認為這個名稱是對照月長石而取的，但以寶石名而言，太陽石這個名稱似乎比較妥當。

日長石正確的名稱應該是「耀長石（Aventurine feldspar）」，會隨著裡頭所含的內包物排列狀態而產生「變彩效果（Chatoyancy）」，形成「日長貓眼石（Sunstone cat's eye）」，還會進一步形成「日長星石（Star suntone）」。

美國奧勒岡亦生產日長石，但屬於「鈣鈉斜長石（拉長石，Labradorite）」種，至於其散發的光芒則是來自「天然銅（Native copper）」的結晶。這是從高溫的融解體中因冷卻而提取的金屬銅結晶，與同樣包含金屬銅結晶、產自義大利的砂金水晶（Aventurine glass）有種令人感到不可思議的緣份。

還有其它顯現出砂金水晶效果的長石，像是「中長石（Andesine）」、「鈣長石（Anorthite）」，以及屬鉀長石的「正長石（Orthoclase）」以及「微斜長石（Microcline）」都是。

從照片認識日長石

❶❷❾的長石產自南印度，也就是日長石這個名字原點。從反射出閃亮光芒這個現象便可理解為何這種長石會擁有「砂金長石」這個別名。

有時擁有醒目碩大、清晰可見鱗鐵礦內包物的日長石會稱為「閃亮日長石（Spangle sunstone）❸」。

❹所反射的光線細膩柔和，面貌與❶～❸的日長石截然不同。

如果以起初為日長石定名的南印度產礦石做為這個寶石名的指標的話，那麼❹的砂金效果就會顯得非常薄弱，恐怕不夠資格稱為日長石。

❺的基本成分為正長石種，色調呈灰黑色，故稱為「黑日長石（Black sunstone）」。

❻亦屬正長石種。這種展現出星芒效果與貓眼效果的特殊礦石閃閃發亮，故有一部分會稱為「Sunrise sunstone」，但這畢竟不是適切的名稱，因為sunrise的意思是「日出」，而sunstone的意思是「日光」，從字面上來看，這兩個字意思其實已經重複了。

❼與❹屬於鈣鈉斜長石種，但從成分上來看，正確地來說應該屬於偏向「倍長石（Bytownite）」的長石。至於標本❽的母岩則是「玄武岩」。

❾為「中長石」種的日長石，紅色色彩是銅離子所造成的。

❿～⓬採集自日本的三宅島，為隨意形成於積存在地幔（地函，Mentle）內岩漿（Magma）的鈣長石結晶。這些標本是三宅島的火山爆發時從火山口噴出的礦石，這樣的礦物稱為「結晶火山彈」。由於表面裹上一層熔岩，因此結晶體的周圍變成茶褐色。從⓫結晶體破斷面的⇒部分可以觀察到淺咖啡色的天然銅結晶粒，至於從⓬的結晶體上則可看見貴橄欖石（表面上的黑色顆粒）。

⓭的弧面琢磨切石來自三宅島的結晶火山彈，鮮紅色來自銅離子。

砂岩
泥岩／凝灰岩
礫岩
Sandstone
Mudstone／Tuff
Conglomerate

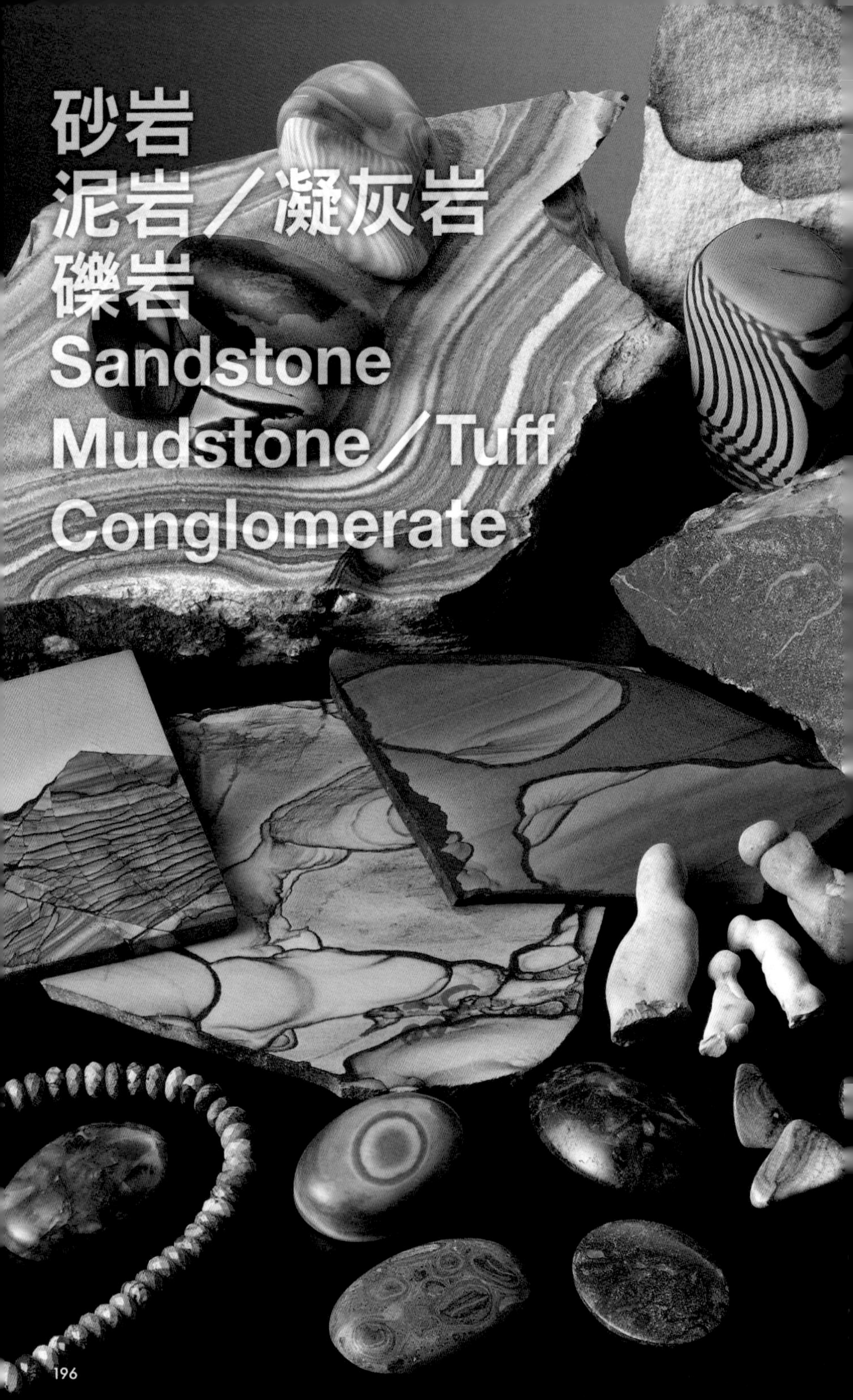

1 砂岩／2 泥岩／3 凝灰岩／4 礫岩

英文名：1 Sandstone／2 Mudstone
3 Tuff／4 Conglomerate
中文名：1 砂岩／2 泥岩
3 凝灰岩／4 礫岩

成　分：不特定
晶　系：岩石無特定的晶系，是由大小不同的顆粒聚集而成的。
硬　度：不列入硬度測定的範圍之內。硬度大約在4～7，略屬軟質。
比　重：不定
折射率：－
顏　色：－
產　地：世界各地

關於砂岩與其他礦石

這些礦石全都歸類在「沈積岩（Sedimentary rock）」項下。「沈積岩（Sediments）」這個名稱來自拉丁語的「sedere（坐下、穩定）」，意指「沈澱於水中之物」。這個字的語源說明了這些礦石的形成方式。根據其形成生物沈積岩的方式可以分成A「碎屑沈積岩」、B「化學沈積岩」、C「生物沈積岩」這3種。

A是岩石碎片與風化產生的物質堆積而成的沈積岩，B是從水中無機作用生成析出之後沈澱的沈積岩，C是取自生物軀體的無機成分隨著生物死亡所留下的遺骸而沈澱堆積的沈澱岩。

A的碎屑物可以依尺寸加以細分，直徑2mm以上的粒子稱為「礫石（Gravel）」、2～1/16mm的粒子稱為「砂石（Sand）」、1/16～1/256mm的粒子稱為「泥石（Silt或Mud）」、1/256mm以下的粒子稱為「黏土石（Clay）」。礫石還可以按照大小細分成粒徑2～4mm的「細礫石」、粒徑4～64mm的「中礫石」、粒徑64～256mm的「粗礫石」、粒徑超過256mm的「巨礫石」。

「砂岩」由沙石凝固而成的，「泥岩」是泥石，「凝灰岩」相當於泥石的火山灰，至於「礫岩」則是由礫石凝固而成的。這些沈積物因為時間經過或外來物質的介入而變成岩石的現象稱為「成岩作用（Diagenesis）」。這當中讓粒子固結的物質是滲入其中的石英成分、鐵成分與石灰成分。礫岩因構成的礫石形狀還可以分成「圓礫岩（Conglomerate）」與「角礫岩（Breccia）」。至於標題提到的礫岩則是指前者。

除了礫岩，有的沈積岩還包含了可以看出成因的動植物化石在內。相對地，「礫岩」有時會變成形成寶石或砂金等的次生礦床（➡請參考p.307鑽石的5）。另外，砂岩、泥岩與凝灰岩在沈積時，裡頭所含的「磁鐵礦（Magnetite）」與「鈦鐵礦（Ilmenite）」顆粒會因為地下水等的影響溶解生鏽，滲入岩石粒子之間，所以這些岩石的剖面處會展現出風情萬種的樣貌。

從照片認識砂岩與其他礦石

❶～❹為「砂岩」，❺～❼為「泥岩」。❹❻❼是因為含有豐富鐵分的矽酸固結而成，而且❹與❻之間的龜裂處還形成了一層蛋白石。尤其❹的蛋白石是形成於巨礫石（Boulder）之間，故稱為「礫背蛋白石（Boulder Opal）」。

❽❾為「凝灰岩」，❿⓫為「礫岩」。⓫因為構成岩石的礫石銳角分明，

故稱為「角礫岩（Breccia）」以示區別。❿擁有「布丁岩（Puddingstone）」這個寶石名，自古以來以英國特產寶石為人所知。

❶❷❸❺❽❾的黑褐色條紋圖案是磁鐵礦生鏽形成的褐鐵礦，加上構成礦石的粒子不均勻，因此礦染成各式各樣複雜的花紋，這種現象稱為「萊西岡環（Liesegang）」（譯註：萊西岡環就是沉澱環，最初由德國科學家Raphael. E.Liesegang於1896年發現。）。有的礦石會在剖面出現風景或圖畫般的花紋，因此擁有「Landscape sandstone」、「Picture sandstone」等寶石名。

❾為澳洲產，稱為「斑馬石（Zebra stone）」。⓬為「奇異石（Wonderstone」），不過同樣以這個名字稱呼的還有另外一種類型（➡請參考p.471的流紋岩❽）。

⓭～⓰乃是在沈積岩中聚集了矽酸與石灰成分形成的團球。像這樣的東西稱為「結核（Concretions）」，而⓭⓮⓯則是以同心圓的狀態呈現其成長的痕跡。⓰為石灰質的結核，團球形成之後因為收縮作用而產生裂痕，不過這個部分卻因為玉髓滲入而形成花紋。標本⓱是在形成之後的時間內將團球置於酸性的環境之中，使得石灰質的部分溶解，最後只剩下龜裂部分的玉髓。像這樣的東西在山水石的世界裡稱為「龜甲石」。⓲是不定形的結核，產自石川縣的能登。像這種形狀的岩石又稱為「似孩石（日文為「子ぶり石」）」。⓳的結核顆粒看起來就像是梅花，在山水石界稱為「梅花石」。⓴的成因非常特殊，是沙漠中的泥岩礫石受到沙塵暴吹磨形成的，像這樣的岩石稱為「三稜石（Dreikanter）」。至於沒有標示號碼的切

石相當於哪種沈積岩，就請讀者們探索看看吧。

Mini 知識

出現在日本國歌《君之代》中的「小石（さざれ石，細石）」其實是「石灰質角礫岩」。石灰岩會因化學作用而溶解，滲入砂礫層之後凝結成大塊岩石。在《古今和歌集》中，這首歌乃是在觀賞今日岐阜縣諏訪大社秋宮境內的某塊岩石之後所吟唱的。「皇祚連綿兮久長，萬世不變兮悠長，小石凝結成巖兮，更巖生綠苔之祥」，這首歌的意思是小石子會慢慢形成巨巖，成為巖上生苔、充滿風格的岩石，藉以期望日本這個國家與人民能夠繁榮興盛，永久流傳。

蛇紋石
Serpentine

蛇紋石

英文名：Serpentine
中文名：蛇紋石

成　分：$Mg_6[(OH)_8|Si_4O_{10}]$
晶　系：單斜晶系
※但無肉眼可見大小的結晶體
硬　度：2.5～3.5
比　重：※硬度會隨結晶粒子的狀態與集合方式而產生差異
※綠蛇紋石(Bowenite)變種為4～6
比重：2.44～2.62
※綠蛇紋石(Bowenite)變種為2.58～2.62
折射率：1.56～1.57
顏　色：韭綠色、暗綠色、綠褐色、黃色、白色、灰色、灰黑色
產　地：紐西蘭、中國、俄羅斯、加拿大、阿富汗、巴基斯坦、南非共和國、墨西哥、美國、希臘、義大利、韓國、埃及、印度、英國、奧地利、日本

※上述中的成分結晶系列為葉狀蛇紋石（Antigorite）

關於蛇紋石

蛇紋石乃是「橄欖岩（Peridotite）」與「輝長岩（Gabbro）」等岩石從地底深處上升至地面時與大量的水產生反應（稱為水合）形成的變質岩。其正式名稱之所以為「蛇紋石（Serpentinite）」，是因為這種變質岩特有的「葉片狀（Lamellar）」構造圖案讓人聯想到蛇皮，故以拉丁語的「serpentinus（宛如蛇般的）」為名。中文的蛇紋石也是基於相同含義而取的。

這種岩石存在於沿著造山帶的大幅褶曲中心部，與翡翠的成因有密不可分的關係，主要分布於阿爾卑斯山脈、日本北海道的日高、埼玉縣的秩父、新潟縣的糸魚川等地。

蛇紋石這個名字其實包含了16種礦物的家族名，底下大致可分為「葉狀蛇紋石（Antigorite）」、「纖蛇紋石（溫石棉）（Chrysotile）」與「板蛇紋石（利蛇紋石、鱗石）（Lizardite）」這3個子項。

這些礦物並沒有固定的結晶結構，例如葉狀蛇紋石結晶時會組成單斜晶系，纖蛇紋石是單斜晶系、斜方晶系，板蛇紋石則是單斜晶系、六方晶系與三方晶系。這些礦物可獨立，亦可混合共存，難以憑肉眼來各個判別。蛇紋石通常會以塊狀或纖維狀的狀態產出，但鮮少出現肉眼可見的結晶體。藉由水和反應形成的蛇紋石通常含有水分，故會膨脹增加體積。這種岩石的表面就像洋蔥一樣非常容易剝落，屬於容易引起地表滑落的岩石之一。

這種岩石表面油亮，充滿光澤，葉狀蛇紋石更是因為這樣的外觀而以此為名。

蛇紋石還會與角閃石家族共同形成石棉。蛇紋石的石棉稱為「溫石棉」，有95%是纖蛇紋石，不過葉狀蛇紋石也會形成纖維狀的結晶。日本江戶時代的平賀源內在秩父山中發現了這種岩石，並將其取名為「火浣布」。石棉在其它國家的使用歷史相當悠久，但因對人體有害，現在已經全面禁止使用連同角閃石的石棉。

除了工具，人類還使用蛇紋石來做為裝飾品，而且歷史悠久，可追溯至舊石器時代。當時的羅馬人利用從奧斯塔地方（Aosta）的Chatillon村採掘到的上等原石做成串珠，將這美麗的項鍊佩戴在身上點綴裝飾。

板蛇紋石是一種質地非常緻密的石體，稱為「貴蛇紋石（Precious serpentine）」，歐洲人到今日還誤以為它是玉石（Jade）。這種石體包含了橄欖石（Peridot）、鉻鐵礦（Chromite）與尖晶石（Spinel）等黃綠色或黑色斑點，顯示出獨具特色的外觀。英文名「Williamsite（纖蛇紋石）」或「Bowenite（硬綠蛇紋

石、鮑文玉）」，在中國稱為「岫玉」的石體則是擁有葉狀蛇紋石與板蛇紋石的緻密，而且透明度高的寶石變種。

從照片認識蛇紋石 ①

❶為「葉狀蛇紋石」，裡頭內含了黑色磁鐵礦（Magnetite）與鉻鐵礦的斑紋。❷為「纖蛇紋石」，在葉狀蛇紋石的基質中形成石棉礦脈。❸僅切出石棉部分，像這樣的石體經過弧面琢磨之後，可以變成貓眼石。

❹為「板蛇紋石」。標本❺裡含有混合板蛇紋石與葉狀蛇紋石的基質，與紫色的「碳鎂鉻石（Stichtite）$Mg_6Cr_2[(OH)_{16}|CO_3]\cdot 4H_2O$」共生。碳鎂鉻石是1910年發現於澳洲塔斯馬尼亞島（Tasmania）並加以認定的新礦物。

用來製作寶石的蛇紋石（板蛇紋石或葉狀蛇紋石）色彩均勻，透明度越高就越有價值。這裡雖然展示了所有範圍的綠色，不過有的蛇紋石顏色卻十分純白，當中有的還會像❼那樣帶點藍色。

❽是名為「硬綠蛇紋石」的寶石種，散發出明亮的黃綠色。在中國稱為「岫玉（遼寧省岫岩縣產）」的❾就等同於這種岩石。❿的綠色非常深邃，稱為「纖蛇紋石」，在中國稱為「海城玉（遼寧省海城縣產）」的⓫就等同於這種岩石。

從照片認識蛇紋石 ②

歐洲人認為這是軟質玉石的一種，從⓬的外觀可以看出這種石體在所有礦石當中最像閃玉（軟玉，Nephrite）。

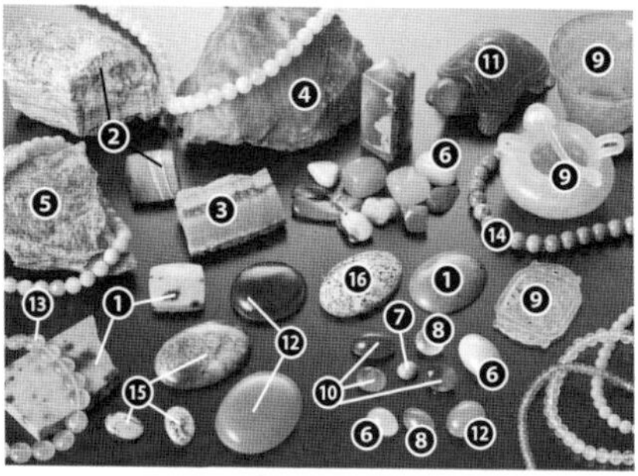

蜂蜜黃的⓭別名「淡黃綠蛇紋石（Retinalite）」，擁有條紋與斑點圖案的⓮別名「條紋古綠石（Ricolite）」，以墨西哥產的最為知名。

⓯的綠色及黃綠色部分為板蛇紋石，黑色部分則是磁鐵礦。

⓰為板蛇紋石的結晶，在石棉塊中四處都是肉眼可見的結晶，極為罕見。

翡翠 Jadeite

翡翠

英文名：Jadeite
中文名：翡翠

成　分：$NaAl[Si_2O_6]$
晶　系：單斜晶系
硬　度：6.5～7
比　重：3.25～3.36
折射率：1.65～1.66
顏　色：無色、白色、(深淺)綠色、黑綠色、黃綠色、黃色、褐色、紅色、橙色、(深淺)紫色、粉紅色、灰色、黑色、藍色
產　地：緬甸、日本、俄羅斯、哈薩克、瓜地馬拉、美國(加州)、土耳其

關於翡翠

「翡翠」這個名字原本來自中國。最早是13世紀從商的華僑在緬甸發現，之後帶入中國。這種礦石的質感與自古就被視為貴重寶石的閃玉相同，所以中國人才會毫無抗拒地喜愛這種礦石。

不僅如此，翡翠的色彩比以往的閃玉還要豐富，加上顏色類似羽毛色彩繽紛亮麗的「翠鳥」這種被視為「神聖之鳥」的水鳥，更是被人小心翼翼地捧在手心上。只可惜發現這種礦石的人並沒有指出發掘場所，使得有關那塊礦石的產地資訊就這樣不了了之。等明白產出地點是緬甸克欽邦（Kachin）時已經是18世紀了。

翡翠的硬度比質感類似的閃玉還要來得硬一些，相對於別名「軟玉」的閃玉，這種礦石又稱為「硬玉」，不過這兩者最大的差異，就是上述曾經提到的顏色種類之多是閃玉無法比及的。通常我們會說「翡翠7色」，但實際上這種玉石的顏色種類已經超過這個數字了。

嬌翠欲滴的鮮綠、如同天空般的蔚藍、彷彿鮮血般的豔紅、黃色、橙色、紫色，以及黑色，這塊令人感到不可思議的礦石擁有讓人莫名感受到一股溫煦的獨特質感。翡翠這個字的意思，就是「紅」與「綠」這兩種顏色的玉石。中國玉器雕刻的文化可追溯至石器時代，但自從與這種素材邂逅之後，便更進一步地讓藝術世界大放異彩。據說西太后懂得鑑賞翡翠的好壞，因此身旁的親信與諸侯們相競獻上上等翡翠，幾乎奠定了翡翠的鑑別等級。

從照片認識翡翠

翡翠乃在伴隨著造山運動所帶來的壓力與溫度之下形成於蛇紋岩中的「輝石族（Pyroxen family）」礦物。

以產地而聞名的南美瓜地馬拉與日本糸魚川亦屬造山帶。翡翠形成於1萬大氣壓力左右的壓力集中之處。集合的結晶細小到無法用肉眼看出，構成極為緻密的岩塊。日本糸魚川的翡翠早發現於繩文時代，並且做出如同❶的勾玉般豐富多樣的玉類，建立了世界最古老的「翡翠文化」。

❷～❾為中國清朝製作的玉器，❸稱為「環」，❹與❺稱為「璧」。緬甸擁有廣範圍的礦床。因造山運動而被擠壓至山頂並且包含翡翠在內的蛇紋岩會因為含有水分而膨脹（➡請參考p.202的蛇紋石），進而將裡頭的翡翠礫石擠出，使得從山頂滾落的礫石被埋在河川或黏土層中，之後又被挖掘發現。❿～⓱為周圍覆蓋著一層名為「Skin」這種變質被膜層的緬甸翡翠礫石（稱為Boulder），這裡頭擁有茶褐色被膜層的⓮～⓱為掉落在黏土層的礫石，在埋入黏土層時因為泥土中的氧化鐵而著

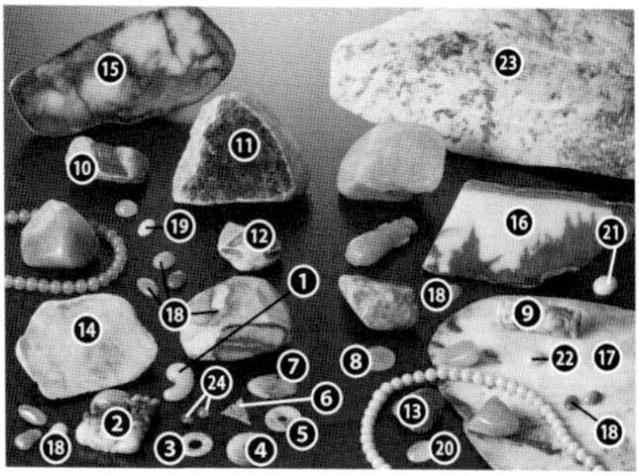

上顏色。

⓲是切割後流通於市面的翡翠。這裡頭的紅色、黃色與橙色部分就是變質被膜層（Skin），是因為集合結晶的組織之間有鐵分沈澱附著造成的。

⓳⓴為單純的翡翠，不帶任何色彩。

結晶大小與集合方式會讓純白的翡翠與像玻璃般透明度高的翡翠產生差異。後者的⓴暱稱為「冷翡翠（Ice jade）」。

結晶體本身的成分如果含不純物的話就會呈現好幾種顏色，例如綠色是鉻（Cr）與鐵（Fe），藍色是鐵（Fe）與鈦（Ti），紫羅蘭色是鈦（Ti）。這種稱為「紫羅蘭翡翠（Lavender jadeite）㉑㉒」，在歐洲深受大家喜愛。

另外，翡翠的結晶還含有固溶體，裡頭滲入了其他輝石的成分。其中具代表性的就是「鈉鉻輝石（Kosmochlor）$NaCr[Si_2O_6]$㉓」與「綠輝石（Omphacite）$NaCa(Mg, Fe)Al[Si_2O_6]_2$（⓯與⓰的綠色部分）」，這些成分的分量會影響到翡翠原有的綠色。而這些結晶體本身所擁有的顏色甚至還會因集合狀態而左右透明度，尤其是透明度高的㉔還擁有「皇帝（Imperial）」這個等級名稱，在日本則是被賦予「琅玕」這個特別的名字。

黑色的⓫在組織中含有碳。結晶集合而成的組織當中如果含有著色物，像是黑色、紅色、黃色或橘色石體的話，與綠色、藍色或紫羅蘭色等本身就擁有色彩的結晶體相比，其透明度通常會比較差。

翡翠的顏色其實就像這樣非常豐富多變，只可惜原石的表面夾著一層變質被膜層，因而無法欣賞到內部狀態。⓾⓬是在表皮挖出一條溝狀，藉以確認內部的顏色與狀態，這條凹溝就稱為「窗戶（Window）」。

黑玉
Jet

黑玉

英文名：Jet
中文名：黑玉、煤玉、煤精

成　分：含不純物質的炭（C）
晶　系：非晶質
硬　度：2.5～4.0
比　重：1.30～1.35
折射率：1.66
顏　色：漆黑色、淺黑褐色
產　地：英國、西班牙、法國、德國、俄羅斯、美國（猶他州、科羅拉多州）、中國、日本

關於黑玉

這雖然是歐洲有名的玉石，但其實在1990年以前，幾乎沒有日本人知道黑玉也是寶石。現在許多電視購物節目中都會看見它的蹤跡，並且以「悼喪珠寶（Mourning jewellery）」而名聲大噪，這是因為古董業者在引進時將這種寶石當做「追悼維多利亞女王時配帶的寶石」，然而事實上這種寶石的目的並不是用來哀悼。

黑玉只要一燃燒就會產生濃厚黑煙，古時候的人認為這種礦石具有擊退惡魔的力量，因而用來做為護身符。這個寶石的歷史可追溯至舊石器時代。從歐洲遺跡的生活場域中發現了許多黑玉。羅馬時代老蒲林尼所寫的《博物誌》這本書中提到這種寶石在希臘稱為「Gagates」。Gagai這個名字是來自起初的產地城鎮名，之後變成拉丁語，最後演變成英語的「Jet」。今日依舊可見這個名稱，並且變成黑玉的別稱「Gagate」。而特別喜歡黑玉的，就是古羅馬人。

情勢一轉而成為悼喪珠寶是發生在18世紀的時候。英國約克夏（Yorkshire）惠特比（Whitby）這個小漁村的人們原本利用從海岸挖到的黑玉在家裡製作別針或祈禱念珠等，當維多利亞四世去世之際，王室的人在舉行喪禮時將黑玉項鍊配戴在喪服上。由於喪服的質地非常稀薄，無法使用像黑瑪瑙那樣材質沈重的項鍊，因而選用質感較輕的黑玉來替代。決定讓黑玉變成悼喪珠寶的是維多利亞女王。1861年自亞伯特親王去世之後，維多利亞女王便隨身配戴這種寶石長達40年。

當黑玉爆發性地受到大家喜愛之後，光是靠自國的材料當然不敷使用，因而開始向鄰近國家尋求材料，最後採購範圍終於跨到全世界。網羅了不少黑玉之後發現品質參差不齊，這時候英國人才明白近在身旁的黑玉品質才是最棒的。

黑玉從品質面大致可分為2種，進口的黑玉當中硬度可媲美惠特比產的稱為「硬黑玉（Hard jet）」，硬度較低的稱為「軟黑玉（Soft jet）」。今日流通於日本市面的黑玉大多數都是陸生石炭，已經完全失去木頭組織，材質非常脆弱。像這樣的品質稱不上是軟黑玉，過去在黑玉產業中亦未曾使用。

從照片認識黑玉

惠特比的海岸今日依舊可見從海底地層被沖打至岸邊的黑玉。從保有木頭原狀的❶到磨損成小碎片的❷，均可看到形狀各有千秋的原石。有的黑玉會在堆積岩中隨著琥珀一同發現，尤其是後者會因為外形磨損而讓人誤以為是「黑色琥珀」，因而誕生了「黑琥珀（Black amber）」這個

別名。

黑玉是流入海中的漂流木因吸水下沉，在海底層中受到甲烷化作用並且經過長久歲月累積炭化而成的化石。換句話說，黑玉就是石炭化的木頭化石，與石炭最大的不同，就是還保留著木頭原有的形狀與組織，如❸～❺。這樣的組織可以孕育出像❻那樣堪稱黑玉真正價值、如同天鵝絨般獨特的光澤。

黑玉的品質取決於產地，也就是木頭炭化的環境。成分上屬於石炭的一種，並且歸類在「褐煤」項下。因為本身呈黑色，故寶石名稱為「黑玉」，但磨成粉末狀之後會帶點褐色，所以又稱為「褐煤」。❸與❼表面所反射的光線多少都會看出帶點褐色，由此不難明白為何會稱為褐煤。

❽在仙台市稱為「陰沈木」，雖然等同於黑玉，但黑色色調與光澤卻差之甚遠。陰沈木別名「岩木」，從表面可以看出明顯的炭化程度，越往內部褐色就會越明顯，木紋也就會越鮮明。

彩色頁右頁歸類在硬黑玉底下，左頁歸類在軟黑玉底下。左頁的黑玉屬於陸生層的玉石，採掘於石炭層。❾的黑玉等同於褐煤，❿為「瀝青煤」，⓫為「半瀝青煤」。石炭按照泥炭⇨褐煤⇨半瀝青煤⇨瀝青煤的順序，含碳量也就越高，一旦變成⓬的無煙煤就會看起來十分漆黑並且散發出如同金屬般的光澤，一燃燒會產生相當大的熱量，起的煙也最少。

石炭屬於陸生。許多樹木因為倒塌堆積，負荷不了來自上方的重量而壓毀，結果造成木紋遭到破壞，失去了原有的木頭性質，也因此切口（稱為斷口）呈「平坦狀」，這項特徵從❾與⓫的原石便可看出。相對地右頁的硬黑玉斷口呈「貝殼

狀」，這從❹與❺的原石切口亦可看出。

另外，❿的原石表面產生了許多圓斑點狀的凹洞，這也是軟黑玉最大的特徵。其實只要比較左右兩頁玉石的光澤，就可以發現軟黑玉的外觀比較油亮。

黃水晶
Citrine

黃水晶

英文名：Citrine
中文名：黃水晶

成　分：SiO_2
晶　系：六方晶系（三方晶系）
硬　度：7
比　重：2.65
折射率：1.54～1.55
顏　色：（深淺）黃色、淺黃綠色、淺黃褐色
產　地：巴西、印度、蘇格蘭、瑞士、法國、西班牙、德國、馬達加斯加、智利、辛巴威、日本、斯里蘭卡

關於黃水晶

黃水晶過去曾被稱為「黃玉（Topaz）」，也就是所謂的詐稱，發生在維多利亞時代的英國。

當時真正的黃玉產自德國薩克森（Sachsen）地方，散發出如同雪莉酒般的色澤，故稱為「薩克森黃玉（Sachsen topaz）」，深受人們喜愛。但由於產量非常稀少，價格不貲，故當時的寶石商故意把黃水晶假裝成黃玉。

至於這些水晶來自何處，具推斷應該是來自蘇格蘭、法國，以及德國。

這些水晶色彩淺淡，看起來十分類似黃金，瞬間在當時造成大轟動。當明白這是另外一種礦石之後，才獨自擁有「Citrine」這個名稱。

因為顏色類似柑橘類的「枸櫞樹（Citron）」果實，所以才成為這種礦石的名稱。枸櫞樹乃原產自印度的柑橘科植物，果實呈淺黃色並稍微帶點綠色，稱為「圓佛手柑」。大家熟悉的「佛手柑」就是變種的枸櫞樹果實。

今日流通於市面上的黃水晶大致可分為2種。

一種是以Citron這個字為字源、擁有淺綠色調的黃水晶；另外一種是顏色比前者還要深黃，略帶幾分橙色的黃水晶。這種類型的黃水晶是紫水晶加熱變黃的，正式名稱為「燒紫晶（Burnt amethyst）」。近年來巴西發現了這種會產生顏色變化的水晶，自此之後熱門的黃水晶就被第2種類型的水晶所取代。

然而第1種類型的黃水晶亦有改色品。

煙水晶只要一加熱，顏色就會變得像黃水晶，這就稱為「Burnt smoky quartz（燒煙水晶）」或「Burnt cairngorm」。

讓我們以科學的方式來看看讓這兩者變色的原因吧。

燒紫晶的黃色是鐵（Fe）帶來的，只要經過加熱，紫水晶裡頭所含的鐵就會變成黃色，受到結晶體的影響，有的甚至會同時呈現雙色，稱為「紫黃晶（Ametrine）」（➡請參考P.060的紫水晶）。另一方面，造成燒煙水晶變成黃色的原因則是鋁（Al）所引起的。

從照片認識黃水晶

❶為「燒紫晶」的原石。這原本是晶洞類型的紫水晶群晶體。照片中水晶的下方（原為晶洞的外殼部分）因為加熱而變成乳白色，加熱之前其實為半透明的瑪瑙部分。像這樣的礦石在日本稱為「燒黃」。

這個加熱的效果最初出現在巴西南里奧格蘭德州（Rio Grande do Sul）Irai礦山的紫水晶，商業上稱為「Rio Grande citrine」，另外又有「Rio Grande topaz」這個別名。

紅色色調濃烈的為「馬代拉（Madeira）❷」，色調明亮的黃色為「帕爾梅拉（Palmeira）❸」。從切石❹可以看出內部的針鐵礦（Goethite）內包物因為加熱而變成紅色的赤鐵礦（Hematite）。❺為「燒煙水晶」。說起來有點複雜，但試著比較這兩者經過熱處理之後的存在量，會發現照理說加熱處理過的煙水晶應該會比較少，但在現實生活當中這種煙水晶可以透過放射線照射形成，結果演變成燒煙水晶的產量比燒紫晶壓倒性地多。

藉由這樣的情況，我們可以斷言市面上流通的黃水晶這種寶石幾乎都是經過加熱處理而來的。

極端罕見的就是像❻❼這種天然形成的雙色黃水晶。❻為燒紫晶，❼為燒煙水晶的天然版，從❼的結晶顏色即可看出Citrine這個字的語源。

儘管如此，這個程度的產量當然沒有辦法滿足市場需求，所以加熱處理這個技巧的價值正好就在這發揮出來。

❽的結晶乍看之下以為是煙水晶，但看起來顏色比較深黃，故歸類在黃水晶底下。現實生活中有的色調剛好介在黃水晶與煙水晶之間。這種色彩的水晶經過太陽直射數個月之後，煙水晶的顏色就會慢慢消失，但黃水晶的色彩卻會越來越強烈。因此照射形成的煙水晶系黃水晶經過照射之後，還會透過照射日光等加熱處理方式來調整色澤。像❾就是黃水晶與煙水晶所形成的幻影（Phantom）構造。

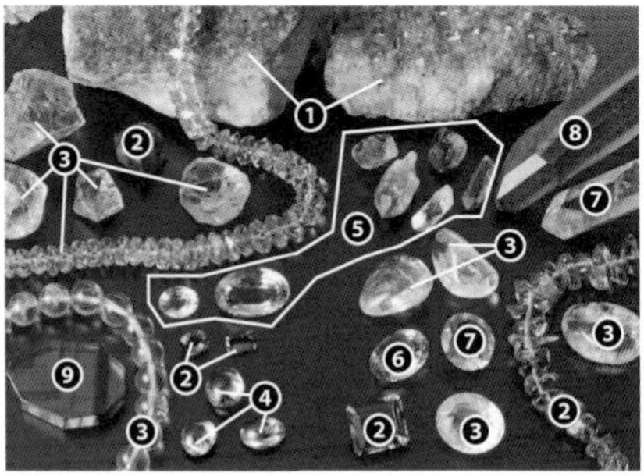

石膏／硬石膏
Gypsum／Anhydrite

❶石膏／❷硬石膏

英文名：❶Gypsum／❷Anhydrite
中文名：❶石膏／❷硬石膏

成　分：❶$Ca[SO_4]\cdot 2H_2O$／❷$Ca[SO_4]$
晶　系：❶單斜晶系／❷斜方晶系
硬　度：❶2／❷3～3.5
比　重：❶2.30～2.33／❷2.90～3.00
折射率：❶1.52～1.53／❷1.57～1.61
顏　色：❶無色、白色、褐色、綠色、紅色、灰色、黃色
❷白色、藍色、無色、淺紫色、褐色、灰色、粉紅色、紅色
產　地：❶美國、墨西哥、智利、俄羅斯、日本
❷瑞士、加拿大、美國、義大利、法國、印度、德國、奧地利、波蘭、日本

關於石膏／硬石膏

石膏與硬石膏雖然是不同礦物，但從名稱來看卻會讓人誤以為是同類，加上這兩者會共生，因此本書一併說明。

石膏與硬石膏均為構成堆積岩的主要礦物之一，因海水蒸發而形成，兩者亦會在岩鹽洞穴中相伴成長。硬石膏與石膏相比產量雖少，但只要在礦床內加水，就會慢慢分解成石膏。硬石膏鮮少出現明確的結晶外觀，以塊狀形態居多，由於解理良好，故會裂成正方體的小碎片。從前中國所稱的「方解石」就是這種礦石，之後日本在決定名稱的時候卻不慎把「Calcite」取名為方解石。

石膏亦形成於火山噴氣孔周圍，從外觀來看有3種類型，分別為透明的單結晶「透石膏（Selenite）」、纖維狀的集合體「纖維石膏（Satin spar）」，以及讓人聯想到大理石的微細結晶集合體「雪花石膏（Alabaster）」。石膏的構造當中含有「結晶水」，一旦溫度超過70℃，部分的結晶水就會釋出，形成「半水石膏」；若超過200℃，就會脫水變成「硬石膏」；如果加熱至300℃的話就會變成白色粉末，稱為「燒石膏」。這種粉末一旦加水，就會發熱凝固。

發現這個現象的是古羅馬人。他們把石膏當做建材中的塗牆泥，現代人則是善用這種性質，運用在醫療用石膏或取模等用途上。在重現因維蘇威火山（Monte Vesuvio）爆發而慘遭活埋的龐貝市民時，注入遺骸孔洞所使用的就是燒石膏。

硬石膏的成分雖然類似石膏，但在構造上卻屬於別種礦物，至於化學式則與「黃鐵礦（重晶石）」和「天青石」同系列。換句話說，這兩者雖然是近親關係，但硬石膏並非質地較硬的石膏，只是本來應該含水的地方在構造上卻少了它，因此又稱為「無水石膏」，語源就是「沒有水的石膏」。加熱過後形成的粉就算加水也不會像石膏那樣凝固。除了做為建材混入塗泥牆用來當做乾燥劑之外，亦可用來作為水泥、塗料或肥料。

從照片認識石膏／硬石膏

彩色頁左頁主要為石膏，右頁則擺置著硬石膏，看起來都非常類似。這兩者直到近世才被區分為不同種類的礦石，因此看起來非常類似是理所當然的。

被稱為「天使石（Angelite）❶」的能量石寶石產自南美祕魯的納斯卡（Nasca），為含鍶（Sr）的藍色硬石膏。1989年左右出現於市面上的這種礦石因其顏色故又稱為「Peru blue jade」。

❷與❸為板狀及角柱狀結晶的硬石膏，非常珍奇。

❹為石膏群晶，析出於火山噴氣孔周

圍，外形為扁平的長板狀，上面還有細針狀的結晶形成菊花狀。❺為無色透明的透石膏，以具有「光學」之意的「Optics」或「Optical」的名稱來買賣交易。這個透明的結晶體過去在歐洲被稱為「聖母瑪利亞的玻璃」。大型柱狀結晶❻形成了「接觸雙晶（Contact twin）」，像這種形狀的礦石就稱為「羽箭型雙晶」。❼是從解理面將❻的結晶切割而成的，感覺就像是「金太郎糖」（**譯註：**金太郎糖為日本江戶時期流行的一種糖果，揉合各種花色成條狀，再切割成粒，每一粒的剖面就會呈現一樣的圖案。），從柱狀面可以平行地切割成好幾塊。❽的結晶體是沿著結晶構造擷取成長場所的砂泥，讓那個顏色的沙粒看起來就像是「沙漏」的模樣。❾為紅色的透石膏。表面上因為附著著含鐵豐富的泥，故外表呈鮮紅色。

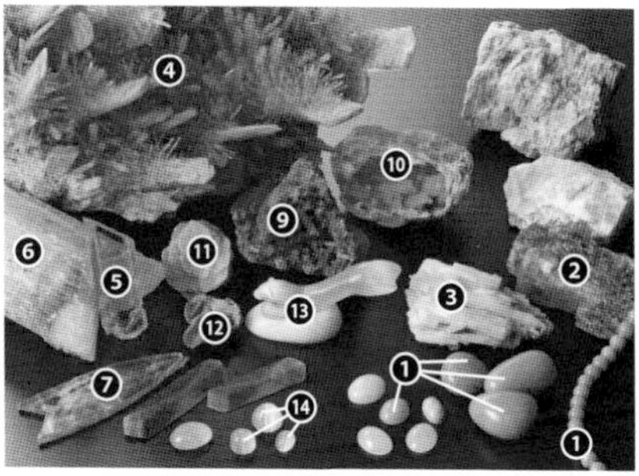

❿是將一部分堆積在泥層中的透石膏孔洞研磨而成的。由於色澤過於透明，故感受不到石膏本身的實體。

因外形而暱稱為「沙漠玫瑰（Desert roses）」的透石膏是在沙漠等處經過長年累月澆水曬乾所生成的板狀結晶聚集成花朵狀而形成的，如⓫與⓬。⓬因為沾上形成地點的有色沙石，結果變成帶有顏色的沙漠玫瑰。「重晶石（Barite）」同樣也是以形成玫瑰花而為人熟悉（➡請參考p.292的重晶石）。

標本⓭雕刻的是「貉」。這個纖維狀的集合體又稱為「纖維石膏」，並且擺飾在硬石膏做成的台座上。弧面琢磨的切石⓮看起來雖然是鮮明的貓眼石，可惜缺點是硬度太低。只要將這種石體切成薄片貼在透明石底部，所有的石種就能夠模仿製成貓眼石。

碧玉 Jasper

碧玉

英文名： Jasper
中文名： 碧玉

成　分： SiO_2 + 不純物
晶　系： 六方晶系（隱晶質）
硬　度： 7
比　重： 2.57～2.91
折射率： 1.53
顏　色： 綠色、深灰綠色、暗沈的深綠色（韭綠色）、黃綠色、紅色、褐色、橙色、黃色、淺紫色、白色
產　地： 印度、印尼、巴西、中國、美國、非洲、俄羅斯、澳洲、委內瑞拉、日本

※上述成分項內的不純物指的是黏土礦物與礦物微粒子

關於碧玉

這款寶石最大的魅力就是不透明。構造上等同玉髓，不過成因比較接近「角岩（Chert）」這種岩石。角岩是由微晶質石英所構成的緻密岩石，矽酸成分佔了90%。

正確來說，碧玉屬於岩石類，形成於火山岩、變質岩與堆積岩之中，因熱液中所包含的黏土礦物堆積凝固，或者因矽酸成分滲入堆積物中而形成。堆積在湖水裡的火山灰凝固之後會形成碧玉。碧玉與不透明的玉髓，以及原本的堆積岩在外觀上非常類似，在現實生活中通常難以各個區別，因此寶石學上以「如同不透明的玉髓」這個感覺來捕捉碧玉其實是非常合理的。

在所有寶石當中，碧玉最能夠令人感受到原始美。在歷史當中，與瑪瑙還有玉髓均讓世界上所有的古代民族感到一股神秘氣息。古巴比倫人認為鮮紅色的碧玉能夠調理婦人體質，因而用來作為安產的護身符。11世紀法國基督教的司教馬爾戈迪斯記述只要將這種寶石放在腹部，就能夠減緩生產所帶來的疼痛，而且至今依舊有人深信不已。這是還認為石頭掌握著所有生命的時代所殘留下來的老舊觀念。

碧玉這個名字裡的「碧」意為綠色。相對於東日本的翡翠，翠綠的碧石在古代西日本主要為製作玉器的材料。其所呈現的綠色是裡頭所含的「綠泥石（Chlorite）」帶來的。紅色是「赤鐵礦（Hemutite）」，褐色是「針鐵礦（Goethite）」，黃色與灰色則來自「黏土（Clay）」。

碧玉的質地細膩，屬硬質，無論經過幾世紀都不會變色。這種寶石色彩範圍廣泛，本屬粉彩色（Pastel color）；縱使範圍廣泛，卻不曾出現相同圖案。提到寶石，如果顏色上面出現不連貫的斑紋時，通常都會缺乏商業價值，但是碧玉與瑪瑙卻相反，其色彩的多樣性反而讓其更有價值。

在「山水石」的世界裡被視為是珍貴的「色彩石」或「紋樣石」。

從照片認識碧玉

從❶～❹的照片可看出碧玉的成因。由❶可明白包含在熱水裡的黏土礦物堆積之後會慢慢變成膠狀並且硬化。❶與❷稱為「佐渡黃玉」，在山水石界中非常珍貴，尤其是❷呈現遠山形廓，這是受到河流沖積碰撞偶然形成的，歸類在「**山形石**」項下。所謂的山水石原本就非常重視像這樣充滿大自然造化奧妙的岩石。

❸稱為「縞赤玉」，因矽酸成分滲入堆積層而形成的。像這樣的岩石歸類在「**色彩石**」項下，通常會以手工的方式琢

磨成山形。

❹為「根尾谷產菊花石」，這是堆積在湖水裡的火山灰凝固而成的礦石，並且在火山灰中形成放射狀的霰石球晶。這塊岩石經過切割研磨，球晶切面暴露在外，可看見宛如花朵般盛開的模樣。不過這顆球晶因受到地熱影響，現在已經變成方解石。像這樣的礦石便歸類在「**花紋石**」項下。

❺為「燧石（Flint）」，與黑矽岩（打火石，Chert）一樣是由凝聚於石灰岩等堆積層中的矽酸成分而形成的。燧石擁有層狀外形，相對地黑矽岩則是屬於球狀（Nodule）。其底下的石板❻是堆積作用形成的碧玉。形成之後所產生的乾裂部分會次生形成白色瑪瑙。❼是形成燧石的碧玉，在愛德華州稱為「Bruneau jasper」。

碧玉與前述的菊花石成因不同，有時會形成球狀體。裡頭的鐵分或小粒子如果凝聚膠著的話，就會像❾～⓫形成小小的花紋。這幾種在山水石界均有特定名稱，❾是「罌粟花（Poppy jasper）」，❿是「鹿紋石」，⓫是「孔雀石」。尤其是⓫特地稱為「根尾谷產孔雀石」，可看出是形成於❹菊花石的左肩部分。

⓬的寶石稱為「帶狀碧玉（Banded jasper）」，但絕對無法稱為碧玉瑪瑙（Jasper agate），因為在寶石界中，碧玉與瑪瑙是屬於兩種不同的寶石。

此外，有些碧玉表層在固化之前會因為地殼變動而遭到破壞，接著又次生凝固，像這樣的碧玉就稱為「Brecciated jasper⓭」。

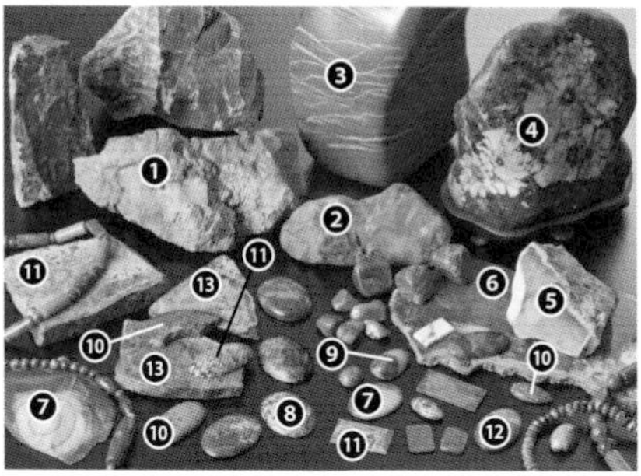

藍矽銅礦
Shattuckite

藍矽銅礦

英文名：Shattuckite
中文名：藍矽銅礦

成　分：$Cu_5[OH|Si_2O_6]_2$
晶　系：斜方晶系
硬　度：3.5～4
比　重：3.80～4.11
折射率：1.75～1.81
顏　色：（深淺）藍色
產　地：納米比亞、剛果、美國、阿根廷

關於藍矽銅礦

這是在銅礦石（礦物）上變質生成的次生礦物，通常會形成細微的結晶集合體。有時亦會產生單獨的礦塊，但大多數的場合都會與其他次生礦物相伴。

1915年在亞利桑那州Bisbee的Shattuck礦山發現了藍矽銅礦，因而取名為Shattuckite。起初發現的礦石為孔雀石的假晶形態，多數以塊狀產出，偶而會出現細膩針狀的結晶球，結果造成藍矽銅礦的特徵就是擁有纖維狀與針狀外觀這個錯誤知識。與外觀類似的矽孔雀石相比，藍矽銅礦算是產出比較稀少的礦物。

藍矽銅礦大多會與「斜矽鋁銅礦（Ajoite）$(K, Na)_3Cu^{2+}_{20}[Al_3Si_{29}O_{76}(OH)_{16}]\cdot 8H_2O$」相伴產出，顯現出美麗的藍色色彩，經常被琢磨成寶飾品。

如同前述，這種藍色非常接近「矽孔雀石（➡請參考p.156）」，亦類似「纖矽銅礦（Plancheite）$Cu_8[(OH)_2|Si_4O_{11}]_2\cdot H_2O$」，因此經常與這些礦石混同流通，而且現實中長久以來常與纖矽銅礦混淆出現。纖矽銅礦乃1908年首次出現在非洲納米比亞的礦物，不過當時藍矽銅礦的知名度較高，儘管明知有別，大家卻只有默認。

與藍矽銅礦共生的礦物相當多，如果是藍色的話，光憑肉眼是無法區別的。矽孔雀石所擁有的綠色通常比藍矽銅礦還要深；另一方面，纖矽銅礦的色澤則是比藍矽銅礦還要明亮。但這兩者都會出現色彩明亮的礦石，加上有的矽孔雀石也會形成深邃的藍色，故最好避免憑肉眼來判斷。

孔雀石與矽孔雀石同為塊狀體，多孔質且吸水性強。研磨加工時會讓合成樹脂內含浸透其中，藉以強化材質（稱為Stabillized stone）。

有時以次生礦物形態形成的藍矽銅礦在石英（Quartz）中受到礦染，這時候就不需強化性質。

在能量石的世界裡，納米比亞生產一種名為「Quantum quadru silica」的礦石，但這並非正式的寶石名稱，僅意指「4個聚集而成的矽酸體」，從這裡頭無法看出礦石名稱。這種礦石裡含有藍矽銅礦，故從其內容物暫時為這個礦石取名的話，最正確的名稱應該是「次生富化銅礦（Secondary enriched copper ore）」（➡請參考不可不知的知識）。「Ore」指的是礦石。

從照片認識藍矽銅礦

❶的原產地為Shattuck礦山，乃微粒狀的集合體。❷產自亞利桑那，由纖維狀集合體所組成。這兩者均可看出曾在石英質母岩的裂縫與空隙處受到礦染。

❸的弧面琢磨切石與❹的項鍊串珠形

成於「褐鐵礦（Limonite）」礦層中。❺相伴著「斜矽鋁銅礦（水藍色部分）」，❻則是與「矽孔雀石（亮藍色部分）」共生。這兩者⇒上所指的深藍色部分就是藍矽銅礦。

❼的礦石與「纖矽銅礦」共生。❽的項鍊亦相伴著孔雀石，像這類的礦石就稱為「Quantum quadru silica」。

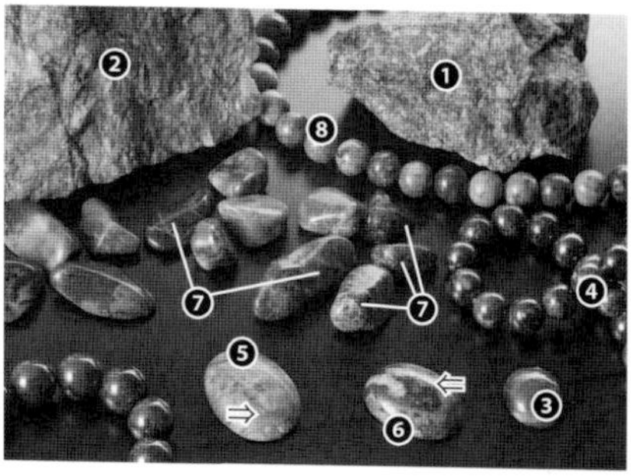

不可不知的知識

◎次生富化銅礦

露出地表的銅礦床表層部分所含的黃銅礦（Chalcopyrite）氧化溶解之後會混入孔雀石（Malachite）、矽孔雀石（Chrysocolla）、赤銅礦（Cuprite）與自然銅（Copper）之中，與褐鐵礦（Limonite）混同之後，可以形成相當厚實而且品質優良的層狀礦石。此時所生成的次生礦物會因與溶解的黃銅礦（Chalcopyrite）共生的銅礦物而形成上述以外的礦物。即使是同為藍色的礦物，亦可明確看出數種不同種類。

不僅如此，此時形成的次生礦物還會受到矽質角礫狀的母岩或石英（Quartz）的龜裂部分而染出藍色條紋。

矽線石
Sillimanite

矽線石

英文名：Sillimanite
中文名：矽線石

成　分：$Al_2[O|SiO_4]$
晶　系：斜方晶系
硬　度：6.5～7.5
比　重：3.23～3.27
折射率：1.66～1.67，1.67～1.68
顏　色：無色、白色、灰色、黃色、褐色、淺綠色、藍色、靛色、淺紫黑色
產　地：緬甸、斯里蘭卡、印度、肯亞、美國、加拿大、英國、法國、德國、巴西、馬達加斯加、南非共和國、韓國、俄羅斯

關於矽線石

Sillimanite這個名字來自化學家B. Siliman教授之名，為知名學術誌《American Journal of Science》的創辦人。

矽線石與「紅柱石（Andalusite）」（➡請參考P.076）以及「藍晶石（Kyanite）」（➡請參考P.120）為「同質異象」的礦物，1824年被認定為是獨立礦物。

在這3種礦物當中，矽線石屬於在高溫且中高壓的環境之下穩定成長的礦物。

以常壓來計算，如果沒有超過800℃以上的高溫，就無法形成矽線石，不過紅柱石卻形成於低於這個溫度的低溫領域，至於藍晶石在600℃的環境之下如果沒有超過6kbar的高壓的話就無法形成。這些礦物各有差異，但是在高溫底下形成的，一旦處於低溫環境，就會變得相當不穩定而變質成為白雲母。

矽線石在高溫的環境之下具有耐久性，因此纖維狀的結晶常用來製作耐火材、隔熱材，或者車子火星塞等耐高溫瓷器。

矽線石這種礦物通常會形成於「片麻岩（Gneiss）」之中，亦屬於普遍形成於矽卡岩、角頁岩（hornfels）、花崗岩、偉晶岩中的變質礦物，通常會與「剛玉」、「藍晶石」、「董青石」共生，而且大多數會形成細針狀的集合構造。因為這樣的外形故將其取名為矽線石，尤其呈細膩纖維狀的原石外觀會被比擬成光纖，並以「纖維板（Fibrolite）」為別名。故通常用來展示結晶體的稱為矽線石，展示細微的纖維狀結晶集合體稱為纖維板。這種礦石與紅柱石一樣充滿「多色性」。與藍晶石相比，紅柱石的色彩並沒有那麼鮮艷，因此用來做成寶石的數量非常稀少。綠色系列的礦石非常類似透輝石，呈現貓眼的礦石則是非常類似金綠寶石，只可惜缺乏個性。儘管如此，其所擁有的多色性讓淺藍色與黃色能夠同時出現，因此像這樣的切石獨具魅力，非常熱門。

從照片認識矽線石

為了解說上的參考，這一頁將「紅柱石❶」與「藍晶石❷」並列拍攝。本項的矽線石與紅柱石以及藍晶石外觀看起來雖然截然不同，但裡頭所含的成分幾乎一模一樣。❸為「矽線石」，而這3種礦物種的特性，就是會依成長條件的不同，各個穩定成長。

從與形成息息相關的溫度與壓力的組合數值面來看，在這3種礦物中❸的矽線石形成於相對較嚴謹的條件之下。藍晶石與紅柱石綜合的形成條件雖然比較低，不過❷的藍晶石卻傾向在略嚴苛的條件之下形

成。換句話說，矽線石就如同一開始所說的穩定於高溫、中高壓的環境之下，而藍晶石則是穩定於低溫、高壓的環境之下，至於紅柱石則是穩定於中高溫、低壓的環境之下。

總之，這3種擁有$Al_2[O|SiO_4]$組合成分的矽鋁酸鹽（Aluminosilicate）礦物種在形成的時候，如果壓力高但溫度低的話，就會結晶形成藍晶石；如果兩者都低的話，就會結晶形成紅柱石。從這件事可以看出只要該礦物存在，就能夠推斷其岩石的形成條件。

標本❸上的紅寶石（剛玉）乃是以埋入矽線石的形態晶出，母岩為片麻岩。至於矽線石則為纖維狀的微針集合體，四處散落在母岩上，像這樣的東西就稱為「纖維板」。❹為成束的細柱狀結晶體，外觀非常類似❶的紅柱石，但從晶出的條件來看，形成矽線石的溫度壓力環境均高於紅柱石。

切石❺非常類似透輝石。❻的切石顯現出強烈的多色性。照片中的切石輪廓線（稱為鑽腰，Girdle）如果平行地朝直角方向觀察的話，可以欣賞到非常美麗的淺藍色與黃色。

切石❼除了多色性，內部發達的纖維狀組織還反射出如同月長石般的光芒。這種纖維組織如果密集發達的話，在琢磨成蛋面切石（Cabochon cut）時就會變成貓眼石。❽～⓫為「纖維板（矽線貓眼石）」，尤其❽和金綠寶石（Chrysoberyl）特別像，這樣的寶石有時會被誤認為是金綠寶石貓眼石。⓫的貓眼石帶著幾分紫色，像這樣的色調就是矽線石的決定性特徵色彩。

鋯石
Zircon

鋯石

英文名：Zircon
中文名：鋯石、風信子石

成　分：$Zr[SiO_4]$
晶　系：正方晶系
※在寶石學的立場被歸類在「低型」（Low-type zircon）的鋯石有的會出現極為罕見的完全非晶質。
硬　度：6.5～7.5
《寶石學上的分類》
高型：7～7.5
中間型：6.5～7
低型：6.5
比　重：3.95～4.70
《寶石學上的分類》
高型：4.67～4.70
中間型：4.10～4.60
低型：3.95～4.10
折射率：1.78～1.99
顏　色：褐色、黃色、橙色、紅色、紅褐色、黃綠色、綠色、綠褐色、黑褐色、白色、藍色、無色
※白色、無色與藍色的幾乎都是加熱加工石。
※中間型到低型的鋯石為綠色系統，其餘的均屬高型。
產　地：泰國、斯里蘭卡、緬甸、越南、澳洲、坦桑尼亞、馬達加斯加、台灣、阿富汗、美國、俄羅斯、法國、巴西、加拿大、德國、挪威、中國

關於鋯石

Zircon這個名稱的語源不明，可能是來自「zargoon」。這個名字在波斯語中意指「金色」，在阿拉伯語中意指「朱紅色」，之後演變成「jargon」，最後變成英語的「zircon」。在這個過程當中橙黃色的鋯石稱為「風信子石（Hyacinch）」，以比擬風信子的花色。

風信子（Hyacinch）這個花名出自希臘神話中深受太陽神喜愛的少年雅辛托斯（Hyakinthos）之名。但令人不解的是，風信子這種花屬於藍色系，所以出現在神話中的花照理來說應該不是菖蒲就是三色紫羅蘭才對。更何況風信子原產自中亞，但在神話出現的當時應該尚未傳到地中海一帶才是。

姑且不管這項疑惑，由於Hyacinch這個名字亦用來稱呼其他黃橙色的寶石，因此讓人感到混淆不清，故今日已經成為死語。

鋯石的結晶體通常含有高濃度的鉿（Hf）、鈾（U）與釷（Th）等放射性元素。「花崗岩（Granite）」因為是以鋯石為副成分礦物，故擁有微弱的輻射。鋯石結晶體只要持續暴露在這些從內部釋放的元素放射線底下，本身的結晶骨架就會遭到破壞，本來是無色的結晶體卻變成褐色，就連透明度也會降低，這在寶石學中稱為「低型鋯石（Lowtype zircon）」，而這個過程就稱為「蛻晶質（Metamict）」。當包含鋯石在內的岩石年代越久遠，這種現象也就越顯著。像是在早期年代結晶的斯里蘭卡鋯石就有不少變成綠色。相對於此，一般的鋯石就稱為「高型鋯石（Hightype zircon）」以示區別。高型與低型的差異在於折射率與比重的高低不同而稱之，至於中間的就稱為「中間型（Mediumtype）」。

鋯石的折射率與分散度非常高，能夠顯現出媲美鑽石的閃爍光芒。可惜大多數的鋯石呈黯淡的褐色，因此必須經過加熱處理才行。低型與中間型的鋯石經過加熱會變成美麗的黃色、金色、紅色與無色色彩，加熱方式不同，有時還會呈現美麗的藍色。從「zargoon」這個名字的意思，便可以推測出這種礦石的加熱處理早已行之有年，而且歷史非常悠久。

從照片認識鋯石

照片中包含鋯石在內的岩石為「花崗岩」，尤其是❶的基質長石呈現淺淺的藍色，這是鋯石的所釋放的放射線著色而成的，稱為天河石。

❷是充滿特色的鋯石結晶，一看便明白。❸為質地堅硬、母岩經過風化並且受到河水沖刷磨損而成的鋯石。❹的磨損程度則比較小。

❺與❻的鋯石之所以會略呈混濁，原因在於內含的放射性元素內部崩壞造成的。其中有的內部還會產生細微龜裂現象，像這樣的鋯石就會呈現貓眼效果❼。

當內部正在崩壞之際，有的鋯石會看起來非常像「雙色鋯石❽」。❾的鋯石則是呈現了過去被稱為「風信子石」的色彩。

❿為經過加熱處理的鋯石結晶粒，由此可看出原石內部狀態不同，變化的顏色也會隨之而異。

變成藍色的⓫商業名稱為「藍鋯石（Starlite）」。無色的⓬擁有「馬塔臘鑽石（Matara diamond）」這個別名，其原本的顏色就像⓭。至於馬塔臘則是位在斯里蘭卡南岸的寶石產地。

Mini 知識

鋯石的結晶包含在各式各樣的岩石之中，加上不怕風化，因此能夠恆久不渝。善用這項優點，這種礦物能夠用來測定年代古老的岩石。像鈾這樣的放射性元素長年累月會引起放射裂變（稱為自發性核分裂），並且接二連三地變成其他核種的元素。利用這種性質可以推算出包含鋯石在內的岩石形成年代。

鋯石同時也是會引起天大誤解的寶石。市面上可見「人工方晶鋯石（蘇聯鑽）（Cubic zirconia）ZrO_2」這種合成寶石。Cubic這個字的意思是「等軸晶」，乃1977年由蘇聯製造、類似鑽石的人工寶石。不過這個名字因為與大家耳聞的鋯石重複，故被誤稱為合成鋯石或方晶鋯石（Cubic Zircon）。其實這兩種結晶體並沒有任何關係，只不過共同擁有「鋯（Zr）」這個成分罷了。

紅鋅礦 Zincite

紅鋅礦

英文名：Zincite
中文名：紅鋅礦

成　分：ZnO
晶　系：六方晶系
硬　度：4～4.5
比　重：5.68
折射率：2.01～2.03
顏　色：暗紅色、紅褐色、橙色、黃色
※極少數為無色，但不列在本項之中
產　地：美國、波蘭、納米比亞、西班牙、澳洲

關於紅鋅礦

這種礦物為鋅的氧化礦物，罕見自形結晶，產出時通常呈塊狀或粒狀。

在寶石與礦物市場中以天然品販賣的透明結晶幾乎都是鋅在提煉之際所產生的副產品或合成品。

美國是紅鋅礦最知名的產地，尤其是紐澤西洲的富蘭克林礦山（Franklin）與Starling Hill礦山所形成的紅鋅礦通常會伴隨著「鋅鐵尖晶石（Franklinite）」或「方解石（Calcite）」大量產出，但因開採成本不合算，如今已經閉礦。

鋅鐵尖晶石屬「尖晶石系列」礦物，擁有$(Zn, Mn^{2+}, Fe^{2+})(Fe^{3+}, Mn^{3+})_2O_4$的化學成分，外觀呈8面體，類似磁鐵礦（Magnetite），但磁性與傳導性卻不如磁鐵礦，因此可以憑此區別。最近出現在市面上的標本是挖掘當時剩下的或是採掘自鄰近脈礦而來的。

這種礦石有的產自「富蘭克林的大理石地帶」，是火成岩岩漿貫入石灰岩層時形成的。這個地方亦以生產多數螢光礦物而聞名，產出的礦物足足有250種。

紅鋅礦本身幾乎不含螢光，但在礦石中共生的其他礦物裡卻含有可散發出紅色（方解石）、黃綠色（矽鋅礦，Willemite）、黃色（Esparite）、靛色（鋅黃長石，Hardystonite）等鮮亮螢光，故以螢光礦物標本來販賣。這種標本的名稱為紅鋅礦或鋅鐵尖晶石，因而讓人以為這兩種礦物均能夠散發出亮麗的螢光色彩。至於富蘭克林礦山則是世界上唯一生產這種奇異礦石的地方。

該地閉礦之後，當今以納米比亞的Tsumeb礦山為生產此種礦石的知名重要產地。

誠如本項所言，市面上銷售的大多是標榜紅鋅礦的天然結晶，不過其數量卻超過真正的天然礦物標本。因此彩色頁特地將這些礦物並排拍攝。

紅鋅礦的紅色是包含在結晶中的錳（Mn）所造成的。

從照片認識紅鋅礦

❶的標本來自富蘭克林礦山，❷的標本來自Starling Hill礦山。上頭的紅色顆粒為紅鋅礦，至於黑色結晶則是鋅鐵尖晶石，而❸的項鍊就是使用這樣的原石琢磨而成的。❹是將富蘭克林礦山生產的結晶切割而成的，呈現的紅色非常深邃，看起來就像黑色。

照片中的其他紅鋅礦均為人工礦石。這些副產品都是形成於波蘭鋅工廠煙囪內的昇華礦物，而且這類結晶更是以工廠規模大量產出，但在鑑識上則是評價為人工品。其形成工序為「氣相製程（Gas phase process）」。但當看見像照片中那些自

由形成而且不規則的形狀時，就會深深感受到照片裡的礦石應該是自然形成的偶發品。此外，市面上還可以看到在俄羅斯利用「水熱法（Hydrothermal process）」合成製作的紅鋅礦。

不可不知的知識

寶石鑑定的基準大致可分為3種：

◎天然寶石 Natural stone

◎人工合成寶石 Synthetic stone

◎模擬石 Imitation stone

有時為了改變外觀，因而研究出各種加工處理方式來改變天然礦石的形態。

另外，人工合成寶石的定義是「與天然寶石相比，屬於以人工方式形成的寶石」，但狹義而言，「以人工方式製造自然界不存在的寶石」才稱為「人造石（Artificial stone）」，但廣義來說，人造石應該列入人工合成寶石的範疇之內。另外像經過紅鋅礦等在人造物生產過程當中所產生的礦物也要列入人工合成寶石的範圍之內。

Mini 知識

紅鋅礦擁有鋅的氧化物，也就是ZnO這個組合，但是擁有這個組合的化合物卻是透過工業規模製造而成的。這個氧化鋅（Zinc oxide）又稱為「鋅華」，可運用在橡膠添加物或塗料、化妝品或藥品等工業用途上。另外，紅鋅礦可透過燃燒金屬鋅使其氧化，或在大氣中燃燒，甚至是燃燒硫酸鋅或硝酸鋅製作而成。

辰砂
Cinnabar

辰砂

英文名：Cinnabar
中文名：辰砂、硃砂

成　分：HgS
晶　系：六方晶系（三方晶系）
硬　度：2～2.5
比　重：8.09
折射率：2.90～3.26
顏　色：鮮紅色、朱紅色、紅褐色、褐色、黑色、灰色
產　地：中國、日本、美國、墨西哥、西班牙、義大利、智利、祕魯、德國、俄羅斯、塞爾維亞、斯洛維尼亞

關於辰砂

這種礦物鮮少出現自形結晶，通常以粒狀集合體或塊狀形態產出，有時還會呈現土狀。因熱水而變質的火成岩與變質錳礦礦床亦可找到它的蹤跡，此外還會形成溫泉的沈澱物。辰砂屬於色澤鮮紅的礦物，就算曝曬在空氣之中也不會變色。從這點可得知出辰砂非常適合作為顏料，但缺點就是遇光會變黑。

Cinnabar這個英文名字的語源來自波斯語的zinjirfrah以及阿拉伯語的zinjafr，意思是「龍的血」。這個字還有「紅色繪圖工具」之意。由於古代人會將這種礦石磨碎做成顏料，故此說可以理解。這種色素稱為「朱砂（Vermilion）」，西班牙的Almadén自西元前2000年即開始進行採掘。另一方面，辰砂最大的礦床是在中國的辰州（現在湖南省一帶）與貴州省。

利用辰砂做成的顏料「朱」稱為「丹」，以中國辰州產的最為知名，但不知從何時開始稱為辰砂，亦可稱「朱砂」。單結晶與結晶質的解理片在中國稱為「鏡面辰砂」。產出罕見的辰砂結晶能夠反射光線，而且光芒刺目耀眼。自古以來中國與印度把這種礦物視為長生不老的靈藥，尤其是道教裡頭以辰砂為主要原料來製作丹藥的「煉丹術」十分發達。只要喝了丹藥，就可以長生不老，浮於空中，游移上天，甚至達到神仙境界。

辰砂亦有「賢者之石」這個暱稱。直到今日，這種礦物在中藥界依舊被做為藥石來使用，不過這可是需要專業的配藥師與正確的處方箋才能使用，這種藥石被證實可以當做鎮定劑或解毒藥，具有治療精神不安定、失眠、暈眩等療效。與有機水銀或易溶於水的水銀化合物相比，辰砂比較不易溶於水，因此毒性低，不過若大量攝取還是會造成汞中毒。過去在中國與印度曾經大量服用這種礦石，尤其是中國的皇帝們更是經常服用，結果造成曾經服用的人各個都英年早逝。

在大氣中只要將辰砂加熱至400～600℃，就會產生水銀蒸氣與二氧化硫氣體；只要這些蒸氣冷卻，就會得到水銀。這個水銀融入了不少除了鐵、錳、鈷、鎳以外的金屬，形成「汞合金（Amalgam）」。這種合金只要一加熱，裡頭所含水銀就會蒸發，如此一來便可回收融入其中的金屬。這個方法就是奈良大佛廣為人知的鍍金方式。從19世紀到20世紀，世界各地的礦山普遍採用這種技巧，結果造成深刻嚴重的汞污染問題。

從照片認識辰砂

紅色的辰砂是種充滿魅力的寶石，而且它的色彩與紅寶石截然不同，散發出一股獨特的魅力，而且這個礦物的色調更

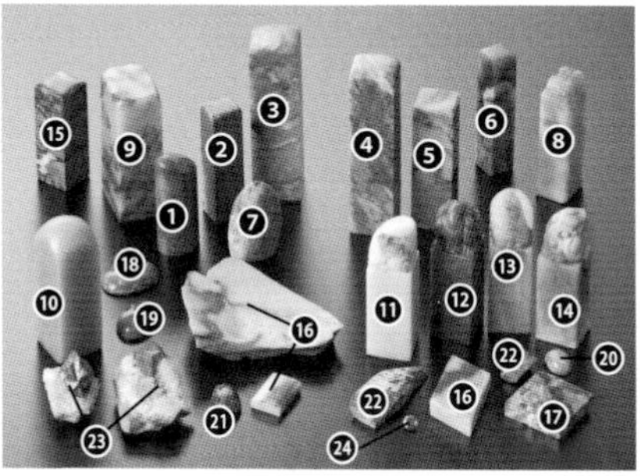

適合東方。本書彩色頁的❶～⓯主要排列出包含辰砂在內的石印材。所謂石印材，指的是用來雕刻印章所使用的石材，但令人感到不可思議的是在數以千計的石頭裡頭，能夠生產用來當做印材的上等石材竟然只有中國。照片中除了⓯，其餘皆來自中國。「葉蠟石（Pyrophyllite）$Al_2[(OH)_2|Si_4O_{10}]$」裡頭隨處可見辰砂散布，所產生的「雞血石」被稱為是石印材界中的女王。尤其是❶～❼產自浙江省昌化縣，因而特地稱為「昌化雞血石」。這種礦石紅色部分越多，價格也就越昂貴，例如❷就稱為「全紅」，只可惜近年來產量越來越少，取而代之的是內蒙古自治區巴林右旗這個新崛起的產地。❽～⓮為「巴林雞血石」，當中❾稱為「水草凍雞血石」，裡頭的枝晶令人聯想到水草。❽⓫⓭稱為「芙蓉手」。白色呈微透明狀的壽山石（產自福建省北峰區壽山的印石）稱為「芙蓉石」，而質感類似這種礦石的便稱為芙蓉手。

⓯產自日本奈良縣的大和水銀礦山，⓰則產自美國內華達Lockhart，發現於在低溫下形成的蛋白石質石英之中，卻欠缺像正宗葉蠟石那樣柔軟的質感，因而呈現出截然不同的存在感。⓱～㉑出自玉髓與碧玉，產地均為美國。從這頁可以看出一般的寶石書中從未嘗試過的並列比較。㉒為經過琢磨以作為裝飾用的昌化雞血石，不過雞血石並不適合這種形狀。寶石本身的材質固然重要，不過組合搭配的母體（稱為Matrix）不同，所呈現的魅力也會產生巨大變化，從這一例即可感受到。㉓結晶形成於白雲石（Dolomite）上方，以透入雙晶的形態出現。㉔以普麗亮鑽石切割法（圓型明亮車工，Brilliant cut）切割而成，分散率高達0.4，十分璀璨艷麗，加上充滿金屬光澤，魅力十分獨特。東西方都很難動搖對這種礦石的偏好。

Mini 知識

◎從顏色與元素（水銀Hg）來看，辰砂這種礦物可說是非常重要，而且採掘歷史非常古老悠久。例如英文的Mine（礦山）與Miniaria（礦物）的語源來自拉丁語的Miniaria，意思就是水銀礦山。

◎品質優良的「朱紅色印泥」只要持續曝曬在陽光（紫外線）之下就會變黑。不過掛飾日本畫的地方之所以會選在陽光照射不到的地方，除了不願見到圖畫變色，同時還避免落款變色。

白鎢礦
Scheelite

白鎢礦

英文名：Scheelite
中文名：白鎢礦

成　分：$Ca[WO_4]$
晶　系：正方晶系
硬　度：4.5～5
比　重：5.90～6.10
折射率：1.92～1.94
顏　色：無色、白色、灰色、黃色、褐色、橙色、淺綠色、淺紫灰色
產　地：美國、墨西哥、巴西、捷克、坦桑尼亞、盧安達、韓國、德國、瑞士、義大利、瑞典、澳洲、英國、芬蘭、阿富汗、中國、日本

關於白鎢礦

白鎢礦屬於鎢酸鈣礦物，有的成分中含有鉬（Mo），一旦這種元素的含量多，就會變成「鉬鈣礦（Powellite）$Ca[MoO_4]$」，因此光憑肉眼難以從外觀來區別，有時甚至還會誤判。

Scheelite這個名字源自分析該礦物成分的瑞典化學家Scheele，並於1821年定名。

白鎢礦形成於接觸變質的矽卡岩礦床、高溫的熱液礦脈，以及偉晶花崗岩之中。大多以縱長的八面體雙角錐結晶形態出現，亦經常形成雙晶，也會以塊狀形態產出。來自高溫熱液礦脈的白鎢礦產自石英礦脈之中，而且通常與「鎢鐵礦（Ferberite）$FeWO_4$」或「錫石（Cassiterite）SnO_2」共生，有助於區別辨識。倘若沒有這些礦物相伴的話，塊狀的白鎢礦則難以憑視覺與石英區別辨識。十分明亮的色澤為其特徵，另外本身的重量也有助於辨識。

白鎢礦在短波紫外線下會發出鮮豔的藍白螢光，利用這個性質在野外採集時可以攜帶紫外線燈。其構成成分當中，鉬（Mo）會改變鎢（Tungsten）的性質，讓螢光色色彩從藍色變成黃色，不過亦有罕見不會發出螢光的白鎢礦。

日本有不少白鎢礦礦山，尤其是京都擁有知名產地，其中大谷礦山更是日本全國屈指可數的白鎢礦礦山。因日本於太平洋戰爭戰敗而進駐該地的美軍第一件事就是探索京都的白鎢礦礦山，因為鋼鐵只要添加白鎢礦，就會變成質地堅硬無比的「鎢鋼」，能夠用來製作徹甲彈或耐高溫的鋼鐵。

還有一種被認為是新種白鎢礦的礦物，1879年（明治12年）首次發現於山梨縣的乙女礦山。這個礦物名來自發現者O. Leudecke，取名為「白鎢形鎢鐵礦（Reinite）」。當時雖然以新礦物之姿粉墨登場，但20年後與出自同礦山的白鎢礦相較研究之下，卻發現其實那是白鎢礦的假晶「鎢鐵礦（Ferberite）$FeWO_4$」。這種假晶的礦物亦出現在美國康乃迪克州與非洲的盧旺達。

從照片認識白鎢礦

❶與❷為這種礦物最典型的形狀。❷與❸為雙晶。❶與❸的結晶體產自韓國大華礦山，散發出青銅般的光澤。

❹來自京都的大谷礦山，結晶的光澤雖然明亮，但分散率卻不高，就算❻以普麗亮鑽石切割法來切割，亦無法散發出宛如鑽石般燦爛的光芒。

由於白鎢礦具有清晰的單一方向解理，就算做為裝飾品亦無法持久保存。例如❺的切石從右上角到左下角可以看見一

條直線，這就是發生解理的地方，而且這個部分還會平面式地擴展開來，因此在購買寶石的時候，也要特別留意這個地方。

❼❽為白鎢形鎢鐵礦，不過❼屬單晶，❽則是雙晶。

不可不知的知識

◎紫外線檢查

紫外線（Ultraviolet rays）的波長比一般的光（稱為可視光線）還要短，但比X光線還要長。

只要將這種光直射在寶石或礦物上，有時會呈現另一種新的色光。這種性質會因礦石所含的元素以及該礦石結晶構造而展現個性，在鑑識時可做為參考。鑑定寶石的時候為了檢查而使用的波長有2種，所使用的是能夠照出長波長365nm、短波長253.6mn的紫外線燈。由於紫外線本身的波長肉眼看不見，故又稱為黑光（Black light）。「nm」為Nanometer，1nm等於10^{-9}m。

Mini 知識

◎構造中含有鎢（W）元素的礦物特色就是比重大。這種元素是研究白鎢礦的Scheele在白鎢礦中發現的。這個元素名在瑞典語中意指「重石」。

◎一聽到鎢，第一個想到的就是白熾燈。提到電燈泡，以使用京都八幡男山的竹子做成鎢絲燈泡的愛迪生最為人所知。至於現在的白熾燈，則是1908年發明熔點高達3422℃的金屬鎢絲、來自美國GE（奇異）公司的W. Coolidge將它應用在我們日常生活裡。這個鎢絲電燈泡在日本1911年開始普及應用。但是為了減少CO_2的排出量以避免地球溫暖化，鎢絲燈泡的歷史在不久的未來將會畫下句號。

方柱石
Scapolite

方柱石

英文名：Scapolite
中文名：方柱石

成　分：「鈣柱石（Meionite）$Ca_4[CO_3|(Al_2Si_2O_8)_3]$」與「鈉柱石（Marialite）$Na_4[Cl|(AlSi_3O_8)_3]$」的固溶體
晶　系：正方晶系
硬　度：5.5～6
比　重：2.50～2.78
鈣柱石⇨2.72～2.78
鈉柱石⇨2.50
折射率：1.54～1.59
鈣柱石⇨1.56～1.59
鈉柱石⇨1.54～1.55
顏　色：無色、白色、黃色、粉紅色、紫色、藍色、褐色、灰色、灰黑色
產　地：緬甸、坦桑尼亞、斯里蘭卡、芬蘭、莫三比克、加拿大、巴西、馬達加斯加、俄羅斯、肯亞、澳洲

關於方柱石

英文的Scapolite有兩個含義：柱子與石頭，語源來自希臘語的「scapos」與「lithos」。從語源上的意思即可明白這種礦石的橫剖面為四角柱狀的結晶；如果晶體細膩的話，光是憑肉眼是無法與長石區別的。

起初會以為這是單一礦物，之後卻發現方柱石其實有含鈣（Ca）與含鈉（Na）這兩個系列，但這兩者通常都會相互混合，也就是形成「固溶體」的礦物。這樣的關係非常類似斜長石族的「鈣長石」與「鈉長石」。

其中一個系列稱為「鈣柱石（Meionite）」，另外一個稱為「鈉柱石（Marialite）」。不過天然的方柱石卻找不到這兩個分別擁有純粹成分的礦石，不管是哪一種均含有至少20％的另一種成分。至於日本產的方柱石則以含鈉柱石成分者居多。

過去居於這兩種類型之間的方柱石亦有其名。20～60％的鈉柱石搭配40～80％的鈣柱石所構成的中間型稱為「鈣鈉柱石（Wernerite）」，亦可稱為「中柱石（Mizzonite）」，像這種類型的方柱石數量最多。50～80％的鈉柱石與20～50％的鈣柱石所構成的中間型則是稱為「Dipyrite」或「Dipyre」。

方柱石的端成分，也就是鈣柱石與鈉柱石之間所含的鈣（Ca）與鈉（Na）會以不同的分量互相取代。這當中鹽酸（Cl）、碳酸基（CO-）與硫酸基（SO-）也會互相置換。

最近經常出現硫酸基含量較多的種類，像這類的方柱石就稱為「硫鈣柱石（Silvialite）$Ca_6[(SO_4,CO_3)|(Al_2Si_2O_8)_3]$」。

由於折射率非常接近石英，加上分散度又居於蛋白石與石英之間，故非常容易被誤認為是石英或蛋白石。不過方柱石的光澤更加獨特，只要切割方式正確，就會搖身變成比石英或蛋白石更加迷人的寶石。

從照片認識方柱石

從❶的原石便不難理解柱石這個名稱的語源。由於方柱石能夠形成長柱狀結晶，因此有一說提到這種礦石名的語源其實是來自希臘語的「skapos」，意為「棒芯」。

❷為塊狀原石。像這樣的方柱石或形成的結晶狀態比❶還要細小的方柱石通常不容易與長石區別。這塊黃色塊狀的方柱石產自加拿大，內含鈾，只要照射在紫外線底下就會發出鮮艷的檸檬黃光芒。如果

把這塊礦石放在陽光底下觀察，就會發現紫外線會讓它散發出朦朧的光輝。❸為其切石。

在黃色變種石當中，❹算是比較大的結晶，❺則是能夠媲美黃水晶的美麗寶石切石。從❺的紫色結晶可以切割出小巧卻十分清澈透明、色彩宛如紫水晶的寶石❻。這顆切石與其他顏色的方柱石不同，其折射率的測量數據因為與紫水晶重複，使得在鑑定的時候產生實際上的誤判。

今日寶石等級的方柱石普遍見於市場上，不過第一次出現寶石品質的礦石卻是在1913年。因受到結晶體類似水晶與蛋白石這件事影響，所以出現的時間才會比其他寶石晚，就連產地也沒有正式調查，就直接將它當做黃水晶或紫水晶。

發現地點為緬甸的Mogok。當時正在調查粉紅色礦石之際發現這屬另外一種礦石，一旦分好類別，之後就比照辦理，結果就變成黃色礦石與紫色寶石等級的方柱石也出現在市場上。之後斯里蘭卡、坦桑尼亞、馬達加斯加，甚至連阿富汗都陸續發現寶石等級的原石。

大多數的方柱石結晶就像❼含有管狀的內包物，尤以粉紅色與紫色的礦石特別明顯。顯現鮮明貓眼的是「方柱石貓眼（Scapolite cat's eye）」，有白色❽、黃色❾、紫色❿、紅褐色⓫、黑灰色⓬，⓭則是全黑的貓眼石。在這當中以⓮粉紅色的貓眼石最為罕見，這是在過去被稱為是「桃色月長石（Pink moonstone）」當中發現的。看起來顏色像是黑色石體的⓬⓭⓯同樣也是從月長石中發現的。這當中⓯的寶石還呈現散發六條光芒的星星圖案，現在正式名稱為「方柱星石（Star scapolite）」。

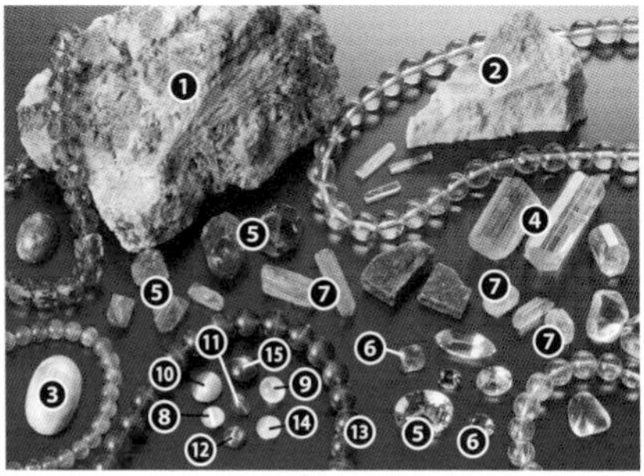

杉石
Sugilite

杉石

英文名：Sugilite
中文名：杉石（舒俱徠石）

成　分：$KNa_2(Fe^{2+},Mn^{2+},Al)_2Li_3[Si_{12}O_{30}]$
晶　系：六方晶系（粒狀集合體）
硬　度：5.5～6.5
比　重：2.70～2.80
折射率：1.60～1.61
顏　色：（深淺）紫紅色、粉紅色、淺黃褐色
產　地：南非共和國、義大利、澳洲、加拿大、印度、日本

關於杉石

一提到杉石，最容易聯想到深紫色的礦石。其實這種礦石原本不是杉石，而是含錳（Mn）的變種礦石。

杉石原本是1944年在分布於日本瀨戶內海愛媛縣岩城島的「鈍鈉輝石（霓石）（Aegirine）」中發現的細小淺黃褐色結晶，大小僅有數mm。最初發現這種礦石的是九州大學的杉健一與久綱正典，但當時（1944年）他們卻發表這個礦石就像是「異性石（Eudialyte）（➡請參考p.464）」的礦物，之後取名為「岩城石（Iwakilite）」，並且推定屬於「大隅石（Osumilite）－鈹鈣大隅石（Milarite）」系的礦物。

將這種礦石視為新品種並且加以研究認定則是要到1976年以後了。透過村上允英等人的研究，並且以其師杉健一教授之名來為這種礦石取名。因此從最初發現到定位，其實已經經過了32年。

今日出現在寶飾市場的紫色杉石正確來說應該稱為「Mangano-sugilite」，這是1980年在南非喀拉哈里沙漠（Kalahari Desert）Wessels礦山中的層狀錳礦床發現的。但令人驚訝的是這兩個產地與產量差異甚巨，在日本僅能開採到數公釐的標本，但在非洲卻能夠採掘到以t(噸）為單位的礦石。

來自Wessels礦山的杉石會在黑色的「褐錳礦（Braunite）」與「水錳礦（Manganite）」所組成的礦層之間形成紫色帶狀的胚胎，這點與日本產的杉石截然不同，所以才會讓人難以相信這兩者會是屬於同種礦物。

這種紫色礦石的外觀非常類似1968年發現於中亞塔吉克（Tajikistan）、屬於大隅石家族的「鋰鈉大隅石（索地亞石）（Sogdianite）$(K,Na)_2(Zr,Ti,Fe^{3+},Al)_2Li_3[Si_{12}O_{30}]$」。起初西德的Dr. H. Bank以鋰鈉大隅石之名正式公開發表。然而這種礦物的化學式卻與鋰鈉大隅石不合，經過美國史密蘇尼博物館（Smithsonian Museum）礦物部門的Dr. J. Dunn重新調查，才發現這塊礦石裡頭其實並不含鋯（Zr），之後才得以釐清並將其納入杉石項下。看來杉石這種寶石的命運真的是曲折坎坷。

儘管如此，來自原記載產地與來自非洲的杉石不管是產狀或顏色差異實在太大。產自Wessels礦山的杉石大多以錳為副成分，而且含量極為豐富，據說命名者村上教授看見這款礦石時甚為驚艷。但其實日本愛媛縣的錳礦山亦生產與Wessels礦山一樣呈紫色的杉石。這雖然是之後才澄清的事實，但當初如果稍加留意的話，含錳類型的變種杉石照理來說應該會被定位為日本原產，這真的是令人感到非常扼腕。這個美麗迷人的紫羅蘭色調被發掘之後越來越受美國人喜愛，就連加工品也進口至

日本。當時美國業者雖然將這個礦石名念成「Sugilite」，卻沒發現這個名字的念法其實是來自日文中的「杉（sugi）」。

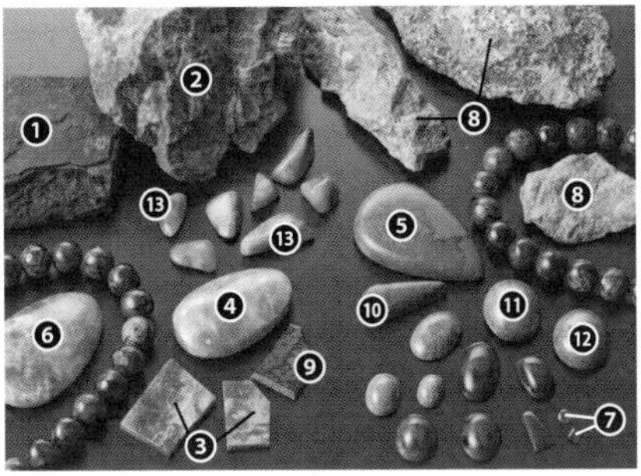

從照片認識杉石

從❶的標本可以看出產自Wessels礦山的杉石狀態。這裡的杉石在形成的時候，曾受到約在地底1km深、並且貫入錳礦層的偉晶岩影響。從照片中的礦石可以看出如同三明治般將杉石礦脈夾住的「水錳礦」。

❷的原石長於「褐錳礦（Braunite）」上方，是在與石英混合的狀態之下形成的。

其實只要試著對照比較，就會發現這兩者的色調不同。❶含有豐富的2價鐵（Fe^{2+}），因此呈現深厚的紫羅蘭色彩；但鋁含量如果比較多的話，就會像❷那樣由紫變成粉紅色。從❸與❹的切石亦可看出這些成分的差異。

❺與❻光憑目視即可看出受到玉髓礦染，並且呈現透明部分。像這樣的礦石就稱為「Sugilite chalcedony」。

Wessels礦山所生產的杉石異於日本，最大的特徵就是形成時候是以能夠反映出成長環境的微細結晶集合體出現。一旦緻密度增加，就會像❼那樣呈現半透明狀，不過這樣的礦石卻非常稀少，因而擁有「皇家杉石（Imperial sugilite）」這個寶石名。

❽呈現出更加細膩的結晶體，比此更細小的結晶體如果呈放射狀集合的話，就會像❾～⓬那樣出現「花朵圖案」。❾的花紋形成於「褐錳礦」的礦層之中，❿的花紋則是以「水錳礦」顆粒為中心來形成。由此可見杉石擁有形成美麗壯觀的「花紋石」迷人風采。

⓭的一部分杉石伴隨著藍色的「針鈉鈣石（Pectolite）」，顯現出美麗動人的對比色彩。

十字石
Staurolite

十字石

英文名：Staurolite
中文名：十字石

成　分：$Fe^{2+}{}_2Al_9[OH|O_7|(SiO_4)_4]$
晶　系：單斜晶系
硬　度：7～7.5
比　重：3.65～3.83
折射率：1.75～1.77
顏　色：褐色、紅褐色、黃褐色、褐黑色
產　地：巴西、美國、加拿大、俄羅斯、尚比亞、蘇格蘭、瑞士、澳洲、法國、愛爾蘭、捷克、格陵蘭、馬達加斯加、象牙海岸

關於十字石

在礦物界中呈現十字架外形的礦石有2種。

一種是紅柱石（Andalusite）的變種「空晶石（Chiastolite）（➡請參考p.078）」。出現在「空晶石構造」柱狀結晶橫剖面上的X字（十字）狀黑線會讓人聯想到十字架。

另外一種則是本項提到的「十字石」。這兩種礦石16世紀在西班牙被視為是驅魔的護身符，因而深受基督教徒們喜愛。

Chiastolite這個名稱來自希臘語中的「chiastos」，意為「十字架」；至於Staurolite這個名稱也是來自擁有「十字」含義的「stauros」。

十字石上的十字圖紋是由雙晶構成的。如果說空晶石是平面的十字架的話，那麼十字石就是立體的十字架，故後者較受人們珍愛。這種礦石的結晶雖屬單斜晶系，但外觀看起來卻十分類似斜方晶系。像這樣的礦石就稱為「擬斜方晶系」。

所謂的十字石有兩個結晶呈90℃交叉的十字狀以及呈60℃交叉的X字狀，另外還有以獨一結晶（單結晶）的形態產出的十字石，而這種呈現十字狀的礦石還被賦予「妖精的十字架」這個暱稱。

至於十字石和空晶石均擁有「Cross stone」這個暱稱。

十字石這種礦物形成於因泥質堆積岩變質而產生變化的結晶片岩、片麻岩，以及其他鋁含量豐富的區域變質岩之中（➡請參考不可不知的知識）。其成長的溫度與壓力條件非常有限，有助於推斷包含十字石在內的岩石變質條件。

這種礦物可以形成剖面呈細長六角形的柱狀結晶，當這兩個結晶交叉成為雙晶時，就會出現我們熟悉的形態。

日本愛知縣與富山縣亦生產這類礦石，但不可思議的是上頭的圖紋卻是X字狀，清楚明顯的十字紋幾乎找不到。

這原本就屬不透明的礦物，加上具有多色性強烈這個性質，因此觀察結晶時只要改變角度，結晶面的反射光顏色就會出現變化。

從照片認識十字石

❶與❷的標本產自「雲母片岩（Mica schist）」，兩者均有的褐黑色結晶就是十字石。標本❶伴隨著紅褐色的「鐵鋁榴石（Almandine garnet）」顆粒，標本❷則是與藍色的「藍晶石（Kyanite）」共生。❶❷標本的白色部分均為「白雲母（Muscovite）」。而標本❷其實與藍晶石項下的❶為同一礦物（➡請參考p.123）。

從標本❶的箭頭部分可以看見單結晶的剖面，由此得知其結晶為細長的六角

形。

位在附母岩標本前方的是分離的結晶，❸為十字型，❹為X字型的雙晶。

❸的結晶體表面可看見鐵鋁榴石的自形結晶。附在表面的白色物體為白雲母的微粒狀集合體，這些結晶的埋藏之處就是雲母。

由於這種十字形的礦石標本相當受歡迎，使得市面上出現依照外形將表面琢磨，或者是利用黏土或塑膠仿造的產品，因此在購買的時候必須特別留意。

❺的切石由於品質過低，因而缺乏魅力。不過這裡卻出現細小略帶紅色的透明感，讓人能夠欣賞到這種礦物的造型之美。

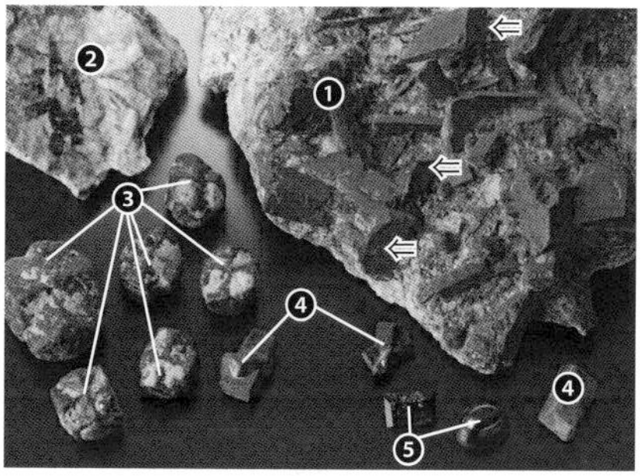

不可不知的知識

◎區域變質岩（廣域變質岩）

「區域變質岩（Region metamorphic rock）」指的是因地殼變動時的力量而產生變質現象的既存岩石。此時變質作用所增加的壓力往往大於熱力，因此又稱為動力變質。這種變質作用範圍廣泛，而且幾乎形成於同一時期。其所生產的岩石通常以片狀構造或片麻狀構造為特徵。

◎接觸變質岩

相對於此，「接觸變質岩（Contact metamorphic rock）」乃是高溫岩漿在貫入堆積岩等之際，因高溫而進行變質作用的變質岩，又稱為熱力變質岩。這個變質作用在岩漿貫入的地方亦會產生火成岩，例如角岩、大理石與石英岩就是因為這樣的變質作用而形成的。

輝銻礦／輝鉬礦
Stibnite／Molybdenite

❶輝銻礦／❷輝鉬礦

英文名：❶Stibnite／❷Molybdenite
中文名：❶輝銻礦／❷輝鉬礦

成　分：❶Sb_2S_3／❷MoS_2
晶　系：❶斜方晶系
❷六方晶系 三方晶系
硬　度：❶2／❷1～1.5
比　重：❶4.63～4.66
❷4.62～5.20
折射率：❶—／❷—
顏　色：❶深鉛灰色／❷亮鉛灰色
產　地：❶日本、中國、羅馬尼亞、舊汶萊、墨西哥、玻利維亞、德國、祕魯、義大利、法國、紐西蘭
❷美國、加拿大、墨西哥、祕魯、英國、日本、挪威、瑞典、葡萄牙、德國、中國、俄羅斯、摩洛哥、澳洲

關於輝銻礦／輝鉬礦

輝銻礦為銻（**Sb**，Antimony）的礦石礦物。英文名Stibnite來自其結晶構成成分，也就是銻的拉丁語「Stibium」，因此又稱為「Antimonite」或「Antimo glance」。產自日本、尺寸較大的輝銻礦結晶亦可比喻為刀劍。因其結晶面會反射出燦爛耀眼的光芒，所以才會產生Glance（閃光）這個名字。

這種礦物大多會在相對較低的低溫到中溫的熱液礦床中與石英共生，結晶質地較軟，用指甲即可刮出痕跡，外形較長的甚至還可以彎折，光憑蠟燭的火就會融化。

【**註**：結晶體乃屬貴重品，千萬不可任意彎折或融化標本。】

輝銻礦外形獨特，想要辨識並不難；但如果是相當細膩的集合體時，那就難以與「輝銻鐵礦（Berthierite）$FeSb_2S_4$」區別了。此時利用藥物來測試的話效果較佳，只要滴上氫氧化鉀（**KOH**）溶液，輝銻礦表面就會從黃色染成褐色。

這種礦石沿著柱狀結晶的柱面充滿解理性，可以剝下薄薄的岩片。

日本明治時代從愛媛縣市川礦山陸續採掘到長70cm、重達7kg的碩大結晶，名聲大噪，甚至遠播歐洲，結果演變成品質優良的礦物大多都外流至海外。無奈當時的日本人幾乎不認識輝銻礦的優點，結果造成如此貴重的礦物輕而易舉地遠離日本。據說這裡頭還曾經出現將近1m大的礦物。

這座市川礦山如今已經閉礦，無法再採集輝銻礦，取而代之的是來自羅馬尼亞的標本。然而近年來中國亦生產大小逼近過去日本產的大型結晶體。羅馬尼亞所生產的輝銻礦與日本不同，當中有的會夾雜著水晶結晶。據說中國亦生產這樣的礦石，但筆者尚未得以確認。另一方面，輝鉬礦是鉬（**Mo**）的礦石礦物，不管是英文或中文，從名字上均可找到構成其結晶的成分「鉬」。因屬於硫化礦物，故又稱為「輝水鉛礦」。至於鉬在日文則是稱為「水鉛（sui-en）」。

1778年瑞典化學家Scheele視其為獨立礦種並為之命名。輝鉬礦形成於接觸變質礦床、結晶花崗岩與高溫的熱液礦脈。在日本，岐阜縣平瀨礦山曾經產出超過20cm的大型六角板狀的結晶體。

輝鉬礦的質地比輝銻礦還要柔軟，動輒就會被指甲刮傷，不僅容易彎折，甚至還可以用刀子切割，而且每一層都還像雲母般可以平行剝落。與構成白鎢礦（Scheelite）的「鎢（Tungsten）」一樣，鉬也是進駐日本的美軍最先探尋的礦物，使得生產輝鉬礦的礦山成為其標的物。鐵只要添加這種元素，就會變成運用在彈簧等物的特殊鋼。

從照片認識輝銻礦／輝鉬礦

彩色頁左側為輝銻礦，右側為輝鉬礦。❶的標本產自市川礦山，❷產自中國的湖南省，❸則產自羅馬尼亞。輝銻礦不耐日曬，倘若保管方法不當，表面就會像標本❸那樣變得漆黑。變黑的確切原因不明，不過接觸到空氣的時間應該也有影響。❷的中國產結晶顏色就像磨得十分光亮的日本刀，至於❶則色澤黯淡，充分反映出產出年代。

標本❹覆蓋著一層白色的白雲石（Dolomite）結晶，而標本❺則是裹了一層螢石（翡冷翠，Fluorite），形成鐘乳石狀。

標本❻與左頁前方的串珠製品均被內包在水晶之中。在這種以針狀物的形式被內包的情況之下，難以憑肉眼來區分與此非常類似的「輝鉍礦（Bismuthinite）Bi_2S_3」。

標本❼與❽為平瀨礦山的輝鉬礦，出自石英礦脈之中。❽的結晶表面在收藏者的手中因摩擦結果不慎耗損。

❾為放射狀葉片結晶的集合體，可以看出菊花般的形狀。

❿與⓫雖然取自水晶，不過❿卻夾雜著鱗片狀的結晶。至於⓫則是在周圍佈滿了六角薔薇花狀的結晶。比較一下這兩者，如果像❿那樣包裹著鱗片狀的話，那就難以與其他鉛白色的礦物區別了。

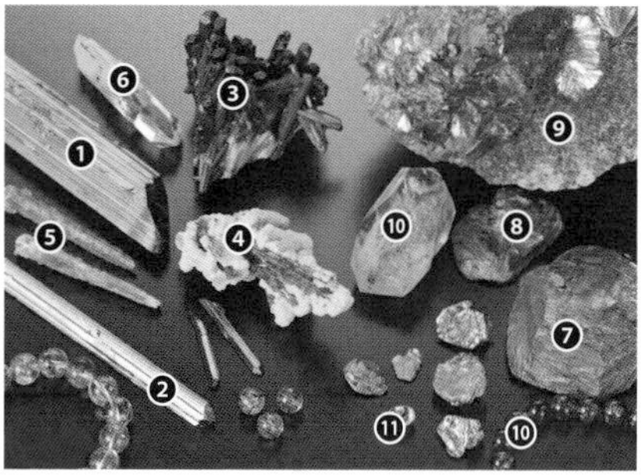

尖晶石
Spinel

尖晶石

英文名：Spinel
中文名：尖晶石

成　分：$MgAl_2O_4$
晶　系：等軸晶系
硬　度：7.5～8
比　重：3.58～4.12
折射率：1.71～1.75
顏　色：紅色、粉紅色、紫紅色、藍色、褐綠色、紫色、橙色、褐色、無色、黑色
產　地：斯里蘭卡、緬甸、阿富汗、墨西哥、巴基斯坦、泰國、巴西、義大利、俄羅斯、澳洲、芬蘭、印度、馬達加斯加

關於尖晶石

提到尖晶石，最為人所熟悉的就是紅色尖晶石，古時候稱為「紅尖晶石（玫紅尖晶石、巴拉斯紅寶石）（Balas ruby）」。這個名字來自該寶石最古老的產地，也就是印度的Balascia，由此可得知自古以來這種寶石即被視為紅寶石的一種。紅寶石（Ruby）這個名字的意思是「紅色」（➡請參考p.494的紅寶石）。不過尖晶石的紅卻與紅寶石的紅有些微妙的差異，因而在紅色寶石之中賦予等級之別。

大英帝國的皇冠正面除了眾所皆知的卡利南鑽石（The Cullinan Diamond），上頭還鑲嵌了「黑太子紅寶石（Black Prince's Ruby）」與「帖木爾紅寶石（Timur Ruby）」，但其實這些都是尖晶石。這是單憑寶石色調來分類的時代所遺留下來的結果。藍色尖晶石亦同，被認為是藍寶石的一種。從前寶石等級的尖晶石主要是從寶石沙礫堆積形成的礦層中採掘而來的，所以才會一直被認為是紅寶石或藍寶石。而當時採掘的礦床大多是斯里蘭卡的次生礦床（illam層）。

歷史上用來製作寶飾品、年代最久的尖晶石產自阿富汗，西元前100年左右採掘於喀布爾（Kabul）近郊的墓地。不過這裡所開採到的尖晶石並非來自沙礫礦床，而是挖掘自大理石中的「一次礦床」。

將這種寶石與紅寶石加以區別的是法國礦物學家Rome de l'Isle。這是發生在18世紀的事。之後經過學術研究，發現這種礦石擁有8面體以及銳角，因而以拉丁語中的「spina」這個意指「細小荊棘」的字將其取名為Spinel。尖晶石乃擁有「尖晶石結構」這個骨骼架構的礦物，所有的相關礦物均共同擁有「**A****B**$_2O_4$」這個化學式。這稱為「尖晶石系（Series）」，可細分為「鋁－尖晶石系」、「鉻鐵礦，或鉻－尖晶石系」、「磁鐵礦，或鐵－尖晶石系」這3項。隸屬這個族的礦物在這些系列當中會廣泛衍生原子置換的現象，而且絕大多數都是同一系列當中混雜著2種以上的尖晶石。化學式中的**A**為2價鐵離子（Fe^{2+}）、鎂（Mg）、錳（Mn）、鎳（Ni）、鋅（Zn）其中一種；**B**則是3價鋁離子（Al^{3+}）、鉻（Cr）、鐵（Fe）其中一種。

做為寶石的尖晶石屬於「鋁－尖晶石系」礦物，如果再加以細分的話則歸類在「鎂尖晶石（Magnesia spinel）」項下，形成於鐵鎂質（Ferromagnesian）的火成岩、含鋁豐富的變質岩，以及變質的石灰岩之中。

從照片認識尖晶石

寶石品質的結晶大多從「結晶石灰

岩（大理岩）（Marble）」這個因為接觸變質而形成的石灰岩中發現。❶❷產自緬甸，❸～❺則來自阿富汗。這些岩石還會與紅寶石共生，故不易辨識。

❻產自變質岩，結晶於綠色的「黝簾石（Zoisite）」之中。這雖然產自坦桑尼亞，但這個地方亦以生產「紅寶黝簾石（Ruby in Zoisite）」而聞名。外形琢磨地十分端正的結晶❼～❿做為標本相當熱門搶手。在緬甸，礦工稱為「anyan nat thwe」。這個字有「神所切割的礦石」之意，故擁有「Angel cut」這個暱稱，而⓫正是將這樣的結晶串連起來的項鍊。

此外，尖晶石還是以容易形成雙晶的礦物而聞名。當兩種結晶相互交替接合形成雙晶時，這種形態就像⓬，稱為「尖晶石雙晶（Spinel law twin）」。❶的母岩當中亦見雙晶。當形成這種形態的雙晶時，就算是鑽石也會以這個雙晶名來稱呼。

⓭稱為「鈷尖晶石（Cobalt spinel）」，因含有豐富的鈷（Co）而呈現鮮亮的藍色。

⓮的深綠色尖晶石稱為「鋅尖晶石（Gahnite）$ZnAl_2O_4$」。原本要用鋅來替換氧化鎂，但因替換地不夠徹底，使得基本構造變成「氧化鎂尖晶石」，像這樣的礦石就稱為「鎂鋅尖晶石（Gahnospinel）⓯」。這是1937年B. W. Anderson在斯里蘭卡發現的。

有的尖晶石與紅寶石一樣會呈現星彩效果，不過造成星彩的原因卻是「榍石（Sphene）」，與紅寶石的金紅石（Rutile）不同。星彩的光芒有4條與6條，但以像⓰的6條居多。這種現象深受原石形狀差異的影響，就連星彩紅寶石的6條光芒也是刻意琢磨出來的。⓱是貓眼石。

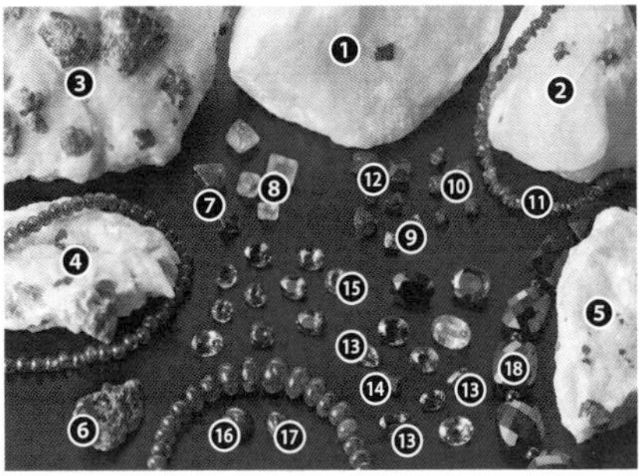

⓲為黑尖晶（Black spinel）。鐵分含量較多的尖晶石還可稱為「鐵鎂尖晶石（Pleonaste）」，但卻難以與在一般鑑定範圍內可以完全用2價鐵（Fe^{2+}）來取代鎂的「鐵尖晶石（Hercynite）$Fe^{2+}Al_2O_4$」區別。最近由於黑色礦石的風潮，使得市場上常見這款礦石。

閃鋅礦
Sphalerite

閃鋅礦

英文名：Sphalerite
中文名：閃鋅礦

成　分：ZnS
晶　系：等軸晶系
硬　度：3.5～4
比　重：3.90～4.10
折射率：2.37～2.43
顏　色：黑色、褐色、橙色、黃色、橙紅色、綠色、灰色、白色、無色
產　地：西班牙、墨西哥、美國、日本、加拿大、納米比亞、英國、法國、瑞典、阿富汗、德國、羅馬尼亞、南斯拉夫、澳洲、中國

關於閃鋅礦

Sphalerite雖然是英文名，但一般來說以通俗的「Zincblende」較為人所熟悉。「zinc」指的是「鋅」，「blende」就是「混合」。不過blende這個字卻是源自德語的英語，意思是「欺騙」。

為何會出現這樣的俗名呢？其實這種礦物通常會與「方鉛礦（Galena）**Pbs**」相伴產出，因此過去被認為是方鉛礦的一種。從西元前6500年開始，方鉛礦就是為了得到鉛（**Pb**）而採掘的礦物，因為透過簡單的方法就能夠從方鉛礦中提煉出鉛。只要將這種礦石丟入篝火中，就能夠回收因融化而流出的鉛。但是被誤認為是方鉛礦而回收的金屬其實並不是鉛，而是鋅（**Zn**），因此被稱為「blende」，也就是「被鋅欺騙」之意。這就是Zincblende這個名字的由來。

閃鋅礦會在熱液礦床或矽卡岩等接觸變質礦床中與黃銅礦或黃鐵礦共同產出。閃鋅礦是提煉鋅的重要礦石，純度因結晶體而異，最高含量可達67％。黑礦（Black ore）礦床亦可形成閃鋅礦，不過矽卡岩礦床所產的含鐵量較多。閃鋅礦中的鋅如果替換成鐵的分量達1/4，只要鐵含量越多，顏色就會從黃色變成褐色，甚至進而演變成黑色。像這樣的礦石又稱為「鐵閃鋅礦（Marmatite）」。

相對地黃褐色的閃鋅礦在日本因為顏色關係，故稱為「玳瑁鋅」。

還有一種礦石德語稱「Schalenblende（塊閃鋅礦）」，這是在低溫的熱水溶液中沈澱形成的礦石，但並非單獨礦物，而是以閃鋅礦為主體，同時還聚集了方鉛礦、水鋅礦（Hydrozincite）（請參考➡p.426的異極礦）等鋅或鉛的礦物，以及屬於鐵礦物的白鐵礦（Marcasite）而形成，質地細膩，削成板狀敲打時會發出清澈的聲響。Schalenblende這個字就是擁有「發出聲響的石頭」之意，所以才會以此稱呼。塊閃鋅礦乃分布於比利時、德國、波蘭與奧地利這一帶的礦石，不過這附近因為有溫泉湧出， 因此可以推測出是礦石形成時所留下的。

構成這種礦石的閃鋅礦雖然與多形（同質異象）的「纖維鋅礦（Wurtzite）（六方晶系）」混晶，但幾乎所有成分都會轉變成閃鋅礦。

從照片認識閃鋅礦

❶形成於熱液礦床的晶洞中，產自青森縣尾太礦山。含有豐富鐵分的是「鐵閃鋅礦」。這種礦石會在水晶晶簇之中結晶，通常與六面體的黃鐵礦相伴。❷也是鐵閃鋅礦，不過外形卻是四面體（就像消波塊），是岐阜縣神岡礦山常見的結晶外形。

來自祕魯的標本❸（➡與p.131黃銅礦的標本❷相同）非常類似日本產，這也是歸類在鐵閃鋅礦項下，通常與黃銅礦的雙晶共生。

❹～❼的含鐵量更少。❺與❻可觀察到雙晶形態（均為箭頭部分）。❺的標本伴隨著四角形的方鉛礦。暱稱「玳瑁鋅」的是❻與❼的結晶。❽的切石也是玳瑁鋅。從切石的顏色可觀察出❾的含鐵量比❽還要多，而❿～⓮的含鐵量則比較少。

⓭的礦石帶著濃濃的綠色，⓮的紅色十分深邃。像這樣的寶石就稱為「Ruby zink」或「Ruby blende」。順帶一提的是，鐵閃鋅礦稱為「Blackjack」。

⓬的閃鋅礦是以普麗亮鑽石切割法切割而成的。這種礦物的分散度高達0.156，為鑽石的4倍。以普麗亮鑽石切割法切割而成的寶石固然璀璨動人，但有違其美麗外觀的，就是性質過於脆弱。硬度低加上解理朝6個方向健全發達，非常不適合做為一般的寶飾品，最安全的方法就是放在盒子裡保管欣賞就好。像這樣的寶石就稱為「Cabinet stone」。

⓯與⓰為「塊閃鋅礦」，出現在這兩者的黃白色條紋礦層就是閃鋅礦。⓯底下的灰色部分為白鐵礦，⓰底下的鉛灰色就是方鉛礦。

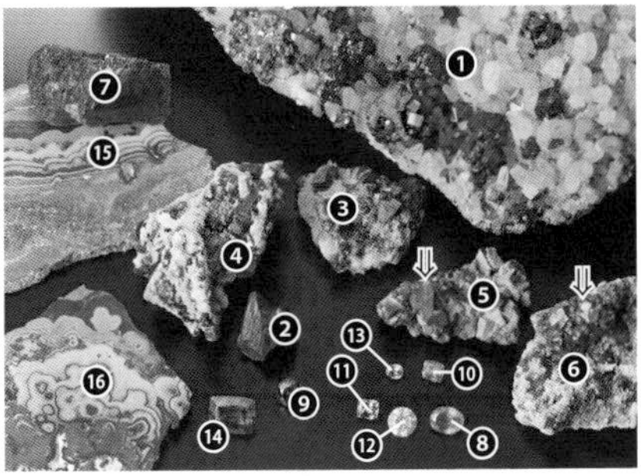

Mini 知識

◎分散度

所謂分散度又可稱為Dispersion（Interval）或分散率，意指當光線穿透寶石的時候，因為各個波長的光線（稱為散光，Spectrum）折射率不同，經色散後結果形成虹。寶石種類不同，其程度亦有所差異，而這個虹色就是每種寶石的特徵（個性）。

榍石
Sphene

榍石

英文名： Sphene／Titanite
中文名： 榍石、楔石

成　分： $CaTi[O|SiO_4]$
晶　系： 單斜晶系
硬　度： 5～5.5
比　重： 3.45～3.60
折射率： 1.84～1.94，1.95～2.11
顏　色： 黃綠色、褐色、黃色、翠綠色、紅橙色、褐黑色
產　地： 澳洲、加拿大、俄羅斯、義大利、瑞士、馬達加斯加、巴西、印度、墨西哥、美國、阿富汗、巴基斯坦、挪威、德國

關於榍石

以副成分礦物廣泛形成於含矽酸分較多的火成岩、偉晶岩、片麻岩、矽卡岩，以及結晶片岩之中，但是足以當做寶石的品質結晶並不多，因為這種礦石大多以雙晶形態出現，將兩個楔形平面結晶以平行的方式接合起來。

這種礦石通常稱為「Sphene」或「Titanite」，但在此必須事先正確說明。在寶石的世界裡稱為Sphene，但在礦物的世界裡則是採用國際礦物學協會（IMA）所規定的名稱，稱為Titanite。

寶石界如果刻意使用Titanite這個名稱的話，只適用於鈦含量較多，而且呈現褐色到黑色的榍石。

英文的Sphene這個名字來自外形類似楔子的結晶體，因而以希臘語中的「spenos（楔子）」為名。相對地，Titanite則是從成分層面來取名。

榍石光線的分散率不僅比鑽石大，就連複屈折率也不小，若以翻光琢面的方式將這個透明的結晶體切割的話，切石的虹彩會比鑽石還要強烈、光芒十分閃耀刺眼。

從這一點可以看出這種礦石通常採行普麗亮鑽石切割法或混合式切割法，不可能採用弧面琢磨切割法。

榍石擁有強烈的多色性，只要結晶體的觀察方向不同，就會呈現黃色、黃綠色與褐色等色彩。

可惜的是無論這種礦石有多美麗，它的性質卻柔軟又脆弱。切割時不管有多細心，邊角都會因使用而慢慢磨損，因此不適合用來裝飾，主要做為放在盒子裡收藏欣賞的寶石。

榍石多少都含有鐵分在內，因此呈現略帶褐色的黃色或綠色。另外，這裡頭通常還含有釔（Y）或鈰（Ce）等稀土類元素。這些微量的成分，讓榍石在鑑定檢查之際分光光譜會出現特徵，呈現典型的「釹鐠線（Didymium line）」。

不僅如此，這裡頭通常含有釷（Th）與鈾（U），甚至還有錳（Mn）、鉻（Cr）、釩（V）等元素，色彩範圍其實非常廣泛。

這種礦石有時還包含了錫（Sn）與鋁（Al）。從這樣的狀態可以看出這種礦物最大的特色，就是接近理想化學成分的榍石非常稀少。

有時會出現類似「獨居石（Monazite）」的榍石，光憑肉眼難以辨識。含錳並呈現淺淺紅色的榍石稱為「紅錳榍石（Greenovite）」。「釔鈰榍石（Keilhauite）」含有釔（Yttrium）與硒（Selenium），而且呈粉紅色。這裡頭如果鉻含量多的話，就會呈現宛如祖母綠般鮮艷的色彩，稱為「Chrome sphene」，含釩（Vanadium）量多的話就會呈現明亮的黃綠色，稱為「Vanadium sphene」。

從照片認識榍石

從❶的結晶外形就不難明白這種寶石為何會以此為名了，因為它的結晶呈現十分尖銳鋒利的三角錐外形。從❷可以看出雙晶狀態。至於附著在❸母岩上的結晶全都是雙晶體。

❹的雙晶有一半含有內包物，因此呈現黑色。

❺乃成長於結晶片岩中縫隙的結晶群，呈現薄片狀外形。

❻❼為「Chrome sphene」，❼的切石顏色讓人聯想到祖母綠與鈣鋁榴石，但這種礦石的產出其實非常稀少。

❽為「Vanadium sphene」，顏色比Chrome sphene還要明亮。

❾的串珠為平時難得一見的形狀，從照片中亦可看出其折射率非常高。

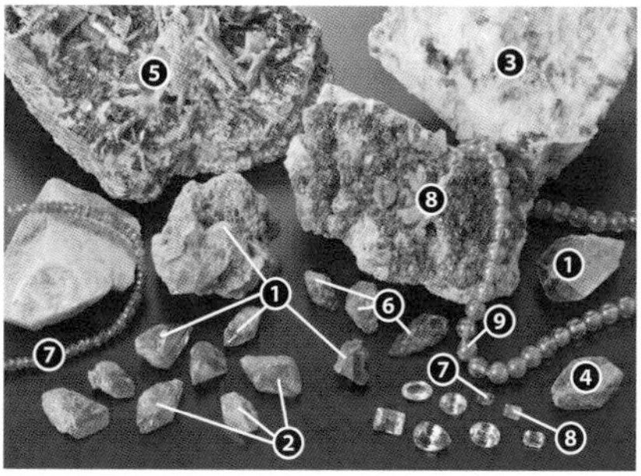

Mini 知識

所謂「鈥鐠線（Didymium line）」指的是出現在分光光譜黃色領域中的吸收線。自然形成的時候通常會以與釹（Nd）和鐠（Pr）共存的形態出現而引起吸收，故以此為名。

黃色磷灰石也有非常典型的鈥鐠線，此外觀察合成石與玻璃的「釹線（Neodymium line）」亦屬相同物質。

鋰輝石 Spodumene

鋰輝石

英文名：Spodumene
中文名：鋰輝石

成　分：$LiAl[Si_2O_6]$
晶　系：單斜晶系
硬　度：6.5～7
比　重：3.03～3.23
折射率：1.65～1.67，1.67～1.69
顏　色：無色、白色、灰色、黃色、粉紅色、紫色、黃綠色、綠色、淺綠黃色、淺青綠色、淺灰藍色
產　地：巴西、阿富汗、巴基斯坦、馬達加斯加、美國、緬甸、印度、蘇格蘭、義大利、墨西哥、俄羅斯、加拿大

關於鋰輝石

這種礦石的結晶體只要一加熱，就會碎裂變成灰色，故以希臘語中的「spodumenos」，也就是意指「燃燒化成灰」這個字為語源。

這是以鋰（Li）為主要成分的輝石，形成於含鋰的偉晶岩中。從彩色頁中即可看出這種礦石的顏色就如同糖果般香甜柔和。做為礦物標本的鋰輝石在礦物學家之間的知名度早已超過200年，只不過當時它們的顏色不是灰色就是純白色，因此寶飾業界幾乎沒有人知道這種礦石的存在。

說來或許意外，寶石品質的鋰輝石發現的時間非常晚。1877年巴西的米納斯吉拉斯州（Estado de Minas Gerais）發現了寶石等級、黃色透明的結晶體。當時的人以為這是金綠寶石的伙伴，因多色性強烈，故將其稱為「褐黃碧璽（彩菲石），Triphane」。這個名字在希臘語中意指「3種面貌」。也就是說因欣賞的方向不同，結晶體會分別呈現3種色彩（三色性，Trichroism）。

1879年在美國北卡羅來納州（North Carolina）發現了綠色結晶體。當初以為是類似透輝石（Diopside）的新種礦石，因而以發現者也就是礦山工頭之名，將其命名為「Hiddenite（翠綠鋰輝石）」。不過之後發現這是因鉻（Cr）而著色的鋰輝石。

到了1902年，這次在加州發現美麗的粉紅色鋰輝石。發現當時因為其柔和的紫色色彩而賦予「加利福尼亞虹彩石（California iris）」這個暱稱。之後以美國知名寶石學家George Frederick Kunz博士為名，將其命名為「紫鋰輝石（Kunzite）」。

鋰輝石的顏色構造相當複雜，即使結晶相同，但產地不同，呈現的色彩就會獨具當地風格。現在阿富汗為該礦物知名的大宗產地，這個藤紫色的結晶體一旦直接照射在陽光底下，只要經過30分鐘就會變成粉紅色的「紫鋰輝石（Kunzite）」。相對地，同一系列顏色的礦石如果是產自巴西的話非但不會變成粉紅色，反而還會褪色甚至掉色。即使是相同顏色的礦石，巴西產與阿富汗產的顏色還是有些微妙的差異，充分展現出產地的獨特風格，並且成為識別的對象，從這些事實可看出紫鋰輝石的顏色會因產地而出現差異。粉紅色是因為結晶體內含的錳（Mn）與結晶構造的凌亂（缺陷）組合而成的，這種狀態的差異會因產地不同而造成色調的差異。但也使得紫鋰輝石的色彩在特徵上非常地不穩定而且容易褪色。

相對地，因鉻而發色的翠綠鋰輝石色彩反而比較穩定。在市場上可看出綠色的礦石通通傾向以這個名稱來稱呼，但不是因為鉻而著色的礦石照理來說不應該以此為名。這當中有的遇光就會褪色，因此更

不能稱為「準翠綠鋰輝石」。褐黃碧璽在光線照射之下雖然非常穩定，不過這種礦石是因為鐵（Fe）而發色的，就連其充滿特色的多色性也是因為鐵而形成的。

從照片認識鋰輝石

❶～❸被歸類在廣義的「褐黃碧璽」項下，但今日已經很少使用這個名字。在鋰輝石色變種的名稱當中，這個名稱與其他兩種礦石不同（翠綠鋰輝石與紫鋰輝石），而且取之為名合情合理，但不知為何到最後卻統一稱為「黃鋰輝石（Yellow spodumene）」。

❹來自巴西，❺則為產自阿富汗的「紫鋰輝石」。從這裡頭可以看出這兩者的粉紅色調不同。❻與❼的結晶體只要曝曬在紫外線底下，顏色就會變得類似❺。像❽那樣的顏色結晶過去稱為「加利福尼亞虹彩石」。❾為「翠綠鋰輝石」，別名「鋰祖母綠（祖母綠色鋰輝石）（Lithia emerald）」。❿雖然也是翠綠鋰輝石，但色調有點不同，充滿產地獨有的特色。⓫雖然亦以翠綠鋰輝石之名來交易，但與⓬比較即可看出這是不正確的，倒不如稱其是居於褐黃碧璽與翠綠鋰輝石之間的礦物，在鑑定上被評價為「綠黃鋰輝石（Greenish yellow spodumene）」。⓭為無色，稱為「白鋰輝石（White spodumene）」，至於⓮則是稱為「雜色鋰輝石（Parti-coloured spodumene）」。

可以形成鋰輝石的礦床就像先生產的海水藍寶之後再形成的蛋白石與綠柱石一樣，只要礦床內的條件一產生變化，既成的結晶表面就會受到影響，而且像❻❼❿⓯⓰產生腐蝕，有的甚至還會像

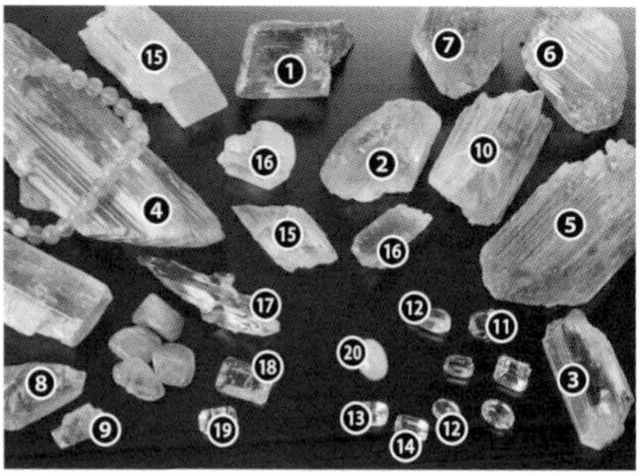

❷⓱那樣到溶解狀態。鋰輝石的這種情況可說是最為強烈明顯。

⓯與⓰將形成的鋰輝石完美地保留下來，但這樣的礦物其實並不常見，而且有的結晶會像⓲與⓳那樣連內部都被腐蝕成鐘乳管狀。只要這些鐘乳管狀一密集，就會像⓴呈現「貓眼」。照片中的貓眼雖然不是非常明顯，不過鋰輝石的貓眼通常都像這樣以模糊不清的形態居多，那是因為管狀的內包物（鐘乳管）過粗所導致的。

菱鋅礦 Smithsonite

菱鋅礦

英文名：Smithsonite
中文名：菱鋅礦

成　分：$Zn[CO_3]$
晶　系：六方晶系（三方晶系）
硬　度：4～4.5
比　重：3.98～4.43
折射率：1.62～1.85
顏　色：無色、白色、灰色、粉紅色、藍綠色、淺藍色、黃色
產　地：希臘、墨西哥、澳洲、德國、納米比亞、尚比亞、義大利、西班牙、英國、阿爾及利亞、法國、美國

關於菱鋅礦

菱鋅礦是色彩無比柔和的寶石，與鋰輝石擁有雙璧魅力。如果說鋰輝石屬於冰冷，那麼菱鋅礦就是屬於溫暖，而且這兩者的色調都非常類似（➡請參考p.276的鋰輝石）。

這款寶石自古以來即深受人們喜愛，當時最知名的產地就是希臘。希臘人將這種寶石稱為「kadmeia」，意思是「卡德莫斯的寶石」。出現在希臘神話中的忒拜王（Thebai，即卡德莫斯，Cadmus）格外喜歡這種寶石所呈現的明亮又柔和的粉紅色與藍色色彩，就連被希臘佔領的鄰近國家也十分喜愛這種寶石。

距離希臘十分遙遠的日本在江戶時代將這種礦石做為「藥石」來使用，並且稱為「爐甘石」。曾有記載提到從前有人將這種礦石磨成粉末之後，和水調勻做為治療結膜炎的眼藥。

菱鋅礦為鋅的次生礦物，形成於礦床的氧化帶或鄰近的碳酸鹽岩石之中。有的原石會與「水鋅礦（Hydrozincite）」共生。這種礦石雖然屬於方解石系礦物，但在這個系列中的產出卻十分稀少。

與其他方解石系礦物相比，菱鋅礦的外形有點不同，不僅解理性弱，就連結晶形狀也經常展露在外。這種礦石大多會形成腎臟狀或葡萄狀的集合體，情況類似「異極礦（Hemimorphite）」。事實上這種礦物長久以來與異極礦均被稱為「Calamine」，不過到了19世紀中葉卻以英國礦物學家J.Smithson的名字，將名稱改為「Smithsonite」。

與異極礦緊密組合產出的菱鋅礦光憑肉眼是難以與其區別的，不過菱鋅礦只要淋上鹽酸（Hcl）就會發泡溶解，憑此可以加以辨識。

這本來是無色到白色的礦物，但在構造上卻非常容易融入不純物成分，加上含有微量金屬離子，因此絕大多數的菱鋅礦都會顯現出色彩，例如粉紅色是「鈷（Co）」與「錳（Mn）」，藍色與綠色是「銅（Cu）」，「鎘（Cd）」是黃色。這種礦石折射率高，就算經過弧面琢磨也能夠散發出獨特的燦爛光澤。「Bonamite（綠菱鋅礦，蘋果綠寶石）」這種呈現淺綠色半透明類型的石體產自美國紐澤西州，為當地使用的名稱。「含銅菱鋅礦（Herrerite）」產自墨西哥Albarradón地方，顏色為藍色到綠色。「黃色菱鋅礦（Turkey fat）」是因為鎘而變成黃色的，以美國阿肯色州生產的為代表。

從照片認識菱鋅礦

從照片中亦可看出菱鋅礦的柔和色彩。與鋰輝石一樣，這種礦石的顏色非常適合用「糖果色」來形容。

❶的標本在異極礦層（箭頭部分）上下兩方覆蓋著一層綠色的菱鋅礦。

（做為次生礦物的）菱鋅礦會將成因整個反映出來，進而形成魚卵狀❶、葡萄狀❷、腎臟狀❸與杏仁核狀❹。另外還會形成像❺❻的同心圓礦層，圖案看起來雖然非常類似瑪瑙，但礦石的質感卻大相逕庭。

這種礦石憑肉眼幾乎找不到結晶外形，就算難得形成結晶，也會以相當細小的結晶集合體形態出現。形成這個集合體的每個結晶呈彎曲的菱面體，而❼就是這些結晶集合形成的瘤狀礦石。

從❽的切石表面所散發的光澤便可看出這顆寶石的折射率非常高。在寶石的世界裡，這種狀態的感覺就稱為「金剛光澤」。

❾為翻光琢面切割而成的，不過這種寶石看來還是比較適合弧面琢磨或磨成圓珠狀。

⓫幾乎沒有顏色，不過這種礦物卻鮮少產出如此純淨的淡色或成分接近的石體。⓬的切石則是內含孔雀石結晶。

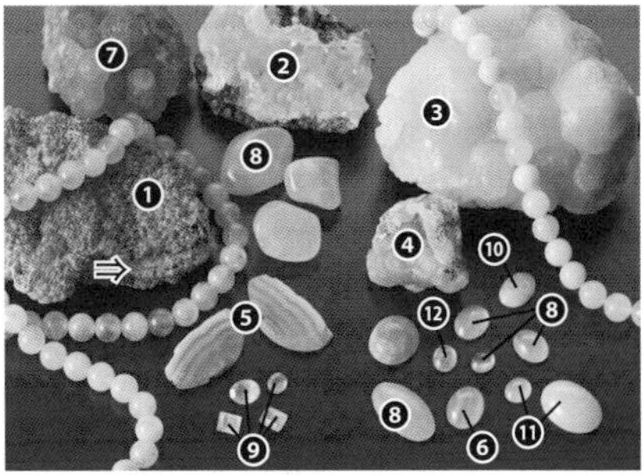

Mini 知識

色彩是由「色相（Hue）・色彩」、「明度（Tone）・明亮度」、「彩度（Intensity）・鮮艷度」這三個要素組合構成的，而這些要素會大大地影響到人們對於寶石顏色的偏好與價值。為了評價品質，區別更加微妙的色感差異「色調（Key）・顏色特徵」就變得十分重要了。

茶晶／黑水晶 Smoky quartz／Morion

❶茶晶／❷黑水晶

英文名：❶Smoky quartz／❷Morion
中文名：❶茶晶（煙水晶、墨晶）
❷黑水晶

成　分：SiO_2
晶　系：六方晶系（三方晶系）
硬　度：7
比　重：2.65
折射率：1.54～1.55
顏　色：淺咖啡色、略帶灰色的咖啡色、略帶褐色的黑色、（漆）黑色
產　地：巴西、美國、南非共和國、蘇格蘭、瑞士、德國、英國、埃及、坦桑尼亞、斯里蘭卡、阿富汗、馬達加斯加、西班牙、澳洲、中國、日本、北韓

關於煙水晶／黑水晶

本項大膽地將擁有極端特徵的2種石英變種並列介紹。這種水晶主要形成於結晶花崗岩的空洞（稱為晶洞）之中。

黑褐色的水晶本來稱為「Cairngorm（茶晶）」，是蘇格蘭人最為珍愛的水晶。他們將在Cairngorm山脈風化的花崗岩堆積層中發現的黑色水晶切割，並且與同樣在該國產出的瑪瑙一同應用在各方面的寶飾上。在這裡頭當中，他們將略呈黃灰色、看起來格外明亮特別的水晶稱為「Smoky quartz（煙水晶）」以示區別。

四處分布在產地一帶的晶洞當中有個地方所生產的水晶特別黑黝，特地稱為「Morion（黑水晶）」。這個名字的字源來自意指黑人的西班牙語「Moros」。也就是說在自國生產的黑色水晶當中，他們特地將色澤更加明亮而且特別漆黑的水晶挑出，並且被視為是上等品質。

這樣的取名方式被當做是識別的基準，一般在觀察「煙水晶（Smoky quartz）」的時候看不出像黑色，反而感覺像是褐色並且帶點黃色的水晶；「茶晶（Cairngorm）」為褐色到黑褐色，但透過光線會呈現茶色；「Morion」則是完全無法透光的黑色水晶。

煙水晶這一連串色彩當中有些看起來感覺略呈綠色，像這類水晶就難以與黃水晶區別。從將煙水晶誤稱為「煙黃晶（Smoky topaz）」這件事可明白這種礦石為何會與顏色息息相關，同時也明白本來稱為黃水晶的礦石（字源為citron）如果從發色構造來看的話，其實應該屬於煙水晶系礦物。

從照片認識煙水晶／黑水晶

黑水晶的判定基準非常簡單，只要是黑色水晶就是。然而煙水晶與茶晶卻難以在這之間畫條線加以區分，尤其是這些顏色根本就難以憑文字來形容表現。煙霧色這個表現就像❶那樣，給人的感覺是「透過篝火的煙霧所看見的陽光」。只要透過篝火煙霧來觀察陽光，就會看見暗沈卻又帶點粉紅色的褐色。而典型的煙水晶只要透過光線，就可以觀察到這種情況。

至於日文裡的「茶水晶」在翻譯的時候是以色調接近黑色的茶晶顏色為概念，例如❷。

❸的黑水晶夠漆黑，黑到完全無法透光。當水晶顏色深邃到這種程度就稱為Morion。❹在研磨的時候是利用梨地加工處理來去除光澤，但是黑水晶如果也透過這種方式加工處理的話，就會難以與黑玉髓區別。

如果以照片中的項鍊來說明的話，❺❻為煙水晶，❼為茶晶，❽則是黑水晶。❼乍看之下很像黑水晶，可是一旦透

過光線就會呈現茶色。❾的切石也是一樣，像這類的礦石通通歸類為茶晶。

這一連串的色彩是包含微量鋁（Al）在內的水晶在礦床內受到放射線影響著色而成的。而釋放出放射線的是包含花崗岩在內的「鋯石」等放射性礦物。❿為形成於「結晶花崗岩」的典型晶洞、可觀察到伴隨著長石與雲母的茶晶，採自日本岐阜縣苗木地方。只要仔細觀察這個水晶結晶，就會發現其前端呈白色，從這一點可以看出這塊茶晶的形成時期其實並不連貫，就連鋁的吸收方式亦曾發生變動。⓫是將結晶柱面橫切而成的。⓬是從錐面到頭部將顏色不同的部分切割下來的石體。

⓭為煙水晶。⓮的群晶體可看見茶晶與煙水晶兩者混同共存。⓯是黑水晶。標本⓰則是與長石結晶共生的黑水晶。

在鑑識上被評價為黑水晶的礦石其實不多。即使是像⓯或⓰那樣不透光的結晶狀態，只要一切割成小顆石體，透過光線一看，就會發現不得不將其斷定為茶晶，這是常有的事。因此翻光琢面的黑水晶越大顆，價值也就越珍貴。

不可不知的知識

從煙水晶到黑水晶這一連串的顏色除了鋁金屬，部分構成水晶的矽（Si）置換成鋁離子也是成因之一。這個置換部分所產生的離子能量差異會因為放射線的照射而在視覺上呈現色彩。這個原理就稱為「色心（Color center）」。現在品質優良的煙水晶非常稀少，而市面上常見的大多是將無色但卻潛在擁有鋁離子的水晶石以照射伽瑪射線（Gamma ray）這個人為的方式來著色。

藉由色心原理來發色的寶石很容易因為光與熱的影響而變色甚至褪色，結果造成煙水晶與茶晶變成黃水晶，有時甚至還會失去色彩。

沸石
Zeolite

沸石

英文名：Zeolite
中文名：沸石

成　分：在以SiO_4或AlO_4的四面體所形成的三度空間骨架結構中，擁有內含H_2O、K、Ca、Na的縫隙
晶　系：因種類而豐富多樣
硬　度：大約3～6左右
比　重：大約2～3
折射率：大約1.4～1.5
顏　色：因種類不同而非常多樣：無色、白色、灰色、黃色、綠色、褐色、粉紅色、橙色、紅色
產　地：印度、美國、墨西哥、巴西、蘇格蘭、英國、愛爾蘭、加拿大、瑞典、澳洲、中國、俄羅斯、義大利、捷克、南極大陸、德國、日本

關於沸石

「沸石」並不是礦物種名，而是礦石族名（Family name），其旗下所分類的礦石至少超過50種。

這種礦物的結晶結構特徵就是含有水分，只要結晶體一加熱，裡頭的水分就會釋出，此時礦石的狀態看起來就像是在沸騰，因此引用希臘語中的「沸騰」一詞，將其取名為Zeolite。

這種礦物是將矽酸鹽中的一部分矽換成鋁（Al），與氧（O）的比例為1比2（Al・Si：O＝1：2）。此時水會滲入擁有骨架結構的空間裡，這個部分的水就稱為「沸石水」，而沸石只要一加熱就會釋出這種水。試著與其他含水礦物比較，例如「石膏（Gypsum）（➡請參考p.218）」只要一加熱，結晶構造就會改變；但如果是沸石的話，加熱雖然會造成水分流失，但卻不會影響到結晶結構。

如此牢固的空間稱為「孔道（Channel）構造」，離子可以輕鬆自在地在這裡面移動，充分發揮在水中交換離子的機能。不僅如此，水分消失之後，孔道內部還具有吸著氣體的能力，這些性質均充分利用在工業各方面上，可說是非常重要的礦物，甚至還盛行以人工合成的方式來製作這種礦物。沸石絕大部分都是做為「分子篩（Molecular sieve）」並且善加利用在提煉石油或天然氣上。

從照片認識沸石

本書從眾多沸石當中，擷取了最常見的標本及在寶飾範圍中最特殊的石體。

❶的⇒部分為「濁沸石（Laumontite）$Ca[AlSi_2O_6]\cdot4.5H_2O$」。這種沸石的部分結晶因為水分釋出而失去透明度。從礦床取出之後在短時間內會變得白濁（濁沸石的「濁」就是以此種現象為名），如果沒有放入水中保存的話，最後會因為崩壞而變成粉末狀。照片中的是50年前的標本。在這50年之間瓶中的水一直非常清澈不混濁，這是因為水中的沸石具有淨化水質的功能。

標本❷與❸的⇒部分為「輝沸石（Stilbite）$(Na,K,Ca_{0.5})_9[Al_9Si_{27}O_{72}]\cdot28H_2O$」。與此共生的是「魚眼石（➡請參考p.052）」。標本❹的淺黃色結晶為魚眼石，⇒部分的結晶體為輝沸石。❺也是輝沸石。標本❻與❼為「片沸石（Heulandite）$(Ca_{0.5},Na,K)_9[Al_9Si_{27}O_{72}]\cdot24H_2O$」。❽⓲㉒為「方沸石（Analcime）$Na[AlSi_2O_6]\cdot H_2O$」。這是屬於等軸晶系的沸石，但不論外形或顏色看起來都非常類似「白榴石（Leucite）$K[AlSi_2O_6]$」，常讓人混淆不清。白榴石被歸類在「似長石（Feldspathoids）」項下，至於構成青金石（Lapis Lazuli）的礦

物群亦屬於此。白榴石乃形成於義大利維蘇威火山（Monte Vesuvio）爆發時所流出的熔岩之中。

標本❾為「鈣沸石（Scolecite）$Ca[Al_2Si_3O_{10}]\cdot 3H_2O$」。這種沸石的性質非常獨特，只要一加熱就會縮捲彎曲。因為這種現象而以希臘語的「像蟲一樣（scolezit）」這個字為名。呈現放射針狀形態的是「鈉沸石（Natrolite）」、「中沸石（Mesolite）$Na_2Ca_2[Al_2Si_3O_{10}]_3\cdot 8H_2O$」。此外這個鈣沸石底下還有一個包含其在內的子項。鈉沸石甚至還與以藍色針鈉鈣石（拉利瑪石，Larimar）稱呼的「針鈉鈣石（Pectolite）（➡請參考p.404）」共生。標本❿為「中沸石，為放射狀集合體。⓫為「鈉沸石（Natrolite）$Na_2[Al_2Si_3O_{10}]\cdot 2H_2O$」，乃呈放射狀的石體。⓬⓭為「鈉沸石」，⓮為「鈣沸石」，⓯是「湯河原沸石（Yugawaralite）$Ca[Al_2Si_6O_{16}]\cdot 4H_2O$」，⓰是「中沸石（母岩為玄武岩）」，⓱是「絲光沸石（Mordenite）$(Na_2, Ca, K_2)_4[AlSi_5O_{12}]_8\cdot 28H_2O$」。⓳～㉑是「桿沸石（Thomsonite）$(NaCa_2)_4[Al_5Si_5O_{20}]\cdot 6H_2O$」，產自美國的蘇必略湖（Lake Superior）。㉑為其中一種，亦稱為「泡沸石（艷美沸石）（Lintonite）」。

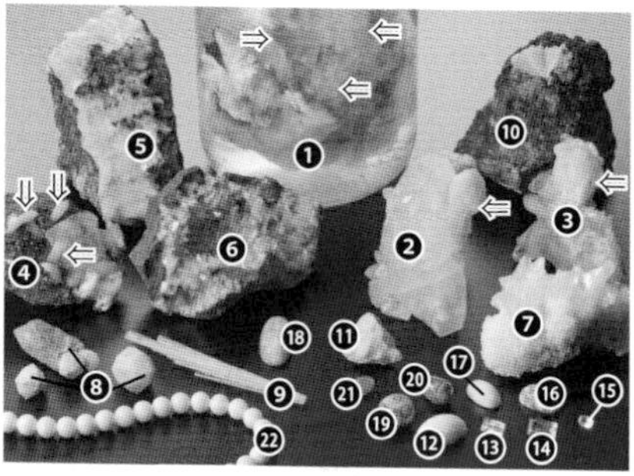

◎矽膠（Silica gel）

餅乾袋中放的乾燥劑是利用「方沸石」製作而成的。其實矽膠原本是讓矽與鈉溶液產生反應製作而成的，但之後卻將原料改為方沸石。這種膠本身並無顏色，因此製作時會添加可以看出已完全吸收水分的藍色鈷鹽，只要一吸收水分就會變成粉紅色，透過加熱讓裡頭的水分釋出之後又會變回藍色，如此一來便可重複使用。

Mini 知識

◎貓砂

沸石的孔道構造可以發揮吸收尿臭味的功能。

天青石／重晶石
Celestite／Barite

❶天青石／❷重晶石

英文名：❶Celestite／❷Barite
中文名：❶天青石／❷重晶石

成　分：❶$Sr[SO_4]$／❷$Ba[SO_4]$
晶　系：❶斜方晶系／❷斜方晶系
硬　度：❶3～3.5／❷3～3.5
比　重：❶3.89～4.19／❷4.30～4.60
折射率：❶1.62～1.64／❷1.64～1.66
顏　色：❶藍色、無色、白色、灰色、淺青綠色、黃色、橙色、橙紅色
❷白色、灰白色、淺黃色、藍色、綠色、淺紅色、褐色
產　地：❶義大利、馬達加斯加、墨西哥、美國、納米比亞、加拿大、德國、法國、英國、澳洲、波蘭
❷德國、中國、英國、加拿大、美國、土耳其、法國、墨西哥、日本

關於天青石／重晶石

天青石也可稱為「天晴石」或「Celestine」，屬於重晶石系的礦物，1781年發現於義大利風神群島（Salina Island）。形成於色澤鮮艷的黃色硫磺上，因為這色彩鮮明的水藍色結晶太漂亮了，同樣也令人眼睛為之一亮，故礦物學家Abraham Gottlob Werner以「天空之色（Celestial）」為名，於1798年將其取為「Celestite（天空色彩的石頭）」。這種礦石的日文名雖然是直譯，但它在日本幾乎是默默無名，一直要到從馬達加斯加島進口大塊結晶才慢慢為日本人所熟悉。

天青石為「重晶石（Barite）」系的硫酸鹽礦物，與「硫酸鉛礦（Anglesite）$Pb[SO_4]$」同屬重晶石族礦物之一。這3種處於「異質同形」的關係，因離子性質而分別混合構成中間類型（固溶體），甚至還有「含鋇天青石」、「含鍶重晶石」、「含鉛重晶石」等礦物，在鑑識上十分棘手複雜。

除了石灰岩、白雲岩與砂岩等堆積岩，形成於海水的蒸發岩與熱液礦床中亦可生產天青石。品質最優良的結晶產自馬達加斯加。這裡所生產的天青石會在砂泥岩中所形成的晶洞中簇生角柱狀結晶，經常出現適合收藏家珍藏的美麗石體。

重晶石大多會形成板狀或柱狀結晶，有時會出現塊狀或皮殼狀。重晶石的英文名來自希臘語的「沈重的（βαρύς）」這個形容詞，因為這種礦石是以鋇（Barium）這種重元素為主要成分，而且大多會形成沈重而且清晰的結晶體，故取名時綜合了這兩種特徵，又稱為「Heavy-spar（沈重閃耀的結晶）」。板狀的結晶看起來有點類似方解石（➡請參考p.151石英的❶），但這種礦石並不溶於酸，加上解理為菱面體且又沈重，因此光憑這幾點應不難辨識。

另外，重晶石亦形成於熱液礦床、黏土礦床、溫泉沈澱物，以及蒸發岩中，以「重晶石玫瑰（沙漠玫瑰）」最為人所熟悉。

從照片認識天青石／重晶石

❶為馬達加斯加所生產的天青石晶洞。外側晶洞形成的地方附著著一層泥沙，可惜這個部分非常脆弱，加上晶洞本身容易崩壞，因此在做為標本流通的石體之中，有的會像❷那樣在外層覆蓋一層水泥物質。

❸為厚板狀的集合體，與黃褐色的硬石膏共生。

❹與❺可看出如同水晶外形的柱狀結晶，不過這種形狀的結晶體卻意外地罕

見。標本❹前方的那些切石都是天青石，外觀固然美麗，但解理性十分完整，缺乏寶石應有的耐久性。至於❺的切石則可觀察到雙色狀態。

❻為產自北海道（勝山礦山）的重晶石，褐色部分是因褐鐵礦而染成的，色調較淺的水藍色板狀看起來非常類似方解石與硬石膏，但兩者的重量卻相差甚大，只要拿起礦石便可區別。❼與❽為形成層狀的重晶石，但卻固溶於天青石之中。重晶石系的礦物擁有完整且獨特的解理性，可惜照片中的礦石因為不小心掉落而整個裂開破碎。如果是原石或切石發生裂縫的話，通常會灌入樹脂將縫隙補強，但還是一樣會從其他部分發生龜裂。

❾為板柱狀結晶。至於標本❻前方排放的切石就是重晶石。

❿產自義大利，鮮紅色的內包物為辰砂（➡請參考p.242的關於辰砂）。只要仔細觀察切石，就會發現這裡頭已經產生解理面。

⓫為「重晶石玫瑰（Barite rose）」，產自蒸發岩中。這是薄板狀結晶以同心平坦的形態集合而成的，外層因為裹上一層形成地的砂粒，故呈褐色。同樣會形成沙漠玫瑰的還有石膏類型（➡請參考p.219石膏／硬石膏的⓫⓬）。

⓬為「含鍶重晶石」，伴隨著黃色的硫磺（Sulfur）。⓭為「含鋇天青石」，⓮為「含鉛重晶石」，亦有「北投石」這個亞種名。

Mini 知識

鍶（Strontium）在火焰之中會發出紅色光芒，這稱為「焰色反應（Flame reaction）」，為鑑別技法之一。最為大家所熟悉的，就是煙火的紅色光芒即來自鍶所發出的光。

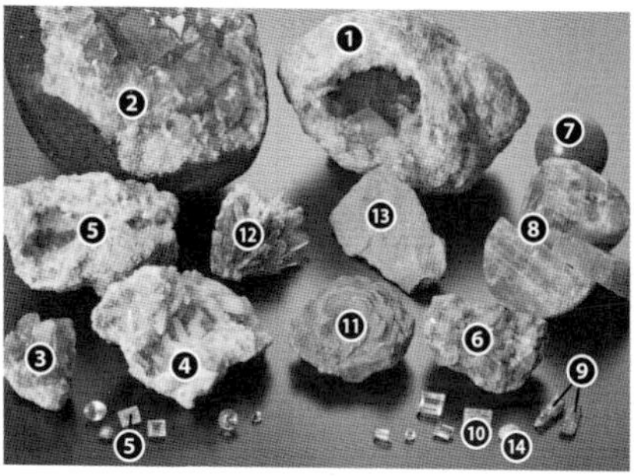

重晶石的主要成分鋇發現於1770年。至於在進行胃部X光檢查時所喝的鋇液成分則與此相同，為硫酸鋇。

黝簾石／斜黝簾石
Zoisite／Clinozoisite

1 黝簾石／2 斜黝簾石

英文名：1 Zoisite／2 Clinozoisite
中文名：1 黝簾石／2 斜黝簾石

成　分：1 $Ca_2Al_2Al[OH|O|SiO_4|Si_2O_7]$
2 $Ca_2AlAl_2[OH|O|SiO_4|Si_2O_7]$
晶　系：1 斜方晶系／2 單斜晶系
硬　度：1 6～7／2 6～7
比　重：1 3.15～3.38／2 3.21～3.38
折射率：1 1.69～1.73／2 1.67～1.73
顏　色：1 褐色、白色、灰色、黃色、藍色、青紫色、淺紫色、粉紅色、綠色
2 無色、黃色、灰色、淺綠色、粉紅色
產　地：巴西、坦桑尼亞、巴基斯坦、西班牙、挪威、辛巴威、瑞士、義大利、澳洲、尼泊爾、德國、美國、加拿大、日本

關於黝簾石／斜黝簾石

黝簾石與斜黝簾石均屬於綠簾石系的礦物。只要將斜黝簾石組成成分中的鋁（Al）換成三價鐵（Fe^{3+}）就會變成「綠簾石（Epidote）$Ca_2Fe^{3+}Al_2[OH|O|SiO_4|Si_2O_7]$」，換成三價錳（$Mn^{3+}$）的話就會變成「紅簾石（Piemontite）$Ca_2(Mn^{3+}, Fe^{3+})(Al, Fe^{3+})_2[OH|O|SiO_4|Si_2O_7]$」。

這種礦石形成於綠色片岩相（Green-schist facies）中的區域變質岩、接觸變質岩、偉晶岩與熱液礦脈中，此外還是蛇紋岩帶的「異剝鈣榴輝長岩（Rodingite）」主要成分礦物，亦以斜長石的變質物產出。過去日本人亦稱這兩種礦石為「黝簾石」、「斜黝簾石」，不過現在已經鮮少如此稱呼。

這兩種礦石屬「同質異象」，但在礦石研究真正成為一門學問之前，黝簾石與斜黝簾石卻被認為是電氣石的伙伴。當確認這兩種礦石屬於另外一種礦物時，便將其取名為Zoisite以紀念身為斯洛伐尼亞貴族的礦物學家Sigmund Zois（1747～1819）。另一方面，Clinozoisite這個名稱則是含有「單斜晶系的黝簾石」之意。

其實斜黝簾石並不含鐵，縱使有也是微量。其外觀與黝簾石極為相似，難以憑肉眼來判斷區別。這兩種礦石如果成分單純的話均為無色，但若含有微量金屬離子的話，就會變成色彩繽紛的美麗寶石，不過斜黝簾石的顏色範圍比較狹小。

這個系列的礦物做為寶石的知名度並不高，除了因含錳而呈現粉紅色的「錳黝簾石（Thulite）」，與包含紅寶石在內、但卻呈現不透明的綠色礦石「嵌紅寶黝簾石（Ruby in zoisite）」之外，幾乎找不到為人熟悉的寶石。

讓這種情況出現大逆轉的是1967年在坦桑尼亞發現的寶藍色黝簾石。這種內含釩（V）的特別礦石堪稱20世紀最大的發現，而紐約的Tiffany公司更是將其命名為「丹泉石（Tanzanite）」來出售。

將斜黝簾石成分當中的一個鈣（Ca）分子換成鍶（Sr）就是「新潟石（Niigataite）$CaSrAlAl_2[OH|O|SiO_4|Si_2O_7]$」。這個發現於新潟縣青海町宮花海岸的滾石裡、為日本產的新礦物於2002年1月7日公開認定。這種礦石形成於異剝鈣榴輝長岩之中，而且外表的灰綠色非常類似綠泥石（Chlorite）。

從照片認識黝簾石／斜黝簾石

❶為黝簾石的結晶。❷是含錳（Mn）的種類，稱為「錳黝簾石（Thulite）」。這種礦石的名字來自其產地，也就是挪威的古代地名「Thule」。

❸與❹黝簾石內含釩（V）與鉻（Cr）並且呈現紫羅蘭色到藍色的色彩，稱為「丹泉石」。釩（V）含量多的話就像❹呈藍色，但只要加入鉻（Cr）就會像❸呈紫羅蘭色。如果裡頭含鈦（Ti）的話，顏色也會跟著受到影響而變成褐色❺或黃色❻，不過只要一加熱，就會變成藍色。

像❼那樣透明的綠色石體是1990年代在坦桑尼亞發現的礦石，著色的原因來自鉻。瑞士的Gübelin教授原本建議將其取名為「Gubelinite」，但卻沒有定案。經過弧面琢磨的切石呈現出貓眼效果。❽雖然是棕色的黝簾石，卻無法憑肉眼與❾的斜黝簾石區別。

在丹泉石尚未出現在市場之前，大家對於黝簾石的認知只限於像❿～⓬那樣的塊狀石體，而且是唯一的變種寶石。❿稱為「嵌紅寶黝簾石」，被稱為紅寶石的部分如果含量多的話就會呈現深邃的紫色，因此嚴格來講應該稱為紫色藍寶石（Purple sapphire）。

經過弧面琢磨的⓬是❿的綠色部分，稱為 「紅綠寶石（Anyolilte）」。這種寶石的名稱是來自馬賽族的語言，也就是「anyol」這個意指「綠色」的當地名稱。

礦石⓫裡的深紅色部分為「紅簾石」。

⓭是「錳黝簾石」，⓮則非常類似「斜黝簾石」。

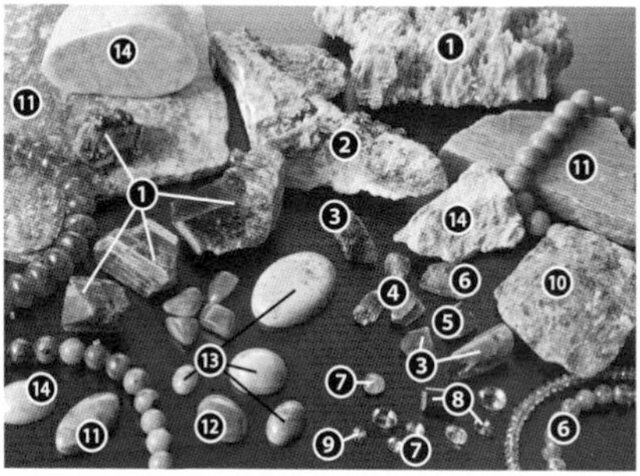

Mini 知識

「異剝鈣榴輝長岩（Rodingite）」亦產於日本糸魚川地帶，通常會與包含翡翠（Jadeite）在內的蛇紋岩帶相伴成長，除了白色與綠色，有時還會形成粉紅色，因重量（比重）與硬度非常接近翡翠，故很容易被誤認。

這種岩石發現於分布在紐西蘭Roding河的蛇紋岩中，1911年以該地名稱命名。異剝鈣榴輝長岩以斜黝簾石和透輝石（Diopside）為主體，通常與鈣鋁榴石（Grossular garnet）、符山石（Idocrase）、葡萄石（Prehnite），以及針鈉鈣石（Pectolite）相伴產出。

方鈉石
Sodalite

方鈉石

英文名：Sodalite
中文名：方鈉石（蘇打石）

成　分：$Na_8[Cl_2|(AlSiO_4)_6]$
晶　系：等軸晶系
硬　度：5.5～6
比　重：2.14～2.40
折射率：1.48～1.49
顏　色：藍色、灰色、白色、無色
※有時為黃色、綠色、粉紅色、淡紅色
產　地：加拿大、巴西、納米比亞、義大利、挪威、玻利維亞、厄瓜多爾、美國、印度、羅馬尼亞、格陵蘭、俄羅斯、緬甸、南非共和國、阿富汗、北韓

關於方鈉石

古時候的人認為藍色與紅色寶石「擁有驅魔的力量」。自西元前起，方鈉石即為人人皆知的藍色寶石之一，與青金石（Lapis lazuli）（➡請參考p.478）以及藍銅礦（Azurite）（➡請參考p.042）均用來驅邪避魔。

這種礦石鮮艷的色彩可以用來做為寶飾，粉碎之後還可當做顏料來使用。人們將其研磨成粉狀之後會用來描繪護身符紋或者是化妝藉以驅魔。縱使擁有藍色色彩，但方鈉石卻無法名列顏料名單之內，因為這種礦石只要磨成粉狀，這難得的藍色就會消失匿跡，所以透過這個性質，可以將其與藍銅礦還有青金石區別辨識。

方鈉石的確非常類似青金石。從照片便可明白為何這種礦石乍看之下很容易被誤認為是青金石（➡請參考p.476的青金石），不過其所呈現的藍色色調卻有點不同，感覺帶點黑色，至於另外一個特徵，就是這裡頭沒有四處散布的黃鐵礦（Pyrite）。

方鈉石乃歸類在「似長石（Feldspathoids）」底下的礦物。所謂的似長石指的是化學式類似長石的礦物，通常包含在「霞石正長岩（Nepheline syenite）」等缺乏矽酸（Silica）的火成岩內，有時則是出現在接觸變質的石灰岩之中，故像在日本這種酸性的環境之中尚未發現方鈉石的存在。

這種礦物以構成青金石的藍色礦物而為人所知，至於Sodalite這個名字，則是以鈉（Na）含量高這一點而取名為「包含鈉（Soda）的岩石（lithos）」。至於中文名「方鈉石」的「方」則是來自其屬等軸晶系的結晶體，不過方鈉石通常塊狀產出，鮮少以結晶形態出現。

近年來由於在加拿大發現大規模的礦山，結果讓方鈉石變成舉足輕重的寶石。發現的時候正好是英國瑪格麗特皇后拜訪加拿大之際，因此暱稱為「Princess blue」。這種礦石通常為不透明狀，不過加拿大的Mont Saint-Hilaire與非洲的納米比亞卻能夠產出透明度極高的石體，像這樣的礦石就稱為「Imperial sodalite」。

1960年，格陵蘭的Tugtup（馴鹿）岬發現了粉紅色到橙色的變種礦石，故以此岬角為名，稱為「權草紅飾石（鈹方鈉石）（Tugtupite）$Na_4[Cl|BeAlSi_4O_{12}]$」。剛發現之際原本稱為「Red sodalite」，還有「Greenland ruby」這個別名。但廣義而言這算是變種礦石，正確來說應該屬於「鈹榴石（Danalite）$Fe_4[S|(BeSi_4)_3]$」群的礦物，至於其化學式則為$Na_8[(Cl,S)_2|(AlSiO_4)_6]$。

到了1980年代，芬蘭籍的地質學家V. Hackman在俄羅斯的科拉半島（Kola Peninsula）發現了在紫外線照射下能夠

輕易變成紫羅蘭色或粉紅色的礦石。這個顏色有個性質，那就是就算把光線擋住，變色情況卻還是會持續一陣子，最後才慢慢恢復原狀，這種現象稱為「光致變色（Photochromism）」。這是因為方鈉石受到內含的不純物「硫磺（S）」的影響，使得裡頭的分子接觸光線之後產生異性化而造成的，硫磺越多，變的顏色也就越深。這種石頭算是方鈉石的亞種，最後以發現者的名字稱為「Hackmanite（紫方鈉石）」。之後在加拿大、阿富汗與緬甸亦相繼發現。

從照片認識方鈉石

方鈉石通常會像❶那樣以塊狀形態產出，因為會形成鱗片狀的不完整結晶集合體，因此原石表面與青金石不同，感覺會比較平滑，同時從照片亦可看出凹凸不平、非常醒目的裂縫。為了掩飾這種原石的這項缺點，切石製品有時候會經過油脂（蠟）等的含浸處理。這當中有時候會形成像❷那樣質地細膩的石塊，像這樣的原石就不須經過處理。與這兩種原石相對應的切石分別為❸與❹。與❷和❺相伴的白色部分是「鹼性長石」。

❻為「霞石正長岩」中的方鈉石，灰色部分就是「霞石」。像這樣的礦石非常類似品質較低的青金石。

❼是由質地相當細膩的原石切割而成的，像這樣的寶石就稱為「Imperial sodalite」。

❽為罕見的單結晶類型，至於充分展示出12面體並且顆粒碩大的結晶體則可以切割成像❾那樣完全透明的寶石。

❿為權草紅飾石。⓫為紫方鈉石。方鈉石雖然不容易形成結晶體，不過紫方鈉石卻能夠呈現出非常清晰的結晶外形，而置於其前方的弧面琢磨寶石就是其切石。

鑽石
Diamond

鑽石

英文名：Diamond
中文名：鑽石、金剛石

成　分：C
晶　系：等軸晶系
硬　度：10
比　重：3.52
折射率：2.42
顏　色：無色、黃色、褐色、粉紅色、藍色、綠色、黃綠色、橙色、灰色、白色、黑色、紫色、紅色
產　地：南非共和國、巴西、澳洲、剛果、俄羅斯、加拿大、迦納、納米比亞、安哥拉、獅子山共和國、波札那共和國、賴比瑞亞共和國、坦桑尼亞、委內瑞拉、中非共和國、科特迪瓦共和國、幾內亞、蓋亞那共和國、印度、美國、舊婆羅洲、印尼、中國

關於鑽石

幾乎所有礦物都是由複數元素所組合，唯有極少數是由單一元素結合而成。這樣的礦物稱為「元素礦物（Elemental mineral）」，而能夠用來做為寶石的就僅有「鑽石」。

鑽石又稱「白炭」，這是相對於擁有相同成分的黑色礦物「石墨（Graphite）」而稱呼的。明明擁有相同的碳元素，但有的礦石是黑色，有的卻透明清澈，這些都是構造差異所造成的，像這樣的礦物就稱為「同質異象（Polymorphism）」。黑色碳素若要變成白色（透明）狀態，溫度必須達攝氏2000℃同時超過7萬大氣壓力的環境之下才能夠形成。具有這種條件的地方位在地球內部130～200km處，稱為地函（Mantle）。深度比此還要淺而且接近地表的地方無法形成白炭，不過在這種環境之下石墨反而會比較穩定。

好不容易形成結晶的鑽石一旦受到地函運動影響而慢慢往地表移動的話，結晶體周圍就會開始融化，有時甚至還會變成石墨。

能夠改變這種命運的是地殼變動。內含鑽石的岩石會因地殼變動而被粉碎，隨著岩漿流動並且穿過因變動而產生的裂縫。這對於鑽石而言，等於是在一瞬間通過不穩定的淺層地方並且運送至地表上，而此時的速度幾乎等同新幹線的行駛速度。包裹在岩漿裡頭的岩石被噴出地表之後一口氣冷卻，讓鑽石得以不受任何影響完整地保留下來，同時呈現在人們眼前。

人類第一次發現裡頭包著鑽石的岩石是在南非的金伯利（Kimberley）。而將鑽石搬運至地表的岩漿後來亦以該地點為名，稱為「金伯利岩（Kimberlite）」。這是發生在19世紀後半的事，但人類與這種寶石的邂逅其實可以追溯至遠古時代。

從史實可以確定第一個知道這種寶石的是印度人。當時印度王族雖然企圖獨佔，但是寶石商人卻打破禁忌將鑽石帶到西方帝國希臘。當時希臘人認識的寶石當中質地最硬的是紅寶石。對於這個比紅寶石還要堅硬好幾倍的寶石，希臘詩人赫西奧德（Hesiodos）將其稱為「adamas（ἀδάμας，不可征服）」，之後這個字變成拉丁語的「adamantis」，最後成為鑽石的英文Diamond。

從照片認識鑽石

形成於地底深處的岩石❶❷在接近地表的地方時會變得不穩定，經過長年累月的風化作用之後會變質成❸，如果是構成岩石的礦物就會像❹那樣黏土化，到最後崩壞化成土。此時包含在內的鑽石（⇒

部分）會剝落，並且與包含在其他岩石內的寶石或金砂粒一起沖到大海裡。❺為與沈積在河底的砂粒一起凝固的「礫岩（Conglomerate）」，沈澱的鐵分把岩石染成褐色。從箭頭前端可以看見鑽石、砂金與鋯石。像這樣的產狀就稱為「次生礦床」，相對地❶～❹就稱為「原生礦床」。

鑽石的原生礦床岩石裡還有另外一種類型，稱為「鉀鎂煌斑岩（Lamproite）❻」。這種類型的岩石所形成的鑽石以澳洲為代表。這裡可以產出棕色與粉紅色的鑽石，相對地金伯利可以產出黃色與無色的鑽石。

不可不知的知識

鑽石在結晶學上大致可分為2種。

超過90%的結晶體在特徵上含有豐富的氮（N），而且大多數為黃色石體，這些都歸類在「I型」；剩下的幾乎不含氮，這些便歸類在「II型」。這2種類型還可各細分成2種，故一共可分成4種類型。II型中有的含鋁（Al）與硼（B），前者呈褐色到粉紅色，後者則是呈藍色。不過這些寶石的產量因為格外稀少，故市場上的交易價格特別昂貴。鑽石結晶憑靠著這4種類型的組合搭配，顯現出如同照片般繽紛的色彩。像這樣的鑽石就稱為「彩鑽 （Fancy colour）（變種色彩）」。

Mini 知識

鑽石的結晶體外形會隨著在地函內結晶時的深度而改變。在最深的地方會形成

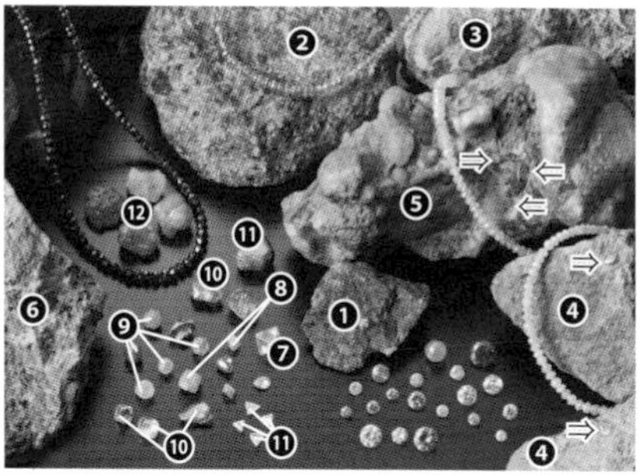

「8面體❼」，在最淺的地方會形成「6面體❽」。最為人熟悉的結晶外形就是❼，而深度居於這兩者之間的地方會形成像❾那樣複雜的形狀。❿的結晶體略帶弧線，那是因為鑽石周圍在地函慢慢上升時從周圍開始溶解所造成的結果。這些結晶體開始溶解的時候，會被捲入金伯利岩之中並且一口氣帶到地面，因而躲過被融化的命運。

三角形的結晶⓫為特殊的雙晶。另外，當在地函內結晶時如果碳液稠密的話，就會形成像⓬的多晶體。

透輝石
Diopside

透輝石

英文名：Diopside
中文名：透輝石

成　分：$CaMg[Si_2O_6]$
晶　系：單斜晶系
硬　度：5.5～6.5
比　重：3.22～3.43
折射率：1.66～1.70
顏　色：綠色、褐色、黃色、灰色、白色、黑色、翠綠色、青紫色、淺紫色、無色
產　地：南非共和國、巴西、馬達加斯加、斯里蘭卡、緬甸、義大利、奧地利、瑞士、俄羅斯、印度、巴基斯坦、芬蘭、美國、加拿大、瑞典

關於透輝石

透輝石屬於「輝石族（Pyroxene family）」。這種造岩礦物裡頭包含了各式各樣的火成岩與變質岩。其結晶外形非常類似「角閃石（Amphibole）」，因此從解理交叉的角度便可以辨識。

輝石有單斜晶系與斜方晶系這2種類型，如果按照化學式的話現在還可再細分成超過20種的種類，而透輝石正好列入其中，歸屬於單斜輝石這個類組，並且以含有鈣與鎂的種類為人所知。

只要透過切石就可看出明顯的雙折射現象，這個辨識透輝石的特徵讓它贏得Diopside這個名字，在希臘語中意為「雙重影象」，也就是將雙重的「di」與影象的「opsis」這兩個字拼湊而成的合成語。「Alalite」為透輝石的別名，取名自義大利皮埃蒙特州（Piemonte）Ala溪谷。

透輝石乃常見於矽卡岩與超鹽基性岩的輝石，不過形成於火成岩中的透輝石卻含有豐富的鐵與鉻。

透輝石構成成分中的鎂如果替換成鐵的話，就會變成「鈣鐵輝石（Hedenbergite）$CaFe[Si_2O_6]$」；裡頭所含的鈣如果變少，但鈉與鋁卻增加的話，就會變成「普通輝石（Augite）$(Ca, Na)(Mg, Fe^{2+}, Al, Ti)[(Si, Al)_2O_6]$」。

倘若以鈉與鋁為主要成分的話，就會變成「輝石玉（翡翠）（Jadeite）$NaAl[Si_2O_6]$」；但是主要成分如果改成鈉與鐵的話，那就是「鈍鈉輝石（霓石）（Aegirine）$NaFe^{3+}[Si_2O_6]$」。

當錳含量比鐵還要多時，就是「鈣錳輝石（Johannsenite）$CaMn[Si_2O_6]$」。

在眾多輝石當中，產出最為普遍的就是「普通輝石」。透輝石與普通輝石的外觀相當類似，不過普通輝石呈短柱狀的機率比較高。

透輝石會在鈣鐵輝石與鈣錳輝石之間形成固溶體，但由於產量甚多，通常憑肉眼難以區別這3種輝石。

過去居於透輝石與鈣鐵輝石之間的礦物稱為「次透輝石（Salite）」，只可惜現在這個種名因為命名規定已經不被承認了。

從照片認識透輝石

❶形成於矽卡岩，白色部分是方解石的結晶。❷為分離結晶。❸與❹為端正的自形結晶集合體，標本❸與黃綠色的綠簾石（Epidote）共生。❺呈現明亮的綠色，像這樣的輝石又稱為「白輝石（Malacolite）」。相對地❷的結晶體含鐵量比❺還要多。如果含鐵量豐富並且與構成成分的鎂替換的話，就是❻的鈣鐵輝石。

❼的結晶體呈短柱狀，但憑肉眼難

以與普通輝石區別。為了比較，因而將❽的普通輝石並排在旁。❾為含鉻豐富的透輝石亞種，稱為「鉻透輝石（Chrome diopside）」，與❿的一般透輝石相比，可以看出鮮艷翠綠的色彩非常醒目。

全黑的⓫經過化學分析得到的結果是透輝石，但卻難以與鈣鐵輝石辨識。⓬居於這兩者之間，過去稱為次透輝石。⓭為含有微量錳的透輝石亞種，顏色從青紫色到紫色，稱為「紫透輝石（紫羅蘭玉）（Violane）」。這種礦石乃18世紀發現於義大利北部的Valle d'Aosta礦山，其名則是來自意指紫花地丁的紫羅蘭（Violet）。

呈現不透明的石體當中，有的還被誤稱為碧玉，例如❿的項鍊就是其一，不過⓮與⓯看起來反而比較像翡翠。⓮為鉻透輝石，產自北海道的「日高翡翠」就是屬於這種。⓯乃名為白輝石的淺綠色透輝石，❺為其塊狀形態。

⓰是透輝石的貓眼變種，⓱則是顯現了星芒效果。十字（4條）為透輝石的星芒特色，因為這點而誕生了「十字星芒」這個名稱。

透視石
Dioptase

透視石

英文名： Dioptase
中文名： 透視石、翠銅礦

成　分： $Cu_6[Si_6O_{18}]\cdot 6H_2O$
晶　系： 六方晶系（三方晶系）
硬　度： 5
比　重： 3.28～3.35
折射率： 1.64～1.70，1.66～1.71
顏　色： 綠色、淺青綠色
產　地： 剛果、智利、俄羅斯、納米比亞、美國

關於透視石

透視石又稱為翠銅礦。

這個礦物1785年首次在哈薩克的Altyn-tube這座銅礦山發現。當時礦工們看見如此豔麗的綠色礦物以為這就是祖母綠，之後大家也一直深信不疑，因此產出的事實隱瞞了許久，直到1797年才由礦山監工向俄皇保羅一世報告此種礦石的存在。之後流出的標本經過歐洲人的研究，到了19世紀初才明白這是與祖母綠截然不同的寶石，當中的過程堪稱曲折複雜。

經過德國的Hermann調查，1788年將這種礦物取名為「蘇打石棉（Aschrite）」。之後重新研究這種礦石的是Haüy，1797年他發現透過這個礦石就能夠清楚地看見內部解理，因而將研究重點放在非祖母綠這個部分上，並且將其取名為Dioptase，同時把研究結果刊登在學術誌上。他組合了希臘語中的「穿透（dia）」與「視（opazein）」這兩個字，以「透過光可以清楚看見解理面」之意為其名。儘管Haüy的記載比Hermann還要晚，但卻能夠贏得眾人的承認，原因就在於Haüy的知名度比較高。

透視石以多色性強烈為人熟悉，只要稍微形成較大石塊，基本成分的銅離子就會發揮作用讓光線完全無法穿過，而其所擁有多色性性質也是造成光線不易穿透的原因。

這種礦物的另一個特徵就是完整的解理性。由於透視石不易破裂，加上不透明而且大顆結晶體少，因此鮮少切割成寶石，反倒是直接將結晶體做為觀賞用標本的機會較多，所以結晶集合體越大，價值也就越高。

像這樣稀少的礦物之所以能夠出現在市場上，原因在於蘇聯瓦解之後大量標本流出所造成的。透視石是硫化物在銅礦床的氧化帶（稱為銅礦床上方的次生富集帶Secondary enriched zone）因風化形成的礦物，但與以相同方式形成的孔雀石或矽孔雀石相比，產量真的是寥若晨星。

透視石大多為小顆結晶，幾乎無法單獨形成大型結晶，往往以結晶集合體或塊狀形態出現。結晶體大小通常不到1cm，偶而會出現針狀結晶，非常類似「水膽礬（Brochantite）$Cu_4[(OH)_6|SO_4]$」或「孔雀石」。這種礦石大多形成於銅礦床矽卡岩之中，亦會在方解石或白雲石的晶洞，甚至是附著在褐鐵礦層的縫隙或石英之間成長。

擁有這種礦物最大礦床的是納米比亞的Tsumeb礦山以及美國加州的蘇打湖（Soda Lake）礦山。

從化學式來看原以為透視石能夠抗酸，但令人感到意外的是這種礦石反而會溶於鹽酸與硝酸。因此想要直接取下附著在方解石上的透視石的話，就只能利用醋酸慢慢的將方解石溶解了。

從照片認識透視石

從❶與❷的標本可以看出這個礦石形成於矽卡岩礦床。❶產自方解石晶洞，❷則晶出於白雲石晶洞中。❶的結晶體透明清澈，加上結晶面十分完整，但像這樣的標本並不常見。

❸的結晶體長達3cm，相當碩大，可惜特徵不夠清晰透明。只要仔細觀察，就會發現每一面的結晶面解理平行，從這一點便可看出這顆寶石十分脆弱。

❹的結晶表面覆蓋著無數往同方向生長的細小結晶，後來形成的結晶則是受到本體結晶的影響，這種情況就稱為「磊晶生長（Epitaxy）」。透視石的切割形狀通常會考慮到解理性質而選擇圓形，但有時也會像❺那樣選擇祖母綠式切割法，因此這顆寶石擁有「Congo Emerald」的別稱。讓這個礦物呈現綠色的是「銅離子」，縱使顏色非常類似讓祖母綠呈現綠色的「鉻離子」，但這兩者實屬異質，像這樣微妙的差異就稱為色調。

透視石大多可提供其他與銅相關的次生礦物。例如從❻～❽的箭頭部分均可觀察到透視石，但其共生礦物卻不盡相同，例如❻是矽孔雀石，❼是矽孔雀石與孔雀石，❽是矽孔雀石、孔雀石與藍銅礦，❾則是矽孔雀石與赤銅礦。

虎眼石
Tiger's-eye

虎眼石

英文名： Tiger's-eye
中文名： 虎眼石

成　分： $Na_2Fe^{2+}{}_3Fe^{3+}{}_2[OH|Si_4O_{11}]_2$
晶　系： 單斜晶系（結晶纖維的部分）
硬　度： 6.5～7
比　重： 2.65
折射率： 1.54～1.55
顏　色： 褐色、黃色、黃褐色
產　地： 南非共和國、澳洲、納米比亞、中國、緬甸、印度

關於虎眼石

「鐵鈉閃石（Riebeckite）」屬於「閃石族（Amphibole family）」中的角閃石之一，而虎眼石為能夠呈現鐵鈉閃石特殊光學效果的變種寶石集合體。鐵鈉閃石的結晶纖維擁有一個特別的名稱，叫做「青石棉（Crocidolite）」。這個名字來自希臘語中意指「羊毛」的「krokis」這個字。

這是成長於礦床中的青石棉纖維因為石英成分固化而形成寶石。形成之際如果礦液裡的鐵分含量豐富的話，就會形成「鷹眼石（Hawrk's-eye）」這款寶石，有時亦稱為「隼眼石（隼睛石）（Falcon's-eye）」。當礦床因為熱而產生氧化作用，就會呈現黃褐色色彩，進而形成「虎眼石（Tiger's-eye）」。

試著比較這兩者，就會發現虎眼石的礦物纖維可以完全由石英替換，形成「假晶」狀態。因此有人認為虎眼石應該屬於次生礦物。

鷹眼石在轉變成黃色的過程當中有的會變成綠色，稱為「狼眼石（Wolf's-eye）」。這種礦石比其他任何一種都還要珍貴。

有一部分的原石會保留原來的狀態，形成超過2種顏色的斑紋狀，這個圖案使其贏得「斑馬石（Zebra's-eye）」這個名字。這種礦石亦可稱為「雜色硅化青石棉（Zebra crocidolite）」，在日本則是稱為「混虎眼石（混虎目石）」。斑馬石有3種，數量最多的是「藍色與黃色」「綠色與藍色」，數量最少的是「藍色、黃色與綠色」。

品質足以當做寶石的虎眼石大多受到中溫中壓的變質作用而形成於鐵砂岩層中。這種寶石以南非與澳洲產的最為有名，成長於前寒武紀的古期岩石之中。南非的格里卡蘭乃形成於厚實鐵礦層中的石棉礦山，矽化的部分可採掘做為寶石。這樣的形成方式讓這種礦石又可稱為「Silicified asbest」，由此可看出虎眼石是寶石名稱。

另一方面，澳洲的虎眼石產自西部的哈默斯利礦山（Hamersley），成長於遠古藍藻類（Cyanobacteria）所形成的「疊層石（Stromatolite）」礦層之間。這個礦層的形成時間至少超過30億年，是由海中藍藻排出的鐵泥凝固而成、礦層厚實的鐵礦山。像這樣的礦層稱為「帶鐵礦（BIF⇨Banded Iron Formation）」。

從照片認識虎眼石

❶為南非產，❷則是澳洲產。從原石❶虎眼部分的礦脈上下可以觀察到含鐵較多、並且成為這個寶石母體的砂泥岩。❷的上下亦可看到紅色與黑色的鐵礦層上

下重複交錯。紅色部分的鐵礦層相當於赤鐵礦，黑色部分的鐵礦層則是等同於針鐵礦。這些礦石有時會像❸隨著各層鐵礦石來切割，因此擁有「鐵虎眼（Iron tiger's eye）」這個寶石名。如果按寶石種類分類的話，那就是「鐵線虎眼石（Matrix tiger's-eye）」。這些原石形成於十分碩大的礦層，可以像❹或❺那樣做為裝飾用石材。從❻的小石片即可看出虎眼石還是非常適合以平坦表面呈現的寶石。

❼是「鷹眼石」，❽是「狼眼石」，❾則稱為「斑馬石」。從這點可看出在青石棉礦脈中，有一部分的礦石曾經發生鐵分增加以及氧化現象。

❿乃是在舊滿洲採到的礦石，為完全不含鐵、藉由石英讓透閃石（Tremolite）纖維所組成的石棉凝固結塊的Silicifid asbest。像這樣的礦石有時會以「白虎眼石（White tiger's-eye）」這個寶石名來稱呼。

青石棉的纖維並非只會形成直條紋，像是⓫～⓭的礦石就出現了彎曲的纖維圖案，暱稱為「彼得石（角礫化隼眼石）（Pietersite）」。這是1962年納米比亞所報告的礦石，以發現者之名來稱呼，此外還可稱之為「風暴之石（Tempest stone）」。

虎眼石同時也是經常加工處理的礦石。彩色頁大膽地將處理過的礦石並排陳列。將原石浸泡在鹽酸（HCl）中，讓沈澱在纖維組織之間的鐵分溶出，漂白之後就會變成淺黃色的⓮。像這樣的寶石稱為「漂白虎眼石（Bleach tiger's-eye）」，這裡頭有的卻因為這種狀態而被誤認為是金綠石貓眼石。⓯是經過漂白處理之後再浸泡於染液之中著色做成色彩繽紛的寶石商品。這種寶石就稱為「染色虎眼石

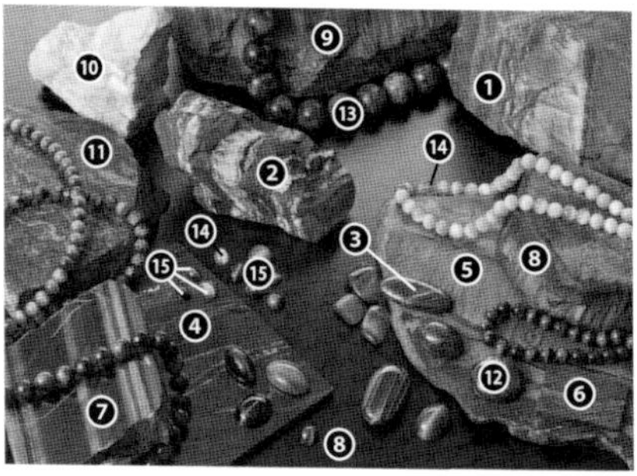

（Dyed tiger's-eye）」。

滑石
Talc

滑石

英文名：Talc
中文名：滑石、凍石

成　分：$Mg_3[(OH)_2|Si_4O_{10}]$
晶　系：單斜晶系、三斜晶系
硬　度：1～1.5
比　重：2.20～2.83
折射率：1.55～1.58
顏　色：白色、綠色、灰綠色、粉紅色、褐色、灰色、黃色
產　地：美國、中非共和國、辛巴威、印度、澳洲、中國、巴西、加拿大、俄羅斯、英國

關於滑石

滑石這個變質礦物形成於含鎂（Mg）豐富的岩石之中，尤以超鹽基性岩的變質礦物為人所知。這種礦石和海泡石（➡請參考p.446）一樣，如果「蛇紋石（Serpentine）」在靠近地表處受到水與碳酸氣影響，或者「白雲石」等礦物因為接觸到矽酸液時就會產生變質現象。當這些含鎂豐富的礦物一變質，就會形成滑石、被稱為「鐵菱鎂礦（Breunnerite）」的菱鎂礦亞種，以及「方解石」。

這種礦石大多以塊狀形態產出，有時亦會形成葉片狀或纖維狀的結晶集合體，甚至還會出現極為罕見的清晰結晶。

觸感十分光滑的塊狀石體成為這個礦物名的字源。Talc這個名字其實來自阿拉伯語中「talq（光滑的石頭）」這個字，之後轉為英文。因特性又讓這種礦石被暱稱為「皂石（Soapstone）」。此外還有「蠟石」這個暱稱，從前的人會把這種礦石當做玩具在地上畫線，但正確來說，這個名字通常是相對於成分不純的葉蠟石（Pyrophyllite）來稱呼的（➡請參考p.370），因此不應該當做滑石的暱稱。

只要一觸摸滑石，就會感受到一股冰涼的觸感，因此亦可稱為「凍石」。

不純物含量較多的另稱「皂石（Saponite）」、「粗皂石（不純塊滑石）（Potstone）」或「塊滑石（Steatite）」。

在莫氏硬度表裡，滑石的硬度為1～1.5，這在礦物中算是質地最軟、用指甲就能夠輕鬆地刮出痕跡的硬度，加上質感滑順，因此不難區別辨識。白色的滑石硬度最低（莫氏1），但若有不純物存在的話就會呈現其他顏色，像這樣的石體硬度就會變高（莫氏1.5）。

滑石在工業界中也是十分重要的礦物，而且用途相當廣泛，例如陶瓷的材料、潤滑劑、醫藥用品、化妝品等。另外具有芳香與吸汗功能的爽身粉（痱子粉）裡也摻有細粉狀的滑石，就連品質優良的西方紙也會混入大量的滑石。高級書籍之所以會如此沈重，原因就在於此。

滑石亦可用在中藥上（藥石），具有利尿與消炎功能，能夠治療膀胱炎、尿道炎、減少尿量或口渴等症狀。

從照片認識滑石

❶為純白的滑石，這樣的原石硬度最軟，但像❷→❺這樣，滑石顏色如果越深，質地就會越硬。

原石❺乍看之下會以為是雲母（Mica），但滑石並無法像雲母那樣在每層礦層之間都擁有凡得瓦爾力（Van der Waals force），因此礦層會比雲母更加輕易地剝離粉碎，非常容易形成粉末狀。滑

石外觀十分類似葉蠟石，因此難以憑肉眼來區別（➡請參考p.371葉蠟石的❶❷）。

❺前方的原石可觀察到斜格狀的線條，❻的切石亦有線條出現。這些線條是滑石在形成的時候因受到變質作用的壓力浮出表面的裂痕。

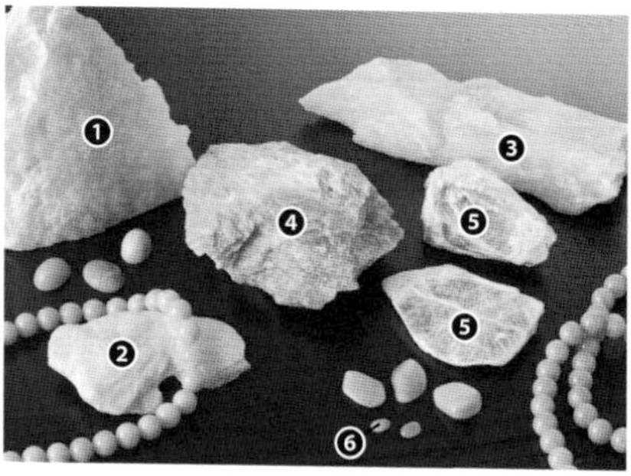

不可不知的知識

◎莫氏硬度（摩氏硬度，Mohs Hardness）

德國礦物學家Friedrich Mohs（1773. 1. 29～1839. 9. 29）」所發明的硬度表。Mohs為地質學家兼礦物學家，曾在Graz與Freiberg這兩所大學擔任教授一職，於1812年發明了「莫氏硬度表」。他挑選出10種硬度不同的礦物，經由互相磨挫的方式來測量硬度並且完成了這個系統。這個硬度表就稱為「莫氏硬度表」。

「隨時可以取得」是他挑選礦石的基準。至於硬度表中的基準礦物為「1：滑石」，「2：石膏」，「3：方解石」，「4：螢石」，「5：磷灰石」，「6：正長石」，「7：石英」，「8：黃玉」，「9：剛玉」，「10：鑽石」。

Mini 知識

從古墳時代中期到後期（西元400年～700年左右），人們會使用略帶灰色的綠色「滑石」與「滑石片岩」，模仿各種器物（勾玉或劍等）的外形來製作古墳等殉葬用的祭祀用品。這就稱做「石製模造品」。

賽黃晶 Danburite

賽黃晶

英文名：Danburite
中文名：賽黃晶

成　分：$Ca[B_2Si_2O_8]$
晶　系：斜方晶系
硬　度：7～7.5
比　重：2.97～3.03
折射率：1.63～1.64
顏　色：無色、白色、黃色、粉紅色、褐色、灰色
產　地：墨西哥、日本、緬甸、馬達加斯加、俄羅斯、美國、義大利、土耳其、瑞士、玻利維亞、斯洛伐克

關於賽黃晶

賽黃晶的英文名Danburite於1839年源自美國康乃迪克州的Dabrye，亦即這個礦物首次出現的地方。發現這個礦物的是礦物化學家Charles Shepherd。

這種礦物的結晶非常類似黃玉，不過透過幾個特徵可以區別這兩者，而最為大家熟悉的就是物理性質。解理性完整的黃玉擁有像是用刀子垂直地在結晶柱面上切割般一下子就斷裂的特性，但是賽黃晶卻毫無解理性可言。

此外，這兩者的化學性質也不同。黃玉無論遇熱或遇酸都不會融解，可是賽黃晶卻會融於加熱的鹽酸之中而且還會變成果膠（Gel）狀，與直接加熱融解的情況不同。

賽黃晶的切石與外觀十分相近的水晶以及黃玉相比的話，會顯得比較透明而且清澈，加上分散率又高一些，如果採用普麗亮鑽石切割法的話，就能夠琢磨出比這些礦物還要璀璨亮麗的光芒。這是構成此種結晶的「硼」所帶來的性質，也因此這種礦石過去曾被當做鑽石的仿製品。

矽酸鹽礦物當中，含硼在內的有「電氣石（Tourmaline）」、「斧石（Axinite）」、「矽硼鈣石（Datolite）$CaB[OH|SiO_4]$」等礦物。

一般來說，這些礦物的化學式越簡單，產出的範圍就會越廣泛；儘管賽黃晶的化學式比上述礦物還要來得單純，但產量卻十分稀少，這是構成結晶的硼含量太多所造成的。

賽黃晶與黃玉、斧石、輝銻礦，以及水晶中的日本律雙晶同為譽名全球、產自日本的礦物之一。

日本與墨西哥能夠產出端正美麗的賽黃晶結晶，而且通常會形成於中～低溫的接觸變質岩之中。這種礦物會特地伴隨著「白雲石・矽卡岩」中的鉀長石一起產出，但在日本卻是伴隨著錳斧石並從矽卡岩中產出（➡請參考p.027的斧石❸）。

不只是黃玉，賽黃晶的結晶外形還十分類似同樣成長於矽卡岩中的方柱石（Scapolite）（➡請參考p.248的方柱石）。雖然同屬正方晶系，不過方柱石結晶體的橫切面比較接近六角形或八角形；相對地，賽黃晶看起來反而比較像正方形或長方形。

除了矽卡岩，賽黃晶亦成長於偏高溫的偉晶岩礦床或蒸發岩中。

從照片認識賽黃晶

母岩中標本❶產自俄羅斯，為形成於矽卡岩中的產狀；❷是形成於蒸發岩中的產狀，產自玻利維亞。分離結晶的❸～❻產自宮崎縣的土呂久礦山。❹與❻的結晶前端分出好幾個頭，可看出這是在礦床內

因曾折斷而再生形成的。❼的結晶堆則是產自墨西哥。

這種礦物的結晶形狀非常類似黃玉項下❿與⓫之間的結晶（➡請參考p.351），只不過賽黃晶並無清晰的解理，因此從這一點可以與黃玉加以區別。

只要觀察❽的切石，就會發現賽黃晶遠比水晶及黃玉還要來得清澈。

從顏色來看❾非常類似黃玉，但從折射率的數值來看的話，又非常容易與帝王黃玉混淆，不過賽黃晶的產量卻稀少許多。此為緬甸產。

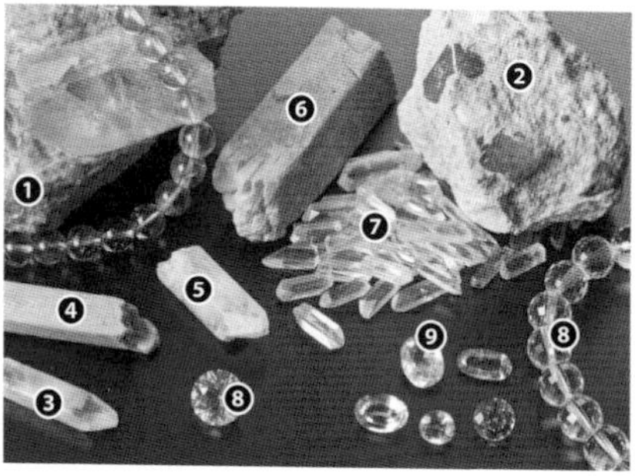

不可不知的知識

土呂久礦山是江戶時代開採的礦山，於昭和48年（1973）閉礦。這座礦山可採掘砷、鐵、銅、鋅與鉛，以脈石礦物產出的礦石當中，賽黃晶與斧石的品質最佳。

接下來的內容雖然不適合出現在寶石書中，但是提到土呂久，就不能忘記曾經發生的「砷礦公害問題」。從1920年到62年間，這裡的人為了製造「亞砷」而將採掘到的砷鐵礦燃燒。然而燃燒之際所釋出的煙與廢水卻威脅了當地居民的健康甚至還污染了農作物，結果在1962年閉礦之後造成問題。這個公害問題經歷了許久一段時間的審判，直到1973年才被政府公認為是「慢性砷中毒」的公害病。

土耳其石
Turquoise

土耳其石

英文名： Turquoise
中文名： 土耳其石、土耳其玉、綠松石
※本文中綠松石的寶石名統一稱為「土耳其石」。

成　分： $Cu^{2+}Al_6[(OH)_2|PO_4]_4 \cdot 4H_2O$
晶　系： 三斜晶系（幾乎找不到能夠以肉眼辨識的結晶大小。通常為由細微結晶構成的塊狀）
硬　度： 5～6
比　重： 2.40～2.85
折射率： 1.61～1.65
顏　色： 天藍色、藍色、淺青綠色、青綠色、淺黃綠色
產　地： 伊朗、以色列、美國、埃及、中國、西藏、墨西哥、巴西、澳洲、俄羅斯、英國、坦桑尼亞、瓜地馬拉

關於土耳其石

只要是曾經接觸過這款寶石的人，不管是誰都會認為這是「藍天之石」。

中東、亞洲與南美大陸為此款寶石的知名產地，居住在這些地方的民族相信天上眾神將神力寄宿在這個顏色裡。中東的伊朗（過去的波斯）與埃及自距今6000年前即開始採掘土耳其石以做為裝飾用。他們起初是抱持自然崇拜的態度將其視為聖石，漸漸地以獻給天上聖靈的態度佩戴在身上。宗教觀是隨著民族不同而改變的。在中東，土耳其石頂多用來供奉天神，並且搭配充滿宇宙觀的「青金石」；至於亞洲與南美大陸則是將土耳其石與被認為裡頭寄宿著上天賜與人類「沸騰鮮血」的「紅珊瑚」搭配。

這款寶石對於美國印地安人來說格外神聖。納瓦霍族（Navaho）在舉行祈雨儀式時為了更接近上天，因而爬上最高峰。此時他們會將土耳其石磨成粉末，並在山上台地描繪咒語與圖紋，甚至在自己身上畫上圖案，向上天獻上祈禱。

這樣的儀式讓土耳其石擁有「Skystone」這個別名。

古代的人們之所以認為這種寶石具有神力其實事出有因。土耳其石是由溶於地下水的成分所釋出的細微結晶粒聚集而成的，因此這裡頭的結晶粒之間經常有水分存在。化學式中最後的「H_2O」指的就是這個部分的水分。

土耳其石一旦從地底挖出，裡頭的水分就會立刻釋出並且變得乾燥。中美洲的阿茲特克族（Azteca）認為這種寶石具有一股神奇魔力，他們深信當主人遇到危險時，寶石就會褪色。不管是原石還是切石，擁有土耳其石的人只要不時地將它拿在手中把玩的話，原本因挖掘機而造成水分蒸發所形成的結晶粒縫隙就會吸收人類手上的油脂，漸漸地寶石會越來越鮮潤透明，而且變得十分美麗動人。這樣的變化讓人感到相當神秘，因此阿茲特克族認為這個寶石恐怕是來自人類智慧所不能及的世界。

但是說穿了，其實這是土耳其石在構造上形成於結晶粒群之間的空間所造成的影響。

現在的土耳其石在眾多寶石當中以經過人工處理的極品為人所知，這也是其構造所帶來的結果。

從照片認識土耳其石

土耳其石是由溶入少量地下水的成分晶出形成的。

❶的土耳其石是滲入褐色土壤之後形成的，稱為「鐵線綠松石（Matrix turquoise）」。由於土耳其石是在低溫條件底下形成，因此在特徵上會出現膠質

物質特有的形狀，例如❷的腎臟狀，以及❸的皮殼狀。如果是在泥沙狀堆積物中形成的話，就會出現❹的團球狀還有❺的小球狀。地層之中空間如果足夠，就會形成像❻或❼那樣體積較大的塊狀石體。這樣的原石只要一切割，就會變成「無垢」，也就是沒有雜質的「堅固石（Solid stone）」。相對於此，❶與❺便稱為「鐵線綠松石」，尤其是標本❺上面出現的網狀圖案讓它贏得「Net turquoise」這個暱稱。如果網部花紋更加細膩，並且呈現幾何圖案的話，那就會狹義地稱為「Spider turquoise❽❾」。至於❺❽❿⓫⓬⓭的網狀部分則是由「針鐵礦（Geothite）」形成的。

⓮特別珍貴，因為它是將岩石裡的正長石完全轉換成土耳其石而形成的。

Mini 知識

在低溫條件下形成的礦物並不會出現清晰的結晶外形，有時雖然會出現非常細膩的針狀或錐狀結晶，但這種情況非常罕見。其實綠松石為家族名稱，底下由6種礦物種所構成，而其中一種就是「鋅綠松石（Faustite）$(Zn, Cu)Al_6[(OH)_2|PO_4]_4 \cdot 4H_2O$❷」。

土耳其石的天藍色是由銅（Cu）所造成的，不過有的卻會因產地不同而出現含鐵（Fe）這個特徵。當這兩者的含量出現Cu＜Fe這種關係時，呈現的綠色就會更加深邃。這樣的色彩是以土耳其石為概念而稱為「綠松石」。倘若鐵含量變多的話，顏色就會變成黃綠色，這樣就是「鐵綠松石（Chalcosiderite）$CuFe^{3+}_6[(OH)_2|PO_4]_4 \cdot 4H_2O$」，其中有的

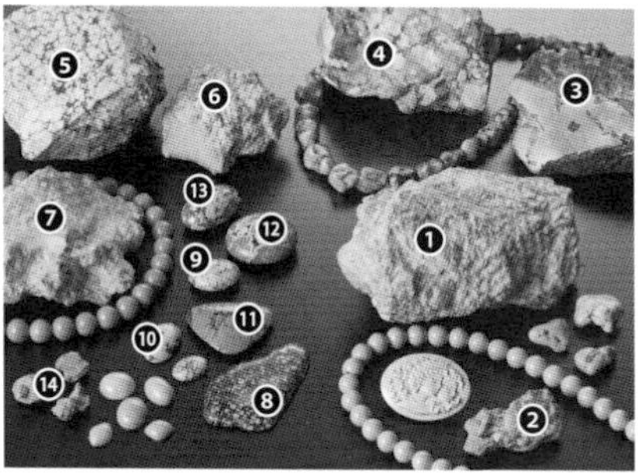

甚至還會含鋅（Zn）。

紫矽鹼鈣石 Charoite

紫矽鹼鈣石

英文名：Charoite
中文名：紫矽鹼鈣石、紫龍晶、查羅石

成　分：$(K, Na)_5(Ca, Ba, Sr)_8[(OH, F)|Si_6O_{16}|(Si_6O_{15})_2] \cdot nH_2O$
晶　系：單斜晶系（纖維狀）
硬　度：5～5.5
比　重：2.54～2.68
折射率：1.55～1.56
顏　色：（深淺）紫色、紫紅色、靛色
產　地：俄羅斯、薩哈共和國

關於紫矽鹼鈣石

發現這個礦石的是伊爾庫茨克（Irkutsk）理工大學的女礦物學家Dr. V. P. Rogova。

在她上一任的研究者認為這種礦石應該是「鎂鐵閃石（Cummingtonite）」，不過在她接任調查與研究之後，發現並且確定這應該是從未見過的新種礦物。然而在研究的過程當中，卻突然得知某位美國礦物學家正打算申請登記這個礦物，因而急忙捷足先登將其登記為新礦物並且獲得承認。

這個礦物使用了俄語中「charo」這個意指「魅惑」的字，並且被命名為「魅惑寶石」。1978年相關的研究論文一發表，產自東部中央西伯利亞的這個礦物不僅在歐洲與美國，全世界可說是沒有人不知道它的存在。

這款寶石的名字道盡了其所散發的無窮魅力，風格獨特到乍看之下幾乎無法明確辨識，這裡頭混合了薰衣草、紫丁香、紫羅蘭的色彩，彎曲的纖維圖案更是特殊。

其實這個礦物在申請登記為新礦物之前，蘇維埃國內即已將其做為裝飾礦石並且加工在花瓶與瓷器上。不僅如此，倫敦的礦石標本商甚至還曾獨自販賣，不過當時的名字是鎂鐵閃石（Cummingtonite）。

紫矽鹼鈣石產自西伯利亞Murun山區的Chara河流域，屬變質礦物，形成於貫入前寒武紀到古生代的結晶片岩與石灰岩層之中的霞石正長岩（Nepheline syenite）與錐輝石正長岩（Acmite syenite）等「鹼性正長岩（Alkali syenite）」接觸帶之間。

紫矽鹼鈣石在以斜長石（Potassium Feldspar）為主的交代岩裡並不會出現單結晶，而是以結晶集合體的形態成長，硬度雖低，但質地卻十分細緻而且富韌性，適合進行雕刻等加工處理。這一點非常類似翡翠或軟玉（閃玉）。

這種礦石還伴隨著數種同時形成、同樣纏繞著紫色纖維的礦物，顯現出相當美麗的效果，例如淺黃色的是「硅鈦鈣鉀石（Tinaksite）」、黃綠色的是「硅鹼鈣石（Canasite）」、黑色針狀的是「鈍鈉輝石（霓石）（Aegirine）」，至於白色部分則是「鉀長石（Potassium feldspar）」。

紫矽鹼鈣石有時還會與「矽鉀鈣釷石（Steacyite）」這種呈淺灰黃色、含有釷（Th）的輻射礦物共生，因此在檢驗時最好是能夠確切進行。

從照片認識紫矽鹼鈣石

這種礦石的魅力小型切石是無法呈現

出來的，這從照片便可看出唯有大型的研磨石板或壺罐等雕刻品才能夠將其魅力發揮地淋漓盡致。

紫矽鹼鈣石的原石從外觀大致可分為4種。

類型1⇨纖維較粗的紫色礦石❶。

類型2⇨擁有白色粗纖維的礦石❷。

類型3⇨由細緻纖維組成的集合體，比前面兩種更加透明的❸。

類型4⇨結晶纖維並不明顯，但透明感比較高的❹。

原石❺裡的黑色結晶為「鈍鈉輝石」，淺黃色結晶則是「矽鉀鈣鈦石」。❻的串珠為「斜長石」，擁有非常明顯的自形結晶體。❼的橙色部分為「硅鈦鈣鉀石」，❹的石板裡則有「硅鹼鈣石」。

將紫矽鹼鈣石呈直線排列的結晶纖維部分特地挑選出來並且凸面切磨的話，就能夠展現出變彩效果，成為「紫龍晶（Charoite cat's eye）❽」。由於這裡頭的纖維紋路較為粗糙，因此「貓眼瞳孔」部分比較粗，但是這款寶石可說是十分罕見。❾的礦石裡頭混入了石英，呈現的纖維相當美麗動人。

❿特地挑選了纖維組織不是非常明顯，但質地卻非常細膩的部分來切割。雖然我個人不是非常喜歡這個稱呼，不過這樣的寶石還可稱為「紫玉（Purple jade）」。

Mini 知識

寶石從其履歷可分類為以下4種。

Ⓐ自古以來即為人所知的寶石。

⇨例如「紅寶石（Ruby）」與「藍寶石（Sapphire）」。

Ⓑ從原有的同批寶石中發現新種。

⇨例如在同批貴橄欖石（Peridot）中發現的「硼鋁鎂石（錫蘭石）（Sinhalite）」、在以鋰電氣石（Elbaite Tourmaline）交易的結晶體當中發現的「鈣鋰電氣石（Liddicoatite）」，以及在尖晶石切石中發現的「塔菲石（鈹鎂晶石）（Taaffeite）」。

Ⓒ從已知的礦物種中發現新的寶石品質礦石。

⇨以丹泉石這個寶石名稱呼的「黝簾石（Zoisite）」、「臭蔥石（Scorodite）」或「杉石（舒俱徠）（Sugilite）」。

Ⓓ被認定為新礦物的礦物做為寶石來使用。

⇨「巴西石（Brazilianite）」、「硼鋁石（Jeremejevite）」。在這4種類型當中，歸類到Ⓓ項下的寶石非常稀少，不過紫矽鹼鈣石卻為其代表範例。

泰國隕石／捷克隕石
Tektite／Moldavite

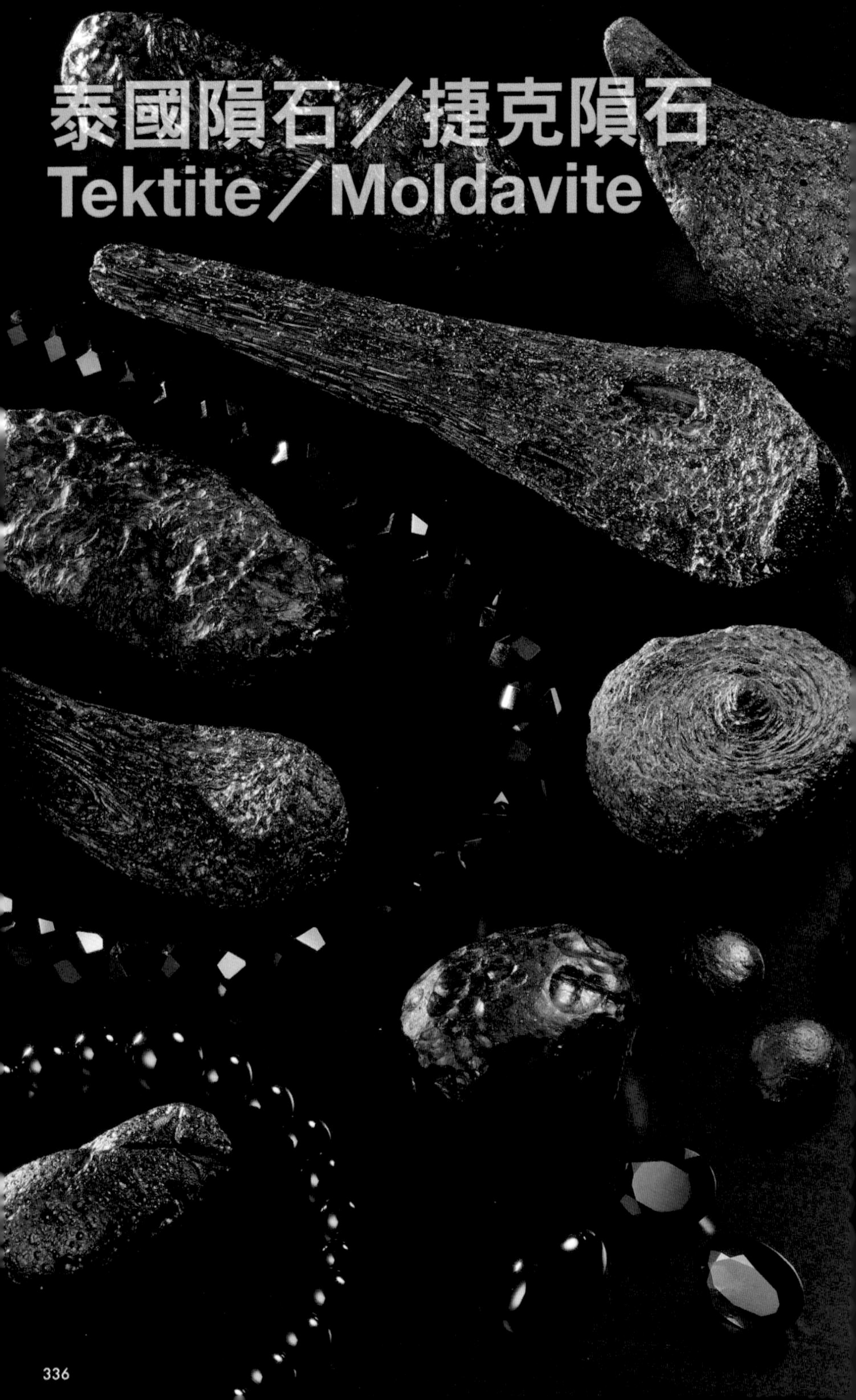

❶泰國隕石／❷捷克隕石

英文名：❶Tektite／❷Moldavite
中文名：❶泰國隕石、玻璃隕石、玻隕石、似曜岩、黑色隕石 、黑隕石
❷捷克隕石、莫道缽隕石、摩達維石

成　分：主要為SiO_2，並多少含有Al、Fe、Ca、Na、K、Ba、Mg、Ti、Mn、Cu、Sr等元素
晶　系：非晶質
硬　度：5～6
比　重：2.21～2.96
（捷克隕石：2.30～2.36左右）
折射率：1.46～1.52
（捷克隕石：1.48～1.49左右）
顏　色：黑色、褐黑色、淺綠黑色、綠色（捷克隕石的特徵）、綠黑色（捷克隕石也有）、褐色（捷克隕石也有）
產　地：菲律賓、印度支那半島（泰國、柬埔寨、越南）、印尼、中國、澳洲、哈薩克、象牙海岸、美國、哥倫比亞、捷克

關於泰國隕石／捷克隕石

「Tektite（泰國隕石）」這個名字來自其奇特的形狀，因為這種隕石的表面看起來就像被融化般，而且外觀感覺好像是人為刻意形成的，故以希臘語裡意指「融化」、「塑形」的tektos為名稱由來。

因發現地而擁有固定稱呼的捷克隕石也是泰國隕石之一，起初是1787年在捷克伏爾塔瓦河（Vltava）沿岸發現的，故而以此為名，但在其他產地亦擁有特別名稱。捷克隕石既然是泰國隕石家族成員之一，照理說這兩者應該算是同一種，但是市場上卻因為這兩種隕石的顏色而刻意分開處理，故本書將其並列在同一項目中來說明。

泰國隕石是以散落地表的狀態被發現的，長久以來一直無法得知其成因，自古以來不斷地引起學術界爭論，也就是「地球起源說」與「宇宙起源說」。這兩種起源說輪流以成因論而抬頭。地球起源說是根據其類似黑曜岩這一點，因而推論這是從地球內部噴出之後變圓形成的；至於宇宙起源說則是因為這是玻璃質隕石而推論出來的。

這種隕石創造了不少想像空間，當中有人幻想這是「古代人製作的詛咒遺物」，想法另類一點的人甚至還說這是「超古代文明所製作、過去人類使用的核武戰爭產物」。

可惜到現在依舊無法完全解明其成因。泰國隕石的真面目，是巨大隕石墜落地面時因為衝擊力而造成地表岩石彈飛，此時所產生的壓力與熱讓岩石瞬間融解，在飛散於空中時又因急速冷卻而凝固，屬於自然形成的玻璃。其外形呈滴液狀，因空氣阻力而變形，表面有不少空氣跑出的大小孔洞，再加上空氣摩擦而產生無數的熔融溝。圓形的凹洞稱為「熔坑（Dimple）」。藉由調查的所在位置與狀態，可以得知泰國隕石飛行的方法還有角度及方向。捷克隕石的故鄉是在約1500萬年以前於今日德國南部的諾得林根（N rdlingen）墜落形成隕石的「萊斯隕石坑（Ries Crater）」。現已得知當時隕石是以噴濺狀散落在離此處將近250km遠的伏爾塔瓦河附近。

捷克隕石隸屬泰國隕石，但不只是顏色，異於其他隕石的部分其實不少。其所擁有的「擦痕（Swirl stria）」與「氣印（Bubble）」形狀非常獨特，擁有其他泰國隕石所沒有的構造，並且含有豐富的**Ca**、**Sr**、**Ba**等離子半徑較大的元素。直徑超過3cm的捷克隕石並不多，平均重量約1～10g，超過50g的非常稀少。顏色方面以「Bottle green（瓶子綠）」這種深綠色最為普遍，鮮明綠色的石體極為珍奇。

出現在超人這部電影中的綠色石頭

「克利普頓石（Kryptonite）」據說就是以捷克隕石為範本。

【**註**：克利普頓石為虛擬礦石，僅出現在電影中，實際上並不存在。】

捷克隕石在泰國隕石當中算是異類，因為幾乎所有的泰國隕石都是純黑色。

泰國隕石的別名有「Philippinite、Bikolite、Rizalite：菲律賓產」、「Thainite：泰國產」、「Indochinite：柬埔寨、印度尼西亞半島產」、「Irghizite：哈薩克產」、「Javanite：印尼產」、「Vitrinite：印尼勿里洞島產」、「Australite：澳洲產」、「Chinite：中國產」。至於美國產的泰國隕石有的並非純黑，像是「Georgiatite：喬治亞州產」或「Bediasite：德州產」就呈褐色。

從照片認識泰國隕石／捷克隕石

泰國隕石的魅力在於它獨特的外形，有水滴形❶、流線形❷、棒形❸、熱狗麵包形❹、圓盤形❺、算珠形❻、鈕扣形❼，還有帽子形❽，不過有的就像❾呈球形。殼狀的❿是在飛行的時候因為碎裂而造成的，有的甚至還呈現洋蔥狀。像這樣遭到破壞的隕石當中，被稱為捷克隕石的泰國隕石較多。⓫的泰國隕石表面可觀察到明顯的熔蝕坑，至於標本❿表面朝水平方向觀察則可看出清楚的細溝痕（熔融溝）。這個溝痕從標本⓫箭頭前端的熔坑即可觀察到。

⓬是Georgiatite。

照片中看起來像綠色的隕石為捷克隕石，大多數的形狀就和⓭～⓯一樣不規則，而像⓰那樣外形完整的隕石非常少，

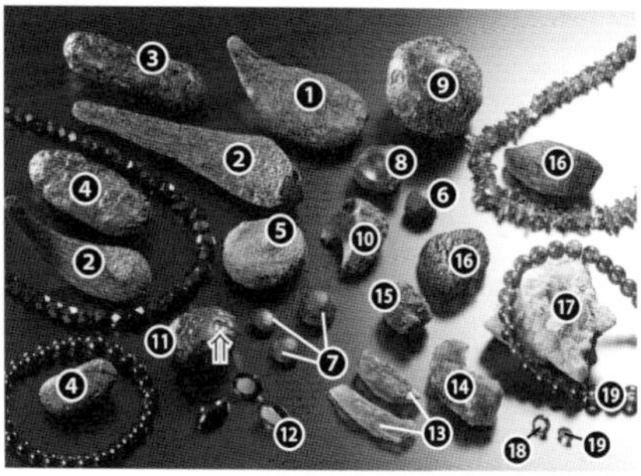

由此可得知大部分的捷克隕石是在飛行的時候分裂的。標本⓱非常罕見，可以看出是在掉落的時候形成的。

綠色的捷克隕石如果能夠像⓮或⓲那樣清晰鮮明的話算是最理想的狀態，只可惜其絕大多數就像⓳那樣略帶褐色。

藍線石
Dumortierite

藍線石

英文名：Dumortierite
中文名：藍線石

成　分：$Al_6(Al, Mg, Fe^{3+})[(O, OH)_3|BO_3|(SiO_4)_3]$
晶　系：斜方晶系
硬　度：8～8.5
比　重：3.41（通常在3.26以下）
折射率：1.69～1.72
顏　色：藍色、靛色、紫色、紫紅色、粉紅色、褐色
產　地：美國、加拿大、墨西哥、巴西、挪威、法國、馬達加斯加、紐西蘭、阿富汗、印度、俄羅斯、澳洲、斯里蘭卡

關於藍線石

發現這個礦物的竟然是位古生物學家，發現者是法國的E. Dumortier，1881年以他的名字為其命名。藍線石形成於含鋁豐富的變質岩，有時亦會在結晶花崗岩或細晶岩（Aplite）中成長。產出的時候大多以纖維狀或微針狀結晶集合體的形態產出，鮮少出現結晶體。此為含硼的鋁矽酸鹽礦物，從其化學式來看會讓人聯想到電氣石，不過這種礦石的結晶構造反而比較像矽線石或紅柱石（Andalusite）。

雖然罕見，但是有時會形成純藍線石的岩石。這種礦物裡頭含有大量的鋁，非常耐熱，一旦溫度上升至1230℃，就會變成「富鋁紅柱石（模來石、莫來石）（Mullite）$AlAl1_{+x}[O|Si_{+x}O_{4-X/2})](x\sim0.2)$」，這個時候體積幾乎不會產生變化，因此可以透過這個性質來製作耐火材。

青～紫～紫紅的色彩是隨著構成成分中的鐵，以及結晶中所含的鈦比率而變化的，只要把鈦換成鐵，藍色色彩就會越鮮明。而這種顏色在不透明的藍色礦物當中被評等為美麗礦石之一。

用來製作寶石的藍線石當中，最為大家熟悉的形態就是塊狀，並且在石英或矽岩中會形成微結晶。藍線石會將白色石英染成明亮的藍色，因此憑目視便可確認石英顆粒與藍線石的集合體。這種砂粒狀的感覺讓這種礦石贏得了「沙漠青金石（Desert laips）」這個暱稱。

有的藍線石在形成時所含的「白雲母（Muscovite）」會將光線折射，散發出燦爛耀眼的光芒。這種礦石雖然擁有「藍砂金石英（藍色東菱石、藍晶石，Blue aventurine quartz）」這個寶石名，但在寶飾市場裡名字相同的還有另外一種寶石，同樣是在矽岩中形成，不過這種寶石的藍色卻是紅金石（Rutile）所帶來的（➡請參考p.051砂金石英的❺）。

這種礦物成長於受到釋放自火山噴氣孔中或貫入岩漿中、含硼豐富的蒸氣影響而變質的岩石當中。形成於「葉蠟岩（Pyrophyllite）$Al_2[(OH_2)|Si_4O_{10}]$」中的藍線石洋溢著獨特的寶石感，例如栃木縣黒磯市（現為那須鹽原市）百村的蠟石礦山所生產的藍線石便與石英以及白雲母相伴，乍看之下會以為是青金石。

另外，中國浙江省青田縣還生產「藍花青田」這種美石，並且加工做為印材，可以欣賞到藍線石在葉蠟石之中所顯現的藍色斑紋。

從照片認識藍線石

❶為包含藍線石在內的石英岩（矽岩，Quartzite），可以觀察到顆粒狀的集合結構。這樣的礦石有一部分稱為「沙

漠青金石（Desert lapis）」。但從字源來看，這個名字一開始就是錯誤的。不用說，「lapis」這個字是非英語圈國家中所使用的縮寫。按照原本的字源來看，lapis指的是「石頭」，所以這個名字的意思就變成了單純的「沙漠之石」了。

❷的藍線石散布在質地比❶還要細膩的石英塊中，但是粒子卻比石英岩的還要碩大許多。原石塊在埋入土裡時因為受到氫氧化鐵染色（鐵污染），結果導致周圍呈現褐色。❸是加工成裝飾用磁磚的藍線石，內含白色雲母，只要將石板傾斜，就會發出閃亮的光芒，看起來就像是砂金石英。藍線石的含量如果太少的話，就會像❹那樣呈現淺淺的水藍色；但含量越多的話，顏色就會像❺那樣鮮艷，顯現出前所未見的藍色色感。❻的石英基質縫隙之間亦形成了藍線石。

標本❼產自馬達加斯加，形成於區域變質岩裡的變質偉晶岩中，屬於纖維狀結晶集合體，❽的切石就是從這樣的原石加工製成的。經拋光處理（Tumbled cut）的❾略呈紫色，這是因為裡頭含量較多的鐵所引起的。❿形成於葉蠟石之中，類似品質較差的青金石。⓫與⓬為青田縣產的「藍花青田」，並且加工做成印材，藍線石分布的樣子不同，稱呼也會跟著改變，例如⓫稱為「藍星」，⓬稱為「藍帶」，尤其⓬左下方的紫色部分還特地稱為「紫羅蘭」。

在⓭這個透明感相當高的石英塊中可以看見藍線石，特徵就是呈現半透明狀。⓮是將單結晶翻光琢面切割而成的切石，產自斯里蘭卡。由於藍線石本身非常難得產出結晶體，因此切石顯得更加珍貴。而這些寶石的特徵，就是多色性濃厚。⓯雖然是貓眼石，但卻不是以單結晶內包物的

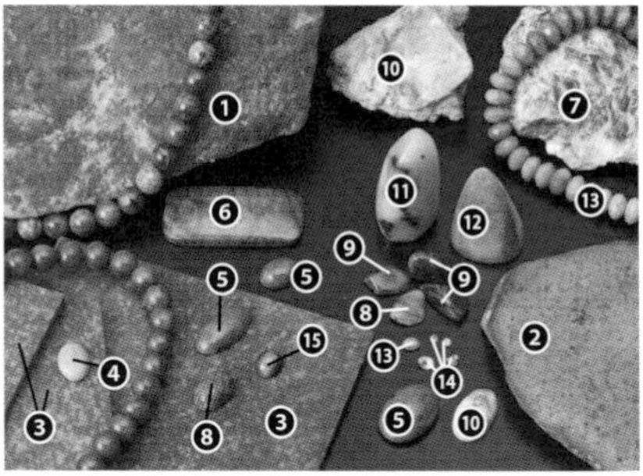

形態形成，而是將微針狀結晶集合體的原石切割而成的。

樹枝石 Dendrite

樹枝石

英文名：Dendrite
中文名：樹枝石、模樹石、假化石

成　分：β-MnO_2
晶　系：正方晶系
硬　度：6～6.5（土狀的話為1～2）
比　重：4.5～7.9
折射率：—
顏　色：黑色、灰色
產　地：廣泛分布於全世界。尤其是英國、德國、捷克、墨西哥、義大利、俄羅斯、加拿大、印度、巴西、美國、日本

※資料中成分項目以下的均為「軟錳礦（Pyrolusite）」的內容。天然形成的礦石範圍會更加廣泛。

關於樹枝石

「忍石」這個名稱是日本獨有的俗名。這種礦石乍看之下就像是植物的化石，所以才會稱為樹枝石或模樹石。有的看起來非常像苔蘚，但其真面目卻是沈澱在礦物或岩石縫隙中的膠狀金屬礦物粒子。溶於水中並且滲入縫隙裡的金屬離子會形成細微顆粒沈澱其中。這些顆粒串連起來的話，就會呈現植物枝葉茂密的樣子。

這樣的寶石特別受到歐洲人的喜愛。

樹枝石以黑色居多，時而出現褐色，這些都是錳與鐵的氫氧化合物，黑色是錳，褐色是鐵。寶石當中最為人熟知的就是「樹枝水晶（苔紋水晶、樹模石）（Dendritic quartz）」與「樹枝瑪瑙（苔紋瑪瑙）（Dendritic agate）」，然而其所形成的礦石卻無法憑成因來決定種類，因為它們成長於各種礦石當中，即使水晶也是如此。硬要分類的話，出現在紫水晶與黃水晶裡的樹枝石比較罕見，不過形成於煙水晶內的樹枝石缺點，就是圖案不明顯。

從礦物種的觀點來看，黃色與褐色的樹枝石大多為「針鐵礦（Goethite）」，但有時是「鱗鐵礦（Lepidochrocite）」。這些就是所謂的「鐵鏽」。至於黑色的樹枝石自古以來便稱為「氫氧化錳」。

從照片認識樹枝石①

站在寶石的觀點來看，「樹枝石（Dendritic stone）」的魅力大致有2個，一個是樹枝石本身成為主角，散發出該寶石的魅力，另外一個就是樹枝石與周圍的礦石以相乘效果顯現出美麗姿態。像❶❸❾屬前者，❷❹❺❻❼❽❿⓫⓬⓭⓮則屬後者。

從❸的水晶原石可以看出樹枝石成長於結晶形成的裂縫之中。原石的左側部分之所以呈現黃色，是因為沈澱在裂縫中的是氫氧化鐵（針鐵礦，Goethite）。❷與❸的黑色鐵質樹枝石讓共生的錳質樹枝石更加突出醒目。像❹那樣將形成樹枝石圖案的切面染色的鐵鏽（針鐵礦）有時會讓水晶看起來就像是黃水晶。❺的樹枝石樹枝周圍遍布著針鐵礦的圓形花紋，看起來彷彿就像是花朵。❻是「粉晶（薔薇石英、芙蓉晶，Rose quartz）」，而❼在「紫水晶」當中形成了樹枝石圖案。❽的樹枝石為針鐵礦，但黃色的樹枝石其實非常罕見。

❾是形成於「瑪瑙」內的樹枝石，❿則是形成於碧玉（Jasper）之中。

就連蛋白石也把樹枝石的美整個襯托出來。⓫與⓬是形成於「普通蛋白石（Common Opal）」的樹枝石，⓭是變成底材、石質居於蛋白石與玉髓之間的樹枝

石。

⓮形成於「頁岩（Shale）」中。這塊礦石裡的樹枝石形成於地層裡的堆積面（稱為層理面），有時甚至還會伴隨著魚的化石，更加增添了幾許神秘感。

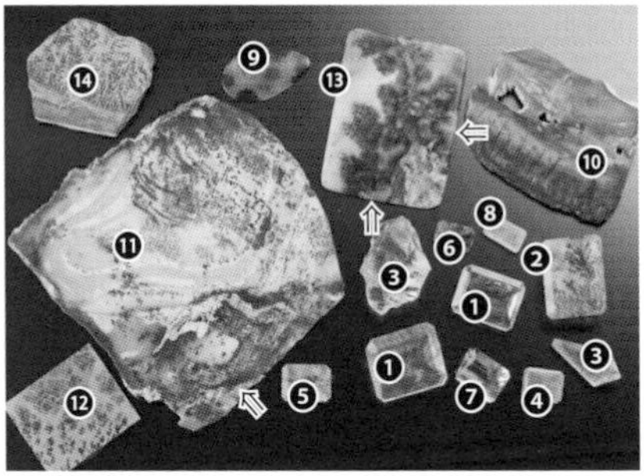

從照片認識樹枝石②

樹枝石裡頭有的看起來簡直就像是一幅畫或照片，遇到這種情況會將其特地稱為「Picture stone」或「Landscape stone」，例如照片中的❷❺❿⓫⓭就是這種礦石，增添欣賞者的想像。❷是「以積雨雲為背景的夏日景致」，❿是「凍土帶的夕陽」，⓫是「在懸崖上窺探煙霧瀰漫谷底的蜥蜴家族」，⓭是「位在斷崖上微風輕拂而過的茂密樹木」。倘若把書轉過來稍微改變一下照片欣賞的位置，又會出現什麼圖案呢？以箭頭的方向來看的話，⓫的礦石可以看見小蜥蜴，⓭的礦石如果朝2個不同方向看的話，呈現在眼前的景色就會截然不同，但這畢竟是作者腦海裡的想像。不過有一點可以確定的，就是像這樣的礦石在世界上堪稱獨一無二。

不可不知的知識

含錳礦物種類繁多，正確分類的話可多達120～130種，尤其是黑色的二氧化錳礦物可憑肉眼來辨識，並且稱為「硬錳礦」、「軟錳礦」與「錳土」。

「硬錳礦（Psilomelane）」並非單一礦物，而是針對像是「鋇硬錳礦（Romanechite）$(Ba, H_2O)_2(Mn^{4+}, Mn^{2+})_5O_{10}$」或「錳鉀礦（Cryptomelane）$K(Mn^{4+}, Mn^{2+})_8O_{16}$」等不特定錳氧化物（Mn-oxides）所使用的一般稱呼，不過現在已經不再使用，相反地鋇硬錳礦這個名字反而比較常見。

托帕石
Topaz

托帕石

英文名：Topaz
中文名：托帕石、黃玉

成　分：※$Al_2[(F, OH)_2|SiO_4]$ 寶石學上可分為下列兩種類型
F類型⇨$Al_2F_2SiO_4$
OH類型⇨$Al_2OH_2SiO_4$
晶　系：斜方晶系
硬　度：8
比　重：F類型⇨3.56～3.57
OH類型⇨3.50～3.54
折射率：F類型⇨1.61～1.62
OH類型⇨1.63～1.64
顏　色：F類型⇨無色、黃色、褐色、淺青～藍色、淺綠色
OH類型⇨黃色、橘色、粉紅色、紫色
產　地：F類型⇨巴西、墨西哥、美國、俄羅斯、斯里蘭卡、馬達加斯加、奈及利亞、巴基斯坦、緬甸、辛巴威、澳洲、納米比亞、中國、日本
OH類型⇨巴西、巴基斯坦

關於托帕石

自古以來即有寶石稱為Topaz，但似乎不是今日的托帕石。這個名字來自希臘語中的「topazios（探索）」，本來當做「形容詞」來使用，因為這個字是為了要尋找紅海中一座以生產上等寶石而聞名的「St. John's」小島而來的。據說這座島霧氣十分深濃，想要找到它如同登天般地困難。既然如此，那當時的人來此想要尋求的寶石是……，其實就是現在的貴橄欖石。這個貴橄欖石從前稱做Topaz，不過這裡頭似乎有隱情。用來做為寶石名的這種礦物如果回溯歷史重新再看一次的話，就會發現前所未有、充滿原理性的魅力。

Topaz這個名字固定用來稱呼今日所說的托帕石是發生在1737年。而黃玉這個日本名的來源其實也是非常奇妙。Topaz在翻成日語的時候，明治的礦物學家究竟是以哪裡的礦石為範本的呢？日本幾乎不產出黃色的托帕石，看來似乎是當初他們對所看見的巴西托帕石顏色印象深刻到難以忘懷。

不過這種寶石最具代表性的顏色畢竟還是黃色，只要提到托帕石，就會喚起對其的黃色記憶。這個名字就像黃水晶等其他黃色寶石也使用Topaz一樣廣為人知，但其實托帕石的顏色反而出乎人意料之外地豐富多樣。

今日藍色托帕石雖然知名度高，但當托帕石這個名字冠在這個礦物的時候，認識藍色托帕石的人並不多。

明治8年（1875年）左右，日本滋賀縣田上山一帶陸續產出大顆托帕石結晶。這裡頭曾出現美麗的藍色結晶體，並且在世界各地打響名聲，結果造成幾乎所有產物都流落國外。當時的日本可說是舉世聞名的托帕石產出國。

現在流通於市面上的藍色托帕石幾乎都是透過放射線照射著色而成的。色澤較淺的藍色托帕石通常用來當做海水藍寶的替代品，至於染成深藍色的海水藍寶則讓人感覺像是首飾。

從托帕石的資料內容可以知道這種礦石在鑑定上分為2種類型。被認為是頂級至極的托帕石歸類在「**OH類型**」底下，也就是略帶橘色、名為「帝王黃玉（Imperial topaz）」的寶石。這種寶石可以以「雪利酒色」來形容。此外，粉紅色的托帕石亦為人熟悉。

另外一種「**F類型**」的托帕石亦為黃色。這種類型的礦石不會呈現橘色，而黃玉這個名稱就是以此類型的托帕石為範本。

OH類型的托帕石因具耐光性，可依一般方法使用，但是F類型的托帕石除了藍色的之外，其他的只要曝曬在光線底下

就會慢慢褪色，因此OH類型的托帕石被譽為是「最高等級」，所以才會冠上帝王（Imperial）這個字。在礦物學普及之前，這種礦石卻被認為是水晶的一種。可惜的是托帕石的「解理（Cleavage）」性質非常完整，非但不受研磨玉石的甲州（山梨縣）加工師傅青睞，反而還被戲稱為「單片水晶」，因為這種礦石在加工的時候，通常都會分裂成兩半。

從照片認識托帕石

❶與❷的托帕石主要形成於結晶花崗岩之中，並且與黑色水晶以及長石相伴。❸形成於微斜長石（Microcline）的表面，但因為讓長石結晶的偉晶岩礦床環境改變，讓「氣化作用（Pneumatolysis）」發揮作用，結果讓礦石因礦化劑（Mineralizing agent）而形成結晶。在氣化礦床（Pneumatolytic deposit）裡亦可形成「脈狀托帕石❹」，但卻不會出現明顯的結晶外形。

❺的托帕石結晶體裡出現了與柱面垂直的解理線。

標本❻是在流紋岩（Rhyolite）的空洞中與紫色螢石（翡冷翠，Fluorite）相伴形成的結晶。❼❽的分離結晶也是形成於流紋岩，不過❽的結晶還伴隨著黑色的「方鐵錳礦（Bixbyite）」。

❾～⓭為OH類型的托帕石結晶，稱為「帝王黃玉」。⓭產自巴基斯坦，結晶於大理石之中。⓮～⓱的切石也是帝王黃玉。至於同一頁的其他托帕石則均為F類型。

成長的礦床內部條件一旦產生變化，托帕石的結晶表面就會像⓲⓳的礦石那樣

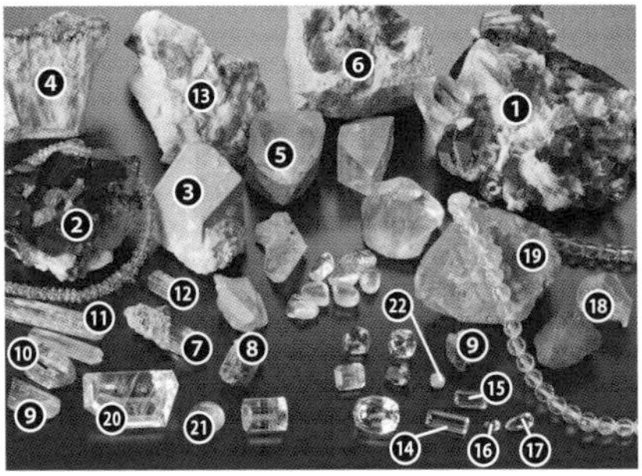

腐蝕溶解，有時甚至還會深及結晶體內部。只要形成的管狀孔洞一密集，就會形成「貓眼㉒」。另外⑳㉑的管狀孔洞內部因為受到氫氧化鐵（等同於針鐵礦）的污染，所以出現金色線條。像這樣的礦物流通於市面時，有時會被誤認為是「內含金紅石（Rutile）的」托帕石。

電氣石
Tourmaline

電氣石

英文名：Tourmaline
中文名：電氣石、碧璽

成　分：一般化學式為「$AB_3C_6[X_3Y|(BO_3)_3|Si_6O_{18}]$」，不過種類會隨A、B、C、X、Y部分替換的離子種類而改變。
晶　系：六方晶系（三方晶系）
硬　度：7～7.5
比　重：3.03～3.31
※會依族種大幅變動
折射率：1.62～1.64
※會依族種變動
顏　色：無色、白色、黑色、綠色、藍色、水藍色、粉紅色、紅色、橙色、紫色、黃色、金黃色
※顏色雖然有依族種變動的趨勢，但是不同種類之間卻有不少重複的顏色，故通常會冠上顏色名稱來稱呼以示區別。
產　地：巴西、美國、坦桑尼亞、肯亞、辛巴威、馬達加斯加、莫三比克、納米比亞、奧地利、加拿大、澳洲、俄羅斯、斯里蘭卡、緬甸、墨西哥、中國

關於電氣石

這是發生在1700年左右的事。在阿姆斯特丹一個寶石切石工匠聚集的小鎮上，有一天研磨師傅發現有顆礦石會出現一種奇妙的現象。這顆礦石出現在和以往一樣從斯里蘭卡進口、準備用來切割的鋯石原石之中。這些原石只要一曝曬在陽光底下，某些特定的礦石就會吸引灰塵。研磨師傅看到這種情況感到非常不可思議，故向帶這些礦石來的印度商人詢問這種礦石的名字，對方回答是「Turmali」。Turmali是斯里蘭卡人用來稱呼「寶石」的字，意思是「出土的寶石顆粒」，不過當時研磨師傅卻誤認為這就是該寶石的名字。

這種神奇的性質其實是一種靜電現象，稱為「焦熱電（Pyroelectricity）」。這讓我想到過去阿姆斯特丹的寶石商們在清除殘留在煙管裡的煙灰時，都會利用這種礦石來吸取灰燼。自此之後荷蘭人將Tourmaline稱為「Aschentrecker」，意思就是「吸取灰燼的石頭（吸灰石）」。這就是現在所謂的電氣石。

目前所稱的電氣石是由5大分類13種類所組成的礦物族名稱。結晶體兩端會形成不同形狀的「異極礦（Hemimorphite）」結晶，這樣的組成結構在所有的礦物當中十分複雜，而所有種類的電氣石共通特徵就是含有「硼（B）」。

從產生靜電這件事可以看出這個礦石能夠從外部產生壓力與熱，因此英文名又可稱為「Electric stone」。

電氣石形成於偉晶岩礦床或氣化礦床，不過寶石品質等級的礦石卻主要產自偉晶岩礦床中。

顏色不同電氣石的名字也會隨之改變，像是綠色的稱為「綠碧璽（Verdelite）」、紅色到深粉紅色的稱為「大紅碧璽（Rubellite）」、帶紫色的稱為「紫紅碧璽（Siberite）」、碧藍色的稱為「藍碧璽（Indigolite）」，至於無色的則是稱為「白碧璽（Achroite）」，不過這些都是寶石名，並不會出現在礦物辭典中。但像「Schorl（黑電氣石，黑碧璽）」這樣的礦石名有時卻會用來做為寶石名。這種電氣石含有大量的鐵，因此日本人稱它為「鐵電氣石」，可惜的是這種電氣石質地過於脆弱，無法用來製作寶飾，只好捨棄開採，因此使用Schorl這個原為德國古老礦山用語來形容這種礦石，意思就是「不用的礦物」。

電氣石還以擁有多種色彩而為人熟知，不過1989年在巴西的帕拉伊巴州（Estado da Paraíba）卻發現了鮮艷水嫩

的水藍色礦石，震驚了全世界，因為這顆因銅（Cu）而發色的電氣石呈現出前所未見的色彩。今日這種電氣石的顏色稱為「Paraiba color」，並且以特別的色澤舉世聞名。

從照片認識電氣石

從標本❶可以看出電氣石的結晶屬「異極礦」，因為礦石的兩端形狀不同，一端尖銳，但另一端卻接近扁平。❶～❼是「黑電氣石$(Na, Ca)Fe^{2+}{}_3Al_6[(OH, F)|(OH, O)_3|(BO_3)_3|Si_6O_{18}]$」，不過❺的結晶卻從中間嚴重彎曲。電氣石與海水藍寶有時會出現這種奇珍異石，當結晶在伸展形成的時候中途卻產生另外一種結晶，結果造成柱面略為偏離的現象出現。

❽是「鎂電氣石（褐碧璽）（Dravite）$NaMg_3Al_6[(OH)_4|(BO_3)_3|Si_6O_{18}]$」，以褐色礦石居多。

❾～⓴為「鋰電氣石（Elbaite）$Na(Al_{1.5}Li_{1.5})Al_6[(OH)_4(BO_3)_3|Si_6O_{18}]$」，而⓴稱為「帕拉伊巴電氣石（Paraiba Tourmaline）」。❾～⓬的礦石柱面從中途變成其他顏色，稱為「多色碧璽（Parti-coloured tourmaline）」。另外⓭～⓰為切成圓片的礦石結晶，稱為「西瓜碧璽 Watermelon tourmaline」，而⓰的綠色與粉紅色剛好倒過來，稱為「Reverse watermelon」。

㉑的構造領域被色線條紋所區分，暱稱「Mercedes star」，因為這三條不同顏色的線條讓人聯想到賓士汽車的標誌。而同樣屬於電氣石的礦物種還有「鈣鋰電氣石（Liddicoatite）$(Ca, Na)(Li, Al)_3Al_6[(F, OH)|(OH)_3|(BO_3)_3|Si_6O_{18}]$」。

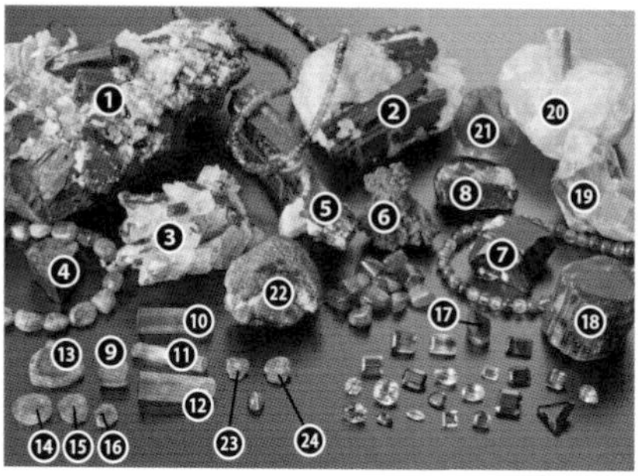

緬甸產出的電氣石結晶形狀非常奇特。像㉒為呈現菇狀外形的鋰電氣石（Elbaite Tourmaline），㉓與㉔則是鎂電氣石，板狀的結晶看起來就像是玫瑰花瓣。

Mini 知識

過去鐵電氣石是取得硼的重要礦物，因為硼能夠增強鋼鐵硬度，或者是用來製作核反應爐的控制棒，此外亦為耐熱玻璃的原料。

閃玉
Nephrite

福

閃玉

英文名：Nephrite
中文名：閃玉、軟玉

成　分：$Ca_2(Mg, Fe^{2+})_5[OH|Si_4O_{11}]_2$
晶　系：單斜晶系
硬　度：6～6.5
比　重：2.90～3.02
折射率：1.61
屈折率：1.61
顏　色：白色、綠色、深綠色、黃綠色、淺黃色、褐色、灰色、黑色
產　地：美國、加拿大、紐西蘭、俄羅斯、巴西、波蘭、台灣、中國、韓國、日本

關於閃玉

這種寶石給人的形象名稱就是「玉（Jade）」。其名起源來自西班牙語。過去登上新大陸的西班牙人發現拉丁美洲的原住民腰際掛著一塊石頭，故將這塊石頭稱為「piedra de hijada（腰石）」。原住民會利用加熱過的「溫石」來進行醫療行為，這是遠古祖先們所流傳下來的療法，而他們所使用的溫石是產自瓜地馬拉的閃玉（不過有人說當時先住民所使用的石頭應該是翡翠），因其外形類似腎臟，所以翻譯成「Lapis nephriticus（腎臟石）」，最後演變成英語的「Nephrite」。

從歷史經過來看名稱變遷，應該是「hijada = nephriticus」，不過將這種礦石定名為Nephrite的是地質學家A. G. Werner，這是發生在1780年的事。

閃玉在古代中國亦被視為神聖的寶石，而且歷史更加悠久，可追溯至戰國時代（西元前403～西元前221年）後期，稱為「玉」。他們深信這塊玉石會賦予擁有者生命，並且還隱含著讓人長生不老的力量。古時候的中國人相信人死後靈魂會回歸肉體，因而將玉石與遺體一起埋葬，作為防腐之用。

玉乃最高等級的寶石並且在寶玉當中地位屹立不搖，這種情況一直持續到緬甸發現了翡翠（➡請參考p.204）為止。這當中品質最佳的是「和闐白玉」。這個譽名為名玉的玉石全部來自新疆維吾爾自治區，也就是流經過去西域南道的綠洲「和闐」的河川之中，因此稱為「和闐玉」。但沒想到知道陶瓷器中等級最高的白瓷就是以這種寶石為概念而製作的人竟然不多。白玉是非常重要的交易品，經過絲路運到中國，並且製作成為數不少的裝飾品與玉器，讓玉石文化大為盛開，而且這個文化最後還從朝鮮半島傳到日本。

閃石是由「角閃石族（Amphibole）」礦物中必須透過顯微鏡才能夠看清的纖維狀結晶、「陽起石（Actinolite）$Ca_2(Mg, Fe^{2+})_5[OH|Si_4O_{11}]_2$」與「透閃石（Tremolite）$Ca_2Mg_5[OH|Si_4O_{11}]_2$」集合形成，至於其綠色色調則取決於這兩者混合程度。這種礦石受到集合組織的影響，擁有極高的「韌性（Toughness）」，因此紐西蘭的先住民毛利族會用來製作斧頭等石器，就連遠久的古代中國也用來製作武器，因此其他國家會把這種礦石稱為「斧石（Axe Stone）」。

從照片認識閃玉

閃玉在西方與翡翠一同被稱為「Jade」，但在東方則是以玉這個寶石名來稱呼。縱使玉等同於閃玉這個事實已經

是眾所皆知，不過玉這個名字卻依稀殘留在大家的腦海裡，讓「軟玉／翡翠」這個名稱徒有其名。日文中的軟玉這個名稱只是為了呼應質地比翡翠還要軟這個特性而稱呼的，這是從前的人在販賣「翡翠」的時候為了加深人們印象而取的。

附生於陽起石的❶含有豐富的「鐵」，故呈現綠色，當中有的還像❷那樣，外觀看起來簡直和黑色沒兩樣。附生在透閃石的含有豐富的「鎂」，因此顏色會像❸那樣比較明亮，從奶油色到白色均有。❹是和闐的白玉，屬於質地細膩的透閃石集合體。歐洲人會將白色的閃石❺稱為「Mutton fat jade」，中國人稱為「羊脂玉」。照片中的雕刻品稱為佩飾玉，為清朝古物，用來垂掛在衣物上裝飾。

❻為罕見含有「鉻（Cr）」在內的閃石，鮮艷的綠色讓這種礦石難以憑肉眼與翡翠區別。

內含石綿平行纖維的閃石只要切割，就會像❼那樣變成貓眼石。閃石的顏色範圍非常廣泛，這點與翡翠不同，而最為人熟悉的有白色、綠色、深綠色、黃綠色、淺黃色、褐色以及黑色。

❽為呈葡萄狀的閃石石礫。原石❾有一部分（右側）可以觀察到因風化而形成的被膜。由於閃石有時會形成相當碩大的石體，而發生變質（超基性岩石，Ultramafic rock）的岩石就會產出蛇紋石（Serpentine）或滑石（Talc），所以像❿的外觀就非常類似蛇紋石。

⓫為「雪花玉（Snowflake jade）」，冠上產地名的話則稱為「懷俄明玉（Wyoming jade）」。不過這種閃石裡頭因與白色鈉長石混合，所以正確來說應該稱為「Matrix nephrite」。

⓬與以葉片狀集合的磁鐵礦共生，

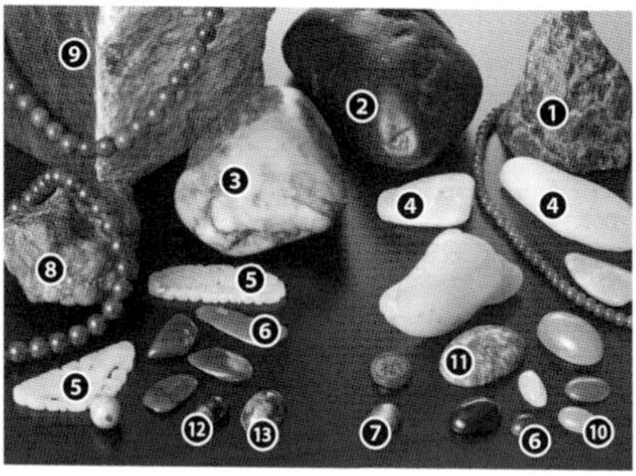

有時這個部分會像⓭那樣經過鍍金加工處理。

水鈣鋁榴石
Hydrogrossular garnet

水鈣鋁榴石

英文名：Hydrogrossularite、Hydrogrossular garnet
中文名：水鈣鋁榴石、非洲玉

成　分：$Ca_3Al_2[(SiO_4)_3(OH)]$
晶　系：等軸晶系
硬　度：7
比　重：3.40～3.55（綠色系的比重比粉紅系的還要大）
折射率：1.70～1.73
顏　色：綠色、黃綠色、粉紅色、淺粉紫色、灰色、白色底配上綠色斑紋
產　地：南非共和國、辛巴威、加拿大、舊捷克斯洛伐克、巴基斯坦、塔斯馬尼亞州、俄羅斯、美國、紐西蘭、緬甸

關於水鈣鋁榴石

水鈣鋁榴石在構造上屬鈣鋁榴石的變種礦石，組成成分中含有「氫氧化物（OH-）」。雖然非常類似不透明結晶的鈣鋁榴石切石，不過從是否內含氫氧化物即可判別。

有人認為這是含有豐富氧化鋁的石灰質「泥灰土（Marl）」受到變質作用而形成的礦石。

水鈣鋁榴石通常以塊狀產出，有時會稱為「Massive grossular」，不過有時卻會以極罕見的細膩結晶塊形態出現。

這個礦石另外還有「Hibschite」、「Plazolite」等別稱。

綠色與粉紅色的水鈣鋁榴石可以做為寶石。綠色是鉻（Cr），粉紅色是錳（Mn）所帶來的顏色。

在珊瑚的種類當中，有種稱為「珊瑚石榴石」（➡請參考p.187珊瑚的❼），這是因為它的顏色非常類似粉紅色的水鈣鋁榴石，所以才會以此為名。

以更高價格交易的是綠色水鈣鋁榴石，最為知名的產地是南非的德蘭士瓦共和國（Transvaal Republic）。位在南非比勒陀利亞（Pretoria）西邊65km處的布法爾斯方騰（Buffelsfontein）與土芳坦（Turffontein）生產上等原石，可用來替代翡翠（➡請參考p.204），並且擁有「德蘭士瓦玉（Transvaal jade）」、「南非玉（South African jade）」等別名。這種礦石的特徵就是含有「磁鐵礦（Magnetite）」與「鉻鐵礦（Chromite）」的黑色斑點紋。不含這些斑點、顏色濃度平均的綠色礦石因為太過類似翡翠，所以在寶石鑑定這項業務普及之前，寶飾市場上都以為流通的是產自德蘭士瓦共和國的翡翠真品。美國加州以及巴基斯坦所出產的水鈣鋁榴石固然知名，但若做為寶石的話品質還是比不上南非產。

成分上水鈣鋁榴石非常類似「符山石（維蘇威石）（Idocrase）$Ca_{19}Al_{10}(Mg,Fe^{2+})_3[(OH,F)_{10}|(SiO_4)_{10}|(Si_2O_7)_4]$」，因此有時這兩者會讓人混淆不清。

成因方面有的會與「鈉長石（Albite）」、「透輝石（Diopside）」混合，像這類的水鈣鋁榴石就會越來越像品質較差的翡翠。

此外，這種礦石還非常類似名為「鈉黝簾石岩（蝕變斜長岩，Saussurite）」的變質岩，有時容易讓人搞錯。

從照片認識水鈣鋁榴石

和❶一樣綠色色澤十分均勻的水鈣鋁榴石看起來簡直和翡翠沒兩樣。像❷那樣含有黑色斑點的不但表示這塊礦石是石榴石，此外也是與翡翠區別的要點。

屬於粉紅色系的❸只要紅色越深，就代表這塊礦石非常稀少。有時薔薇輝石（玫瑰石，Rhodonite）也會出現類似的礦石，不過水鈣鋁榴石的組織結構較細膩而且透明度高。另外這裡頭比較明亮的礦石顏色也是珊瑚石榴石這個名稱的來源。

標本❹看起來就像是黑色的磁鐵礦。

❺稱為「雙色石榴石（Bicolour garnet）」，可以發現粉紅色與綠色這兩種顏色同時存在，因此中間的部分才會形成黃綠色，界線不是非常鮮明。通常這種類型的石體裡頭會混入符山石，而這個標本的粉紅色部分為水鈣鋁榴石，綠色部分則是符山石（➡請參考p.015符山石的⓱，這裡是前後相反的攝影）。

原石❻的綠色部分為石榴石，是由細微結晶聚集而成的。

❼～⓫的原石裡混合了符山石、黝簾石和透輝石，非常類似「鈉黝簾石岩」。其中❿看起來簡直與鈉黝簾石岩毫無差別，而常被誤認的也是這種類型。

這個系列的寶石透明度並不高，正因為如此，所以比較適合當做以弧面琢磨甚至成為雕刻品的石材。本書為了攝影而嘗試著把水鈣鋁榴石翻光琢面成⓬，結果發現這種方式完全無法將寶石的魅力整個呈現出來。

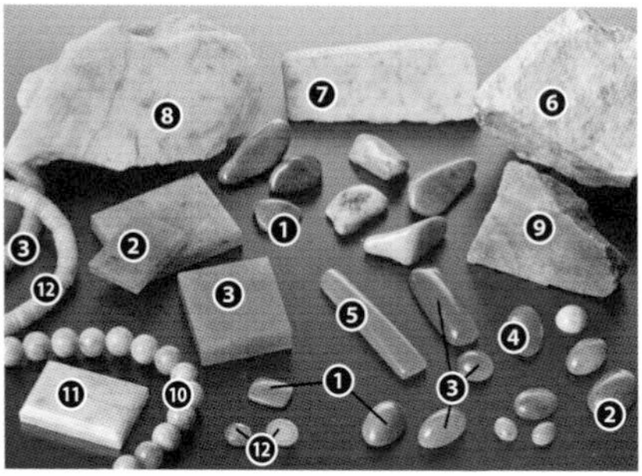

黃鐵礦／白鐵礦
Pyrite／Marcasite

❶黃鐵礦／❷白鐵礦

英文名：❶Pyrite／❷Marcasite
中文名：❶黃鐵礦（愚人金）
❷白鐵礦

成　分：❶FeS_2／❷FeS_2
晶　系：❶等軸晶系／❷斜方晶系
硬　度：❶6～6.5／❷6
比　重：❶4.95～5.10／❷4.90～5.05
折射率：這兩者在寶石學技巧上均無法測量（超過1.81）
顏　色：基本上為金黃色系，白鐵礦的話黃色之中會帶些灰色。
產　地：全世界以生產標本而廣為人知的有祕魯、西班牙、義大利、墨西哥、捷克、德國、法國、俄羅斯、美國、日本

關於黃鐵礦／白鐵礦

這兩者為「同質異象」的礦物，不管是無機起源還是有機起源，只要有硫磺與鐵分結合就可以形成。這兩種礦石易成長於熱液礦床或噴氣型礦床等火山活動熱絡的地方，呈現的產狀非常類似，不過結晶卻截然不同，其中白鐵礦擁有兩個方向的解理，而且絕大多數難以憑肉眼來辨識。

黃鐵礦形成於高溫的酸性環境之下，白鐵礦則形成於低溫的鹼性環境之下，而且溫度只要不到450℃即可。不過這兩者有時卻會共存。

黃鐵礦是古代人用來當做打火石的礦石之一，例如15世紀發明的「輪式槍機（Wheellock）」，這種打火石式槍枝的擊錘部分使用的就是黃鐵礦。

黃鐵礦的黃銅色色調非常深濃，不容易與自然金分辨，因此俗稱「Fool's gold」，意思就是「愚人金」或「傻子的黃金」，另外日本人還稱它是「貓的黃金」。

白鐵礦的顏色雖然比黃鐵礦淡，但是只要經過一段時間就會與空氣中的水分發生反應，讓表面產生一層硫酸第一鐵的被膜並且變黑。這種反應的產生速度比黃鐵礦還要快，而且到最後會因為硫酸產生而分解成碎塊。

這2種礦物過去被認為是同一種，並且借用阿拉伯語中的「marcasita」這個字，進而演變成「Marcasite」。到了1845年，奧地利的礦物學家Wilhelm Haidinger的研究發現這兩種礦物實屬不同種類。當時他將「Marcasite」這個名字留給屬斜方晶系的礦物，並且特地以英文的方式來發音。

相對地，把剩下的等軸晶系礦物稱為「Pyrite」的是美國礦物學家James Dwight Dana。1868年他將拉丁語的「打火石（pyrites）」這個字改成英語的Pyrite，並且用來稱呼這種礦石。

說來話長，現今寶飾業界中被稱為「Marcasite」的寶石其實是黃鐵礦。他們使用的是礦物名稱正式決定之前所採用的名字，也就是沿襲18世紀初期的稱呼。18世紀中葉，小顆的黃鐵礦結晶甚至還被切割成玫瑰形，藉以用來取代昂貴的鑽石。

從照片認識黃鐵礦／白鐵礦

❶為最讓人熟悉的黃鐵礦結晶，通常以正立方體（Cubic）這個六面體形態產出。至於照片中的結晶體表面因為接觸到空氣，因而產生了一層薄薄的被膜，或許從這點可以充分看出這種礦石為何會被稱為「愚人金」。

❷屬5角12面體的結晶。這個5角形面常見於黃鐵礦，幾乎可稱為「黃鐵礦面」，而且從結晶體表面還可以觀察到

具特徵性的「線條」。❸雖然是8面體結晶，但產出並不多。❹則是6面體與8面體的組合結晶。

❺的黃鐵礦結晶群形成於泥岩層裡的團塊之中，而從團塊裂縫中滲入的水會讓黃鐵礦因為氧化而產生彩虹被膜。這是1997年在伏爾加河（Volga River）河底發現的礦石，稱為「彩虹黃鐵礦（Rainbow pyrite）」。

❻與❼屬於一種團塊，均形成於碳質「頁岩（Shale）」的層理面之中。❻是「黃鐵礦球（Pyrite ball）」，❼是「太陽黃鐵礦（Pyrite sun）」，但其真面目卻是白鐵礦。

❽的某一特定面（a面）形成了亞平行連晶，因此呈現彎曲的6面體。像這樣的礦石就稱為「曲面黃鐵礦」。有人甚至因為這個理由而認為這應該與白鐵礦分子有關。

❾的化石與硫化鐵置換，稱為黃鐵礦化的化石，但其實這也是白鐵礦。這樣的顏色與❼的礦石相同，均為典型的白鐵礦色調。而成為❾化石中的生物是古代泥盆紀（Devonian period）特有的「石燕目（Spiriferida）」腕足類化石，形態上稱為「石燕」。❿～⓬為黃鐵礦的切石製品。❿的商品名為Marcasite。⓭是經過拋光切割（Tumbled cut）而成的白鐵礦。可惜這些切石因為接觸到空氣而開始產生分解，不但造成表面變色，甚至還產生了粉狀的變質物。

⓮～⓳以內包物的形態出現，例如⓯與⓰形成於水晶之中，其他的則出現在玉髓裡頭。⓱產自青森縣，通稱「硫化瑪瑙」。這些白鐵礦如果沒有好好保存的話，通常會因為分解而崩壞，結果造成裡頭的白鐵礦剝落。

⓴是受到人類行為的影響而形成的黃鐵礦，可說是「準礦石」。這種礦石雖不在本書的範圍之內，但在此仍特地列出解說。這種黃鐵礦形成於硫磺溫泉（硫化氫溫泉）所使用的導水水泥桶桶壁上，由此可看出其成長速度之快，同時也明白不同種類的礦物結晶只要條件齊全，成長速度就會快速進展。

葉蠟石
Pyrophyllite

葉蠟石

英文名：Pyrophyllite
中文名：葉蠟石

成　分：$Al_2[(OH)_2|Si_4O_{10}]$
晶　系：單斜晶系、三斜晶系
硬　度：1～2
比　重：2.65～2.90
折射率：1.53～1.60、1.56～1.60
顏　色：白色、黃色、褐色、淺藍色、淺灰綠色、淺褐綠色、粉紅色
產　地：美國、俄羅斯、巴西、義大利、墨西哥、瑞典、比利時、瑞士、芬蘭、韓國、中國、南非共和國、日本

關於葉蠟石

這種礦石通常成長於起源自堆積岩的低變質岩石當中，亦形成於熱液礦床裡。

葉蠟石會在由纖維狀或粒狀微結晶聚集而成的塊狀或層狀礦石裡成長，滑順的觸感非常類似滑石。自古以來人們利用這種緻密軟質的特性將其做為雕刻材，不過西方世界卻完全用在不同層面上。歐洲把葉蠟石當做縫紉時所使用的粉筆；相對地，中國則是用來替代硬質的閃玉以做為雕刻材。葉蠟石的熔點高而且導電性小，這個特性讓它擁有另一個重要的用途，那就是當做絕緣材。

這種礦石偶爾會出現結晶，可分為單斜晶系與三斜晶系這2種。結晶體呈薄片形，同時還會形成葉片或放射狀圖案，乍看之下會以為是雲母的集合體。由於其集合外形宛如葉片，因此把中文名取為葉蠟石。但令人意外的是，葉蠟石的英文並非取自其外形，而是參考自放入火裡就會剝落成薄片這個狀態，把希臘語中的「pyro（火）」與「phullon（葉片）」這兩個字組合而成的。

葉蠟石如果外觀十分潔白而且質地細膩的話，看起來會十分類似「高嶺石（Kaolinite）$Al_4[(OH)_8|Si_4O_{10}]$」，因此無法靠肉眼來辨識。

「南非奇異石（South Africa wonderstone）」以及中國生產的印材大多是這種葉蠟石。

【註：被稱為奇異石的礦石還有「內華達奇異石（Nevada wonderstone）」，但這並不是葉蠟石而是「流紋岩（Rhyolite）」（➡請參考p.471流紋岩的❽）。因此流通上通常會在前面冠上「South Africa」字眼以免造成混淆。】

俗稱「蠟石（Agalmatolite）」的礦石是由葉蠟石、滑石（Steatite）與塊雲母（Pinite）等數種軟質礦物聚集形成的塊狀石體，也就是非單純的葉蠟石。這個名稱來自希臘語中的「agalma（肖像）」。蠟石常與「皂石（Soapstone）」混淆，不過皂石屬於滑石的塊狀變種石體，因此比重會比蠟石來得小（2.24～2.30）。

中國大陸的葉蠟石產地範圍非常廣泛，可說是美麗印材的寶庫，其最具代表性的產地就是福建省、浙江省與廣東省。產自福建省的稱為「壽山石」，產自浙江省的稱為「昌化石」與「青田石」，而產自廣東省的則稱為「廣寧石」。最近內蒙古自治區以及貴州省亦產出品質優良的葉蠟石。內蒙古自治區生產的石材稱為「巴林石」，而貴州省的石材則非常類似青田石系的礦石。

各地最為人熟悉的石材當中，壽山石有「田黃」、「水晶凍」、「高山凍」、「芙蓉石」、「旗降」；昌化石有「雞血石」；青田石有「封門石」、「寶花石」、「夾板石」（➡封門石請參考p.343

藍線石的⓫「藍星」、⓬「藍帶」）；至於廣寧石則有「廣東綠」；而巴林石裡有「雞血石」、「水草花」。不過這些礦石均為在地名稱（Local name）。

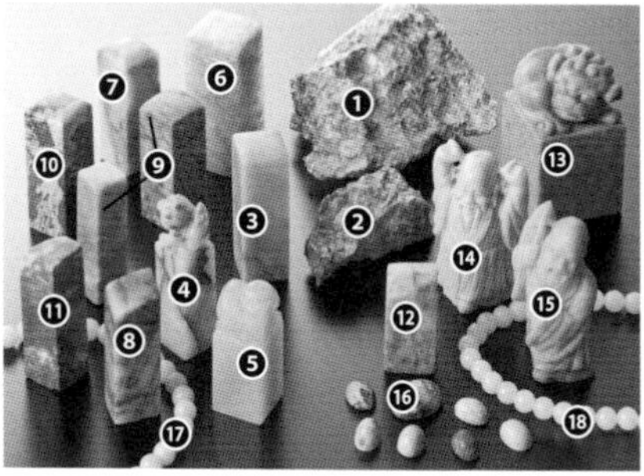

從照片認識葉蠟石

❶與❷為葉蠟石結晶，均為單純的集合體，呈現如同菊花般的放射狀。❷的話因為之後受到鐵分（褐鐵礦）礦染，因此呈現深邃的褐色。

在這裡我們將印石與雕刻品並排攝影。印石在東方，尤其是在中國人的寶石觀裡十分迷人，充滿歐洲人難以理解的魅力。❸～❻為葉蠟石，❼～⓯為蠟石。葉蠟石與蠟石的產出並不是看產地，而是因各產地形成層的差異而決定的。

在這些礦石裡頭，❾～⓯形成於最下層，❸～❺為最上層，至於❻～❽則比較容易形成於中間層。❻的黃色是因為「絹雲母（Sericite）（白雲母的一種）」，至於❽的紅色➡請參考p.243辰砂的❾。

※蠟石當中最具代表性的有❸「昌化黃花凍（浙江省產）」、❹「壽山凍（福建省產）」、❺「善伯洞（福建省產）」、❻「青海綠凍石（青海省產）」、❽「水草凍（內蒙古自治區產）」，不過❹屬於芙蓉石系。

⓰是「南非奇異石」，至於其他的弧面琢磨切石則是「青田石」。❼❾❿⓫⓬⓭⓮⓯也是青田石。⓱的項鍊材質同❻，⓲則同❺。可惜的是從這些弧面琢磨與串珠的形狀無法完全感受到這些礦石的質感。

白紋石
Howlite

白紋石

英文名：Howlite
中文名：白紋石

成　分：$Ca_2[B_3O_4(OH)_2 \cdot OSiB_2O_4(OH)_3]$
晶　系：單斜晶系
硬　度：3.5
比　重：2.45～2.58
折射率：1.58～1.61
顏　色：白色、淺灰色
產　地：美國、加拿大、墨西哥、德國、俄羅斯、土耳其

關於白紋石

這是1868年加拿大科學家Henley How發現的礦物。

這種礦石通常以團塊狀產出，偶而會出現十分罕見的板狀結晶。白紋石的內部通常可以觀察到因沈澱在縫隙的其他礦物所形成的網狀圖案；至於這些裂縫則是因固化帶來的收縮作用所產生的。

美國加州的死亡谷（Death Valley）與聖博納迪諾（San Bernardino）郡盛產這種礦物。而緊接在後的知名產地為加拿大的新斯科舍省（Nova Scotia）與紐芬蘭（Newfoundland）。

白紋石直接切割之後即可流通市面，但在流入寶飾市場之前通常都會經過著色處理。為了襯托出原石的質感，大多數的場合都會仿造土耳其石，把白紋石染成（水）藍色。

日本自50年前就開始出口這種仿造品，過去稱為「亞土耳其石」，這裡的亞指的是亞種的「亞」。著色過後的礦石雖然非常類似土耳其石，但硬度卻十分柔軟，只要一經過加熱，就會融解成玻璃狀的球。

這種含水的鈣（Ca）硼酸鹽礦物成長於受到含硼的湖水沈澱物影響而形成的蒸發岩當中，同時會隨著「硼砂（Borax）」、「貧水硼砂（Kernite）」、「鈉硼解石（Ulexite）（➡請參考p.092）」等其他含硼礦物一起產出。

外觀非常類似白紋石的礦物是「菱鎂礦（➡請參考p.136）」。這兩者的產出形狀雖然相異，但是呈現的網狀圖案看起來卻十分類似。中國遼寧省大石橋為世界級的菱鎂礦大產地，產出的數量非常壯觀，價格上也遠比白紋石來得低廉，因此自35年前起便使用白紋石這個名稱並且取而代之。相比之下，菱鎂礦的硬度遠比白紋石還要來得高。如果透過放大鏡觀察的話，就會發現菱鎂礦的組織細膩而且一致，至於白紋石的話多少可以確認出粒狀組織，而且看起來閃爍耀眼。像這樣擁有網狀圖案的礦石裡頭，如果網狀部分出現在菱鎂礦上的話會呈現透明感，但如果是出現在白紋石上的話就會缺乏透明感，從這一點就可以區別這兩者。

現在的菱鎂礦雖然已經名聲大噪，不過尚未染成藍色的菱鎂礦會以「Howlite tolco」這個名字來販賣。而現在真正的白紋石在市場上已經變成相當罕見珍貴的礦石了。

從照片認識白紋石

標本❶與❷是白紋石典型的形狀。像這種形態就稱為團塊（Nodule），而從標本❶可以觀察出其形成方式，也就是在

堆積層中發生的結晶核因為凝聚而漸漸變大。

標本❷也是以同樣的方式形成。從其破斷面（⇒部分）可以觀察到非常清楚的塊狀結構，同時在交界處還能夠看到網狀圖案形成的樣子。這樣的原石只要一經過琢磨，就會出現像❸❹那樣的網狀圖案。覆蓋在❷團塊表面的灰黑色物質是「硬石膏（Anhydrite）」。在白紋石形成之前硬石膏就已經出現在礦床裡，由此可看出這塊團塊就是形成於該礦層之中。

形成於蒸發岩中的團塊通常都會出現這種典型的構造。

❹的弧面琢磨薄片切石是將像❶那樣的原石外緣部分切割而成的。

土耳其石與磷鋁石（Variscite）也是以同樣的方式形成（➡請參考p.331土耳其石的❻，p.379磷鋁石的❾）。以團塊狀形態出現的礦物其內部組織的緻密程度相差甚遠。以這裡的白紋石為例，其細密程度依序為❺→❸→❹→❻→❼，由此可看出這些礦石表面在經過琢磨之後所呈現的光澤會大為不同。

❽與❾的切石曾經經過著色處理。處理石雖然不是本書要說明的，但為了解說，因而特地於此提出。以微結晶形態集合形成的礦物其緻密的程度會大大地影響到染色方法。礦石質地越細膩就越難染色，因此通常都會挑選像❸❹❺那樣組織較粗的原石為染色對象。❽過去稱為「亞土耳其石」，❾則是模仿珊瑚而著色的。

最近寶飾業界為了迎合流行服飾而開始走向創作彩色寶石的風潮，而且每一年都會製作並販賣符合該年主題流行色彩的寶飾，不過讓白色寶石搭上流行似乎不是件容易的事。現在不管是白紋石還是菱鎂礦都會充分利用其原有的色彩來販賣，但

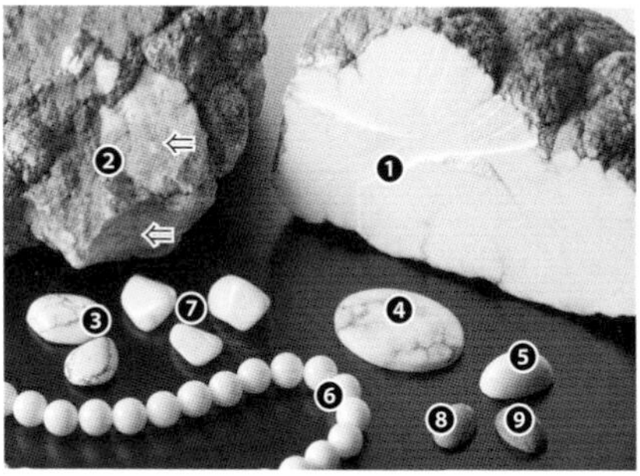

在過去這樣的白色礦石可是從未出現在市面上的。

磷鋁石 Variscite

磷鋁石

英文名：Variscite
中文名：磷鋁石

成　分：$Al[PO_4] \cdot 2H_2O$
晶　系：斜方晶系
硬　度：3.5～4.5
比　重：2.20～2.57
折射率：1.56～1.59
顏　色：綠色、黃綠色、青綠色、白色、灰色
產　地：美國、奧地利、澳洲、德國、義大利、巴西、捷克、西班牙、玻利維亞

關於磷鋁石

這種礦石有點類似土耳其石【註＊】，加上來自產量豐富的美國猶他州，故又擁有「猶他綠松石（Utah turquoise）」這個別名。其正式名稱雖然是「氯磷鋁石(Utahlite)（猶他州的寶石）」，但其實這也是磷鋁石的別稱。

【註＊：這只是憑相似的原石形狀而評斷的（➡請參考p.328的土耳其石）】。

不過這種礦石類似的不是我們一般熟悉的藍色土耳其石，而是鐵含量較多的變種土耳其石。發現的時間比土耳其石來得晚，要到19世紀之後。Variscite這個名字來自首次發現之處，也就是德國的沃格蘭德（Vogtland），這個地方過去的舊稱就是「Variscian」。

磷鋁石的形成方式也非常類似土耳其石，會出現不規則的塊狀、脈狀、皮殼狀與團塊狀礦體。同樣地，土耳其石也是形成於淺層地底的礦石。

無法憑肉眼看出結晶形狀這一點亦非常類似土耳其石，而且絕大多數的情況都是以塊狀形態產出，在特徵上屬多孔質體。這樣的礦石會因為直接吸收手中的油脂而產生變色甚至是褪色現象，所以當用來製作寶飾時，幾乎都會讓合成樹脂滲入其中，藉以強化性質。這種手法就稱為「固化（Stabilize）」。

有的磷鋁石會與土耳其石一樣出現矽化（Silicification），稱為「綠磷鋁石（Amatrix）」，不過這種情況非常罕見。這個英文名是「American Matrix」的簡稱，以猶他州的斯托克頓（Stockton）所產的品質最為優良，又可稱為「瑪瑙化磷鋁石（Agatized variscite）」。

這種礦物無法耐高溫，因此琢磨時所產生的熱會讓綠色消失，有時甚至還會變得有點像粉紅色。

其實從成分可以看出這種礦物本來就不帶任何色彩。綠色到青綠色的顏色是鐵離子造成的。磷鋁石之所以會非常類似含鐵豐富的變種土耳其石原因就在此。但這裡頭如果含有鉻離子，那麼綠色色澤就會更加鮮明。

「準磷鋁石（Metavariscite）」與磷鋁石為「同質異象」關係，但屬於單斜晶系，而且色澤比一般的磷鋁石還要明亮。磷鋁石中的Al只要完全由Fe替代的話，就會變成$Fe[PO_4] \cdot 2H_2O$，這就是「磷鐵礦（Strengite）」，也是屬於單斜晶系的礦物，並且稱為「磷紅鐵礦（Phosphosiderite）」，呈紫色，至於顏色的起因則是來自錳。磷鋁石如果鐵分含量多的話，只要經過特殊方法加熱，鐵分就會因為氧化而變成褐色，倘若這裡頭還含有鉻的話，就會變成深邃的紫色。因此有人因為這件事而開始研究綠色與紫色這兩種顏色和熱的因果關係。

從照片認識磷鋁石

標本❶是在黏土岩縫隙當中形成的脈狀礦體。❷是切割成板狀的原石，可以看出形成於黏土岩中的殼狀結核（Concretion）。這當中磷鋁石形成於團塊狀的礦體裡，從⇒部分還可觀察到同心狀的圖案，訴說了微結晶在空洞內部沈澱形成了洋蔥狀。這種形成方式也與土耳其石非常類似。❸的切石是從像❷那樣的團塊狀原石切割琢磨而成的，如果條紋圖案夠明顯的話，就會以「薩巴磷鋁石（Sabalite）」為寶石名。這個寶石還以曼哈頓的寶石收藏家P. Train之名，另取名為「Trainite（帶狀磷鋁石）」，乍看之下就像是經過著色的綠瑪瑙。

❹與❺是連同形成的岩石切割而成的，稱為「網狀磷鋁石（Net variscite）」。狀態像❻的磷鋁石稱為「帶脈石磷鋁石（Matrix variscite）」，非常類似猶他州的「綠磷鋁石（Amatrix）」。❼為綠磷鋁石，因為矽化而呈現出非常亮麗的光澤。

❽是磷鋁石典型的顏色，類似鐵含量多的土耳其石（鐵綠松石，Chalcosiderite），但裡頭的鉻含量如果較多的話，就會和❾一樣變成鮮艷的翠綠色。擁有這種色彩的礦石有時會被誤稱為翡翠，故別名「澳洲翡翠（Australian jade）」。【**註**：注意別與綠玉髓混為一談】。

標本❿是大小可憑肉眼判斷的結晶集合體，不過這樣的礦石卻非常罕見。⓫是「準磷鋁石」，可觀察到充滿特色的淺淡色澤。⓬是「磷鐵礦」，呈現的紫色非常深濃。⓭是「磷紅鐵礦」，紫紅色彩非常深邃。⓮中含鉻量豐富的磷鋁石與磷鐵礦形成於以黏土岩基質為界之處，非常罕見。

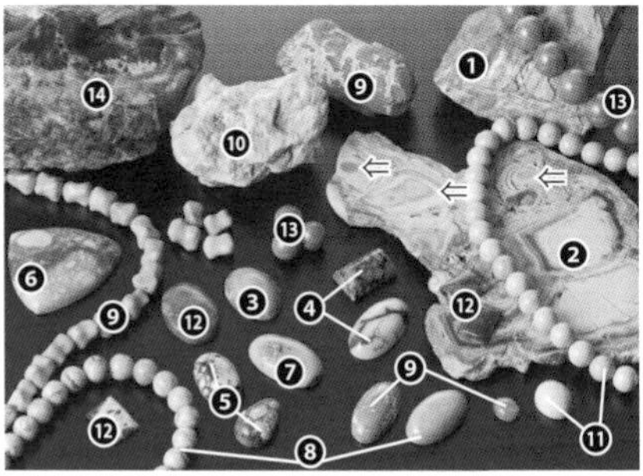

珍珠 Pearl

珍珠

英文名：Pearl
中文名：珍珠

成　分：Ca[CO_3]＋有機成分（主要為珍珠蛋白Conchiolin $C_{32}H_{48}N_2O_{11}$）＋H_2O
晶　系：斜方晶系（微粒狀結晶的積層）
硬　度：2.5～4.5
比　重：2.60～2.78
（養殖珍珠為2.72～2.78）
折射率：1.53～1.69
顏　色：白色、（深淺）黃色、黑色、灰色、淺綠白色、灰藍色、橙色、（淺）紫色、粉紅色
產　地：※天然珍珠分布於世界各地的海中、淡水中與半海水中。
海水產⇨日本、澳洲、印尼、菲律賓、緬甸、泰國、大溪地、所羅門群島、塞席爾群島、庫克群島、斐濟、紐西蘭、墨西哥、玻里尼西亞（大溪地之外）、美國、越南、中國、加勒比海沿岸
淡水（含半海水）產⇨歐洲（蘇格蘭、德國、斯堪地那維亞半島）、俄羅斯、中國、北美、日本

※資料中包含養殖珍珠

關於珍珠

珍珠因為是發現於活生生的蚌貝之中，自古以來被認為極為神秘，不管是「寄宿在蚌貝裡的月亮淚水」還是「被蚌貝吞入的人魚之淚」，均讓人對其充滿想像。

令人驚訝的是在5世紀初（西元400年左右），中國即利用棲息在湖水裡的「摺紋冠蚌（Cristaria plicata）」，以人工方式讓珍珠附著在蚌貝貝殼內側。

科學家Carl von Linné得到這古老的帶殼養珠之後便開始著手研究，並於1740年發明了淡水養殖的珍珠。1884年他利用來自法屬玻里尼西亞的「黑蝶珍珠蛤（Pinctada margaritifera）」來養殖帶殼珍珠，只可惜無法穩定生產。改寫珍珠歷史的是御木本幸吉，1893年（明治26年），他利用三重縣英虞灣神明浦當地的「福克多珍珠蛤（Pinctada fucata martensii）」成功地養殖出5顆帶殼的半圓珍珠，1905年又順利地養殖出全圓珍珠，並且耗時超過30年奠定加工法與商業銷售體系。也因此讓他在歷史中贏得了「珍珠養殖之父」這個名聲。

蚌貝之所以可以形成珍珠，就在於貝殼內側附有一層薄薄的肉膜，稱為「外套膜」。由於蚌貝的細胞會形成貝殼，因此只要在蚌貝與這層外套膜之間放入異物，外層就會形成一層殼，結果變成形狀凸起的貝殼。不管是古代中國，還是Linné，甚至是法屬玻里尼西亞，通通都是利用這種方式來養珠，就連御木本幸吉所養殖的5顆珍珠也是。像這樣的東西就稱為「瘤狀珍珠（貝附珍珠、水泡珍珠）（Blister pearl）」。然而這樣的狀態並不會形成大顆珍珠，但是只要將貝殼做成的珠子放在蚌貝內臟裡，接著再切下一塊製作貝殼的外套膜細胞並且一起放入，細胞就會開始增殖並且將珠子層層包裹起來，這樣就可以形成圓形的珍珠（與圓形的貝殼一樣）。

如今珍珠養殖法的技巧已經成熟，而專門用來養珠的蚌貝有海水棲「鶯蛤目（Pteria brevialata）鶯蛤科（Pteria brevialata）（2片貝葉）」的福克多珍珠蛤（Pinctada fucata martensii）、白蝶珍珠蛤（Pinctada maxima）、黑蝶珍珠蛤（Pinctada margaritifera）與企鵝珠母貝（Pinctada penguin／Pteria penguin），以及「原始腹足目（Archaeogastropoda）鮑螺科（Haliotidae）（卷貝）」的紐西蘭鮑螺（Haliotis iris）。

淡水棲蚌貝方面有「蚌目

（Unionoida）蚌科（Unionoida）（2片貝葉）」的池蝶蚌（Hyriopsis schlegelii）、三角帆蚌（Hyriopsis cumingii）、摺紋冠蚌（Cristaria Plicata）、珍珠蚌（Margaritifera margaritifera）與圓蚌（田蚌）（Anodonta woodiana）。

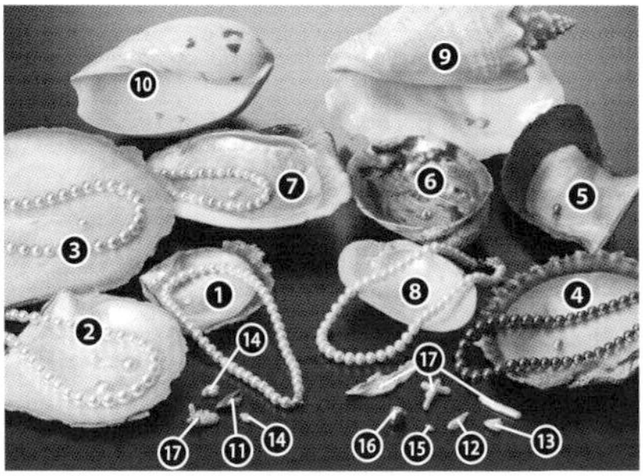

從照片認識珍珠

❶❷❸❹❺❼是養殖珍珠所使用的貝殼，❻❽❾❿是採掘天然珍珠的貝殼。放在這些貝殼上面的裸珠全都是從這些種類的貝殼所採到的天然珍珠；至於一起擺放的項鍊則是使用這些蚌貝養殖的珍珠，只有放在❽貝殼上面的項鍊是天然珍珠。

❶是福克多珍珠蛤（長崎縣大村灣產），❷是白蝶珍珠蛤（印尼產），❸也是白蝶珍珠蛤（澳洲產）。❷的蚌貝內部形成的是瘤狀珍珠。❹是黑蝶珍珠蛤（庫克群島產，Cook Islands），❺是企鵝珠母貝（日本奄美大島產），❻是紐西蘭鮑螺（紐西蘭產），❼是三角帆蚌（日本茨城縣霞浦產），❽是圓蚌（美國密西西比河產），❾是響螺（加勒比海產，Strombus gigas），❿是椰子渦螺（斑點椰子螺、木瓜螺、渦螺）（越南產，Melo melo）。

蝶珍珠蛤這個名字是因為當兩片貝葉攤開時，形狀非常類似蝴蝶而來的。另外❺的學名Penguin（企鵝）也是因為貝殼張開時，外形就像是企鵝伸展翅膀而來的。

❼是日本琵琶湖原種的池蝶蚌與來自中國的三角帆蚌交配而成的。

⓫產自鮑魚，⓬⓭為圓蚌的天然珍珠。在蚌貝內部形成的地方不同，珍珠的形狀特徵也會跟著改變。從外形來看，⓬稱為「羽翼珍珠」，⓭稱為「百合苞珍珠」。

⓮是由好幾顆珍珠凝固形成的，屬於福克多珍珠蛤的天然珍珠。珍珠的特徵就是會呈現與形成的貝殼內部相同顏色，從⓯與❾便可明白這些珍珠誠實地重現了內部的顏色。Strombus gigas（響螺）隸屬的家族稱為Conch（海螺）。因此這種蚌貝又可叫做「粉紅鳳凰螺（Pink Conch）」或者「女王鳳凰螺（Queen Conch）」，意思就是海螺中的女王。

⓰雖然是福克多珍珠蛤的珍珠，不過原本的福克多珍珠蛤貝殼並不會出現這樣的青黑色。這是珍珠在形成的時候因為內部含有大量有機物所造成的。

⓱是淡水棲蚌貝所養殖的珍珠，與海水養珠不同的是，它們會呈現不規則且自由的形狀。這是因為在養殖的過程當中並沒有使用珠母核，只憑外套膜細胞養殖而成的。

藍鐵礦
Vivianite

藍鐵礦

英文名：Vivianite
中文名：藍鐵礦

成　分：$Fe^{2+}{}_3[PO_4]_2 \cdot 8H_2O$
晶　系：單斜晶系
硬　度：1.5～2
比　重：2.64～2.68
折射率：1.58～1.63
顏　色：青黑色、青綠色、暗綠色、暗紫色
產　地：澳洲、玻利維亞、德國、喀麥隆、義大利、科索夫、羅馬尼亞、俄羅斯、日本

關於藍鐵礦

這是世界上產出最為廣泛的礦物，英文取自1817年發現這種礦物的英國礦物學家J. G. Vivian之名。資料中所記載的產地大多為能夠產出碩大堆積層或大塊結晶體的地方。

藍鐵礦是鐵與磷酸鹽（PO_4）結合形成的礦物。大家熟知的以磷酸鐵為主要成分的礦物有好幾種，而在這當中以藍鐵礦的產出最為普遍。

這種礦物可以經由金屬脈礦或偉晶岩中的其他磷酸鹽礦物變質形成。還在礦床裡時幾乎沒有任何顏色，但挖出之後只要一接觸空氣，就會不知不覺地變成青黑色，這是結晶體中的鐵離子急速氧化所帶來的結果，而從這個現象便能夠清楚明白藍鐵礦大多形成於缺乏氧氣並且略呈藍色的黏土之中。挖掘出土之後變成藍色的礦石會成為「變藍鐵礦（Metavivianite）」，化學式為$(Fe^{2+}, Fe^{3+})_3[PO_4]_2 \cdot 8(H_2O, OH)$，屬於三斜晶系。一旦產生氧化作用，裡頭的結晶水就會釋出，最後變成非晶質，結果造成礦體剝落崩壞。不過只要將其放入含水容器中密閉保存，就能夠長期保管。

藍鐵礦有時亦會形成於堆積岩或石灰岩中，甚至與土裡的樹葉、淡水棲蚌貝、動物骨骼或牙齒等替換，這就是讓構成這些生物的細胞或礦物結晶經過「置換」與磷或鐵結合形成的。其最具代表性的就是「齒玉石（Odontolite）」。這個名字由希臘語的「odous（牙齒）」與「lite（石頭）」組合而成，是已經絕跡的古菱齒象與長毛象裡頭的骨骼與牙齒組織置換成藍鐵礦而來的。這是過去支撐部分歐洲珠寶界的重要寶石，而且南非的Simmore甚至還發現品質上等的礦石，亦可稱為「齒松石（骨綠松石，西方綠松石）（Bone turquoise）」。

從鹽湖或海底的沈澱物亦可產生藍鐵礦，例如大分縣姬島附近海底便曾形成球狀的藍鐵礦（結核，Concretion）。像這類的礦石是以魚骨等為核心而構成的。

從照片認識藍鐵礦

❶雖然是厚板狀結晶，但從透明度低加上呈現綠黑色這兩種現象即可看出這是塊分解作用進行得非常徹底的藍鐵礦。

❷與❸也是自形的結晶，不過這兩種礦石並沒有進行分解作用，因此還保留著透明度高的藍色色彩，並且呈現刀刃狀的長柱結晶體。藍鐵礦的特徵，就是擁有平行於柱面的完整解理。這樣的柱面會像雲母那樣平行斷裂而且非常容易傾斜，例如❸的結晶就是在中途慢慢傾斜彎曲的。

❹是與泥岩中的樹葉替換形成的藍鐵礦，藍色礦體依舊保留著葉脈。這是產自

日本熊本縣金峰山的礦石。

❺與❻是形成於海底的球體（結核），周圍為褐鐵礦並且呈現棕色。❻是切剖開來的球體，從剖面可觀察到成為球核的魚骨，由此可觀察到薄板狀的結晶是以此為核心，並且呈放射狀伸展形成球體。

❼為形成於黏土中的葡萄狀球晶塊（結核）。❽雖然是切石，但在琢磨的過程當中因為高速而發生變化，結果造成混濁與解理產生。

❾是長毛象象牙的橫切面。❿只保留象牙的外側部分，箭頭所指的地方可以觀察到綠黑色的色帶。這就是把組織替換成藍鐵礦的部分。

⓫是以靠象皮這一段的象牙為頂點，利用弧面琢磨的方式切割而成的寶石。褐色的外皮底下可以看到藍鐵礦的顏色。⓬的雕刻品背部亦可觀察到藍鐵礦。⓭也是長毛象象牙的外側部分，不過藍鐵礦層卻十分深厚。將這樣的素材切割並且施以加熱處理的話，就會像⓮那樣散發出相當迷人的藍色，稱為齒松石。

不可不知的知識

「Odontolite」的資料：中文名為「齒松石」，硬度：5，比重：3.0～3.5，折射率：1.57～1.63，可看出骨骼與牙齒的組織構造。

Mini 知識

藏藍色一般指的是帶點紫色的深藍色。從前的藍色顏料大致可分為3種，一

種是「群藍色（Ultramarine blue）」，一種是「藏藍色（Azurite blue）」，另外一種是磨成粉末狀的藍鐵礦，也是叫做藏藍色。

1704年又另外加上在柏林合成製作的人工顏料。這種顏料以「亞鐵氰化鉀」為主要成分，呈現的藍色非常鮮艷亮麗，稱為「普魯士藍（Prussian blue）」。這個名稱來自國名（舊稱普魯士，Prussia）。日本亦稱這種顏色為普魯士藍或柏林青。這種合成的顏料在從事浮世繪相關產業的人士之間稱為「Beroai（即柏林青）」，自幕府末期進口至日本之後，便受葛飾北齋與溪齋英泉等多位繪師青睞使用。

黑珊瑚
Black coral

黑珊瑚

英文名：Black coral
中文名：黑珊瑚

成　分：硬蛋白質
晶　系：非晶質
硬　度：4
比　重：1.25～1.34
折射率：1.56
顏　色：黑色、淺微褐黑色
產　地：密克羅尼西亞、玻里尼西亞、印度灣以東的太平洋沿岸、日本（棲息在亞熱帶的種類）棲息於相模灣到南方海域

關於黑珊瑚

黑珊瑚的種類與紅珊瑚以及桃紅珊瑚不同，屬於「六放珊瑚亞綱・角珊瑚目（Antipatharia）・黑珊瑚類（Antipathes）」的珊瑚。至於「Black coral」或「黑珊瑚」則是來自外觀的寶石名。

根據記錄，黑珊瑚是1958年第一次在夏威夷群島的茂宜島（The Island of Maui）周邊海域發現的。8年後澳洲的昆士蘭海域也曾出現它的蹤跡，但事實上日本在很久以前就有漁夫出海捕魚時魚網碰巧勾到黑珊瑚。從現有的資料可以推測出江戶時代後期就已經有人看過黑珊瑚了。其他國家自古以來相信珊瑚類屬「海中植物」，當然日本也不例外。所以當漁夫們看見撈起的魚網上掛著黑珊瑚時，以為這是生長在海底世界的松樹。其外形非常類似日本過年擺飾在門口的松樹枝，因此稱為「海松」或「深海松」，甚至單單只稱「松」，用來裝飾壁龕或神龕。被視為是吉祥物的黑珊瑚，還冠上「唐物」這個從前對中國物品的吉祥雅稱，稱為「海唐松」。黑珊瑚的日本學名Umikaramatsu（ウミカラマツ）就是以這個俗稱為正式名稱來使用的。

黑珊瑚與其他同種的寶石珊瑚（八放珊瑚）一樣，是由珊瑚蟲（Polyp）這種微小腔腸動物在海中形成的樹枝狀骨骼。構成骨骼的（稱為骨軸）並不是方解石，而是硬蛋白質。因此黑珊瑚與一般珊瑚不同的地方，就是不怕酸侵蝕，但是卻非常害怕過度乾燥的環境，而且還會因為脫水產生裂痕而慢慢變形。

這種珊瑚與棲息在淺海域的「造礁性珊瑚」不同，但是棲息狀態與種類等全景卻尚未為人所掌握。根據筆者所知，用來製作寶飾品的種類至少有10種。

海唐松的骨軸表面有細小的刺狀突起物。只要看見原木狀態，就會發現市面上流通的寶飾品都會將黑珊瑚切割成小塊並且加以琢磨，有時甚至還會切割成串珠。實際上想要詳細地各個識別是件不容易的事。在這種情況之下可以明確辨識的，就以海唐松最多。

另外，這一類的珊瑚會經過漂白加工處理染成金色，並以「金珊瑚（Gold coral）」的名字流通於市面上，這就是所謂的「漂白黑珊瑚（Bleached black coral）」，但是在這裡是以寶石名來稱呼。其實還有另外一種天然珊瑚也稱為「金珊瑚（Gold coral）」。這種珊瑚雖然與海唐松屬不同種類，但在此一併解說。這種珊瑚屬於「金柳珊瑚（Chrysogorgia）」，稱為「柳珊瑚（Briareum excavatum）」，與紅珊瑚以及桃紅珊瑚一樣同屬於「八放珊瑚亞綱」，不過這種珊瑚屬於柳珊瑚目（Gorgonacea）。海竹珊瑚（➡請參考

p.084）也是屬於這個類型。

從照片認識黑珊瑚

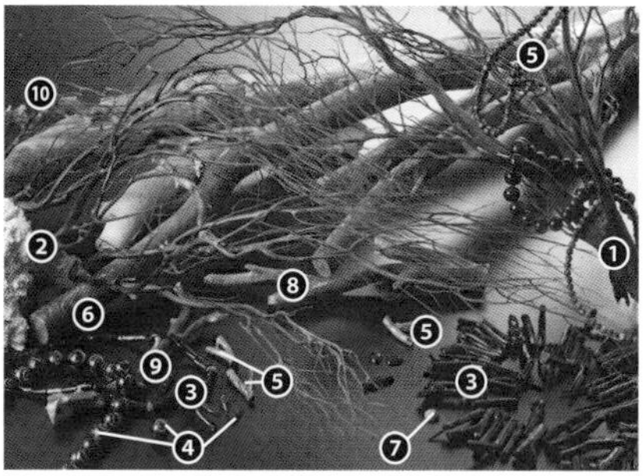

❶❷是海唐松的原木。將這些原木上的枝幹（主幹）切下，就可以用來製作項鍊之類的黑珊瑚裝飾品。

❷的標本形成於造礁珊瑚（六放珊瑚亞綱・石珊瑚，Madroporaria）上。

黑珊瑚的枝幹裡有個同心狀的月牙形縫隙，這個縫隙會隨著枝幹朝平行方向伸展。根據種類的不同，有的會像❹在這個空隙處形成石灰質的沈澱物，台灣與中國將其稱為「白紋珊瑚」，並且視為是極為珍貴的吉祥物。

❺是經過漂白脫色變成黃褐色的黑珊瑚，而且幾乎所有的黑珊瑚只要經過漂白，裡頭的月牙形縫隙就會跟著擴大，因此加工之後會浸泡在合成樹脂裡藉以強化組織。堪稱這種珊瑚的天然版的，就是❻的金珊瑚。❼是經過切割的金珊瑚，但與漂白過後的❺相比，可以看出金珊瑚的顏色比較明亮。

❽～❿與金珊瑚相比的話，顏色就顯得比較白，俗稱銀珊瑚。將❻與❽～❿比較的話，就會發現這兩種珊瑚的形狀、分枝狀態以及色澤均相異，同時也明白這兩種珊瑚的種類正確地來說應該不同。

血石
Bloodstone

血石

英文名：Bloodstone
中文名：血石、血玉髓、血星石

成　分：SiO_2
晶　系：六方晶系（隱晶質）
硬　度：7
比　重：2.58～2.91
折射率：1.53
顏　色：深綠色的底鮮紅色的斑點
產　地：印度、俄羅斯、蘇格蘭、奧地利、西伯利亞、澳洲、巴西、日本

關於血石

在古代人的眼中，這種綠中帶有紅色點紋的礦石不僅充滿活力，而且還散發出一股神聖氣息。他們相信綠色色彩裡寄宿著大地的活力與萌芽的力量，至於四處散布的紅色則擁有驅魔神力。

這兩種顏色的組合，讓人們幻想著這款寶石擁有絕對的神奇力量，所向無敵，故自古以來即被視為貴重無比的寶石。

過去埃及的Heliopolis曾產出品質優良的礦石。「Heliotrope（雞血石）」這個名字出自該地地名，原意在希臘語中擁有「朝向（tropos）太陽（helios）」之意。當時的人相信只要將它對向太陽，陽光就會變成紅色的力量；他們相信這顆礦石只要一照耀在陽光底下，就能夠讓握著它的人止血，並且治好傷口，同時還能夠消腫。這種礦石會用來製作印章或首飾，並且配戴在身體血流最重要的地方，例如無名指或脖子周圍。古代埃及人甚至將這種礦石磨成粉末，以做為止血劑來使用。雖然無法確定這種礦石是否真的具有止血功能，不過當時士兵們卻競相隨身帶著這個石粉上戰場。

血石在中世基督教徒之間亦被視為是非常貴重的寶石。當耶穌基督在各各地（Golgotha）受難時，據說耶穌的血剛好滴落在十字架底下的綠色「碧玉」上，自此之後這塊石頭便留下了紅色斑點。

這種礦石的日文名稱為血石，別名「血玉髓」或「血星石」。但是從前的人也會把赤鐵礦稱為血石（Blood stone）（➡請參考p.422的赤鐵礦），若把Blood stone譯成血石的話可能不夠正確，說是別名或許還比較妥當。如果讓本書命名的話，應該會譯成「血紋石」。

綠色石體是含有「綠泥石（Chlorite）」的不透明石英，如果沒有出現紅點的話，就只是單純的綠色碧玉（Jasper），寶石名是「深綠玉髓（Plasma）」。綠色的礦體如果不會感覺黯淡，而且色澤明亮鮮艷的話便屬上等品質。四處散布的紅色斑點是被氧化鐵（紅鐵礦 Hemutite）染色的石英。紅色色澤鮮艷並且可清楚看出四處飛散的大小斑點的礦石則屬於品質優良的血石。

除了綠色，有的礦體還會混入黃色、橘色或白色色彩，這在業界稱為「Fancy bloodstone」。但對於以血石這個名稱產出的礦石而言，這個亞種名稱其實並不正確，應該正式稱為「Fancy color jasper」。

從照片認識血石

血石是碧玉的一種，是熱液中的矽石（Silica）與黏土礦物以及鐵分一起沈澱形成的礦石，有的則是由滲入「凝灰岩

（Tuff）（➡請參考p.196）」這個火山灰堆積固化礦石裡的矽酸溶液形成的。分布於❶岩體內部的紅色點紋是因為之後的熱液作用影響再加上受到氧化作用而產生的。此外還有其他變種礦石，例如紅點串連成帶狀的❷，甚至是形成紅色環狀的❸。

寶石❹的圓圈中心點還出現了令人聯想到瞳孔的黑點。像這樣的東西會特地稱為「眼石（Eye Stone）」。這裡的寶石只有一眼，也可以稱為「獨眼石（Cyclops stone）」。古時候這種類型的寶石特別受到人們重視。

有時會出現紅紋部分特別大的礦石，像這樣的東西就會與菊花石一樣被歸類在「花紋石」底下，在山水石的世界裡有的人非常喜愛這類礦石。

這種礦石最重要的，就是底色的綠色色調和紅色花紋的組合狀態，例如❷、❺、❻、❼就是品質優良的寶石。寶石等級的血石其綠色底主要為「綠泥石」，因此感覺十分厚重；不過有的卻含豐富的「綠簾石（Epidote）」，故會像❽那樣呈現黃綠色的底色。

綜合觀之，像❶或❾那樣紅點夠大，而且散布方式充滿變化的，就算是上等血石。

但像❸❿⓫⓬那樣擁有豐富而且多樣的黏土礦物，同時底色充滿變化的血石就稱為「Fancy bloodstone」。

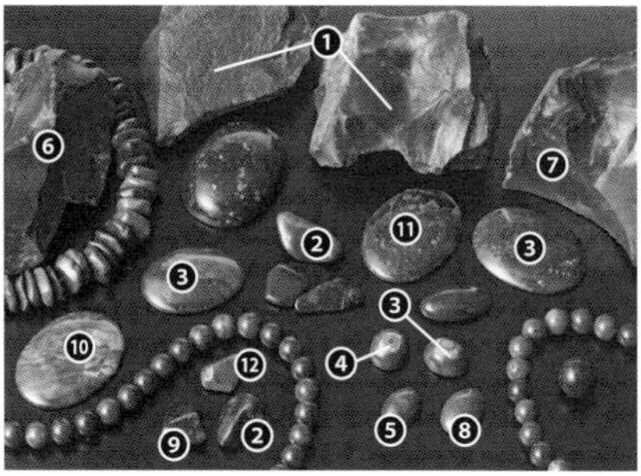

螢石
Fluorite

螢石

英文名：Fluorite
中文名：螢石（翡冷翠）

成　分：CaF_2
晶　系：等軸晶系
硬　度：4
比　重：3.18（塊狀原石為3.00～3.25）
折射率：1.43
顏　色：無色、（深淺）綠色、（深淺）藍色、（深淺）紫色、黃色、粉紅色、橙色、褐色、白色
產　地：英國、美國、加拿大、捷克、西班牙、義大利、阿根廷、德國、波蘭、瑞士、納米比亞、挪威、中國、日本

關於螢石

螢石這個名字取自該礦物的物理現象。只要在礦物邊緣點火，就會發出劈哩啪啦、聽起來十分乾燥的聲響，並且一邊散發光芒一邊飛彈開來。在黑暗處這樣的情況令人感到十分驚艷，看起來宛如四處紛飛的螢火蟲，令人難以忘懷。這種現象稱為「螢光（Fluorescence）」。螢石在「紫外線（Ultraviolet）」的照射之下也會發出光芒。受到紫外線影響而發光的這種現象第一次就是在這種礦石上發現的，因此螢光現象被稱為「Fluorescence」就是由此而來的。不過螢石的英文名並非來自Fluorescence這個字。其稱呼的起源是來自拉丁語的「融解流動（fluere）」，因為歐洲自古以來在提煉金屬的時候，其實都會用到這種礦物。與礦石一同丟入融礦爐裡之後，螢石會將礦石中的金屬融解釋出，像這樣的東西就稱為「溶劑（Flux）」。由此可見英文與中文的取名方式完全來自不同的立場。

螢石做為寶石的歷史也相當悠久。有種螢石稱為「藍螢石（Blue john）」，呈條紋狀，為在深淺的紫色帶狀圖案之間夾雜著藍色或黃色等條紋的塊狀原石。起初法國人稱其為「青黃色（Bluejaune）」之石，之後念法簡化，以英國德貝郡（Derbyshire）的卡斯頓（Castleton）所產的最為知名。條紋狀的層次是細小微結晶集合形成的，這種形成形態的特徵亦可見於菱錳礦或孔雀石上。

英國德貝郡所生產的螢石稱為「Derbyshire spar」，18～19世紀在歐洲大為流行。Spar的意思原本是「燦爛的一面」。在為數眾多的螢石結晶當中，來自德貝郡的螢石彷彿像是經過琢磨般閃閃發亮，有時在藍螢石這一層的上方還會出現透明而且顆粒碩大的骰子形結晶。Derbyshire spar又可稱為「氟石（Fluorspar）」，不過這個名字在Fluorite出現之前就已經開始使用了。

螢石的顏色範圍非常廣泛，但以綠色和紫色居多，亦有粉紅色、褐色與水藍色，深邃的寶藍色產出較少。

這是種產出範圍極為廣泛的礦物，不管是形狀還是顏色均十分美麗，做為礦物標本可說是非常熱門。結晶體方面以骰子形（6面體）最為普遍，8面體的產出機率比較少，不過有的結晶會混合這兩者的形狀（稱為集形），此外雙晶的情況也非常普遍。

在寶飾市場上以8面體結晶販賣的螢石，幾乎都是靠人為的方式並且利用其解理性從6面體結晶切割下來的。

從照片認識螢石

❶與❷的標本產自德貝郡的卡斯頓，

歷史非常悠久。從標本❷上觀察到的黑色結晶為「方鉛礦（Galena）」，可說是在背後消滅羅馬帝國的「硫化鉛PbS」礦物。❸～❺的螢石與❶❷一樣，可以看出是6面體。

標本❻與犬牙狀的方解石結晶相伴。❼～❾的標本呈現8面體結晶。這是鑽石的典型結晶外形，稱為「八面體（Octahedral）」。❿乃利用名為「八面體解理（Octahedral cleavage）」的解理性切割成形的螢石。從結晶體❸的箭頭前端可觀察到傾斜行走的解理面線條，而❿就是沿著這個線條敲打切割而成。❼～❾的8面體結晶線條（平面）部分正好成為結晶面，由此可看出6面體與8面體的結晶形狀關係。這兩者的差異是取決於礦床狀態，像這樣的礦物就稱為「晶相（Tracht）」變化。

⓫是沿著8面體的方向切割而成的6面體結晶礦石照耀在透射光底下拍攝而成的。以6面體形成的那一面可以觀察到賓士車的商標圖案。⓬是「藍螢石」。⓭～⓯以層狀形態形成，顯現出與藍螢石截然不同的礦石美。

然而生產這種原石的地方是採鉛的礦山。鉛是在背後支持羅馬帝國的金屬。羅馬人是製作自來水管的科學家，但矛盾的是，羅馬帝國卻因為使用了這種含鉛水管引水，結果導致鉛中毒，最後踏上滅亡之路。

Mini 知識

藍螢石是最受羅馬帝國喜愛的寶石，羅馬人甚至會把葡萄酒倒入原石做成的酒壺裡飲用。葡萄酒一旦倒入藍螢石做成的酒壺裡，滋味就會變得十分芳醇，因此才會深受羅馬人的喜愛。其實這股芳香是來自研磨工匠所使用的松脂。像這樣的集合體原石裡頭通常都會出現許多縫隙。而添加松脂的目的，就是為了避免漏水以及讓原石更耐研磨。

葡萄石
Prehnite

葡萄石

英文名：Prehnite
中文名：葡萄石

成　分：$Ca_2Al[(OH)_2|AlSi_3O_{10}]$
晶　系：斜方晶系
硬　度：6～6.5
比　重：2.80～3.00
折射率：1.61～1.64
顏　色：（深淺）綠色、白色、黃色、灰色、無色
產　地：澳洲、印度、英國、美國、南非共和國、加拿大、法國、義大利、德國、俄羅斯、捷克、中國

關於葡萄石

荷蘭陸軍的H. V. Prehn上校的興趣是收集礦物。1788年當他因為軍職而去南非探索時，在好望角省（Cape Colony）還有喜望峰採集到一種黃綠色礦物。

帶回歐洲之後，繼續研究這個礦石的是A. G. Werner。Werner是日後提倡地質學原理「水成論」、對地質學的發展貢獻甚大的人物。經過研究之後他提出定論，認為這個被誤以為是「綠玉髓（Prase）」的礦石應屬不同種，最後取名時還冠上發現者的名字稱為「Prehnite」。

可惜這個名字一直無法深入人們的腦海裡，而且還以「好望角祖母綠（Cape emerald）」這個名字流通了好一陣子。當然這只是別名罷了，並不代表這種礦石是真正的祖母綠。

相較之下，日本礦物學家為其命名的「葡萄石」看來反而比較貼切，因為這種礦石的果房狀外形讓人感覺到一股甜蜜氣息。

大多數的葡萄石正如其名，產出時外形就像是「葡萄果房」。這種礦物主要與鹽基性火山岩礦脈與空洞裡的「沸石族（Zeolite）」礦物共生，並且以次生礦物的姿態產出，有時還會形成於切斷花崗岩的礦脈中。

結晶體本身屬斜方晶系，鮮少出現線條清楚的結晶，而且幾乎都是以次生礦物的狀態形成典型的膠體（Colloform）集合體外形。 除了葡萄狀，有時還會出現佛頭狀、球狀，甚至是鐘乳狀。這些原石內部毫無例外地會從某一點呈放射線擴散成纖維狀的結晶集合體。一旦將這樣的原石琢磨成弧面切石，就會出現「貓眼效果（Chatoyance）」，變成「葡萄石貓眼石（Prehnite cat's-eye）」。

這種礦物有時候會將極為細膩的結晶體集合起來組成如同珊瑚樹的外形，或者將這些細小的結晶體聚集起來覆蓋在其他礦物的表面上。Prehn上校起初之所以把它當做綠玉髓，是因為當他看見這種覆蓋型的礦石時，誤以為這就是玉髓。葡萄石有時候還會出現厚片狀或短柱狀的結晶體，不過這種情形相當罕見。

以寶飾品流通於市面上的石體當中，有的會包含針狀的黑色結晶體，這種情形也非常少見。像這樣的礦石會被視為是「電氣石葡萄石（Tourmalinated Prehnite）」而流通於市面上，但其實這並不是電氣石，正確來說應該是「綠簾石（Epidote）」的結晶。

至於其他的共生礦物有「石英（Quartz）」、「鈉長石（Albite）」、「綠纖石（Pumpellyite）$Ca_2(Al, Mg, Fe^{2+}, Fe^{3+})(Al, Fe^{3+})_2[(OH)_2|(OH, H_2O)|SiO_4|Si_2O_7]$」、「菱沸石（Chabazite）$(K_2, Na_2, Ca)_2[Al_2Si_4O_{12}]_2\cdot 12H_2O$」、「方解石

（Calcite）」等，這些礦石有時候會混入葡萄石纖維狀的集合體內部並且形成圖案。

從照片認識葡萄石

明明知道是礦石，但是標本❶不管怎麼樣看起來就像是水果中的白葡萄。標本❷成長於黏土層中，是在黏土層的支持之下從其中一塊母岩形成的礦石。

❸的石板是將在❶的狀態之下形成的礦石水平切割開來的。從其剖面可以看到方解石與鈉長石的內包物。

由於葡萄石的組織為纖維狀，因此會出現透明度低這個特徵。❹是利用拋光、❺是利用弧面琢磨切割而成的。外觀看起來之所以會感覺柔軟，原因就在於這是纖維狀的集合組織體。

把❶、❷、❸那樣的原石切割，就會出現貓眼石的花紋。

❻的礦石因為透明度低加上顏色關係，故會被誤認為是閃玉（Nephrite）或符山石（Idocrase）。不過它的組織結構較粗，而且纖維還會朝同一個方向平行發展，故可藉以區別。這樣的纖維組織從項鍊上的串珠也可觀察得到。

❼是選擇透明度相當高的原石翻光琢面切割而成的。由此可看出利用這種方式切割而成的葡萄石是無法將其最大的魅力展現出來。

像這樣的組織是葡萄石最大的識別特徵，不過有時卻會出現像❽那樣粒粒鮮明的結晶外形。

❾的外形雖然像珊瑚樹，不過樹形表面卻覆蓋著一層小結晶，所以Prehn上校看了才會將其誤以為是綠玉髓。

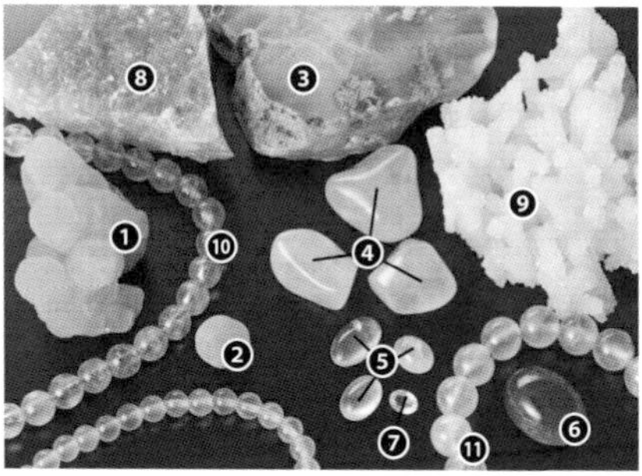

❿的串珠裡頭有針狀的綠簾石結晶，⓫的串珠則可觀察到綠纖石（Pumpellyite）的顆粒，不過這種礦石卻以「Epidote in prehnite」這個誤稱流通市面。

針鈉鈣石
Pectolite

針鈉鈣石

英文名：Pectolite
中文名：針鈉鈣石、拉利瑪海洋石

成　分：$NaCa_2[Si_3O_8OH]$
晶　系：三斜晶系
硬　度：4.5～5
比　重：2.74～2.88
折射率：1.60
顏　色：無色、白色、灰色、藍色、粉紅色、淺黃色
產　地：英國、奧地利、美國、加拿大、格陵蘭、瑞典、多明尼加、俄羅斯、摩洛哥、捷克、南非共和國

關於針鈉鈣石

針鈉鈣石這個礦物名取自其產出形狀，大多以十分細膩的放射狀細針集合體狀態出現，外觀看起來就像是凝固而成，因此具有「凝結、凝固、黏著」這個意思的希臘語「pektos」就成了針鈉鈣石英文名的字源。換句話說，這個字源本身就有「緻密石塊」之意。

這種礦石在成分上是由「矽灰石（Wollastonite）$Ca_3[Si_3O_9]$」加上碳酸（Na）與氫氧化物（OH-）所形成的，因此日本人便從這個狀態將其稱為「碳酸矽灰石（ソーダ珪灰石）」。針鈉鈣石的自形結晶呈長形薄片狀，但通常以放射狀的細針形集合體形態產出。

白色的針鈉鈣石雖然非常普遍，但有時也會出現淺褐色與黃色，比較罕見的還會帶著一絲淡淡的粉紅色，這個顏色是錳所造成的。

過去這種礦物的名字在寶石世界幾乎默默無聞，但自從多明尼加共和國發現宛如土耳其石般的藍色變種礦石之後，針鈉鈣石便一躍成名，成為家喻戶曉的礦石。

一切起於1974年Norman Rilling在多明尼加南部一個名為帕歐爾的村落裡所發現的幾顆藍色礦石。當時雖然不清楚那是什麼樣的礦石，但據說這種礦石到了隔年就出現在聖多明哥（Santo Domingo）的寶石店店裡。不過當時這種礦石的綠色色調太過深濃，對於已經看慣後來發現的藍色石體的人而言或許會覺得非常奇特。之後身為當地居民同時也是寶石商的Miguel Méndez與擁有一部分礦床的Luis Augusto Gonzalez Vega共同成立了一間採礦公司。當時的商標名原為「Travelina」，後來卻改成「Larimar」並且沿用至今。不過多明尼加共和國所有的礦石挖掘權都置於政府管轄之下，而Méndez與Vega現在也已經停止銷售。

Larimar（拉利瑪海洋石，針鈉鈣石）這個名字據說是當地的寶石商把他寶貝女兒的小名「lari」還有意為海洋的西班牙語「mar」組合而成的，但這並不是礦物名，而是在地名稱。其正式名稱為「Blue pectolite」，這才是正確的；但不知道為什麼聽過這個名字的人就是不多。

1985年，C. Mark這位來自美國的寶石商把拉利瑪海洋石譽名為「加勒比海的寶石（The Jewel of the Caribbean）」並且大肆宣傳，讓眾人認識這個美麗的名字與有趣的花紋，而且越來越受大家喜愛。

這種礦石傳來日本之際，是以西班牙語的發音登場，但如今以英語的念法最為普遍。

拉利瑪海洋石甚至還與多明尼加的「琥珀」，以及西印度群島的「海螺珍珠（孔克珍珠，Conch pearl）」被譽名為「加勒比海的三大寶石」。

拉利瑪海洋石的藍色色彩只要越深、

花紋越清晰鮮明，而且藍色部分越透明的話，就代表品質越佳。捷克雖然也產出色澤微妙的水藍色拉利瑪海洋石，但是多明尼加所產的卻顯現出非常獨特的藍色。

將細針狀結晶緊密結合的部分翻光琢面的話就可以切割出貓眼石。眼珠部分雖然有點模糊，但不會受到顏色影響。當然拉利瑪海洋石也會出現這種現象，不過比較常見於粉紅色石體上。

從照片認識針鈉鈣石

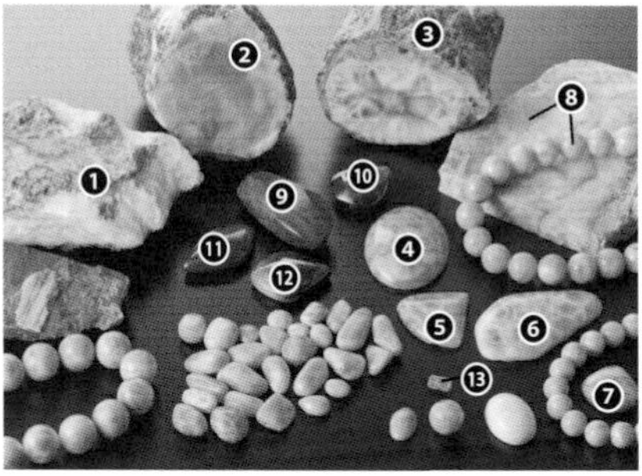

針鈉鈣石非常類似矽灰石，但產出狀態卻與其截然不同，主要是以礦脈狀的形態形成於蛇紋岩等「超鹽基性岩」中，此外亦成長於「異剝鈣榴輝長岩（Rodingite）」這種變質岩中，例如❶就是粗纖維集合而成的脈狀礦塊。

這種礦石亦形成於玄武岩或安山岩等火成岩空洞中。玄武岩裡的針鈉鈣石會伴隨著「沸石（Zeolite）」，產狀非常特殊，為放射狀的集合體。來自多明尼加的針鈉鈣石也會形成於玄武岩的氣孔或孔洞中。例如❷與❸就是在玄武岩所產生的圓柱孔內部形成的。試著比較這兩者，會發現❸的品質較佳，從剖面花紋所觀察到的狀態更能夠一目瞭然。葡萄狀的顆粒會隨處形成於圓柱孔的空壁面上，而從這裡頭可以看出這些顆粒變大之後將空洞裡的縫隙整個填滿。❹～❼的拉利瑪海洋石那些充滿特色的圖案是以原石❷與❸看得見的部分為頂點切割而成的。❽的拉利瑪海洋石帶點綠色，而Norman Rilling當初發現的礦石就是這個顏色。其實這種顏色的拉利瑪海洋石產出反而比藍色還要少。而❷～❼之所以會被視為是一般的拉利瑪海洋石，主要是受到C. Mark口中的「加勒比海的寶石」影響而來的。

❾～⓬的針鈉鈣石形成於南非Wessels礦山，與錳・舒俱徠石共生。從❾便可看出錳・舒俱徠石。⓭是「針錳鈉石（Sérandite）」，類似碳酸矽灰石，化學式是$Na(Mn, Ca)_2[Si_3O_8OH]$，但是絕大部分的鈣都被錳所替換，因此會呈現粉紅色或橙色。

玳瑁
Tortoise shell

玳瑁

英文名：Tortoise shell
中文名：玳瑁、十三鱗、文甲

成　分：主要成分是名為「角質」的「β-角蛋白（β-keratin）」。幾乎與頭髮以及指甲一樣屬硬蛋白質。
碳：氧：氮：硫磺的成分比例約為6：2：1.5：0.5。
晶　系：－
硬　度：2～2.5
比　重：1.2～1.3
折射率：1.55
顏　色：黃色、黃白色、黃色與褐黑色的斑點狀、黑褐色
產　地：東南亞、印尼、南太平洋群島、中非、西印度群島、加勒比海
日本產⇨沖繩海域已經確認有極少數的個體

關於玳瑁

「玳瑁」指的是一種棲息在赤帶附近熱帶海域、名為「玳瑁龜」的海龜其身上的龜殼部分。又稱為毒瑁。

龜類是2億3000萬年以前（中生代初期）出現的爬蟲類，至於海龜則是8000萬年以前（中生代後期）從這裡分化而來的。海龜底下分為「海龜科」與「革龜科」，擁有龜殼的是海龜科，共6種。

「玳瑁（Hawksbill turtle）」就是其中一種。其背上美麗的甲殼圖案長久以來讓歐洲人為之傾迷，而且歷史長達數千年，至少可追溯至西元前的埃及先王朝時期。當時的埃及王族利用這種海龜龜殼來製作梳子與手鍊，這項愛好甚至還遠傳至希臘與羅馬帝國。在歐洲，讓玳瑁以商業規模普遍應用在各方面的是15世紀的西班牙。不單是首飾，甚至還運用在盤子與家飾品等生活用品上。日本這方面的發展比較晚，加工業要過了200年之後才在長崎興起。當時玳瑁是經由中國還有南蠻交易從歐洲傳來日本的。中國是南京商人，歐洲則是荷蘭商人帶來的。因此棲息在太平洋的玳瑁甲殼稱為「南京甲」，棲息在加勒比海的玳瑁甲殼就稱為「異人甲」。在日本，異人指的是當時的荷蘭人。另外經由泰國傳來的稱為「暹羅甲」。西印度群島亦有玳瑁龜棲息，稱為「古巴甲」。

元祿時代，第五代的將軍綱吉在堪稱江戶時代泡沫經濟時期的元祿年間頒布奢侈禁止令。而玳瑁的製品當然屬於奢侈品，但是人們就是想要使用那美麗的製品，故推托謊稱「這是鱉的甲殼」，結果玳瑁一詞變成鱉甲。自此之後日本人將原狀的甲殼稱為玳瑁，經過加工製成產品的就稱為鱉甲。

腹部的甲殼呈淺淡均勻的黃色，稱為「淺金玳瑁（Blonde tortoise shell）」，這在日本稱為「白甲（➡請參考不可不知的知識）」；相對地背甲就稱為「茨斑甲（茨布甲）」。另外，黑色的（※如同不可不知的知識這個部分所解說的，利用層疊手法將玳瑁甲殼的黑色部分拼貼製成產品）稱為「黑甲」。白甲中如果橘色色調較為深濃的話，就稱為「赤甲」。

革龜的甲殼花紋不如玳瑁鮮明清晰，加上質地又薄又硬，難以加工處理，通常不太會拿來製作成產品。

從照片認識玳瑁

❶為玳瑁。因其嘴形會讓人聯想到老鷹，故英文名又稱為「鷹嘴龜（Hawksbill turtle）」。Turtle指的就是海龜。不只是嘴形，就連甲殼的重疊方式也與綠蠵龜（Chelonia mydas）不同。玳瑁龜的甲殼就像屋頂瓦片那樣一片一片疊起，因此學

名才會稱為「Eretmochelys imbricata」。Imbricatas在拉丁語中意指「用瓦片覆蓋」。❷是「南京甲」，❸是「異人甲」。❹是棲息於中非的玳瑁，屬於異人甲的一種，有時會特地稱為「非洲甲」。至於❶的玳瑁因為棲息於印尼，故這個甲殼就稱為南京甲。

❺為甲殼內側，由於裡頭的組織色素變質，結果讓甲殼的成長圖案呈現白濁狀，其中一種圖案就稱為「水紋甲」。

❹的甲殼上方以及周圍都是女性用的髮飾，是江戶到明治時期的東西。❻增添了「螺鈿細工（貝片的鑲嵌物）」，❼則是嵌入了珊瑚。❽是鑲嵌了漆與貝殼的「螺鈿泥金畫」。可惜這些日本傳統的藝術文化自明治以後，卻隨著服飾西服化所帶來的髮型變化而消失匿跡。❾為昭和製作的胸針與髮夾。❿的胸針還施以「螺鈿泥金畫」。⓫的項鍊稱為「茨斑甲」，是長崎以獨特的技巧製作而成的。⓬是「赤甲」，顏色比這個還要明亮的稱為「白甲」。⓭則是「黑甲」。

不可不知的知識

◎玳瑁的甲殼在拼貼的時候，必須借助水與熱的作用來包覆。這是江戶時代從荷蘭引進長崎的技術，之後日本以將數片甲殼拼貼的「疊層手法」完成了這項技術。

◎白甲所表現的是甲殼顏色，其側面突出的鋸齒狀部分（稱為爪）加工之後便稱為白甲。

◎相對於玳瑁殼，綠蠵龜的甲殼稱為「和甲」。

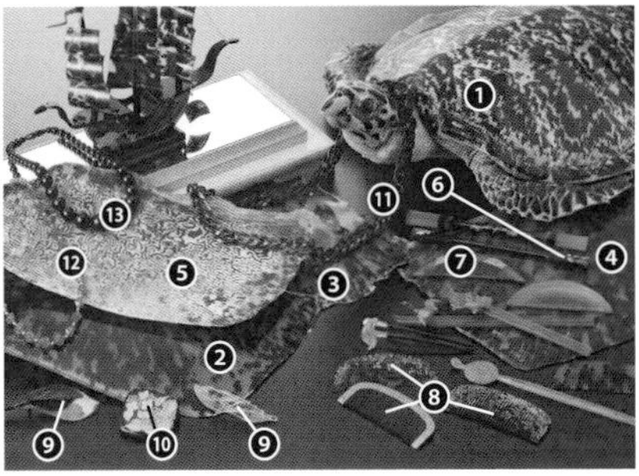

Mini 知識

日本於1973年簽訂「華盛頓公約（瀕臨絕種野生動植物國際貿易公約）」，1980年在國會例行年度會議中以限制條件批准，自此以來管制進口，到了1993年便全面禁止進口瀕臨絕種野生動植物。在能夠養殖玳瑁龜以便提供原材料之前，日本向組織提出請願書，希望能夠進口玳瑁。如今日本國內的養殖放流研究仍在持續進行當中，希望能夠有效利用這些有限的資源，藉以努力提升加工業界的地位。

樹玉
Petrified wood

樹玉

英文名：Petrified wood
中文名：樹玉、木化石

成　分：基本上均為SiO_2
晶　系：受到矽化（石英化）階段的影響可從非晶質變化至結晶質。
硬　度：均為6～7左右
比　重：因原本的資質與化石化程度，以及在地底的狀態而異。
折射率：依化石化程度而異。矽化的化石為1.53～1.54
顏　色：灰色、白色、黃色、紅色、褐色、黑色，混合這些色彩的狀態，罕見的還有從藍色到綠色
產　地：世界各地。最具代表性的產地有美國、巴西、阿根廷、法國、辛巴威、義大利、埃及、馬達加斯加、蒙古、烏拉圭、日本

關於樹玉

這是地質時代變成化石的樹木，有的保留了原有的木頭組織，有的則只留下木頭外形。數量以前者壓倒性地多。

廣義來說，這稱為「化石木（Fossil wood）」。

主要透過交代變質作用（Metasomatism）讓有機物「石化」的作用稱為「Petrifaction（石化）」，但從矽化這個觀點來看，則應稱為「Silicification（矽化）」，因此矽化的樹木化石又可稱為「矽化木（Silicified wood）」。

地球上距今約4億年前的泥盆紀（Devonian period）前期相當於蕨類與蘚苔類祖先的小型植物從海中升至陸地上來；過了5000萬年之後，變成一片巨大蕨類植物茂密生長的地帶，因而形成了今日石炭的根源。進入中生代之後，針葉樹急速增加擴大，甚至還出現了擁有清楚年輪的植物。這些樹木倒塌之後深埋地層之中；一旦保存這些樹木的條件齊全，化石化的作用就會啟動。這裡頭有2個代表性的成分，其中以矽酸（SiO_2）含量最多，並且以玉髓，有時是蛋白石的形態化石化。有的日本人稱這種化石為「木化石」。另外一種成分是碳（C），會形成以寶石而聞名的黑玉（煤玉，Jet）。

樹玉就算表面顯現出木紋，看起來就和樹木一樣，但還是擁有礦石應有的魅力，尤其是木紋鮮明的樹玉還能夠成為美麗的寶石。這種化石以灰色居多，不過有時會出現黃色或橘色、褐色或紅色。擁有木紋的在特徵上會出現不透明狀；而樹玉有時會因為這種不透明度而被稱為「碧石硅化木（Jasperized wood）」，但從成因來看，這個名稱嚴格來講是不正確的。

有時候樹玉只會剩下樹木外形，內部形成條紋瑪瑙。化石化的矽酸如果呈現蛋白石狀態的話，就稱為「木蛋白石（木歐泊）（Opalized wood）」，有的會出現遊彩效果，例如美國內華達州的Virgin Valley就產出十分美麗的蛋白石化石。但是挖掘之後如果直接擺置的話，化石會出現裂痕。在這種情況之下通常會讓化石含浸在合成樹脂裡，藉以強化處理。

矽化木幾乎來自針葉樹。融入地下水的矽酸成分經過漫長歲月滲入埋在地層裡的樹木組織中，結果讓石英結晶沈澱在木頭的微小組織空間裡，經過置換且玉髓化。這段過程會在低溫的環境之下以極為緩慢的速度進行，並且完整地保存木頭組織，甚至還有可能將原本的樹木分類。不過矽化的時間與滲入木質內部的矽酸分濃度以及溫度有相互關係，故偶而會進行得非常迅速。

有時到溫泉地會實際看到傾倒毀壞的樹木慢慢地變成石頭。例如在美國亞利桑那就發現了三疊紀（中生代）的化石林。

這裡的化石林特別值得一提的是，在這規模達378㎢的土地上擁有數不清的化石木，有橘色、黃色、褐色、大紅色，十分美麗壯觀。日本的化石林規模比較小，以福岡縣福岡市的「帆柱石」最有名。之所以會取名為此，是因為有塊矽化木彷彿要從露出海岸的礫岩層中飛出般，看起來就像是帆船上的帆柱，因而被指定為自然珍貴物（天然記念物）。

另外，當樹木被埋入水底或堆積物中時，有時還會在無氧的狀態之下開始分解。如此一來氫、氧與氮會慢慢消失，只剩下含量最多的碳。這就是被稱為黑玉的寶石，但有時卻會出現矽化現象。

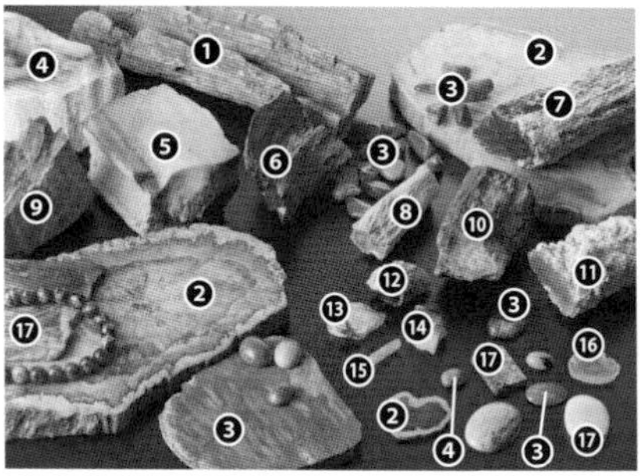

從照片認識樹玉

標本❶不管怎麼看就是木頭。❷是化石木的剖面，可以觀察到十分美麗的木紋。

❸呈現像碧玉般的紅色與黃色。❹與❺是包含蛋白石狀態的矽酸將樹木化石化而形成的。尤其是❹的標本還受到滲入的銅離子影響而發色。

❻與❼因含碳而變成黑色，不過❼化石化的程度較嚴重。標本❽有一部分是半透明的玉髓，至於❾則是與寶石質的貴蛋白石（Precious opal）互換。

❿～⓰的化石只剩樹木外形，內部已經不見木紋；❿與⓫裡頭埋了素色的玉髓，⓬～⓯的標本裡則埋了蛋白石。⓬～⓮可觀察到遊彩效果。⓰內部可看到瑪瑙條紋。⓱是椰子類等被子植物的矽化木，呈現出非常獨特的木紋。

珊瑚化石／貝殼化石
Petrified coral／Petrified sell

❶珊瑚化石／❷貝殼化石

英文名：❶Petrified coral／❷Petrified sell
中文名：❶珊瑚化石／❷貝殼化石

成　分：基本上均為SiO_2
晶　系：受到矽化（石英化）階段的影響可從非晶質變化至結晶質。
硬　度：均為6～7左右
比　重：因原本的資質與化石化程度，以及在地底的狀態而異。
折射率：依化石化程度而異。矽化的化石為1.53～1.54
顏　色：兩者均普遍常見灰色與白色的化石，不過紅色、黃色，以及巧克力色、黑色亦為人熟知。
產　地：世界各地。最具代表性的產地有美國、印尼、巴西、馬達加斯加、辛巴威、中國、墨西哥、日本

關於珊瑚化石／貝殼化石

◎珊瑚化石

出現在化石世界裡的珊瑚與歸類在八放珊瑚底下的（➡請參考p.184的珊瑚）不同，屬於六放珊瑚、絕跡於過去的四放珊瑚，以及石珊瑚項下。這些珊瑚大致可分為單體與群體，紛紛呈現截然不同的魅力。

美國猶他州與印尼堪稱寶飾用化石珊瑚的寶庫。猶他州擁有豐富的紅色或橘色單體珊瑚，印尼則是產出白色與褐色等色彩樸素但圖案卻像花園般美麗的群體珊瑚。

不管是珊瑚化石還是貝殼化石都能夠與矽酸質替換，因此被稱為「Coral jasper」、「Agate coral」、「Jasperized shell」，但這些都不是正確的名稱。

與化石置換的矽酸相當於蛋白石，因此有時會稱為「Opalized coral」。蛋白石雖然也屬於含矽礦物，但因與標題不符，故不在本項的討論範圍之內。不過陳列在蛋白石項下的原石❷前方的紫色原石（➡請參考p.111的蛋白石）就是這種化石，極為珍貴。美國的是產自奧勒岡州。同一地區附近所產出的同色化石裡頭有的還會包含玉髓質。

珊瑚構造所呈現的圖案充滿特色，花樣之美，堪稱這種化石寶石的價值。被體壁分隔開來的「Caliz」十字圖紋交錯並且呈放射狀組成的圖案看起來宛如花朵，因此在山水石的世界裡稱為「菊石」。群體珊瑚的化石因地區不同，還可稱為「菊紋石」、「菊目石」、「菊面石」。在古生物學與地質學等學問尚未出現的江戶時代，日本早已發現珊瑚化石，而古時候所收藏的化石亦流傳至今日。只不過當時的人尚未認識珊瑚這種物體，以為這是虛構生物所變成的化石。

◎貝殼化石

提到貝殼化石，無人不知無人不曉的就是「菊石目」這個化石。不過矽化的菊石目幾乎從未出現過。

將包含貝殼化石群集體的原石切割琢磨之後，表面就會出現多彩繽紛的圖案。變成化石的貝殼有兩扇貝與卷貝這2種，後者切割而成的切石會呈現交錯複雜的花紋，充分顯現出神奇的幾何學魅力。

岩石中亦有自然剝落的化石。尤其是卷貝外形可愛，深受人們喜愛。有時貝殼的開口處甚至還會發現水晶密集，散發出閃爍燦爛的光芒。

不管是兩扇貝還是卷貝，這些矽酸置換而成的化石充滿魅力，只要一經過琢磨，就可以完美地散發出光澤，搖身變成美麗的寶飾品。這種化石與從碳酸鈣形成的化石不同，不僅不怕風化，而且也不容易刮傷。

從照片認識珊瑚化石／貝殼化石

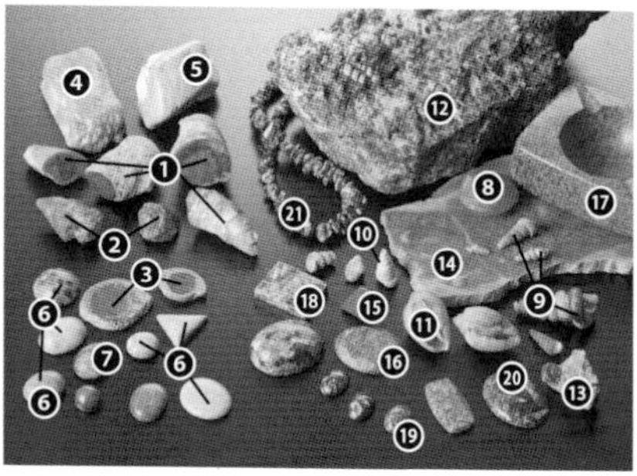

❶❷為單體的化石珊瑚，紅色部分已經完全矽化。之所以會呈現紅色，原因在於這裡頭含有相當於赤鐵礦的膠狀氧化鐵。周圍的白色部分是原有的石灰質成分殘留下來的，並為受到矽化。❷的石灰質部分自然融解之後，被構成珊瑚的體壁所區隔開來的十字圖案（Caliz）就會整個露出。流通於市面上的標本當中有的會刻意使用鹽酸來融解，但是像這樣的化石卻會因為融解方式過於粗糙而無法呈現出細膩的美感。❸是橫切成片狀的化石，可清楚看出裡頭的構造。

❹與❺為群體珊瑚。❹是從珊瑚群頂部看到的樣子，由此可觀察出群體形成的樣子。❺是從縱切面的方式呈現，可看出群體珊瑚的構造。❻❼也是群體珊瑚，❻是印尼產，❼是美國產，由此可明白這種化石為何會稱為「菊石」。

從正中央略偏左到右頁全部都是貝殼化石。❽為兩扇貝，與黃色的玉髓置換。

❾～⓭為卷貝。在日本像❾那樣的化石叫做「Osagari（掉落物）」，意思就是糞便。矽酸液滲入卷貝的螺旋內部凝固之後，石灰質的部分會融化，最後只剩下內部旋渦狀的部分露出。像是岐阜縣土岐盆地所生產的化石就呈現淡淡的藤紫色，非常美麗。這原本是Vicarya類的化石，不過當地的人卻因形狀而將其稱為「月亮的掉落物」。這種化石有時候會出現蛋白石或玉髓。

標本⓫從開口部可觀察到水晶結晶。

⓬與⓭的標本是露出於岩石表面、經過風化的貝殼。⓮～㉑是連同母岩（Matrix）一起切割的化石。⓮～⓱為兩扇貝，⓲～㉑是卷貝。特別要提的是卷貝形成的化石經過琢磨之後所呈現的圖案真的是琳琅滿目，有的從卷貝的剖面就可輕易判斷，有的卻是不管怎麼看，就是令人百思不解。

⓬⓲⓳⓴㉑的標本在寶石界稱為「圖里特娜瑪瑙（瑪瑙化錐螺化石群）（Turritella agate）」，但正確來說這並不是瑪瑙，而是「Petrified Turritella」。Turritella指的是「錐螺（豬公螺、九層螺、螺絲螺、鑽仔螺）（Turritella terebra）」。而書中的標本則是來自美國的懷俄明州。

赤鐵礦／鈦鐵礦／硬錳礦／磁鐵礦
Hematatite／Ilmenite／Psilomelane／Magnetite

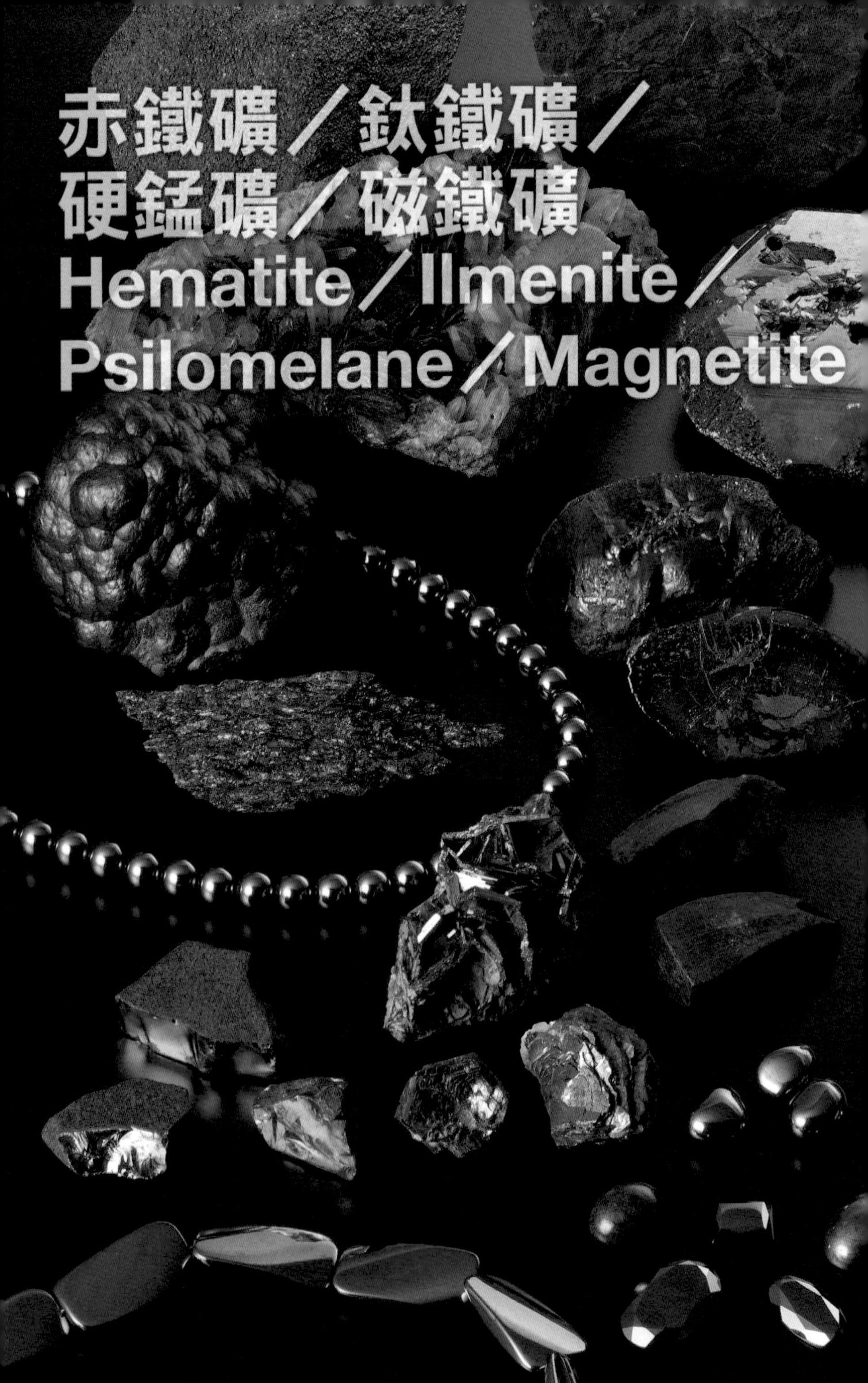

1赤鐵礦／2鈦鐵礦／3硬錳礦／4磁鐵礦

英文名： 1Hematite／2Ilmenite
3Psilomelane／4Magnetite
中文名： 1赤鐵礦（鏡鐵礦、腎鐵礦）
2鈦鐵礦3硬錳礦4磁鐵礦

成　分： 1Fe_2O_3／2$FeTiO_3$
晶　系： 3β-MnO_2／4$Fe^{2+}Fe^{3+}{}_2O_4$
1六方晶系（三方晶系）
1六方晶系（三方晶系）
3正方晶系／4等軸晶系
硬　度： 15～6.5／25～6
36～6.5／45.5～6.5
比　重： 14.95～5.26／24.50～5.00
34.50～7.90／45.16～5.18
折射率： 以寶石學技巧均無法測量
顏　色： 1黑色、鋼灰黑色、灰黑色／2黑色
3黑色、灰色／4黑色、灰色
產　地： 1英國、義大利（艾爾巴島，Isola d'Elba）、巴西、澳洲、印度、墨西哥、古巴、加拿大、美國、德國、委內瑞拉、瑞士、中國、日本
2英國、法國、美國、巴西、挪威、瑞士、加拿大、阿富汗、日本
3英國、德國、義大利、中國、墨西哥、俄羅斯、印度、巴西、美國、日本
4瑞典、奧地利、義大利、瑞士、俄羅斯、古巴、巴西、南非共和國、美國、日本

關於赤鐵礦與其他礦物

本項目是從流通於市面上充滿金屬光澤的黑色礦石中挑選最普遍的幾種來介紹。

◎赤鐵礦

是最常見的一種，只要摩擦結晶體就會變成紅色粉末，自古以來稱為「血石（Blood stone）」。

赤鐵礦的產狀大致可分為3種類型。

第一種屬於層狀，是前寒武紀（Precambrian）等古早時期水中的鐵分受到細菌作用影響沈澱形成的，是一種非常重要的鐵資源，最大的產地是美國密西根州。這種礦石的表層通常會形成腎臟狀或葡萄狀，故稱為「腎鐵礦（Kidney hematite）」。赤鐵礦幾乎不含磁力，但在這裡頭如果混入「磁赤鐵礦（Maghemite）γ-Fe_2O_3」或「磁鐵礦」的話，就會展示出磁性。

第二種是鱗片狀的結晶集合體，因接觸變質而形成的，以「雲母鐵礦（Micaceous hematite）」為首，具代表性的產地為義大利的艾爾巴島（Elba）與巴西。

第三種以板狀結晶狀態產出，形成於熱液礦脈與火山氣中。結晶形態非常平坦，故特地稱為「鏡鐵礦（Specularite）」。這種類型的赤鐵礦產量非常少，而且做為礦石的用途並不是非常重要。呈現玫瑰花狀的集合體稱為「鐵玫瑰（Iron rose）」。形成於水晶中的赤鐵礦其裡頭的金紅石（Rutile）會以針狀形態朝6個方向伸展，因此擁有「太陽金紅石（Rutile-sun）」這個暱稱。知名產地有瑞士與巴西。

◎鈦鐵礦

鈦（Ti）是種非常重要的礦物資源，雖然類似磁鐵礦與赤鐵礦，但磁性卻十分微弱，加上條痕色並不紅，故可藉此區別。形成於「結晶花崗岩」的鈦鐵礦結晶體比較碩大，通常以火成岩的副成分礦物產出，而且呈微粒狀。大多數的「砂鐵（Iron sand）」雖然是磁鐵礦，但這當中亦包含鈦鐵礦在內。

◎硬錳礦

屬於錳（Mn）的礦物。以寶石而廣為人知的硬錳礦，正確地來說是相對於數種氧化錳礦的名稱（請參考➡p.347樹枝石的不可不知的知識）而來的。

硬錳礦雖然會形成樹突狀、鐘乳狀或土狀，但有時卻會與玉髓產生互層，過去日本誤稱此為「Ribbon hematite」。

◎磁鐵礦

屬於尖晶石類的礦物，為8面體結晶並且附有磁力，能夠吸引磁石。吸引的鐵粉越多，磁力就越強的稱為「天然磁石（Lodestone）」。這種礦石是受到偶爾打到礦山的落雷影響而產生磁性的。磁鐵礦乃是在高溫環境下形成的火成岩副成分礦物，產出範圍非常廣泛，在「綠色片岩」之中亦可形成。至於「砂鐵」亦用來做為日本刀的原料。

從照片認識赤鐵礦與其他礦物

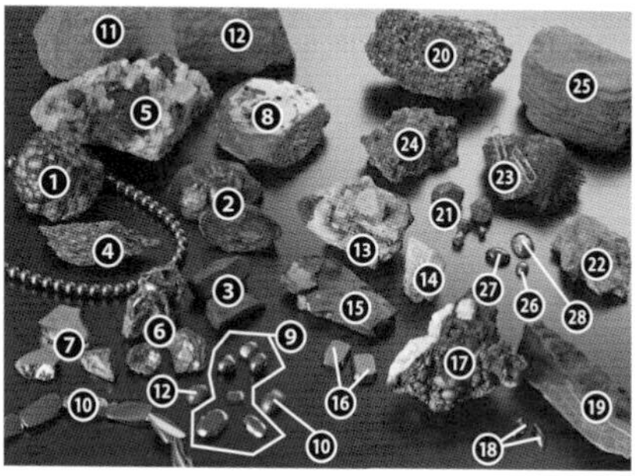

❶為「腎鐵礦」，從❷可看出其剖面，❸是分切的礦塊。❹是「雲母鐵礦」。其結晶體因為氧化作用而使得表面散發出虹彩光芒，故擁有「虹石」這個暱稱。❺在這種類型當中算是相當碩大，而且還伴隨著水晶結晶。

❻～❽為「鏡鐵礦」。❻是名為「鐵玫瑰」的集合體，❽為相當大塊的結晶體。❼的結晶體表面覆蓋著一層「褐鐵礦」。經過琢磨的單結晶❾充滿亮麗光澤，過去在日本稱為「黑鑽石」。❿是從像❶那樣的結合體原石切割而成的，琢磨後的光澤較黯淡，恰巧與❾呈對比。

⓫是「魚卵狀赤鐵礦（Oolitic hematite）」。這是在水中沈澱形成的礦物，等同於一開頭在「關於赤鐵礦與其他礦物」中所談到的第一種類型。⓬的成因相同，而且顆粒十分細膩，加上赤鐵礦和磁鐵礦與紅色碧玉形成互層，因此稱為「赤碧石（碧玉鐵質岩）（Jaspilite）」。

⓭～⓰為「鈦鐵礦」。⓭與水晶共生，⓮成為「太陽金紅石」的中心部，但光從外觀難以與赤鐵礦區別。⓯為板狀結晶，⓰則是其切石。

⓱～⓳是「硬錳礦」。⓱呈腎臟狀，也是表面散發出虹彩光芒的「虹石」。⓲為其切石。⓳是誤稱為「Ribbon hematite」的礦石，正確名稱應該是「Psilomelane Chalcedony」。

⑳～㉘為「磁鐵礦」。⑳為8面體的結晶集合體，㉑是分離結晶，㉒則產自「綠泥片岩」之中。

㉓的磁力強，能夠吸引砂鐵與迴紋針。㉔是在水中形成的球狀礦石，稱為「豆狀鐵礦石（Pea iron）」。㉕是砂鐵的堆積層，黑色的部分就是磁鐵礦。㉖是切石狀的單結晶。㉗是形成於「閃玉」之中的集合體（灰黑色的部分）。㉘是把這個部分鍍金以增添色彩對比的切石。

異極礦
Hemimorphite

異極礦

英文名：Hemimorphite
中文名：異極礦

成　分：$Zn_4[(OH)_2|Si_2O_7]·H_2O$
晶　系：斜方晶系
硬　度：4.5～5
比　重：3.35～3.50
折射率：1.61～1.64
顏　色：白色、無色、淺藍色、淺青綠色、淺黃色、灰色、褐色
產　地：墨西哥、阿爾及利亞、美國、西班牙、巴西、德國、英國、納米比亞、比利時、希臘、義大利、日本、中國

關於異極礦

這是在低溫環境之下以次生形態成長的礦物，受到成因影響會出現顆粒狀、纖維狀與皮殼狀等充滿特色的外形，不過最具代表性的形狀，就是在岩石上形成的葡萄形瘤狀集合體。所以其英文名字就是將希臘語中的「一半（hemi）」與「形狀（morphe）」組合拼成的。

集合體外形是這種礦石的魅力，當含鋅礦石氧化變質之後，高濃度的溶液會在這個部分形成圓形的凝固物。由於這種礦石是從一個小點慢慢形成的，因此會出現「凝固結晶（Solidification crystal）」。像這樣細緻的結晶集合體所呈現的形狀便稱為「膠體（Colloform）」。在這種情況之下，先產生的結晶會受到後來成長的結晶影響，出現霜柱般的構造，並且形成攤開的扇形。孔雀石、菱錳礦與玉髓也是因為這種形成方式而聞名。

異極礦以及前述的菱鋅礦從前在美國擁有「Calamine」這個別名。過去的分析技術其實並不如現在發達，尤其是像次生礦物的集合體通常都無法正確判斷為個別結晶體，加上礦石結晶膠體的典型構造看起來又十分類似茂密生長的濕地植物「蘆葦」，所以才會以拉丁語中的「calamus」為字源。當時這個名字泛指所有與「水鋅礦（Hydrozincite）$Zn_5[(OH)_3|CO_3]_2$」以及菱鋅礦混合的白色鋅礦。不僅如此，異極礦這個名稱過去亦只用來稱呼菱鋅礦，結果讓情況變得更加錯綜複雜，由此可看出當初的人是在缺乏分析技術的環境之下命名的。

總而言之，我們可以明白Calamine是異極礦與菱鋅礦這兩種礦石的共通別名。而在現實生活當中，這兩種礦物有時會以互層的形態產出，雖然無法憑肉眼區別，不過這兩者不同的特徵，就是菱鋅礦遇到酸會起泡融解，相對地異極礦不會起泡只會分解。

這種礦物產出非常稀少，不過卻會形成憑肉眼即可看出的結晶；而最理想的狀態，特徵就是一塊結晶體的兩端出現不同的形狀。正因為如此，中文名才會取為「異極礦」。這樣的形態雖然稱為「異極像」，不過電氣石（➡請參考p.355電氣石的❶）與水晶也會出現相同形態。至於異極像這個字就是來自這種礦物形態的結晶用語。

除了菱鋅礦，異極礦還會與「閃鋅礦（Sphalerite）」共生。

綠色色澤深濃的異極礦在墨西哥特別稱為「阿茲特克石（Aztec stone）」，但是這個名稱亦可用來稱呼菱鋅礦，故常讓人混淆不清。這類礦石的墨西哥名稱為「Chalchiluitl」。不只是菱鋅礦，異極礦甚至是碧玉與土耳其石，只要是呈現綠色色澤的礦石，都能夠廣泛套上這個名字，因此在買賣的時候要特別留意。

從照片認識異極礦

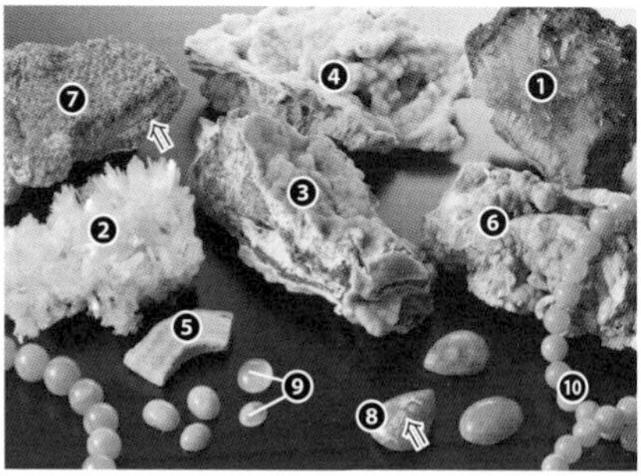

標本❶是可以目視確認、以不規則形態成長的透明結晶。這樣的狀態稱為「群晶（Crystal cluster）」，而這個標本乃晶出於因硫化礦物變質所產生的褐鐵礦縫隙之內。這塊來自大分縣新木浦礦山的礦石在日本產的異極礦結晶當中非常漂亮出色。

標本❷產自墨西哥，是複數結晶體集合形成的霜柱狀結晶進而擴大成為扇狀，由此可看出這是由岩石上所產生的複數滴液衍生形成的結晶群。

❸與❹為形成於含鋅礦床氧化帶上方的次生礦物，顯現出充滿特色的皮殼狀與葡萄狀。這兩者的剖面部分（意指比較厚實的方向），與❷相同狀態的集合結構在成長時，會形成肉眼無法觀察得知的大小。而標本❸剖面部分的淺色（水藍色）礦層則是菱鋅礦。

❺也是礦層的剖面，深藍色的部分是異極礦，水藍色的部分是菱鋅礦。如果將酸液淋在這樣的標本上時，水藍色的部分就會產生氣泡。

像❻這樣的標本，就是過去被稱為「Calamine」的典型形態。

至於❸❹❻這樣的狀態有時還會稱為「Drybone」。

標本❼還出現了菱鋅礦（➡請參考p.283菱鋅礦的❶）。箭頭部分所指的就是異極礦。

切石❽的箭頭部分是以同心斑紋狀態出現的菱鋅礦。❾的切石裡可觀察到深藍色的異極礦與水藍色的菱鋅礦。

像❿那樣綠色色彩濃厚的礦石當地名稱則是「阿茲特克石」。

貴橄欖石／硼鋁鎂石
Peridot／Sinhalite

1 貴橄欖石／2 硼鋁鎂石

英文名：1 Peridot／2 Sinhalite
中文名：1 貴橄欖石
2 硼鋁鎂石（錫蘭石）

成　分：1 $(Mg, Fe^{2+})_2[SiO_4]$／2 $MgAl[BO_4]$
晶　系：1 斜方晶系／2 斜方晶系
硬　度：1 6.5～7（鎂橄欖石 Forsterite 6.5：鐵橄欖石 Fayalite 7）／2 6.5
比　重：1 3.27～4.32（鎂橄欖石 Forsterite 3.28：鐵橄欖石 Fayalite 4.32）
2 3.48～3.50
折射率：1 1.64～1.88（鎂橄欖石 Forsterite 1.64～1.67：鐵橄欖石 Fayalite 1.83～1.88）／2 1.67～1.71
顏　色：1 無色、黃綠色、綠色、褐綠色、褐色、黑色
2 黃褐色、暗褐色、綠褐色、褐橙色
產　地：1 美國、中國、緬甸、巴基斯坦、墨西哥、澳洲、挪威、巴西、日本、肯亞、芬蘭、俄羅斯
2 斯里蘭卡、緬甸、俄羅斯、美國、加拿大、坦桑尼亞 ※寶石等級的產地為斯里蘭卡與緬甸

關於貴橄欖石／硼鋁鎂石

古埃及王朝因為崇拜「太陽神」，故特別喜愛這種寶石。不光是顏色，從這種寶石裡頭還可觀察到如同睡蓮葉片般的圓形裂縫（因此外形而被稱為睡蓮葉，Water lily leaf）。由於古埃及人認為這種寶石將太陽的光芒整個封鎖在裡頭，因此這個縫隙又可稱為「Sun spangle」。

紅海的聖約翰島（St. John's Island，現在的札巴噶，Zabargad）出產品質優良的貴橄欖石並且十分受到重視，甚至還從埃及傳到希臘與羅馬，不過當時卻把這種礦石稱為「黃玉（Topaz）」。聖約翰島周圍濃霧瀰漫，故以希臘語中的「topazios」這個字為名，意思就是奮力「尋找」目的地。Topazios雖然是peridot的古語，不過這個字字源本身卻不禁讓人感到懷疑，因此筆者認為來自巴基斯坦的寶石也是透過陸路運送到歐洲去的。

Peridot為貴橄欖石寶石名，是源自法語的英文名。據說字源是阿拉伯語的「faridat」與意指美麗妖精的波斯語「peri」，但此說是否正確無法判定。

在礦物的世界裡貴橄欖石稱為「Olivine」。這種礦石的顏色與橄欖果實非常類似，故以拉丁語為字源並於1790年命名。Peridot這個英文名之所以會翻譯成「橄欖石」，是因為那時候的人把它誤認為是顏色相近、屬於「橄欖科」的橄欖果。這是發生在1886年的事。其實油橄欖屬於「木樨科」。

貴橄欖石是橄欖岩、玄武岩與輝長岩（Gabbro）等構成地殼深處與地函上層的主要礦物，為擁有「鎂橄欖石（Forsterite）$Mg_2[SiO_4]$」與「鐵橄欖石（Fayalite）$Fe^{2+}{}_2[SiO_4]$」這兩種端成分的固溶體礦物。通常這兩者會相互混合，不過成分比較靠近鎂橄欖石的會呈現黃綠色到綠色；如果接近鐵橄欖石的話，褐色色彩就會越深，有點像是黑色。這兩種礦石的端成分越接近，就會變成無色或黑色。通常做為寶石的是鎂橄欖石，而有13%會加入鐵橄欖石。獨特的黃綠色是微量的鎳（Ni）所帶來的。在古早時代夜晚的昏暗照明之下，貴橄欖石的綠色色彩依舊鮮明，故被稱為「夜祖母綠（黃昏祖母綠）（Evening emerald）」。

鎂（Mg）與鐵（Fe）這兩者如果完全被錳（Mn）替換的話，就會變成「錳橄欖石（Tephroite）$Mn_2[SiO_4]$」（➡請參考p.507薔薇輝石的❺青黑色部分）。

「硼鋁鎂石」長久以來在市場上被認為是褐色橄欖石，不過1900年初期卻有好幾位學者透過一般的寶石檢查技術，發現這種礦石與貴橄欖石在光學上的數據並不

一致。正確地分析出結果的是美國國立博物館的George Switzer博士。當時他透過X光檢查分析結晶構造時，闡明這應當屬於另外一種新礦物，並於1950年以斯里蘭卡的舊稱sinhala來為之命名。

從照片認識貴橄欖石／硼鋁鎂石

❶❷是在地函內形成的貴橄欖石被玄武岩岩漿包裹之後運至地表上，稱為「捕虜岩（Xenolith）」。在搬運的過程當中因急速上升而使得壓力減少，結果造成貴橄欖石變成微塵狀。這種玄武岩到了地面上受到風化之後，會變成像❸那樣的砂粒狀，稱為「橄欖石砂（Peridot sand）」，亞利桑那與中國就是生產這種典型的貴橄欖石而聞名。有時還會出現像❷的箭頭部分那樣碩大的石體，可惜因減壓所造成的內部歪曲，讓礦石看起來有點模糊。這種產狀的寶石如果透明度夠高的話，只要超過5ct，交易價值通常不貲。

❹是「橄欖岩（Peridotite）」，內含輝石、角閃石與石榴石。

❺產自熔岩之中，❻則是從母岩中剝落，均產自夏威夷。貴橄欖石雖然是夏威夷知名特產，但當做名產販賣的其實都是來自亞利桑那，因為夏威夷禁止開採。日本三宅島亦為這種寶石的知名產地，❼為採掘自明治時代的原石以及其切石。

有的貴橄欖石在火山爆發時會被當做火山彈直接噴射出來，例如❽與❾就稱為「結晶火山彈」。❽是貴橄欖石的集合體，❾是「鈣長石（Anorthite）」的結晶。這兩者的外層均裹上一層薄薄的熔岩。分布於❾的表面與破裂面的黑色顆粒就是貴橄欖石。

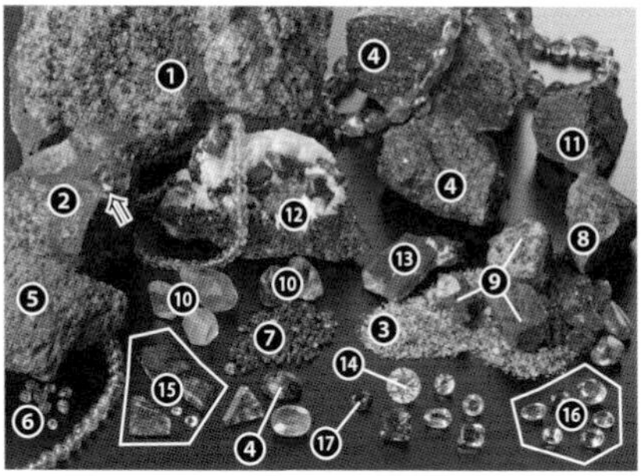

❿的成因與玄武岩中的團塊不同，是侵入橄欖岩變質形成的蛇紋岩縫隙中的熱液形成的。這個以完整結晶體成長的標本產自巴基斯坦，不過聖約翰島亦有相同產狀的礦石。

⓫是鐵橄欖石，而且幾乎是端成分的產物。⓬⓭的鐵橄欖石綠色色彩較深，可看出這裡頭有鎂橄欖石的成分在內。至於⓮則幾乎是端成分的鎂橄欖石。

⓯產自「石鐵隕石（橄欖隕鐵）（Pallasite）」，形成於地球之外。

⓰是硼鋁鎂石，長久以來一直被認為與⓱的「棕色橄欖石」相同，但其實⓱的產量壓倒性地稀少，至於硼鋁鎂石如今則已不再那麼珍奇了。

綠柱石
Beryl

綠柱石

英文名：Beryl
中文名：綠柱石

成　分：$Al_2Be_3[Si_6O_{18}]$
晶　系：六方晶系
硬　度：7.5～8
比　重：2.63～2.92
折射率：1.56～1.57（紅色綠柱石，Red Beryl）～1.59～1.60（銫綠柱石，Cesium Beryl）
顏　色：無色、白色、（深淺）綠色、（深淺）藍色、（深淺）黃色、褐黃色、（深淺）粉紅色、紅色
※藍色請參考海水藍寶（⇨p.030），綠色請參考祖母綠（⇨p.102）。
產　地：巴西、巴基斯坦、阿富汗、馬達加斯加、納米比亞、辛巴威、奈及利亞、南非共和國、俄羅斯、美國、斯里蘭卡、印度、中國

關於綠柱石

1798年法國化學家Louis-Nicholas Vauquelin在一堆帶著淺淡綠色色彩的礦石當中發現了「鈹（Be）」，因而將這種礦物取名為「Beryl（綠柱石）」，自此之後包含這種元素的礦物群便定位成「綠柱石系（Beryl series）」。

祖母綠與海水藍寶中亦曾檢出鈹這個成分，可看出過去被稱為祖母綠與海水藍寶寶石同樣屬於綠柱石系的礦物。但由於祖母綠與海水藍寶的名字已經奠定地位，因而將其屏除在外，並把其他的綠柱石冠上顏色來稱呼。這樣的取名方式影響到黃色系列的綠柱石。歸屬在這個系統色彩的綠柱石從前擁有「金綠柱石（Heliodor）」這個寶石名，而在這一連串的顏色當中，黃色的稱為「黃綠柱石（Yellow beryl）」，洋溢著深橘色的稱為「金黃綠柱石（Golden beryl）」，只有剩餘的黃綠色才稱為「Heliodor」。

這個項目談到的是不包含祖母綠與海水藍寶在內的綠柱石。取名方面雖然有上述的歷史背景，但有些綠柱石卻採用不同的方式來取名，這些並非狹義的寶石名，而是屬於別名，例如無色的稱為「白綠玉（透綠柱石、白綠柱石，Goshenite）」，因含錳而發色的稱為「摩根石（粉紅綠柱石，Morganite）」，呈現錳元素顏色的稱為「桃紅色綠玉（紅色綠柱石，Bixbite）」。

【**註**：括號內的是現在使用的寶石名稱。這當中雖然有一部分的綠柱石使用Bixbite這個別稱，但因有另外一種礦物的英文名與此非常類似，稱為「方鐵錳礦（Bixbyite）$MnFeO_3$」，因此這個名稱幾乎不再使用。至於方鐵錳礦則是在蛋白石項下的❽中，與蛋白石結晶共生的黑色結晶（➡請參考p.351蛋白石的❽）。】

從照片認識綠柱石

讓Vauquelin發現鈹元素的，就是像❶那樣的原石。❷乍看之下很像淺色的祖母綠，不過造成其著色的原因是鐵離子而不是鉻離子，所以稱為「綠色綠柱石」。❸的切石也是一樣。「綠柱石」這個名字就是相對於這種帶有藍色色彩的綠色礦石而取的。

綠柱石成長的礦床會因為溫度而產生各種影響，有時現成的結晶體甚至還會出現明顯的腐蝕情況。例如❹的結晶體外觀原本像❷那樣被包圍在方方正正的結晶體底下，但因受到侵入礦床的礦化劑影響，結果變成凹凸不平的骸晶狀。

❺為「金綠柱石」。在綠柱石這個名字正式導入之前其實還包含了❻～❽在內，現在則是加以區分，❻❼稱為「黃綠

柱石」，❽則稱為「金黃綠柱石」。切石方面❾是黃綠柱石，❿則是金黃綠柱石。

這當中有的以釩（Vanadium）為主體而發色的綠柱石，稱為「釩綠柱石（Vanadium beryl）⓫」。

⓬～⓮是「摩根石（粉紅綠柱石）」，特徵就是外形扁平的結晶。即使是同一種礦物，一旦裡頭的元素（離子）種類不同，結晶的形狀就會受到影響。例如⓯⓰是「銫綠柱石（Caesium beryl）」，呈現的粉紅色比摩根石還要淡，試著與⓱的摩根石切石比較即可看出這兩者顏色的深淺。一旦內含的錳離子狀態改變，就會像⓲～㉒那樣變成紅色。

綠柱石雖然受到裡頭所含的離子影響而呈現不同顏色，不過像㉓㉔那樣接近無色的石體卻出乎意外地多，而像㉕那樣完全無色的綠柱石稱為「無色綠柱石（白綠玉、透綠柱石，Goshenite）」。另外還有因含鐵礦物而呈現黑色的綠柱石，例如㉖～㉘的礦石就稱為「黑綠柱石（Black beryl）」。這當中有的還會顯現出微弱的星芒或貓眼石效果。

不可不知的知識

自從Vauquelin發現了鈹之後，這種礦物便成為鈹的主要礦石。鈹這種元素能夠有效吸收中子（Neutron），而其氧化物還能夠產生穩定的化學作用，加上耐熱性佳，因此經常用來製作原子爐的原料或火箭的燃燒室，甚至還可利用在我們日常生活中的螢光燈或X光管線。

鈹的特性就是熔點高，加上能夠承受激烈的高溫變化，因此會以氧化鈹的形態來製作融解金屬的坩堝。不過鈹的毒性強，如果加熱的溫度與使用方法不當，極有可能會威脅到生命並且引起公害。

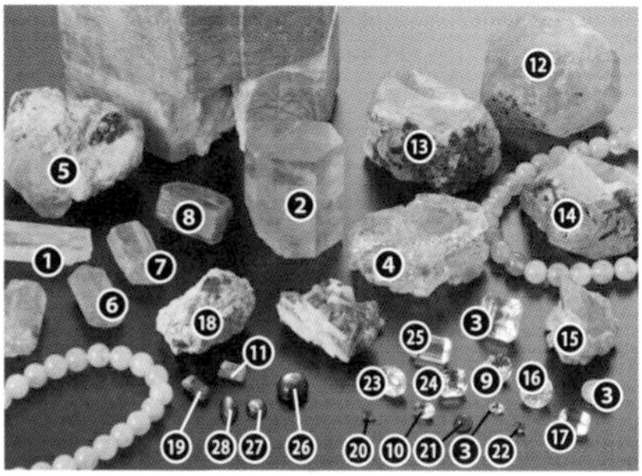

雲母
Mica

雲母

英文名：Mica
中文名：雲母

成　分：$K(Li, Al)_3[(F, OH)_2|AlSi_3O_{10}]$（綜合式）
晶　系：單斜晶系
硬　度：2.5～4
比　重：2.75～3.20
折射率：1.52～1.70
顏　色：白色、黑色、灰色、褐黃色、淺褐白色、紫色、粉紅色、綠色
產　地：美國、巴西、加拿大、蘇格蘭、俄羅斯、瑞典、澳洲、德國、捷克、南非共和國、尼泊爾、墨西哥、中國、日本

關於雲母

「Mica」並不是礦物種名，而是以鉀（K）為主成分的矽酸鹽礦物族名稱（Family name），種類超過50鍾。

雲母為主要的造岩礦物之一，但構成成分複雜且相異，如果形成的條件不同，裡頭所含的鉀、鋁（Al）、鎂（Mg）、鐵（Fe）等元素就會分別替換成鋇（Ba）、鉻（Cr）、鋰（Li）與錳（Mn）的方式產出。

如此複雜的礦物，從外觀大致可分為3種顏色：**A**黑色雲母、**B**白色雲母，與**C**紫色雲母。

可惜的是這些顏色並不是直接把這種礦物分類的標準。舉例來說，當我們在享受海水浴的時候，大家應該都會一邊盤坐在沙灘上一邊挖著海砂。當看到積水的洞穴閃爍地散發出光芒時，心裡頭不禁興奮起來，「咦？砂金？」其實這是風化褪色的雲母（Biotite，黑雲母）。當看到這樣的東西通常都會諷刺地說這是「貓金」。

A是含Fe豐富的「鐵雲母（Annite）$KFe^{2+}_3[(OH)_2|AlSi_3O_{10}]$」，

B是含有豐富Al的「白雲母（Muscovite）$KAl_2[(OH, F)_2|AlSi_3O_{10}]$」，

C是含有大量Li的「鱗雲母（鋰雲母）（Lepidolite）$K(Li, Al)_3[(F, OH)_2|(Si, Al)_4O_{10}]$」。

這些都是大家熟知的名字，但其實還有一種具代表性的雲母，那就是Mg含量豐富的「金雲母（Phlogopite）$KMg_3[(F, OH)_2|(AlSi_3O_{10}]$」。

黑色雲母方面以「黑雲母（Biotite）$K(Mg, Fe^{2+})_3[(OH, F)_2|Al, Fe^{3+})Si_3O_{10}]$」之名為人所知，但這並不是正確的種類，而是鐵雲母與金雲母的中間種（固溶體），這裡頭的Fe與Mg的混合比例範圍為1：2～4：1。至於前述的貓金則是裡頭的鐵分因風化而溶析褪色，結果造成金雲母的顏色越來越深，而所呈現的黃色色調讓石體看起來就像是金色的。

雲母最常見的特徵，就是擁有多層結構，能夠剝下非常薄的石片。如同「千層片」這個名稱，雲母能夠剝下非常輕薄的石片，而且每片厚度一樣。這種礦物電絕緣性佳而且十分耐熱。這樣的性質讓雲母常用來製作絕緣體，例如從前的熨斗裡頭就有一片雲母。

至於黑雲母則會大量出現在「花崗岩（Granite）」、「正長岩（Syenite）」、「閃長岩（Diorite）」等火成岩當中。

白雲母包含在「花崗岩」、「偉晶岩（巨晶）」、「結晶片岩（cyst）」、「片麻岩（gneiss）」之內，而鱗雲母會大量出現在「鋰含量豐富的偉晶岩」中，至於金雲母則是會在受到熱變質的「大理石（Marble）」中形成。

從照片認識雲母

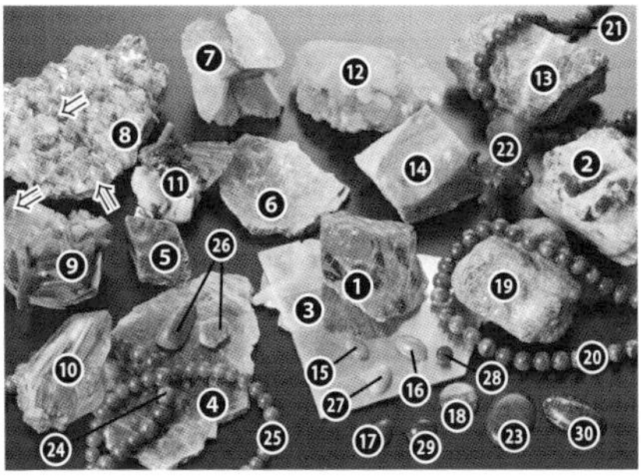

❶為一般的「黑雲母」，形成於水晶之中。❷是「金雲母」。雲母給人的印象以板狀較為深刻，鮮少形成柱狀，但是這個結晶卻呈現令人聯想到剛玉的六角柱狀。雲母通常會結晶成單斜晶系，但像這樣的形態卻屬於「假六方晶系（Trilling）」。來自緬甸與阿富汗等地、包含剛玉在內的大理石裡頭通常都會伴隨著這種雲母，但其外形有時卻會讓人誤以為這是藍寶石。

❸與❹是白雲母的大型結晶片。❺～❼是「鱗雲母」。從❺可以觀察到非常清楚的柱狀結晶，同時柱面上還呈現無數的垂直解理線條。雲母將這種薄薄的層面結合起來的能力非常微弱，因此從同一面可以剝下好幾片相同的石片。在這一面發揮作用的結合力就稱為「凡得瓦爾力（Van der Waals force）」。

❽與❾是六角薄片狀的白雲母結晶群，均與「螢石（翡冷翠，Fluorite）⇒部分」共生。❼與❿和水晶相伴，不過❿是以六角形的長棒狀附著在柱面上的白雲母，這是產自尼泊爾的礦物，不過長度卻比不上❷。⓫是暱稱「Star mica」的白雲母，因為雙晶形態而讓它呈現星形。此外，這裡頭還伴隨著石榴石。

⓬～㉑是由結晶細微的白雲母集合而成、並且以「絹雲母（Sericite）」這個亞種名稱呼的塊狀礦石。⓭～㉑的寶石名為「鉻雲母（Fuchsite）」，不過像⓯～⓱那樣的綠色礦物卻會讓人以為這是碧玉，但其實鉻雲母的硬度非常低，只要用針就能夠輕鬆地刮出痕跡，因此憑這點便可加以辨識。㉒與㉓是不純物含量較多的鉻雲母岩，稱為「不純鉻雲母（Verdite）」。

㉔～㉚是塊狀的鱗雲母。像㉘與㉙那樣質地細膩的石體在中國稱為「紫丁香」，此外還擁有Lilac Jade這個別稱。

孔雀石 Malachite

孔雀石

英文名：Malachite
中文名：孔雀石

成　分：$Cu_2[(OH)_2|CO_3]$
晶　系：單斜晶系
硬　度：3.5～4.5
比　重：3.60～4.05（通常為3.9）
折射率：1.65～1.90
顏　色：（深淺）綠色
產　地：納米比亞、剛果、俄羅斯、美國、墨西哥、尚比亞、澳洲、英國、法國、中國、日本

關於孔雀石

這種礦石在歷史中，在「美觀」與「實用」這兩方面是分別進行的。西元前3000年左右，埃及人便開始利用這種礦石來製作顏料與化妝品。許多古籍提到埃及艷后就是將這種礦石磨成粉末，用油調勻之後當做眼影來使用。不過實際情況究竟是如何呢？

或許是受到不純物的影響，這種礦石只要塗抹在肌膚上，就會很容易引起發炎起斑疹，加上眼瞼以及眼睛周圍的皮膚非常脆弱，相信當時埃及艷后的眼睛應該會跟兔子的眼睛一樣紅通通的。

這種礦石過去在歐洲還用來製作各式各樣的護身符。其中一種就是將這個護身符掛在搖籃上，讓心愛的寶寶能夠遠離危險。孔雀石的同心圓圖紋看起來就像是眼睛，這讓當時的人認為這個眼睛能夠驅邪降魔。孔雀石鮮明的綠色色調與圖案洋溢著一股獨特的魅力，而且做為寶石的歷史也十分悠久。特殊的色彩正是這種寶石的名稱由來。這種礦石的顏色類似「錦葵（Mallow）」這個錦葵科植物暗沈的葉片色彩，因而以希臘語中的「malache」為字源，取名為「錦葵之石」。至於「孔雀石」這個中文名，則是因為其條紋圖案的剖面看起來就像是孔雀羽毛而取的。受到原石礦層狀態的影響，切割的寶石有時會出現條紋圖案，有時會呈現同心圓，甚至還會產生深淺不同的色彩。這種魅力就是孔雀石美的部分。

東方世界會將這種礦石磨成粉末並且做為顏料來使用，例如日本人就把這樣的顏料當做岩繪的工具，並且稱為「岩綠青」，同時也是珍貴日本畫的材料。而可以做為顏料的原石就稱為「石綠」。

接下來談到實用的部分。這種礦石自古以來就是專門用來採銅。西元前4000年左右，當時的人發現將這種礦石放入火中燃燒的話，就會流出充滿粉橘亮麗色彩的金屬，同時也察覺到這種綠色的礦石裡內含金屬，因而與日後的冶金技術息息相關。

日本過去在秋田縣的荒川礦山亦生產品質優良的孔雀石，雖然其中一部分會加工製成髮簪上的玉飾，但絕大多數都會丟入熔爐裡融解。

位在烏拉山（Ural Mountains）Nizhne-Tagilisk這個地方的銅礦山自古以來即為孔雀石的知名產地。古梅謝烏斯克（グメシェウスク）礦山亦為知名產地，而且名聲遠播歐洲。

從照片認識孔雀石

孔雀石形成於銅礦床的上層，也就是銅生鏽的那一層。含銅礦物只要一接觸碳酸含量豐富的地下水，礦物表面就會被侵

蝕，讓礦物滲出銅離子。滲出的離子一接觸到空氣，就會再次形成微粒狀的結晶，並且聚集串連在一起，堆積成霜柱狀，形成厚度不一的礦層，例如❶的石片就是從縱面將礦層切剖而成的，可觀察到霜柱立起的模樣。每根結晶柱會一直往上成長，而且越長越大，到最後柱頭會變得又圓又大，這就是為什麼礦體的外觀會呈現葡萄狀的原因。

❷是接觸到銅礦物表面的水分以水泡形態來製作孔雀石。這樣的現象只要持續發展，就會變成像❸那樣的葡萄狀，甚至形成像❹那樣的腎臟狀。這樣的形狀總稱為「膠體（Colloform）」，而其形成的方式則稱為「幾何篩選作用（Geometrical selection）」。

如此形成的成長層如果出現平行層狀的話，只要一切割就會出現像❺那樣的同心圓；如果筆直的話，就會像❻的圖案。成長層如果是彎曲的話，就會出現像❼那樣歪曲的同心圓。

釋出的成分會讓礦石純度變高，這在含銅的礦石當中不但品位高，而且還十分出色，這就稱為「次生富集氧化銅」，難怪會被融解做為銅的礦石。

滲入銅離子的水有時會從岩石的裂縫當中滴落，形成像❽那樣的鐘乳狀。例如剛果的柯爾貝吉（コルベジ）就曾經發現直徑達10cm的鐘乳石狀孔雀石。繼續慢慢成長的話還會形成「圓柱刷❾」的形狀。❿稱為「花束狀孔雀石（Bouquet malachite）」，⓫則是在鐘乳石側面形成瘤狀同心圓的「玉米孔雀石（Corn malachite）」。⓬是滴落的水無法蒸發，結果因表面張力而繼續往上成長形成柱狀，相當罕見。

形成的組織如果質地細密的話，只

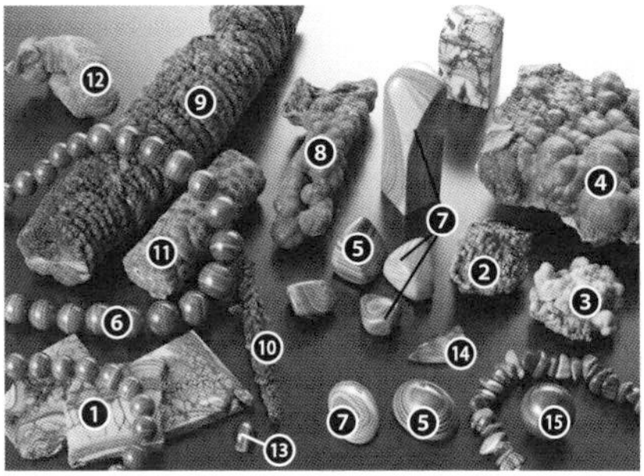

要經過弧面琢磨，就會出現貓眼效果，變成「孔雀貓眼石（Malachite cat's-eye）⓭」，有時甚至還會因為呈現如同天鵝絨般的光澤而形成「Seen malachite⓮」。

在日本，從江戶到明治時代，荒川礦山即已生產品質優良的原石，並且還加工製成印盒的「墜玉」與簪玉⓯，可惜今日這個地方已經絕產。

Mini 知識

孔雀石與出現在銅表面的「銅鏽」屬同一物質，也就是所謂的「綠青」，不過與銅鏽的綠青最大的不同，就是厚度。雖然大家以為形成於銅製品上的綠青含有劇毒，但這極有可能是因為銅鏽裡含的「砷（As）」所造成的，畢竟過去精煉而成的精度不如現在，至於綠青本身則是不含毒性的。

海泡石 Meerschaum

海泡石

英文名：Meerschaum
中文名：海泡石

成　分：$Mg_4[(OH)_2|Si_6O_{15}]\cdot 6H_2O$
晶　系：斜方晶系
硬　度：2～2.5
比　重：2.0
折射率：1.52～1.53
顏　色：白色、明灰色、淺黃色
產　地：土耳其、捷克、希臘、西班牙、加拿大、美國、摩洛哥

關於海泡石

海泡石的礦物名為「Sepiolite」，至於含有膠體的纖維狀結晶的集合體就稱為Meerschaum。在寶飾業界中，Meerschaum這個名字的知名度比Sepiolite這個礦物名還要來得高。

Meerschaum這個寶石名來自德語的「海泡」，中文名也是直譯而來；至於Sepiolite這個礦物名則是因為海泡石就像烏賊（Sepia）的甲殼一樣輕，能夠漂浮在水面上，故以此為名。

海泡石是「蛇紋石（Serpentine）」與「菱鎂礦（Magnesite）」變質產生的含水鋁鎂矽酸鹽礦物，而土耳其的埃斯基謝希爾省（Eski ehir）正是這種礦物的重要產地。海泡石會在新生代沖積層（約2萬年前）中形成土狀或黏土狀的多孔質礦塊，也會產出纖維狀結晶聚集形成的團塊狀集合體。

蛇紋石會因為熱液而變質，變成細微結晶之後再生集合。這類礦石的特性，就是會將與形成息息相關的熱液儲存在結晶粒之間，採掘之後會脫水乾燥，並且慢慢變得越來越堅硬。由於礦石裡的纖維十分緊密，因此硬度還算強韌，加上纖維之間有無數個空間存在，石頭密度（比重）不成比例，所以才會浮在水面上。地中海沿岸的海泡石的輕盈程度非常適合做為項鍊的素材，因此自古以來才會用來當做雕刻材或製作首飾串珠。

到了1700年，鄂圖曼土耳其帝國（現為土耳其）的埃斯基謝希爾省近郊發現了一個品質優良的原石產地，讓海泡石以此為契機而開始用來製作煙斗。多虧這個礦物塊組織之間的縫隙，熱才不會傳到煙斗的燃燒室（也就是後述的煙缽，Bowl）外部。在這之前所使用的陶製煙斗「Clay pipe」因為屬陶製品，整個熱會傳到燃燒室而導致無法握在手中太久。正因為這種礦石非常適合用來製作煙斗，因此海泡石又稱為「煙斗石女王」。

不過提到煙斗，腦海裡第一個浮現的就是「電氣石」。

1700年初期，放在太陽底下曝曬、用來研磨加工的原石因為吸引了灰塵，讓人發現到這個不可思議的現象。這雖然是靜電所產生的現象，不過日後的研磨工匠卻將這種礦石稱為「吸灰石（Aschentrecker）」，並且用來吸著煙斗裡的煙灰。

通常經過加熱的礦物纖維會因為冷卻而慢慢產生靜電，而殘留在煙斗燃燒室內部的煙灰就是因為這種靜電所以無法完全清除乾淨。不過有位研磨工匠腦子裡突然冒出一個好點子。他試著把電氣石擺近燃燒室的內部，因為這種礦石的這個特性特別明顯。結果剩餘的煙灰竟然清理得乾乾淨淨，這就是以電氣克服電氣所帶來的結果。

從照片認識海泡石

❶～❸是海泡石原石，雖然不大，不過是當初在埃斯基謝希爾省發現的，由此可看出海泡石所擁有的顏色範圍。項鍊❹與切石❺是現代產物，充滿象牙的質感，證明這是當初用來搭配歐洲上流社會服飾的寶飾品。儘管擁有如此輝煌的歷史，現在的海泡石經過切割之後卻會染成水藍色或紅色，藉以用來仿造土耳其石或其他彩石。

❻～❾是海泡石的煙斗，全都是現代的作品。❻與❼在製作的時候還特地保留了原石的質感。填入海泡石煙斗內的煙草油煙因為滲入組織內，結果讓標本❼的顏色從黃色變成淺褐色。煙斗愛好家非常喜歡這種顏色，因為這是父子代代相傳使用而培養出來的顏色。

❽與❾是經過雕刻裝飾的燃燒室。這些煙斗只不過是標本，真正的高級品有不少都會施以精緻美麗的雕刻，充分顯現出獨特的藝術世界。❽的燃燒室是雕刻成頭巾外形的團塊。

Mini 知識

煙斗的雕刻品構造有3個：🅐燃燒煙草的部分、🅑煙霧通過的部分，以及🅒嘴巴叼住的部分。每個部分分別稱為🅐「煙缽（Bowl）」、🅑「煙道（Air Hole）」，與🅒「煙嘴（Mouthpiece）」。

以下以標本❾為例來解說。

燃燒室是🅐，在煙斗的材料當中，以「石楠木（Brier）」，也就是歐石楠（Erica Arborea）這個杜鵑花科灌木的

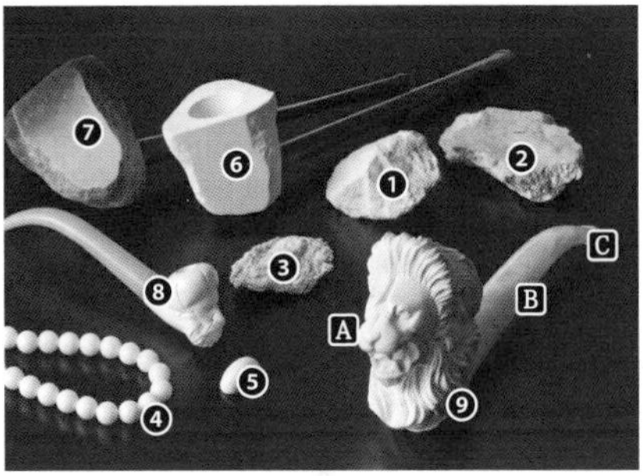

根瘤最為知名。有的甚至利用玉米芯或陶器來製作。🅑的部分若是高級品會使用琥珀或象牙來製作，普通煙斗的話有時甚至還會使用壓克力、硬橡膠或合成琥珀（Amberoid）（經過壓縮整形的琥珀）。🅒這個部分的前端稱為「唇緣（Lip）」，通常使用壓克力或硬橡膠。

像是❽的煙道是硬橡膠，❾的煙道就是琥珀做成的。

月長石 Moonstone

月長石

英文名：Moonstone
中文名：月長石（月光石）

成　分：主要為「正長石（鉀長石）（Orthoclase）$K[AlSi_3O_8]$」
晶　系：單斜晶系
硬　度：6～6.5
比　重：2.55～2.63
折射率：1.52～1.53
顏　色：無色、白色、灰色、橙色、淺綠色、黃色、褐色、淺藍色
產　地：斯里蘭卡、印度、巴西、義大利、馬達加斯加、墨西哥、緬甸、坦桑尼亞、瑞士、美國、北韓、中國

關於月長石

做為礦物種名的月長石其實並不存在。這個名字頂多在「長石」之中，並且針對特殊而且能夠觀察到特定光學現象的寶石名來使用。這種寶石自西元前1世紀即為人所知，不過這個名字卻要到1600年代才開始出現。

這個寶石名的字源來自希臘語的「selenites」，當初稱為Selene（月亮）。那麼，當時以此為名的究竟是何種長石呢？其實那是以「正長石（Orthoclase）」為主體、並且形成多數薄薄的「鈉長石（Albite）」種長石。一旦光線進入擁有這種構造的長石裡，就會從夾層中散射出朦朧柔和的藍光。

這種寶石的神奇魅力是在西元1世紀左右被人發現的。當時的人深信月長石所散發的青白色光芒會隨著月亮的陰晴圓缺而改變。印度人在滿月的夜晚祈禱時會把這種寶石含在嘴裡，相信相愛的戀人們會心想事成。讓人們感受到如此神奇的柔和光芒正式名稱為「閃光（Schiller）」。針對這樣的閃耀方式，之後出現的此類礦石便稱為「月長石（Moonstone）」。

在長石當中，起初以此為名的除了「正長石＋鈉長石」這個組合之外，其他種類的組合亦可觀察到這種藍色閃光。月長石這個名稱如果以礦石種類為字源的話，以「藍彩鈉長石（暈長石）（Peristerite）」這個寶石名稱呼的「變種鈉長石」就不能以此為名。但不管是藍彩鈉長石還是「歪長石（Anorthoclase）$(Na,K)[AlSi_3O_8]$」，都能夠散發出美麗的藍色閃光。

月長石這個名字是因為其所散發的柔和藍光而取的。因此，不是以礦物種類而定名的這種寶石說不定今後還會出現好幾種不同種類的月長石。

正因為長石的種類與組合結構的不同，月長石的顏色更是多彩多姿，熟知的有白色、銀色、灰色、黑色、藍色、綠色、黃色、金色、橘色、粉紅色，每一種都能夠散發出藍色到銀色的閃光。

從照片認識月長石

被視為正宗的月長石其實是正長石＋鈉長石這兩種長石組合而成的類型，當岩石在岩漿中形成時，就會產生這樣的狀態。這種礦石會在地底深處以極為緩慢的速度形成結晶，因此原本成分相同的長石就會出現分離並且形成2種長石的現象。

❶是散發出柔和藍光、字源發生時出現的長石種類。相對地，❷是「藍彩鈉長石」，散發的藍光比❶還要強烈。有的寶石業者會將這樣的寶石稱為「Royal moonstone」。Royal這個字有「皇帝」之意，或許是特別缺乏人氣，所以才會在這

種寶石的名字前面冠上這個字，但其實藍彩鈉長石本來有一個非常出色的暱稱，叫做「鴿子石（Pigeon stone）」。Royal blue（皇家藍）這個字意指深藍色。如果站在藍彩鈉長石的「藍色比正宗的月長石還要深」這個立場來看的話，以此為名其實一點也不為過。

但是不可否認的是長石在販賣的時候，有時會出現非常誇張的名字，最典型的例子就是「彩虹月光石（Rainbow moonstone）」這個名字。這種寶石是「藍光拉長石（Labradorite）」或「中長石（安地斯石）（Andesine）」的一種，不但會散發出藍光，而且還會呈現虹色虹彩。乍看之下非常類似月長石，但因為這裡頭還含有其他顏色的光譜，因此不能算是正式名稱。總而言之，月光再加上彩虹這個情況是不可能同時出現的。

❸～❻是各種顏色的正宗「鈉長月長石（Albite moonstone）」。月長石果然還是比較適合白色系列的底色，不過切石形狀也非常重要，像是❼採用翻光琢面的切割方式就無法展現出月長石的閃光效果。

還有一種知名的類型，就是礦石形成時所產生的內包物會與結晶內部的構造產生相乘效果。例如❽就展現了貓眼效果，稱為「貓眼月長石（Cat's-eye moonstone）」，至於❾則是稱為「星芒月長石（Star moonstone）」。

❿～⓬為「藍彩鈉長石（鈉長石）」，由此可看出這些長石的閃光會出現在某一特定的表面領域上。

⓭是「歪長石」，⓮則是「正長石」。

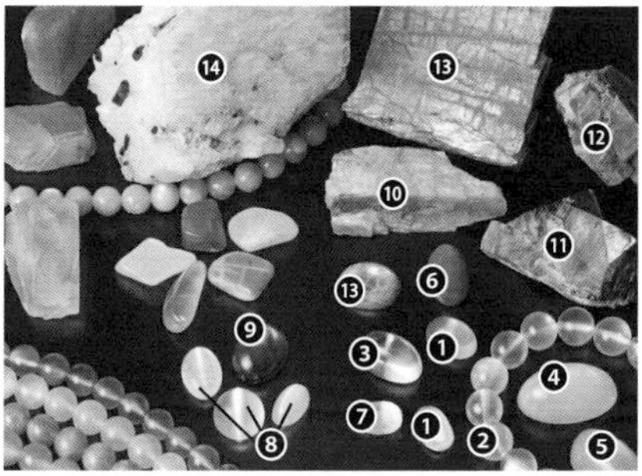

Mini 知識

閃光效果（Schiller）又可稱為「Seen」，指的是月光石反射的青白光，為光學用語。從單一結晶體來看，當內部存在著2種不同性質的礦物時，夾層之間會出現不一致的反射光或是不規則的反光，這種情況就稱為閃光效果。

鎳鐵隕石
Meteorite

鎳鐵隕石

英文名：Meteorite
中文名：鎳鐵隕石

成　分：因構成要素不同而有多種類型，因此成分不定
晶　系：主要為岩石，晶系不定
硬　度：有的為石質，有的為金屬質，因此硬度不定，故在此省略
比　重：不一定
折射率：不一定
顏　色：褐色、灰黑色、黑色（內部為明亮的灰色或褐色）
產　地：澳洲、美國、非洲、俄羅斯、墨西哥、中國、南極大陸、日本

關於鎳鐵隕石

「鎳鐵隕石」是從地球外掉落下來的物體，其名稱字源來自希臘語的「meteoron」，意指「來自上空之物」，之後演變成「流星（meteor）之石（ite）」。這個Meteor來自「被打開的空間」，而Shooting star（流星）為其簡稱。

中國春秋時代（西元前500年左右）所撰寫的《春秋左氏傳》裡，曾經出現「隕星」這兩個字。此書亦曾流傳至日本，故日本人自古以來便知道何謂隕星。「隕」，意指「墜落」，因此這個詞指的就是「落下的星星」。在日本，明治20年（1887年）的時候，隕這個字轉意為「墜落下來的石頭」。

鎳鐵隕石本來是在地球這個位在太陽系星球之外的天體，但是之後卻進入地球的軌道。故鄉在火星與木星之間的「小行星帶」。這裡有與在太陽系形成的地球幾乎相同時期形成的小行星碎片。這些小行星碎片會在這個地方相互撞擊，產生「流星體（Meteoroid）」這個流星物質；但是這些物質卻脫離原本的軌道，進入地球的軌道之中。幾乎所有的物體都無法通過大氣層，而且還會因為摩擦熱而燃燒氣化變成電漿（Plasma），並且散發出光芒，進而變成我們肉眼可見的流星。沒有蒸發的物體會掉落在地表上，這就是隕石。經過放射性元素的測量，可以發現絕大多數的隕石年齡均高達46億歲。這裡隱藏著地球形成時的情報資訊，是研究地球內部構造時極為貴重的材料。

鎳鐵隕石大致可分為3種，有金屬形成的「鐵質隕石（隕鐵、鐵隕石、天鐵）（Iron meteorite）」、由岩石形成的「石質隕石（Stony meteorite）」，以及中間類型的「石鐵隕石（Stony-Iron meteorite）」。鐵質隕石相當於地球的「地心（Core）」，石質隕石是「地函（Mantle）」，至於石鐵隕石則相當於「地心與地函交界處」。

據推測，每年約有2萬顆左右的隕石墜落至地球，不過有3分之2可能掉落至海裡。根據估算，墜落的隕石當中有超過90%都是石質隕石，但由於其成分過於類似地球上的岩石，除非有人目擊，否則難以發現。相對地，鐵隕石較為沈重，容易與一般的石頭區別，也比較容易被發現。可惜的是鐵殞石在氧氣含量多的地球上會被氧化，只要一切開，就會迅速地開始生鏽。

隕石當中最有魅力的，就是「橄欖隕鐵（Pallasite）」這種石鐵隕石。這個字有「寄生物」之意，因為在這隕鐵的母體當中隨處可見黃色的橄欖石，看起來簡直就像是水果蛋糕。不僅如此，這裡頭有時還會出現輝石結晶，在隕石當中擁有最極致的美。罕見的還有將裡頭的橄欖石切割

琢磨的切石（➡請參考p.431貴橄欖石／硼鋁鎂石的⓯）。

此外還有其他可能來自火星或月球的隕石。

從照片認識鎳鐵隕石

❶～❸是「石質殞石」，表面覆蓋著一層名為「玻璃殼（Fusion crust）」的熔融膜被。這是當隕石通過大氣層的時候，因與空氣摩擦而產生的半玻璃質薄膜，有助於區別隕石與其他石塊。

❹在石質殞石中被歸類在「球粒隕石（Chondrite）」項下，可以觀察到不到1mm的「隕石球粒（Chondrule）」細小顆粒。

❺是「碳質球粒隕石」，推測是由太陽系初期形成時的物質所構成的，屬於原始隕石。

❻的石球稱為「NWA」，是墜落在撒哈拉沙漠的隕石。如果沒有看到隕石球粒的話，乍看之下恐怕難以與普通岩石區別。

❼～⓬為「石鐵隕石」。❼❽稱為「中鐵隕石（輝長石鐵隕石）（Mesosiderite）」。這種隕石在矽酸鹽礦物形成的基質岩石中含有金屬片，故從❽的剖面可以觀察到反射的金屬。❾～⓬為「橄欖隕鐵」，從切剖片可以看到橄欖石的顆粒。

⓭～㉑是「鐵質隕石」，而⓭表面覆蓋著一層紅鐵鏽。這是墜落至地球之後才出現的，屬於氫氧化鐵的「針鐵礦（Goethite）」。至於標本⓮表面則是墜落時原本的樣子。

從⓯～㉑的標本可以觀察到

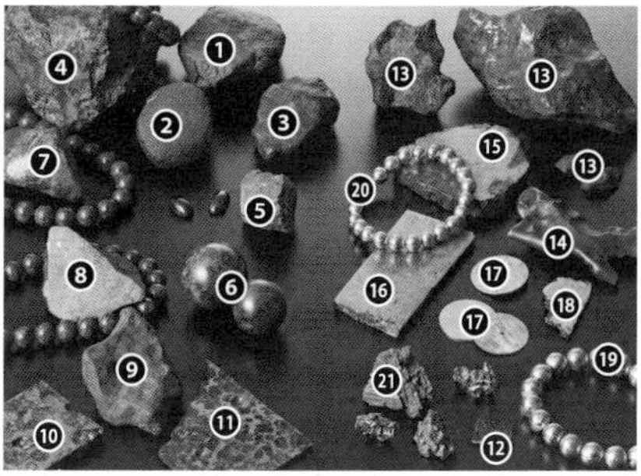

「費德曼組織（Widmanstaetten structure）」。這是「鐵鎳合金（鐵紋石）（Kamacite）α-(Fe, Ni)」與「正方鎳紋石（Tetrataenite）FeNi」等大型結晶交錯形成的構造，截至目前為止最廣為人知的「天鐵（鎳鐵隕石）（Gibeon）⓯」也擁有相同構造。天鐵從成分比例上來看被歸類在「八面石（銳鈦礦）（Octahedrite）」項下，這當中有的還被分類在細粒八面石項目中。只要讓酸腐蝕（Etching）剖面，就可以看到這種構造。⓱是加工成手錶文字盤的鎳鐵隕石。⓳與⓴的手鍊表面曾經經過電鍍加工處理以避免生鏽，但因腐蝕後因處理不當，結果造成內部生鏽。

標本㉑並沒有經過腐蝕加工處理，就直接露出費德曼組織，非常罕見。

苔蘚瑪瑙
Moss Agate

苔蘚瑪瑙

英文名：Moss Agate
中文名：苔蘚瑪瑙

成　分：SiO_2
晶　系：六方晶系（隱晶系）
硬　度：7
比　重：2.58～2.62
折射率：1.53
顏　色：底色為白色、灰色、褐色、紅色
產　地：印度、巴西、烏拉圭、美國、坦桑尼亞、葉門、中國、日本

關於苔蘚瑪瑙

蘇格蘭民族會利用自國生產的瑪瑙或水晶來製作裝飾品，稱為「蘇格蘭珠寶（Scottish jewellery）」，起源可追溯至西元前2世紀左右。

這裡頭還包含了苔蘚瑪瑙。蘇格蘭人會搭配他們充滿特色的服飾，將其做成雙腳釘（Brad pin，Brass fastener）或蘇格蘭別針（Kilt pin），不過大量利用紅紋瑪瑙與苔蘚瑪瑙來製做讓人印象深刻的蘇格蘭珠寶卻是16世紀以後的事。

習慣上雖然稱為瑪瑙，但其實幾乎所有的苔蘚瑪瑙都沒有條紋圖案，正確來說屬於玉髓。說得更確切一點，這些應該幾乎都是苔蘚玉髓。

一般而言，被稱為苔蘚瑪瑙的礦石看起來就像是有植物鑲嵌在裡面，非常不可思議，因此在古代歐洲被視為非常特別的寶石，並且認為這裡頭寄宿著植物的精靈。

這看起來像植物的圖案，其實是綠泥石（Chlorite）、鐵與錳的氧化物或氫氧化物所形成的。因為原本的顏色就是綠色，所以才會冠上「苔蘚」這個名字，但若仔細觀察其在礦石裡頭的模樣，會發現這些圖案看起來反而比較像「海蘊（水雲）」之類的海藻。

歐洲人習慣將只有綠色內包物的稱為苔蘚瑪瑙，至於紅色與黑色的則是稱為「枝狀瑪瑙（Mocha agate）」。同樣是在歐洲，但是英國人卻不考慮顏色，只要是出現苔蘚圖案的通通稱為苔蘚瑪瑙。這個習慣與美國一樣，而深受美國與英國影響的日本亦然。

「枝狀瑪瑙（Mocha stone）」是含有細小苔蘚圖紋的玉髓的正式稱呼。「Mocha」亦可念成maka，起源自葉門這個產地。現在這些錯綜複雜的內容大致已經整頓好，通常只有擁有樹枝形狀等複雜形態的褐色瑪瑙才能夠冠上Mocha這個名字。

從照片認識苔蘚瑪瑙

❶是苔蘚瑪瑙的原石，由此不難明白自古以來這種礦石看起來就像是嵌入植物。❷～❺是綠泥石形成的苔紋。縱使已經明確知道其真面目，但就會是把它看成植物，真的是非常奇妙。

出現在礦石❻～❾的苔蘚圖紋是由「錳的氫氧化物」形成的。❿～⓮則是因為「鐵的氧化物」，所含的鐵其狀態相當於赤鐵礦。出現在⓯與⓰礦石裡的苔蘚圖紋是由相當於針鐵礦的「鐵的氫氧化物」所構成的。⓱的苔蘚圖紋是由這兩者構成，⓲的苔蘚圖紋則是形成了細繩狀。

雖然稀少，但還是有的礦石正確名稱為苔蘚瑪瑙，像是⓳～㉒就可以清楚看出

瑪瑙的條紋圖案。

出現在⓬、⓭與⓯礦石上的苔蘚圖紋形成方式非常特殊，是在瑪瑙層形成的時候出現的。瑪瑙獨有的條紋礦層每一層每一層都會受到縫隙牆面形狀的影響，並且讓石英粒子在此沈澱成長，而在這礦層裡通常是不會出現大型形成物（內包物）的。從照片的狀態，便可明白這些礦物為何沒有出現苔蘚瑪瑙通常會出現的條紋。

照片中的3個標本是在厚厚的條紋之中形成苔蘚圖案。尤其是⓬與⓭因為顆粒的大小而被暱稱為「椰子瑪瑙（Coconut agate）」。

苔蘚瑪瑙的基石有時是玉髓，有時是瑪瑙，組織之中會出現非常細小的縫隙。這樣的礦石與一般的瑪瑙類一樣，可以浸泡在液體裡著色，尤其是擁有苔蘚的瑪瑙通常都會經過這樣的加工處理來加強顏色對比，藉以提高商品價值，不過❾、⓳與㉒的礦石卻是天然的紅色色彩。

❽與❾為「蒙大拿瑪瑙（Montana agate）」。這種礦石（美國的蒙大拿州）雖然用來指稱苔蘚瑪瑙，但其形態卻非常獨特而且與眾不同，簡直就像水墨畫。這樣的圖案雖然不大，但只要平切開來，有時甚至還會出現宛如風景畫般的圖案。像這種情況有時會稱為「山水瑪瑙（風景瑪瑙）（Landscape agate）」。

Mini 知識

蘇格蘭的傳統服飾以像包裙（Wrap skirt）的蘇格蘭裙聞名，而用來固定裙襬接縫處的就是蘇格蘭別針（Kilt pin）。這是一種外形細長的別針，以短劍造型居多。另外穿著正式服裝的時候，用來固定

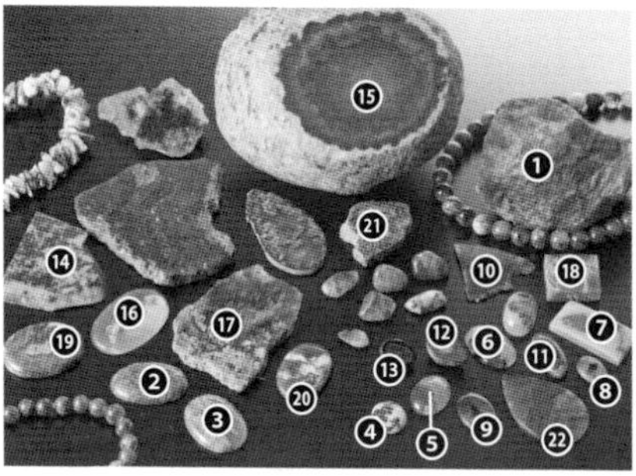

大片披肩的是雙腳釘，這是一種呈C字形的大型別針。

藍柱石 Euclase

藍柱石

英文名：Euclase
中文名：藍柱石

成　分：$AlBe[OH|SiO_4]$
晶　系：單斜晶系
硬　度：6.5～7.5
比　重：3.05～3.10
折射率：1.65～1.67，1.65～1.68
顏　色：無色、黃色、淺藍色、藍色、淺綠色、白色
產　地：巴西、俄羅斯、坦桑尼亞、哥倫比亞、肯亞、澳洲、義大利、德國、印度、辛巴威

關於藍柱石

這種礦石會形成菱形剖面的柱狀結晶，而且柱面上的平行線條會非常發達。特徵就是結晶體端面會出現山形而且複雜的層次。

藍柱石以美麗外形而聞名，因其藍色色彩加上硬度相近，一時會讓人誤以為這是海水藍寶。不過藍柱石的解理性異常強烈，就連斷口也是非常明顯而且脆弱。發現這個矛盾之處並且抱持懷疑態度的法國礦物學家Haüy經過研究之後，於1792年將這個礦石取名為Euclase，而這個英文名字就是取自它的矛盾點。其字源來自希臘語「eu」這個意指良好，以及「klasis」這個代表毀壞的字。

他在研究時使用的雖然是巴西產的結晶，不過當時的人在研究的時候使用的卻是產自祕魯的結晶。

這個礦物在歐洲亦有其他產地，但因結晶體缺乏典型特徵，所以1785年他才會將產自巴西的結晶體帶進研究室裡研究。這塊結晶雖然充滿特性，但因產地遠在地球的另一端，所以當研究進行的時候不僅手邊礦山資訊不足，就連樣本也不足。為此Haüy在分析這塊結晶時可說是吃盡苦頭。而第一次發現形成於低溫的熱液礦脈、結晶花崗岩，以及結晶片岩之中的藍柱石，是產自俄羅斯烏拉山脈南部的奧倫堡（Orenburg）。

這是種含有鋇（Be）的礦物，屬於相當罕見的稀產種，而寶石等級的結晶產地更是有限，例如在資料中提到的產地當中，像巴西米納斯吉拉斯州（Estado de Minas Gerais）的歐魯普列圖（Ouro Preto）與北大河州（北里奧格蘭德，Rio Grande do Norte）就是，而前者更帝王黃玉（Imperial topaz）的知名產地。

巴西生產的藍柱石以無色居多，偶而會看見部分著色成綠色或藍色的結晶。之所以會出現綠色色彩，原因在於微量的鉻（Cr）離子。

以完全藍色的形態產出的結晶非常罕見。雖說巴西生產的藍柱石帶著淡淡的藍色，而且幾乎不見深藍色的石體，不過這個定論卻被南美的哥倫比亞所推翻。這裡不用說，是祖母綠的代表產地，而在契沃爾（Chivor）以及一部分的伽沙拉礦山（Gachala）曾經發現深藍色的結晶。推測這可能是祖母綠在600℃到400℃這個低溫環境形成的時候分出的礦石。此外，辛巴威亦有產出報告。從這個美麗的藍色結晶體中曾經化驗出鐵與鈦，由此可推斷出這些元素也是形成顏色的原因。不管是藍晶石還是藍色的祖母綠，都是因為擁有相同成分所以才會呈現藍色的。

從照片認識藍柱石

從❶的結晶可以觀察到藍柱石結晶體的獨特性。從柱面上可明顯看出平行的線條，而錐面（照片中的左側）則呈現山形，並且構成複雜的礦面。

❷與❸的結晶體透明度雖然下降，不過依舊可看出柱面與錐面的狀態非常複雜。與❷左肩的群晶體共生的無色結晶是蛋白石。

❹～❻產自哥倫比亞的熱液礦脈，而❹與❺標本上的黑色部分是熱液侵入處的黑色碳素頁岩所留下來的痕跡。

標本❺的部分結晶為無色。❼與❽的切石為巴西產，而且均可觀察到無色的部分。從這樣的切石可以看出石體脆弱的方向。如前所述，這是因為這種礦石會在藍色的這個部分呈現完全平行的線條所致。

藍柱石的切石價格非常昂貴，因此在購買的時候務必使用放大鏡確實地檢查，看看石體裡頭是否產生解理。無色的藍柱石結晶體中，與柱面平行的中心點會形成藍色條紋，而❼與❽的切石就是用這種結晶石琢磨而成的。藍晶石這種寶石也曾出現相同的例子（請參考➡p.120的藍晶石）。藍色的色彩看起來之所以會與一部分的柱面呈平行狀態，原因就在於先前提到的，藍柱石的解理性會與該礦面以平行狀態出現。

❾是將哥倫比亞契沃爾礦山生產的結晶切割而成的寶石，不過像這樣深邃的寶藍色其實並不常見，非常珍貴。

異性石 Eudyalite

異性石

英文名：Eudyalite
中文名：異性石

成　分：$(Na_{14}Ca)Ca_6Fe^{2+}{}_3Zr_3[(Cl,OH)_2](Si_3O_9)_2]$(Si_9O_{27}・$SiO)_2]$
晶　系：六方晶系（三方晶系）
硬　度：5～5.5
比　重：2.70～3.10
折射率：1.59～1.60
顏　色：淺紫紅色、紫紅色、紅色、粉紅色、褐色
產　地：俄羅斯、加拿大、挪威、瑞典、愛爾蘭、格陵蘭、馬達加斯加

關於異性石

這種礦物易溶於酸。雖然無法確定當時的人在取名的時候是否已經知道異性石的性質，不過其英文名據說是將希臘語中意指經常的「eu」與意指溶解的「dialytos」組合而成的。這個礦物本身體積不大，會以散布在岩石之中的形態、集合形成的塊狀或礦脈狀出現。

1817年異性石首次在格陵蘭發現。不過當時發現的褐色異性石色彩非常深濃，而讓當時的人以為這是石榴石，當察覺這是新種礦物時已經是2年後的事情了。沒多久在俄羅斯發現了顏色與紅寶石一樣鮮艷紅潤的異性石，進而成為寶飾市場的寶石新秀，不知道這個名字的人，甚至還會因為它的顏色而誤以為這是紅寶石。事實上這種礦石在當地擁有「拉布蘭紅寶石」這個暱稱，據說是從「拉布蘭族之血」這個稱呼衍生而來的。根據拉布蘭族人，也就是居住在該礦石產地俄羅斯科拉半島（Kola Peninsula）的原住民所言，「遠古時代，當我們祖先受到外敵侵略之際，勇敢的戰士們為了守護族人而戰鬥。當時戰士們所流下的鮮血滲入石塊之中，把大地給染紅了」。

異性石產於「正長岩（Syenite）（➡請參考Mini知識）」或偉晶岩之中。這是種組成構造複雜而且相當稀少的礦物，截至目前為止所發現的異性石通通都集中在北半球的某一個部分。可惜的是日本並沒有產出這種礦石，至於南半球也只有馬達加斯加例外地有出產異性石。

包含這種礦石在內的岩石外觀非常類似「花崗岩（Granite）」，不過這裡頭幾乎不含石英。異性石在這種岩石裡頭會與「霞石（Nepheline）$Na[AlSiO_4]$」相伴產出，屬鹼性深成岩，通常會混入黑色的「鈍鈉輝石（霓石）（Aegirine）」、白色的「鈉長石（Albite）」與黃色的「磷灰石（Apatite）」，但是鮮艷的紅色卻總是奪走人們的視線。

這個紅色是錳與鐵帶來的，會因比例的不同而出現紅色到褐色的差異。名為「負異性石（Eucolite）」的礦石含有豐富的鐵、錳與鈣，因此褐色色彩較濃，在成分上被視為是異性石的亞種。這種礦石產於挪威的Langesund Fjord，而且與格陵蘭產的異性石非常類似。

用來製作寶飾品的異性石幾乎都是產自俄羅斯與加拿大。

發現之時被誤以為是石榴石的異性石有的顏色看起來就像是深褐色，不過只要顏色鮮艷紅潤，看起來越像紅寶石或尖晶石的就越貴重。縱使外觀看起來像紅寶石或尖晶石，經過紫外線照射卻不會發出紅色螢光。從可以讓鹽酸（HCl）輕易分解這件事可以判斷這種礦石應不屬於石榴石。科拉半島所生產的異性石當中有的會隨同方鈉石產出，營造出明亮的藍色與深

邃的紅色這個不可思議的組合。

從照片認識異性石

標本❶是形成於「霞石正長岩（Nepheline syenite）」裡的礦物。⇒部分的ⓐ是「鈍鈉輝石」，ⓑ是「鈉長石」，並且在這個標本裡形成塊狀的礦脈。

標本❷與❸顏色較亮的藍色部分是「方解石」，暗沈的黃綠色部分則是「霞石」。尤其是標本❸裡頭還能夠觀察到充滿異性石特徵的柱狀結晶集合體。至於❹～❻的切石則是能夠看到自形結晶。

切石❼是以閃長岩中的鈉長石為母體，並且以微粒狀結晶分布，顯現出明亮的淡紅色，形成一塊能夠做為美麗裝飾品的岩石，與深紅色的❽正好成對照。❾的切石是將單結晶琢磨而成的，看起來其實非常像紅寶石。

不可不知的知識

前面已經提到，光是鹽酸就能夠輕易地將異性石分解，但其實不管是哪一種酸都能夠簡單地將其溶解。因此在清洗這種寶石製成的寶飾品時，最好使用蒸餾水，不要使用其他清潔用品清洗。

Mini 知識

◎正長岩（Syenite）

這種岩石無法在酸性環境之下形成，這也是為何日本無法發現異性石與方解石

的理由。這種岩石當初是在埃及的賽伊尼（Syene。即今阿斯旺地區，Aswan）採掘做為石材使用，因而稱為「賽伊尼之石（Syenites lapis）」，這就是其英文名的「Syenite」的由來。不過日本人稱其為「閃長石」，因為這是角閃石與長石構成的岩石（➡請參考p.303方解石的❻）。

流紋岩／花崗岩／細晶岩／綠簾花崗石
Rhyolite／Granite／Aplite／Unakite

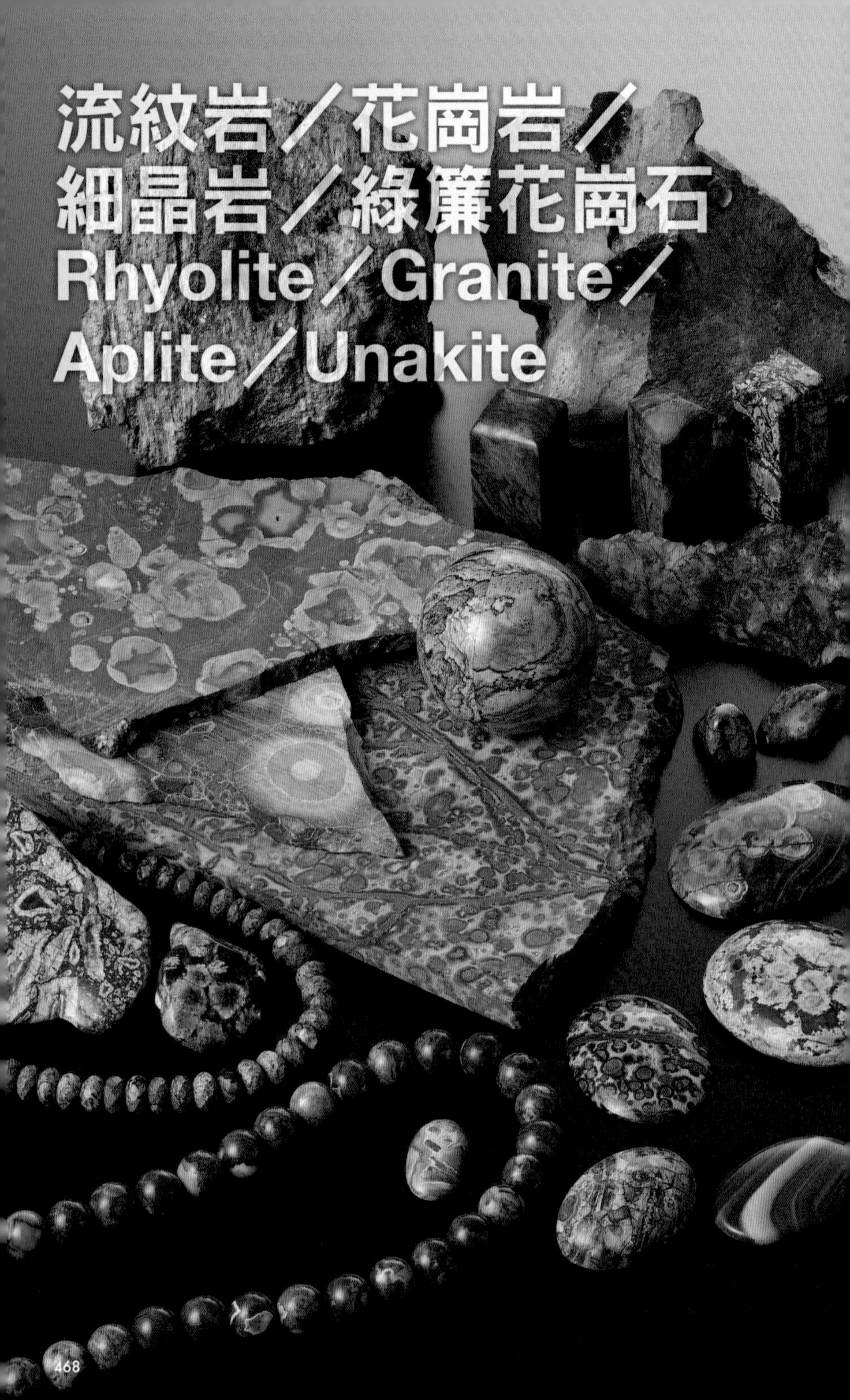

1流紋岩／2花崗岩／3細晶岩／4綠簾花崗石

英文名：1Rhyolite／2Granite
3Aplite／4Unakite
中文名：1流紋岩／2花崗岩
3細晶岩（半花崗岩）
4綠簾花崗石

成　分：請參考本文
晶　系：因為岩石故無晶系
硬　度：1約5～7／2約6.5～7
3約6.5～7／4約6.5～7
比　重：1不一定（個體差別大）
22.50～2.60
32.40～2.50／42.85～2.94
折射率：－
顏　色：各種顏色
產　地：1美國、墨西哥、冰島、義大利、日本
2非洲、英國、俄羅斯、斯堪的納維亞半島、巴西、加拿大、美國、中國、日本
3義大利、阿爾卑斯山脈、中國、日本
4美國、澳洲、奧地利、義大利、法國、俄羅斯、緬甸、巴西、墨西哥

關於流紋岩／花崗岩／細晶岩／綠簾花崗石

這一頁要介紹的岩石全都歸類在「火成岩（Igneous rock）」項下。

◎流紋岩

這是由石英、正長石、斜長石、黑雲母，以及角閃石構成的岩石，當岩漿被帶近地表處時如果急速冷卻的話就會形成。流紋岩被分類在「火山岩（Volcanic rock）」項下，不僅反映了形成狀態，同時還會在接近玻璃質的組織中出現結晶散布的狀態，稱為「半晶質（Hypocrystalline）」。一旦岩漿朝向地表並且通過裂開的地縫噴出，經過急速冷卻之後就會變成「黑曜岩」。如果含有大量氣體的話，在噴出地表的途中就會以極快的速度起泡，並且產生無數的氣泡。這個具發泡性的岩石會浮在水面上，可形容為「輕石」。「流紋岩」這個名字來自岩漿在流動的時候所呈現的木紋圖案。像這樣的圖案稱為「流面構造（Flow structure）」，看起來十分鮮明的稱為「帶狀流紋岩（Banded rhyolite）」。流紋岩上隨處可見名為「雛晶（微晶）（Crystallite）」這種顆粒小的結晶；這個小結晶如果長大的話，就會變成「球粒（Spherulites）」圓形紋，這在山水石界中稱為「牡丹石」或「菊紋石」，但其正確名稱應該是「球顆流紋岩（Spherulitic rhyolite）」。

◎花崗岩

以石英、正長石與雲母為主要成分的岩石，斑點狀組織為其特徵。花崗岩是從「玄武岩（Basalt）」形成之後的岩漿產出的，含有豐富的矽酸成分，並且形成於地殼中深達數十km之處。這種岩石形成的地點不僅比流紋岩深，加上冷卻時間十分冗長緩慢，因而歸類在「深成岩（Plutonic rock）」底下。這是一種能夠反映形成狀態、構成礦物十分清晰的粒狀岩石，並且擁有「全晶質（Holocrystalline）」這個組織。石材業界一般稱其為「御影石」，這是來自在日本神戶六甲山山腳下的東灘區御影町所採掘到的石材名。

◎細晶岩

以細粒的石英、正長石與雲母為主要成分的岩石，與花崗岩幾乎同一時期形成。花崗岩裡頭含有多種副成分礦物，但相對之下細晶石只含數種。據推測，這兩種岩石形成的時候會受到岩漿濃度的影響而區分開來，細晶石的石英與正長石含量會比花崗岩來得豐富，並且呈現細膩的粒狀組織，因此成為「晶洞（Miarolitic cavity）」，可採掘做為陶瓷器的原物料。

◎綠簾花崗石

這種岩石並不是前3種的分類名稱，而是相對於擁有外觀特殊的岩石而命名的寶石名。原產地為美國北卡羅來納州（North Carolina）的尤內卡山脈（Unaka Mountains），故其英文名的意思就是「尤內卡山之石」。這是花崗岩經過熱液作用變質而成的岩石，裡頭的長石會變成「綠簾石（Epidote）」或「綠泥石（Chlorite）」。

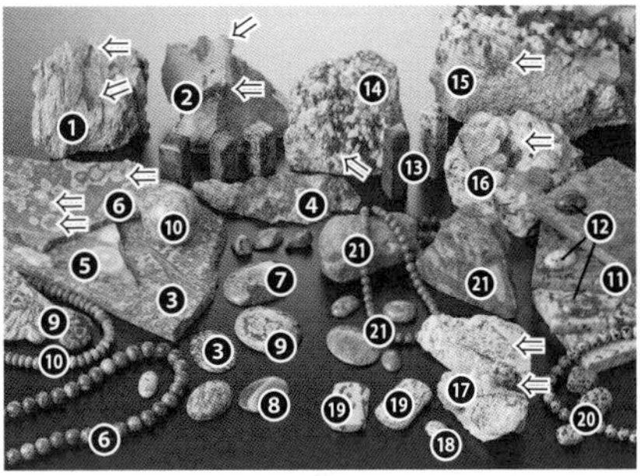

從照片認識流紋岩／花崗岩／細晶岩／綠簾花崗石

❶～❿為「流紋岩」。❶❷❽擁有明顯的流面構造，而且❶與❷的⇒部分均形成蛋白石。❸～❻為「球顆流紋岩」，號碼越大，球顆形狀也就隨之擴大。不過❻的球顆部分因為空氣跑出，因而形成星形的孔洞，並且之後在這裡頭形成瑪瑙（⇒部分）。像這樣的礦石就稱為「星形瑪瑙（Star agate）」。❼同時出現了流面構造、球顆與星形瑪瑙這三個部分。❽為「內華達奇異石（Nevada wonder stone）」，不過其流面構造卻非常容易讓人誤以為這是瑪瑙或碧玉。❸的球顆細膩，看起來宛如豹紋，因此擁有「豹皮石（Leopard skin）」這個暱稱。❾在山水石世界裡稱為「飛驒菊紋石」。❿受到裡頭所含的鐵分氧化影響，因此呈現出非常獨特的圖案。這樣的岩石會被誤認為是形成萊西岡環（Liesegang ring）圖案的砂岩（➡請參考p.199的❷❸），這在山水石的世界裡稱為「龍紋石」。⓫～⓰為「花崗岩」。⓫是裝飾用石材，⓬用來製作寶石，⓭則是加工做成印材，均洋溢著令人無法抗拒的魅力。⓮～⓰是「偉晶花崗岩（Granite pegmatite）」，會在花崗岩之中形成不規則的孔洞狀。構成的礦物雖然與母體的花崗岩一樣，但不同的是結晶體會在孔洞中自由成長，並且伴隨著多種礦物，堪稱寶石礦物的寶庫。標本⓰的箭頭前端可以觀察到蛋白石與海水藍寶。空洞部與母體的花崗石之間可看到只有石英與長石形成的部分（⓮⓯的⇒部分），稱為「文象花崗岩（Graphic granite）」。這種岩石裡的石英會在長石之間交錯形成楔形圖案，看起來就像是象形文字，故以此名稱呼。

⓱～⓴為「細晶岩」。⓱⇒部分的文象構造規模比⓮⓯的還要小。⓲是這個部分的切石，特色就是組織比細晶石本體中的⓳還要細膩。⓴稱為「達爾馬提亞細晶石（Dalmatian aplite）」，上頭的黑色斑點是「角閃石（Hornblende）」。㉑是「綠簾花崗石」。

天藍石
Lazulite

天藍石

英文名：Lazulite
中文名：天藍石

成　分：$MgAl_2[OH|PO_4]_2$
晶　系：單斜晶系
硬　度：5～6
比　重：3.08～3.38
折射率：1.60～1.64，1.64～1.67
顏　色：藍色、淺藍色、深藍色、偶而出現白色
產　地：美國、印度、加拿大、巴西、玻利維亞、安哥拉、馬達加斯加、瑞典、澳洲、瑞士

關於天藍石

發音類似的礦物還有另外一種，因此在談論這種礦石時會有點麻煩。下一項要介紹的青金石礦物英文名為「Lazurite」，這兩種礦石的英文名字差別只在「li」與「ri」，為了避免混淆，後項的礦物以英文的寶石名來標記。

為了劃分清楚，本頁將Lazulite稱為天藍石，Lapis-Lazuli稱為青金石。

天藍石的英文名與青金石一樣，來自波斯語中的「藍色（lazhward）」，之後以德語的「lazurstein」定名。不過這種礦石（天藍石）是「磷酸鹽礦物」的伙伴，而青金石卻是屬於矽酸鹽礦物，因此這兩種礦石可說是截然不同的種類。

自古以來天藍石就被誤認為與青金石一樣，不過1795年德國科學家M. H. Klaroth將在奧地利發現的標本分析之後，認定這是新種礦物。至於Klaroth本人，則是因為發現鈾（U）、鋯（Zr）與鈰（Ce）而家喻戶曉。

這種礦石形成於曾經發生接觸變質作用的石英礦脈或磷酸鹽礦的偉晶岩中，剖面雖然會形成四角形的雙錐狀結晶，可惜品質優良的結晶並不常見。青金石與藍銅礦（Azurite）的結晶通常都會形成相同的藍色，不過天藍石的結晶卻會與白色形成斑點狀，這也是其特徵之一。

可惜的是色澤明亮的藍色石體通常都會誤看成是「藍方石（Hauyne）（➡請參考p.020）」。

這個結晶體含有鐵分，會出現充滿特徵的藍色，一般可以利用$(Mg, Fe^{2+})Al_2[OH|PO_4]_2$這個化學式來表現。裡頭所含的鐵能夠以任何一種比例替換成鎂，而且會隨著所含的量由淺藍色變成深藍色。當Mg＜Fe的時候，就會變成「鐵天藍石（Scorzalite）$Fe^{2+}Al_2[OH|PO_4]_2$」。這個鐵天藍石是在天藍石發表之後至少過了150年，也就是1947年才被判斷是與天藍石同一系列的礦物。

天藍石是種可用一般化學式$\mathbf{A}^{2+}\mathbf{B}^{3+}{}_2[OH|PO_4]_2$表現的礦物。

A可以換成Cu、Fe、Mg，**B**可以換成Al、Fe，並且形成

◎綠磷鐵銅礦 Hentschelite
$Cu^{2+}Fe^{3+}{}_2[OH|PO_4]_2$

◎重鐵天藍石 Barbosalite
$Fe^{2+}Fe^{3+}{}_2[OH|PO_4]_2$

◎天藍石 Lazulite
$MgAl_2[OH|PO_4]_2$

◎鐵天藍石 Scorzalite
$Fe^{2+}Al_2[OH|PO_4]_2$

這4種礦物。

從照片認識天藍石

標本❶與❷是形成於花崗偉晶岩石英

礦脈之中的結晶，而標本❶甚至還與水晶以及褐色的「菱鐵礦（Siderite）」共生。

❸為分離結晶，藍色而且呈四角雙錐的外形暗示著這個結晶就是天藍石。❹～❻顏色雖然明亮，不過❻的石體顏色卻會讓人誤以為這是藍方石。❼與❽的天藍石散布在水晶結晶之中，讓原本無色的水晶散發出藍色色彩。這個礦石的寶石名為「藍水晶（Blue quartz）」，不過讓水晶呈現藍色色彩的並不限於天藍石，還有好幾種礦物亦為人所知。

不可不知的知識

天藍石與青金石的礦物名均來自「lazulius」這個中世的拉丁語。lazuli擁有藍色之意，因而分別形成Lazulite（天藍石）與Lazurite（青金石）這兩個名稱。據說這個分歧點在於非常微妙的顏色差異，而這個差異就展現在「li」與「ri」這兩個字上。

然而當時的寶石王國之一，也就是法蘭西王國卻以Lazulite的後面的「l」是阿拉伯語追加上去的字這個理由，而改用「Lazurite」來稱呼藍色礦石，這就是今日最高等級的顏料「青金石（Lapis-Lazuli）」。

進一步將Lazurite的「L」去掉，就變成azurite，這就是藍銅礦的英文名Azurite。整個過程雖然有點複雜，但這些名稱在歷史上卻擁有不可否認的事實。然而站在價值觀的立場上將這些寶石名區分之前，畫具工匠與畫家們可是靠岩石外表與經驗來辨識，並且將這些微妙的顏色區隔開來，並且將天藍石稱為「Smalt」，青金石稱為「Ultramaline」，而藍銅礦則是稱為「Caeruleum」。

青金石 Lapis-Lazuli (Lazurite)

青金石

英文名： Lapis-Lazuli
中文名： 青金石

成　分： 通常為複數的藍色礦物組合而成
晶　系： 由於是礦物的集合體，因此沒有結晶狀態
硬　度： 5～5.5
比　重： 2.38～2.95
（會隨著母岩以及共生礦物大幅變動，平均為2.65）
折射率： 1.50
顏　色： 以碧藍色為底色，會出現黃鐵礦的金色斑點，以及母岩方解石的白色部分
產　地： 阿富汗、俄羅斯、智利、加拿大、緬甸、阿根廷、義大利、美國、安哥拉

關於青金石

這個寶石雖然是印度的寶石商人第一次帶進歐洲，不過古埃及人在這數千年來就已經將這種礦石當做寶石來使用。第一次發現這個礦石的人應該感到十分震驚吧。因為這金星斑點四處散布的藍色色彩不曾出現在其他寶石上，令人聯想到阿拉伯的深邃幽暗夜空。當時的人相信藍色具有降魔之力，並且認為金色擁有除惡的力量，這個組合讓青金石在一開始便做為護身符來使用。這塊藍色的礦石在希臘稱為「Sappeiros」，在羅馬稱為「Sappirus」。至於Sapphire（藍寶石）這個名字在當時則是用來指稱青金石。

當時生產這種寶石的是阿富汗的巴達喀山省（Badakhshan），並且經由絲路運至歐洲。之後改用船運橫渡地中海，所以才會出現「Ultramarine」這個名字，意指「千里迢迢越過大海而來」，由此創出了「Ultramarine blue（群青藍）」這個字。

這個寶石在西元前也被中國人用來製作裝飾品，甚至還經由絲路運至東方，接著再透過船隻，越過大海來到日本。像是奈良的正倉院就還保留著鑲嵌這種寶石的裝飾品。此外，這種寶石亦被用來做為「岩畫工具」，稱為「群青」。它在寶石與礦物的世界裡稱為青金石，而「琉璃」這個名字更是日本人熟知的寶石名之一，同時也是「七寶（七珍）」之一。

歐洲中世紀的畫家們利用這種寶石做為顏料來作畫，而宮廷畫家更是善用其美麗的藍色來點綴壁畫與祭壇。「Lapis-Lazuli」這個名字就是誕生於這個時候，可說是超越民族的創作語。「lapis」在拉丁語中意指石頭，後面接上意為藍色的「lazuli」，字源是阿拉伯語的「al-lazward」。這是唯一保留中世紀的名稱，並且流傳至現在的寶石名。也就是說，在這之前的人對於藍色的觀點，與之後的藝術家對於藍色的感受呈現明顯的差異。

在好幾本寶石書中每當讀到青金石這個部分，對於這個藍色觀的書評總是寫得零零落落，毫無系統可言，而且對於礦物的解說部分內容更是相差甚遠。其中最常見的敘述，就是「由數種礦物混合而成的岩石」，但正確來說，這應該是藍色礦物的集合體。這個藍色的礦物群，是以「青金石（Lazurite）$(Na, Ca)_8[S, SO_4, Cl, OH_2|(AlSIO_4)_6$」為主體，同時與「藍方石（Hauyne）$Na_6Ca_2[SO_4|(AlSiO_4)_3]_2$」、「方鈉石（Sodalite）$Na_8[Cl_2|AlSiO_4]_6$」，以及「黝方石（Nosean）$Na_8[SO_4|(AlSiO_4)_6]$」集合構成的。

Lapis-Lazuli就是用來稱呼這些礦物集合體的寶石名。只要青金石的含量越多，藍色色彩就會越鮮艷明亮。這裡頭還分布著同時形成的黃鐵礦（Pyrite），因為這樣的狀態，中文名才會取為青金石。

從照片認識青金石

❶是晶出於大理石中的單結晶青金石，❷則是從這裡頭取出的青金石，產自阿富汗的巴達喀山省。在1990年發現生產大量結晶礦脈之前，青金石的結晶應該算是相當稀少。可是那時候就算發現結晶，卻會把它丟到谷底。即使找到十分罕見的礦物結晶，整個品質卻差到無法做為裝飾用礦石，等級與寶石相差甚遠。不過現在它的價值已經得到大家的承認，並且常見於標本市場。每當看見這些標本，都會深深覺得Lapis-Lazuli的譯名不應該是青金石，取名為琉璃反而比較合適，因為所謂的琉璃色，正是藍色之中帶著幾分紫色。

標本❸是由兩層礦層所組成。上層是大理石礦脈，隨處可見青金石散布；下層則是一般的集合體。

❹堪稱青金石最高等級的色調。標示❺的切石色彩繽紛多樣，顏色的差異取決於構成該石體的藍色礦物種存在比率。

標本❻是以藍色為底，而顆粒狀的黃鐵礦均勻完美地散布其中。從這一點便不難明白青金石這個名字的由來。

❼的母岩也就是大理石非常醒目，但若做為寶石的話，等級卻非常差。過去曾有「扁青石」這個名稱，不過現在幾乎已經不再使用，這個名字指的就是這樣的礦石。從前日本的寶飾市場上常見這類斑點的寶石，因為品質較為優良的通通都轉到歐洲市場去了。

最近市面上出現前所未見的青金石。❽的黃色部分是「金雲母（Phlogopite）」，這樣的組合是來自新礦脈。

鈣鈉斜長石
Labradorite

鈣鈉斜長石

英文名： Labradorite
中文名： 鈣鈉斜長石（拉長石、閃光石）

成　分： $(Na[AlSi_3O_8])_{50\sim30}(Ca[Al_2Si_2O_8])_{50\sim70}$
晶　系： 三斜晶系
硬　度： 6～6.5
比　重： 2.69～2.72
折射率： 1.56～1.57
顏　色： 無色、黃色、橙色、亮粉紅色、*淺青綠色、*淺藍色、*青灰色、*黑色
※加上「*」這個符號的顏色會呈現虹彩效果。
產　地： 芬蘭、加拿大、馬達加斯加、美國、澳洲、挪威、印度、墨西哥、烏克蘭

關於鈣鈉斜長石

鈣鈉斜長石在「長石族（Feldspar family）」中與先前提到的「鹼性長石（Alkali feldspar series）（➡請參考p.118的正長石／微斜長石）」為不同系列，屬於「斜長石（Plagioclase series）」。所有斜長石系的礦物都會形成三斜晶系的結晶體，而且是擁有「鈣長石（Anorthite）$Ca[Al_2Si_2O_8]$」到「鈉長石（Albite）$Na[AlSi_3O_8]$」這兩種端成分的長石類固溶體。資料中附註在成分化學式後面的小寫數字代表這個長石種類的混合範圍。也就是說，鈣鈉斜長石裡面的鈉長石與鈣長石的分子比例範圍可以從50比50到30比70。

該寶石名會以礦物名稱來稱呼。由於各個鄰近的長石均可見於現實生活當中，可看出這個範圍區分在某個程度上其實是具有通用性。（➡請參考不可不知的知識）

在長石裡頭有些寶石名並不會出現在礦物種名之內，例如月長石與日長石，因為這是用來稱呼呈現特殊光學效果的變種長石名稱。（➡請參考p.448的月長石、p.192的日長石）

然而鈣鈉斜長石卻例外，是以呈現光學效果的變種礦石而聞名。鈣鈉斜長石如果不具光學效果，那就缺乏寶石魅力。

自從在加拿大拉布拉多（Labrador）的聖保羅島（St. Paul）發現綻放出虹色閃光的美麗變種礦石之後，這樣的長石便一躍知名。這是發生在1770年的事。自此之後只要提到鈣鈉斜長石，就會讓人立刻聯想到散發出虹色光芒的寶石，結果讓原為黃色的石體被認為是新種礦石，甚至還出現了「Golden labradorite」這個名字，真的是本末倒置。

這個變種礦石發現之後，人們便開始研究造成虹色效果的原因。散發出虹色光芒的鈣鈉斜長石在層層相疊的鈣長石與鈉長石礦層之間，還會發展出磁鐵礦與赤鐵礦等金屬礦物的微薄礦層。這樣的組合讓鈣鈉斜長石顯現出不會出現在其他長石、因干涉而出現的虹色光學效果。

這種效果的英文以第一次發現的產地為名，稱為「Labradorescence（暈彩、幻彩效果）」，意思是「拉布拉多的光芒」。1781年在俄羅斯、1940年代初期在芬蘭的Ylämaa亦曾發現這種長石的存在。可惜的是鈣鈉斜長石英文原名的誕生地產量日益減少，如今已被芬蘭奪下寶座並且取而代之。尤其是Ylämaa更是生產虹彩鮮艷的礦石，因而特地將其命名為「光譜石（Spectrolite）」。

從照片認識鈣鈉斜長石

❶是產自加拿大聖保羅島的標本。❷

與❸的標本則是產自芬蘭，光譜顏色比加拿大的還要鮮艷。另外像❷或❹那樣干涉色鑲嵌圖案特別鮮明艷麗的，便以「光譜石」這個寶石名稱來稱呼。

❺是長石構造清楚明顯的標本，可以觀察到虹色的累帶構造。看起來略呈黑色的外側部分與散發出虹光的部分屬成長方向不同的同種長石，不會發出光芒的原因在於這兩者的結晶面方向相異。標本❸情況亦同，外觀雖然光彩奪目，但卻只有一部分散發光芒。因此不管是產自加拿大、俄羅斯，甚至是芬蘭，都可以看出這種礦石的本體是其實是集合體（岩石）。雖然說是岩石，卻與花崗岩等岩石不同，幾乎是由單一的鈣鈉斜長石所形成。像這樣的岩石就稱為「單一岩塊」，這從❻與❼即可一目瞭然。

❽❾是沒有光學效果的鈣鈉斜長石。❿因為受到成分與多色性的影響而變成紅色。⓫亦擁有相同性質，因此看起來呈綠色。造成這些情況的原因都是銅（Cu）。這些都是產自美國奧勒岡州龐德羅莎礦山（Ponderosa Mine）的礦石。此地所產的鈣鈉斜長石成分上比較接近鈣長石，因此稱為「Calcic Labradorite」。切石⓬紅色與綠色共存，但在這當中最為稀少的，就是像⓫那樣彩度高的綠色。

不可不知的知識

◎斜長石的種類配置化學式

鈉長石以Ab（Albite）、鈣長石以An（Anorthite）這個縮寫表示。屬於這個系列的長石種其化學式如下：

鈉長石・Albite（$Ab_{100\text{-}90}An_{0\text{-}10}$）

⇩

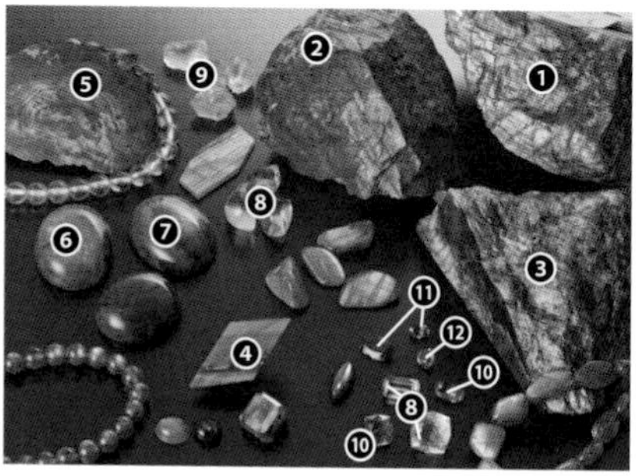

鈣鈉長石・Oligoclase（$Ab_{90\text{-}70}An_{10\text{-}30}$）

⇩

中長石・Andesine（$Ab_{70\text{-}50}An_{30\text{-}50}$）

⇩

鈣鈉斜長石・Labradorite（$Ab_{50\text{-}30}An_{50\text{-}70}$）

⇩

倍長石・Bytownite（$Ab_{30\text{-}10}An_{70\text{-}90}$）

⇩

鈣長石・Anorthite（$Ab_{10\text{-}0}An_{90\text{-}100}$）

金紅石
Rutile

金紅石

英文名：Rutile
中文名：金紅石

成　分：TiO_2
晶　系：正方晶系
硬　度：6～6.5
比　重：4.20～5.60
折射率：2.62～2.90
顏　色：黑色、暗褐色、紅褐色、黃色、淺青黑色、灰色、淺綠黑色
產　地：巴西、俄羅斯、瑞士、加拿大、法國、羅馬尼亞、挪威、澳洲、美國、阿富汗、馬達加斯加、義大利

關於金紅石

細長的金紅石看起來通常呈現紅色。這個礦物就是因為這樣的外觀而定名的。金紅石的英文名來自拉丁語的「rutilis」，意思是「宛如燃燒般」。從化學式可看出這個礦物如果成分單純的話，其實應該是不帶任何色彩，也就是白色。

一般的金紅石結晶如果含有10％的鐵在內的話就會呈現黃色，加上結晶體本身反射率高，因此看起來金光閃閃。當混入的鐵含量越多，顏色就會越接近褐色，並且慢慢形成紅色。之所以會變成紅色，原因在於少量的錳。金紅石這個中文名就是將這兩個顏色拼湊起來，冠上「金」與「紅」而來的。如果不純物的鐵含量恰當的話，就會呈現出非常美麗的姿態。

可是一旦鐵的含量高達30％的話就會變成黑色，稱為「鐵金紅石（Nigrine）」。

金紅石的比重還會隨著內含的不純物元素而變化，像鐵的話是4.2～4.4，含鈮（Nb）或鉭（Ta）的話就會提高到4.2～5.6左右。

金紅石主要是以火成岩中的副成分礦物產出，不過亦會形成於源自片麻岩、片岩、白雲石（Dolomite）或石灰岩的變質岩中。

這是一種會出現柱狀結晶特徵的礦物，非常容易形成雙晶，結果讓石體呈現V字型或コ字型，此外還會重複變成環狀六角形，甚至是格子狀。

金紅石與「軟錳礦（Pyrolusite）β-MnO_2」、「錫石（Cassiterite）SnO_2」為「類質同像（Isomorphism）」關係的礦物，與「銳鈦礦（Anatase）」、「板鈦礦（Brookite）」則擁有「同質異相（Polymorphism）」的關係。

金紅石雖然擁有如此獨特的特性，但可惜的是它卻是以含有內包物的礦物而為大家所熟悉，不是透過「髮晶（鈦晶，Rutilated quartz）（➡請參考p.488）」，就是經由展現星芒效果的紅寶石或藍寶石而為人所知。

從照片認識金紅石

❶與❷看起來就像是「金色」的金紅石，至於❸與❹則像是「紅色」的金紅石結晶。❶❷❹的金紅石是附著在水晶外層而形成的，其中有一部分滲入水晶之中。這裡頭如果鐵含量多，顏色就會從❺～❼慢慢變黑，到了❽就會整個變成黑色，代表這裡頭的鐵含量真的非常豐富。

❾的結晶體是雙晶，而這種形狀又稱為「膝狀雙晶」。❿稱為「V字型雙晶」，標本⓫則是這兩者的組合。❷與❹水晶上的金紅石是❾的雙晶反覆重疊出現

的形狀，形成格子狀的六角形。❾的雙晶如果繼續形成2個接觸雙晶，並且重複2次的話，就會出現呈60度交叉的星形。在剛玉裡頭，金紅石的這種六角斜格狀可以形成以三次元的形式集合、並且充滿星芒效果的紅寶石與藍寶石。

標本❶⇒部分的金紅石俗稱「太陽金紅石」，位在中心點的赤鐵礦（有時是鈦鐵礦）會呈放射線伸展。這種情況雖然是以赤鐵礦為核心，同時受到結晶影響而形成的「磊晶（Epitaxy）」，但是這裡頭還必須加上金紅石本身所擁有的構造這項要因。

在柱狀的金紅石結晶中，與柱面平行的地方非常容易形成管狀內包物，例如⓬的切石就稱為「金紅貓眼石（Rutile cat's-eye）」。

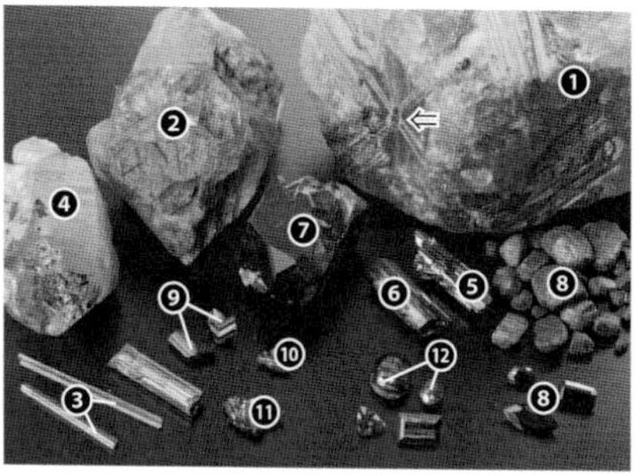

Mini 知識

◎鈦

鈦這種金屬的特性就是堅硬，非常輕盈而且耐腐蝕，是製作航空機、火箭與船舶零件的重要元素。這種金屬就算嵌入人體中也不會與人體組織產生反應，故亦用來製作人工關節。

鈦在地殼中約有0.44％的含量，比銅、鉛以及鋅還要多，但問題卡在它的存在形態，因為這種金屬是以廣泛擴散的方式存在於岩石之中，集中在某一處形成礦床的情況幾乎不曾出現。但不可思議的是，鈦卻會以內包物的形態大量出現在水晶等石英之中。

鈦晶／黑髮晶 Rutilated quartz／Tourmalinated quartz

1 鈦晶／2 黑髮晶

英文名：1 Rutilated quartz
2 Tourmalinated quartz
中文名：1 鈦晶、髮晶
2 黑髮晶、電氣石水晶

成　分：SiO_2（內包物：金紅石／電氣石）
晶　系：六方晶系（三方晶系）
硬　度：7
比　重：比2.65重
折射率：1.54～1.55
顏　色：無色、褐色
※水晶體會受到內包物的金紅石與電氣石的顏色，以及其本身的密集度影響，看起來會覺得好像有顏色。
產　地：巴西、美國、馬達加斯加、坦桑尼亞、莫三比克、澳洲、俄羅斯、阿富汗、中國、日本

關於鈦晶／黑髮晶

沒有一種礦物的內包物種類可以超過水晶。這些水晶內包物的數量恐怕無法一一數盡，不過常見的種類除了金紅石與電氣石，其他還有針鐵礦、黃鐵礦、角閃石、輝石、雲母，以及綠泥石等礦物。

這當中由於金紅石本身光芒十分燦爛，據此可推斷出「鈦晶」這種水晶自古以來即為人所熟知，但是正式做為寶石來使用卻是近代的事。形成這個背景的理由，在於其主要產地是巴西。巴西擁有好幾處面積寬闊的產地，而這些產地更是生產了外形千變萬化、內含金紅石與電氣石的水晶。

擁有金紅石內包物的水晶通常呈無色，不過有時會形成淡淡的煙水晶。這種水晶亦稱為「針水晶」或「金髮晶」，不過「金水晶」這個名字卻比金髮晶搶先被使用。除了金色之外，內包在水晶裡的金紅石有的還會呈現紅色。此外有的乍看之下以為是黑色，但透過強光照射就會發現其實是深紅色。

水晶裡的金紅石模樣可分為直線狀與彎曲狀這2種狀態。直線狀的稱為「丘比特之箭（Cupid's darts）」，又可稱為「愛之箭（Love arrow）」。而最為人所熟悉的「維納斯髮晶（Venus hair）」則是屬於後者。

其實這裡頭明明還包含電氣石，但不知為什麼，包含在水晶中的針狀內包物通通都被認為是金紅石。例如「Green rutile」是針狀綠閃石，「Red rutile」是針鐵礦，「Black ruitle」是黑色的電氣石，但這些都被誤稱為是金紅石。

水晶中的電氣石以黑色團塊最多，其次是褐色的鎂電氣石（Dravite），不過有時會出現綠色的鋰電氣石（Elbaite）。內含藍色鋰電氣石的稱為「靛青水晶（Indigo quartz）」。不過最為珍奇的是包含西瓜碧璽（Watermelon tourmaline）在內的水晶。

從照片認識鈦晶／黑髮晶

❶是「維納斯髮晶（Venus hair quartz）」，裡頭的金紅石因為柔軟而變得彎曲。❷是「丘比特之箭水晶（Cupid's darts quartz）」。❸的金紅石密集形成平行狀，展現出貓眼效果，這也是丘比特之箭水晶的一種。

❹擁有金紅石結晶的習性，內含斜格狀連晶的內包物。此外金紅石還經常出現放射狀的集合形態，像❺就稱為「Solar rutile quartz」，因為這裡頭的金紅石所呈現的方式看起來宛如太陽光輝。以金紅石結晶為主的集合體裡還有「赤鐵礦」與「鈦鐵礦」的玫瑰花狀結晶體。例如❻就

稱為「Flower rutile quartz」。

❼誤稱為「鉑金水晶（Platinum quartz）」，這是銀色金紅石以「板鈦礦（Brookite）」的柱狀結晶為中心，密集形成的滾輪狀結晶。這些都是鈦的氧化物（TiO_2），當水晶成長的時候，會隨著溫度產生變化並且分成2個階段形成，因此這兩者屬於「同質異象（Polymorphism）」的關係。

❽誤稱為「銀髮晶（Silver rutile quartz）」。其實這裡頭原本是鮮紅色的金紅石，但因金紅石的反射率以及包含此種礦石在內的水晶折射率的不同，結果讓金紅石表面經過反射之後看起來就像是銀色。

❾是伴隨著金紅石的「白雲石（Dolomite）」菱形結晶。

❿是含有「黑電氣石（Schorl tourmaline）」的水晶。即使母體是無色的水晶，但只要裡頭所含的黑電氣石一密集，看起來就會像是「黑水晶（Morion）」，如⓫。

⓬是包含「鎂電氣石」在內的水晶。只要觀察電氣石的結晶顏色，就會發現其顏色範圍居於明亮的褐色到接近黑色的褐色之間。可明顯看出褐色的在日本暱稱為「ススキ入り水晶（芒草水晶）」。

⓭是「靛青水晶」，⓮是黑電氣石，但因夾在水晶與電氣石的結晶交界處，因此看起來像是銀色。像這樣的水晶有時會誤稱為「銀髮晶」。

⓯屬於非常珍奇的水晶，同時含有金紅石與電氣石（黑電氣石）這兩種礦物。

另外在含有這兩種內包物的水晶裡，有些會以人工方式照射放射線（照射處理），將其變成煙水晶好讓整體看起來更有重量，甚至是利用壓力鍋裝置

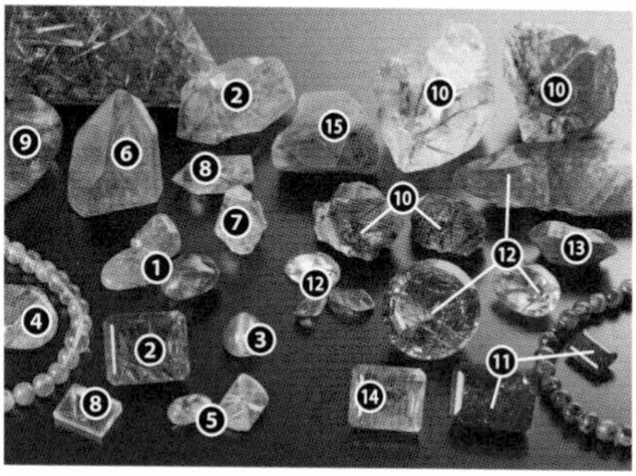

（Autoclave）讓色彩沿著金紅石與電氣石結晶滲入內部，這些經過處理的水晶都會在市面上流通。

紅寶石
Ruby

紅寶石

英文名：Ruby
中文名：紅寶石

成　分：Al_2O_3
晶　系：六方晶系（三方晶系）
硬　度：9
比　重：3.99～4.05
折射率：1.76～1.77
顏　色：紅色、淺紫紅色
產　地：緬甸、泰國、斯里蘭卡、馬達加斯加、坦桑尼亞、肯亞、越南、柬埔寨、阿富汗、巴基斯坦、印度、俄羅斯、格陵蘭、挪威、中國、哥倫比亞、尼泊爾

關於紅寶石

這種寶石最早稱為「Anthrax」或「Carbuncles」。這兩個措詞分別在希臘與羅馬時代意指「燃燒的石炭」。

品質優良的紅寶石只要放在陽光底下欣賞，看起來就會覺得「真的在燃燒」。讓這種寶石呈現紅色的元素是鉻，只要經過紫外線照射就會散發出紅色光芒，這就稱為「紅色螢光（Red fluorescence）」。就算不具備任何科學知識，不管是誰都可以看到這道紅色光芒。古代人將紅寶石視為是神靈附體的石頭，因此才會以燃燒的石炭來形容表現。然而到了中世，Carbuncles這個字卻演變成專門指稱石榴石，而同樣意指紅色的拉丁語「rubber」便用來做為這種寶石的名稱。

1798年這個寶石雖然擁有「Corundum」這個礦物名，不過此時已經開始使用從rubber這個字轉化而來的英文名Ruby。從這一刻開始，「Ruby是紅色剛玉」這個定義因而誕生。（➡請參考p.190的藍寶石）。

最喜愛紅寶石的是歐洲人。曾於某一時期展開殖民地政策的英國人最愛緬甸的紅寶石。他們甚至還將這裡頭顏色最為豔紅的評比為「鴿血紅寶石（Pigeon blood）」。

讓紅寶石出現這個色彩的是鉻（Cr）離子。形成結晶的母岩種類如果不同，有時還會摻入鐵（Fe）或鈦（Ti）。這些取代鉻的不純物成分越多，寶石顏色就會偏黑或偏紫。紅寶石之所以會隨著產地不同而出現顏色特徵上的差異，原因就在於此。像是泰國的紅寶石因為是在「玄武岩（Basalt）」中結晶，所以這裡頭鐵含量多，與產自緬甸的紅寶石相比，顏色就會稍微偏黑。另外斯里蘭卡的紅寶石顏色之所以會特別明亮，原因就在於這裡頭的鉻含量較少所造成的。

從照片認識紅寶石

剛玉系的礦物有時會與尖晶石（Spinel）共生，自古以來常被視為一同。從❶的球體可以觀察到許多斜交的平行線，不過尖晶石並不會出現這樣的線條。從照片中可以看出紅寶石其實會在不同種類的岩石中成長。❷產自緬甸，形成於「白雲石（Calcite marble）（即俗稱的大理石）」之中。❸產自阿富汗，❹來自尼泊爾，同樣以大理石為母岩。

區域變質岩裡亦可形成紅寶石。❺是俄羅斯產的「片麻岩（Gniess）」，❻是格陵蘭產的「角閃岩（Amphibolite）」，與綠色的「鈣鎂閃石（Tschermakite）$Ca_2Mg_3AlFe^{3+}[OH|AlSi_3O_{11}]_2$」共生。❼是產自印度的「雲母片岩（Mica schist）」，藍色部分是「白雲母

（Muscovite）$KAl_2[(OH, F)_2|AlSi_3O_{10}]$」，這個顏色是因為內含鐵與鈦所造成的。❽產自坦桑尼亞，並且晶出於「黝簾石片岩（Zoisite schist）」之中，寶石名為「紅寶黝簾石（Ruby in zoisite）」。

❾的球體看起來與❽一樣，但是成因卻與❼相同，底石部分是含鉻的綠色白雲母，稱為「鉻雲母（Fuchsite）」。這顆寶石曾被柔軟的針頭刮傷，紅寶石結晶周圍圍繞著一層深邃的綠色，而且外層還包裹著一層白色色彩，但是不會像❽那樣與黑色結晶共生。

❿產自坦桑尼亞與肯亞國界交界處，因受到風化而變成黏土狀，已經無法判斷原本的母岩為何。在這種狀態之下剝落形成的砂礫⓫因為被河川沖走，之後堆積在同一個地方而被發現的，像這樣的產狀就稱為次生礦床。

⓬稱為「查皮丘紅寶石（Trapiche ruby）」，以細膩的柱狀結晶為核心，並且伸展出6個結晶，形成齒輪狀，而這6條邊界線會讓人聯想到星彩紅寶石（Star ruby）。

相對地，⓭才是真正的星彩紅寶石，結晶體中發達的交叉狀金紅石內包物將光線反射，顯現出6條光芒。

其前方擺置的是各個產地具代表性的紅寶石切石。⓮是印度產，⓯是泰國產，⓰是馬達加斯加產，⓱是緬甸產，⓲是越南產，⓳是斯里蘭卡產，⓴是阿富汗產，最後㉑是俄羅斯產。從這可以觀察出每顆切石的顏色均有些微妙的差異。只要母岩不同，寶石就會呈現細微的顏色差異，如此一來價格就會有所差別。為此人們研發了「加熱處理（Heat treatment）」這項技術，好讓紅寶石能夠更加接近理想的色澤。

粉晶
Rose quartz

粉晶

英文名：Rose quartz
中文名：粉晶（薔薇石英、芙蓉晶）

成　分：SiO_2
晶　系：六方晶系（三方晶系）
硬　度：7
比　重：2.65
折射率：1.54～1.55
顏　色：粉紅色、淺粉紫色、淺灰淡粉紅色
產　地：巴西、馬達加斯加、莫三比克、納米比亞、印度、阿富汗、義大利、德國、英國、美國、愛爾蘭、俄羅斯、中國、日本

關於粉晶

這是塊呈現粉紅色的石英。與其他石英類不同的是，粉晶通常會形成塊狀，而且鮮少呈現明確的結晶形態。相對於「結晶（Crystal）」，這樣的狀態稱為「塊狀（Massive）」。即使原石本身為塊狀狀態，不過粉晶內部的構造依舊具備結晶體的性質，只是沒有明確的結晶外形，但是整個礦塊卻還是擁有大型結晶的構造。

為了與一般的結晶體區別，當「塊狀礦體整個屬結晶質，但卻沒有個別的結晶形態」時，就稱為「多結晶（Multiple crystals）」。

粉晶因為反映了這種結構，所以呈現了外觀混濁這個特徵。如果透明度變差，就代表分散在礦石內部、呈現膠狀粒子的鈦（Ti）發揮作用。形成粉晶特有的粉紅色色彩原因有好幾項，而其代表性的元素就是鈦。這種類型的石英在形成的過程當中會受到周遭岩石的自然放射線影響而著色變成粉紅色；如果不是在這種環境之下形成的話，就會維持原有的乳白色，稱為「乳石英（乳白水晶）（Milky quartz）」。石英在形成的過程當中，過度吸取的鈦有一部分在形成之後會變成「金紅石」，並且在石英組織中晶出，構成星彩水晶（星彩石英，Star quartz）。

石英星石與星彩紅寶石（Star ruby）等剛玉類礦石因為其母石構造不同，因此相差甚遠。如果以一般的照明方式來觀察的話，能夠看見的星彩效果通常會比較微弱。在石英裡形成的鈦元素結構會比在剛玉裡的還要長而且呈現立體狀態。處於這種狀態的石英切割之後，如果將光線從底部照射的話，就能夠清楚地看出星彩效果。這種觀察星彩的方式稱為「內星光效應（Diasterism）」。相對地，如果像是紅寶石或藍寶石那樣從頂部照射出星彩的話，就叫做「外星光效應（Epiasterism）」。

粉晶又稱為芙蓉晶，如果從英文直譯的話就是「薔薇石英」。這種石英的顏色會隨著產地不同而充滿特色，熟悉的大致有3種類型。其中的差別除了鈦之外，還有一些有間接關係的離子，例如鋁（Al）、鎂（Mg）與磷（P）。尤其是當粉晶在形成時，能不能出現結晶形態均與鎂與磷有關。

巴西米納斯吉拉斯州（Estado de Minas Gerais）的Galleria生產從塊狀粉晶中心部形成的粉紅色結晶群。這種水晶結晶體的磷含量通常會比周圍都是粉紅色的石英來得豐富。

從照片認識粉晶

據說這是在希臘神話當中獻給代表愛情與美麗的女神阿芙蘿黛緹（Aphrodite）

的寶石，從這件事即可明白其色彩之柔和，與巴克斯（Bacchus）的紫水晶恰好形成對比。

塊狀的粉晶有3種典型形態：完全沒有透明感的粉紅色粉晶❶、呈現完美半透明狀的粉紅色粉晶❷，以及相當接近透明的粉紅色粉晶❸，而能夠呈現星彩效果的以類型❸的礦石居多。切石❹是從類型❶的原石而來的，❺是從原石❷，❻則是從類型❸的原石切割而成的。

塊狀形態的礦石當中，少見像❼那樣十分透明的粉晶。

日本人比較偏好從外觀來稱呼，像是透明的稱為「水晶（Crystal）」，透明度比較差的稱為「石英」。但是遇到像這種相當透明的礦石時，即使是屬於塊狀類型也會暫時將其稱為水晶，例如這個情況就稱為紅水晶，情況真的非常複雜，由此可看出英文名與日文名之間並沒有互換性。不過在這個例子裡，英文的取名方式略勝一籌，因為英文名裡的Quartz就是根據其所擁有的成分來取名的。

❽～⓬是出現結晶形的粉晶，這在日本人眼中，毫無疑問地會被稱為紅水晶。

❽是在塊狀形態的粉晶中心部形成的結晶群。這個部分含有豐富的磷，此外⓫的結晶群（無法從照片看到）甚至還在煙水晶上形成結晶。從這些事實可以推斷出鋁與磷和粉晶的結晶形成有密切關係。⓬的結晶底部約3cm，其內部為煙水晶，至於粉晶則是以覆蓋在上的方式形成。

⓭所拍攝的是有點特殊的星彩水晶，產自斯里蘭卡。從照片雖然看不出來，但只要在光線底下轉動水晶，就會在星線之前出現另外一個星彩。這兩個不同的星彩會分別在線條上方呈現，宛如御殿鞠這種日本傳統彩球上的彩線般交錯，這就稱為

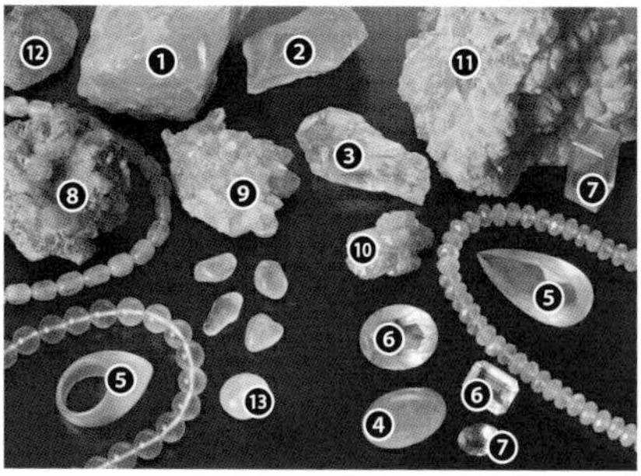

「聚星（Multi star）」。這種狀態的星彩石榴石與尖晶石亦甚為知名。

菱錳礦
Rhodochrosite

菱錳礦

英文名：Rhodochrosite
中文名：菱錳礦（紅紋石、阿根廷石、印加玫瑰）

成　分：$Mn[CO_3]$
晶　系：六方晶系
硬　度：3.5～4
比　重：3.40～3.72
折射率：1.60～1.82（平均為1.73）
顏　色：粉紅色、淺橙粉紅色、褐色、黃褐色、深粉紅色
產　地：阿根廷、美國、南非共和國、日本、墨西哥、澳洲、希臘、羅馬尼亞、祕魯、匈牙利、加彭、俄羅斯、印度

關於菱錳礦

菱錳礦屬含錳碳酸鹽礦物，為該元素的主要礦石之一，形成於錳的變質礦床或熱液礦床之中，在礦山稱為「碳酸錳」，這裡的碳酸指的是碳酸鈣。

這是屬於方解石系的礦物，為前述的白雲石／菱鐵礦／菱鎂礦／菱鎳礦（➡請參考p.136）的伙伴，不過本書卻將最為人所熟知的菱錳礦獨立成一個項目來介紹。菱錳礦的英文名來自希臘語中意指「玫瑰」的rhodes，以及意為「顏色」的chros。中文名的「菱錳礦」則是因為這是在方解石系的以典型的菱形結晶出現，故以此為名。

菱錳礦本來洋溢著美麗的粉紅色，而且品質越佳（越高品位的）顏色就會越深紅；但是其裡頭所含的成分會與方解石與菱鐵礦這些同系列的礦物替換，因此只要這些礦物混入的分量越多，顏色就會呈黃色或褐色。

印象中這種礦物的顏色類似薔薇輝石，但最大的不同，就是不耐「酸」，只要一氧化就會失去光澤，同時還會褪色並且慢慢變得暗沈。至於薔薇輝石只要放置在水分多（濕氣重）的地方，表面就會形成一層褐色的被膜並且變得模糊。

在單結晶的礦物裡，這個系列的礦物擁有獨特的解理性（Cleavage），不適合用來製作寶飾，就連切割琢磨也非常困難。即使加工做成裝飾品，在配戴時也會因為碰撞等撞擊而輕易碎裂，因此將單結晶切割而成的切石最好是放在盒子裡保管珍藏。

可以用來做為寶飾的原石最重要的，就是必須是在低溫的熱液溶液裡沈澱形成的塊狀礦石，並且以「膠體（Colloform）」這個呈葡萄狀、鐘乳石狀或層狀的形態產出。擁有這種產狀的代表性礦物有孔雀石與玉髓。但即使呈塊狀，每個微結晶裡頭依舊具有解理性質，質地上並不是那麼強韌，因此這種寶石在加工時，還是需要特別留意。

世界上歷史最悠久的菱錳礦採掘礦山在阿根廷的聖路易（San Luis）省。這是13世紀印加王國的人所開採的礦山，之後有好長一段時間放棄開採，但是到了二次大戰爆發的前一刻又再次發現。這裡生產層狀非常厚實的原石，切石只要琢磨成弧面，表面就會出現同芯狀的花朵圖案，因此才會出現「印加玫瑰（Inca rose）」這個名稱，亦可稱為「Rosinca」。

以生產美麗結晶而聞名的有美國科羅拉多州的甜蜜家庭礦山（Sweet Home Mine）以及南非的Hotazel礦山，這些地方可生產大量的犬牙狀結晶。

從照片認識菱錳礦

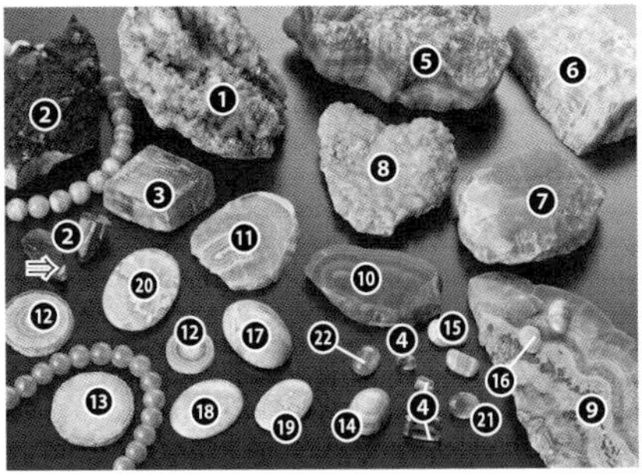

❶的菱形結晶讓這種礦石贏得「菱錳礦」這個稱呼。❷為犬牙狀結晶，黑色部分是「軟錳礦（Pyrolusite）β-MnO_2」。從箭頭前端可看出剝落的其中一顆結晶出現解理。

❸是被解理面包圍的菱錳礦，是從結晶體上切割下來的。❹是從單結晶切割而成的切石，內部當然隱藏著解理性質。

❺與❻是層狀，❼是腎臟狀，❽是葡萄狀的原石。

原石❺的底部礦層之所以略帶褐色，是受到這裡頭所含的菱鐵礦所造成的。

❾～⓫是將層狀與腎臟狀的原石縱切而成的石板，可觀察到微結晶集合形成的礦層。尤其從❾的石板還可以看出微結晶的纖維是以霜柱狀的形態由下往上層層延伸。原石❻亦出現相同狀態。至於出現在❾石板上的黑色部分是「閃鋅石」。

⓬與⓭是將形成鐘乳石狀的菱錳礦切成圓切片，⓬產自阿根廷，⓭產自日本北海道。若將這種原石或層狀原石琢磨成弧面的話，就會出現像⓮～⓰那樣的同心圓圖案。或許是這樣的圖案令人印象深刻，對於日本人而言，印加玫瑰這個名稱反而比菱錳礦更加平易近人。⓮的圖案與其說像玫瑰，在筆者眼中看來反而比較像康乃馨。

將葡萄狀或腎臟狀的原石切割，就會出現像⓱～⓳那樣不規則的圖案。這些礦石因為裡頭含有方解石的成分，因此看起來會有點白白黃黃的。

⓴的切石是覆蓋著一層菱形結晶群的層狀原石，形狀非常特殊，顯現出獨具特色的花紋。

㉑是從質地緻密的層狀原石切割而成的，儘管受到纖維組織的影響而使得透明度下降，但是這個標本的透明感卻十分接近單結晶的菱錳礦，而纖維組織強的原石就會像㉒那樣呈現貓眼效果。

薔薇輝石／鈣薔薇輝石／硅錳鈉鋰石
Rhodonite／Bustamite／Nambulite

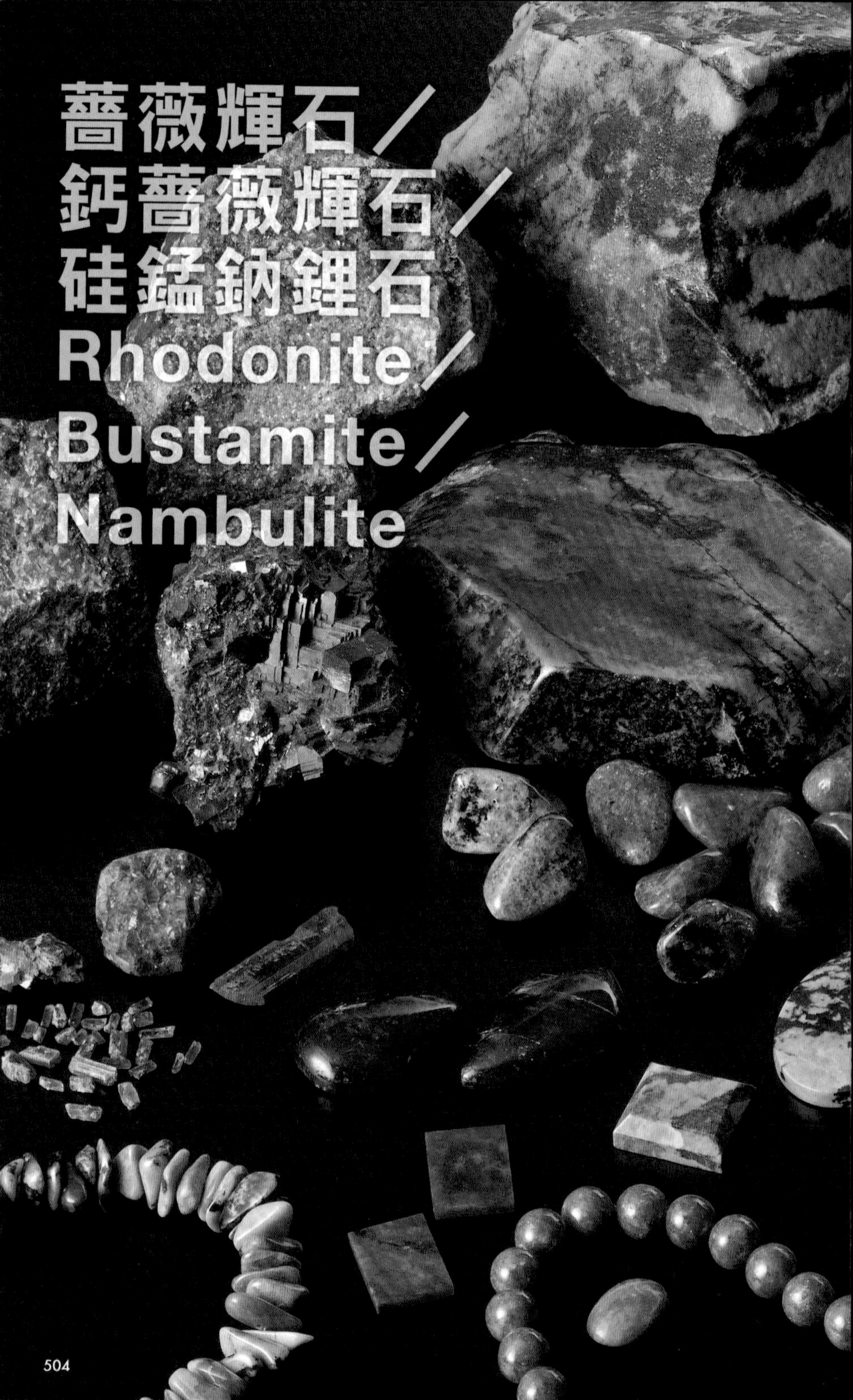

❶薔薇輝石／❷鈣薔薇輝石／❸硅錳鈉鋰石

英文名：❶Rhodonite／❷Bustamite
❸Nambulite
中文名：❶薔薇輝石（玫瑰石）
❷鈣薔薇輝石
❸硅錳鈉鋰石、蝕薔薇輝石（南部石）

成　分：❶$(Mn, Ca)Mn_4[Si_5O_{15}]$
❷$(Mn^{2+}, Ca)_3[Si_3O_9]$
❸$(Li, Na)Mn^{2+}{}_4[Si_5O_{14}OH]$
晶　系：❶三斜晶系／❷三斜晶系／❸三斜晶系
硬　度：❶6／❷5.5～6.5／❸6.5
比　重：❶3.40～3.70／❷3.32～3.43
❸3.51
折射率：❶1.74～1.75／❷1.70～1.71
❸1.71～1.73
顏　色：❶粉紅色、淺紫紅色、粉褐色
❷粉紅色、粉橙色／❸橙紅褐色
產　地：❶澳洲、俄羅斯、巴西、日本、加拿大、紐西蘭、瑞典、美國、墨西哥、英國、南非共和國、坦桑尼亞
❷澳洲、南非共和國、英國、墨西哥、日本、瑞典、美國
❸日本、納米比亞

關於薔薇輝石／鈣薔薇輝石／硅錳鈉鋰石

俄羅斯烏拉山脈的葉卡捷琳堡（Yekaterinburg）礦山生產的薔薇輝石十分美麗，與烏拉山脈的特產孔雀石均被加工製成工藝品，沙皇羅曼諾夫王朝（House of Romanov）甚至還將其獻給歐洲王朝。

其英文名的字源來自希臘語的「薔薇」，也就是rhodon與rodes這兩個字，並且被認為與鋰輝石（Spodumene）以及透輝石（Diopside）同為「輝石（Pyroxene）」的一種。當然，日本明治時代的礦物學家將這種礦石譯為「薔薇輝石」，可是到了1819年卻澄清並且確定這個礦石應該屬於「似輝石（Pyroxenoid）」，而不是輝石家族。然而名字一旦定下來，就不容易改變，結果就讓這個誤稱一直沿用至今。

還有一種礦物命運與薔薇輝石一樣。1913年在美國南卡羅來納州發現了一種非常類似薔薇輝石的礦物，並且被命名為「三斜錳輝石（Pyroxmangite）$Mn(Mn^{2+}, Fe^{2+})6[Si_7O_{21}]$」，但卻同樣被屏除在輝石家族之外。這種礦物的產量比薔薇輝石還要稀少珍貴，光憑肉眼是無法區別這兩者的。

日本是薔薇輝石的知名產地，並且各地均盛行開採。可惜近年來因受到廉價進口礦石的影響，結果造成日本國內漸漸停產。薔薇輝石有時會與三斜錳輝石共生。其實這兩種礦石的性質非常奇特，只要裡頭所含的鈣（Ca）與鐵（Fe）等成分存量稍微有點不同，結晶體的種類就會截然不同。

我們常說礦物的英文名後面如果「是site不會出現黑色，是nite就會出現黑色」。像是顏色與薔薇輝石非常類似的菱錳礦（➡請參考p.500）就不曾出現黑色斑點，但是薔薇輝石卻會出現黑色斑點這個特徵。

1826年在墨西哥發現了一種類似薔薇輝石、但卻帶著幾分褐色的礦物。這種礦石以發現者，也就是墨西哥的將軍A. Bustamente之名命名為「Bustamite（鈣薔薇輝石）」，不過事後卻發現其實這是薔薇輝石與「錳鈣輝石（Johannsenite）$CaMn[Si_2O_6]$」的混合物。真正的鈣薔薇輝石是相對於之後在美國紐澤西洲的變質錳礦床當中發現的礦物而取的。這個礦物屬於「矽灰石（Wollastonite）（➡請參考p.404的針鈉鈣石）」系，只不過矽灰石裡大半的鈣均被替換成錳。

1967年在日本發現了新種類的錳礦物。在岩手縣船子沢礦山採掘到的這個礦物當初原以為是帶有褐色色彩的薔薇

輝石，之後進行研究發現這裡頭含有鋰與鈉，才明白這其實是前所未見的新種礦物。其英文名取自南部松夫（Nambu Matsuo）博士之名，並於1971年被認定為是新礦物「Nambulite（硅錳鈉鋰石）」。

從照片認識薔薇輝石／鈣薔薇輝石／硅錳鈉鋰石

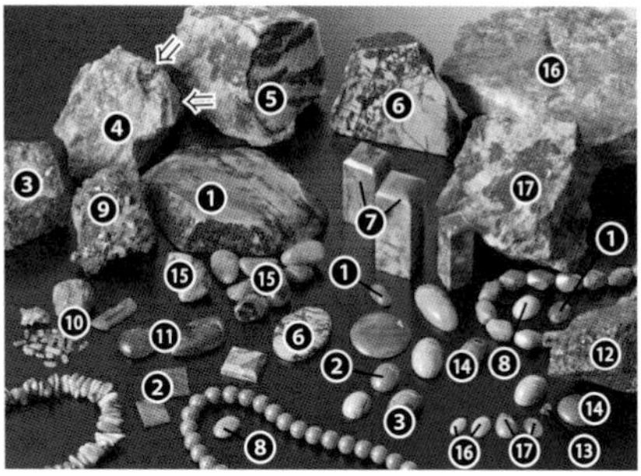

薔薇輝石如果像❶的石板與切石或是像❷的切石，只要紅色越鮮艷，做為寶石的價格也就會越昂貴。這當中尤其是像❶的石體那樣透明度高的話，會特地稱為「帝王薔薇輝石（Imperial rhodonite）」。只可惜其絕大多數都像❸～❽那樣屬於不透明的粉紅色，質感極為不同。

❺與❻的礦石伴隨著黑色的二氧化錳礦，由此可驗證英文名後面如果是nite就會出現黑色這句話。❺的藍黑色部分是「錳橄欖石（Tephroite）」（➡請參考p.428的橄欖石）。

標本❹上方的⇒部分（與彩色頁右上角的⓰表層上方所覆蓋的褐色部分相同顏色）所呈現的褐色是由鈣薔薇輝石形成的。

印材❼也是一樣，而且其中一部分還混入了錳橄欖石。

原石標本❻的黃色部分是包含錳在內的石榴石。澳洲的布羅肯希爾（Broken Hill）礦山以生產產狀特殊的礦物而聞名。自1883年以來即以提供全世界品質優良的結晶標本而廣為人知。此地的礦山群會因為矽酸鹽溶液滲入硫化物礦層之中而形成非常特殊的礦物，例如從標本❾便可觀察到形成於「方鉛礦（Galena）」中的結晶，而排列在前方的❿是大小不同的結晶以及結晶集合塊。⓫是將巴西產的單結晶切割而成的。⓬是「三斜錳輝石」的結晶，⓭是其切石，而⓮是從塊狀原石切割而成的。置於❶前方的那些薔薇輝石⓯裡頭，只有3顆混入了三斜錳輝石，但無法憑肉眼來辨識。

⓰的原石與切石為「鈣薔薇耀石」，⓱的原石與切石為「硅錳鈉鋰石」。

從這一頁的照片不難看出在鑑定的時候，含錳的寶石與礦物經常讓人頭疼不已。像是三斜錳輝石與鈣薔薇耀石在某方面就被認為是薔薇耀石的一種。在同一塊礦石之中有些部分會混合多種礦物，如果呈現的褐色色彩較深，就會變成錳橄欖石或硅錳鈉鋰石，因此在鑑識的時候，真的需要確切執行。

索引

英文字母

二劃

三劃

四劃

五劃

六劃

七劃

八劃

九劃

十劃

十一劃

十二劃

十三劃

十四劃

十五劃

十六劃

十七劃

十八劃

十九劃

二十劃

二十一劃

二十二劃

二十三劃

二十四劃

二十五劃

二十七劃

作者介紹

飯田孝一

日本彩珠寶石研究所所長，出生於1950年。1971年參與今吉隆治的企劃，對於「日本彩珠研究所」的成立貢獻極大，並且極力將日本產的寶石礦物與裝飾石推廣至全世界，同時還參與透過放射線來為寶石著色與經由加熱方式來改變色彩、將蛋白石合成，以及養殖珍珠等研究。1985年服務於寶石製造業與鑑定機構之後成立了「日本彩珠寶石研究所」，當中崎川範行與田賀井秀夫亦共同參與企劃，以一個嶄新類型的寶石鑑定機構來展開活動。2001年成立了「寶飾文化創造會」，以創立一個將日本寶石文化流傳至後世的寶石寶飾資料館為最終目標，現為該會會長。2006年就任天然石檢定協議會會長，以「觀察寶石品質，重視處理方式」為一貫宗旨來推行教育，秉持「在思考寶飾文化時，收集與分類是最大的資料」這個態度來收集礦物，飯田先生的珍藏品如今收藏於該研究所的小資料館。

國家圖書館出版品預行編目資料

天然寶石百科 / 飯田孝一著 ; 何姵儀譯. -- 初版. -- 臺北市 : 臺灣東販, 2012.09
528面 ; 14.8X21公分
ISBN 978-986-251-831-1(平裝)

1.寶石

357.8　　101014991

【日本彩珠寶石研究所】
〒110-0005 東京都台東區上野5-11-7
司寶大樓2F
TEL. +81-3-3834-3468
FAX. +81-3-3834-3469
saiju@smile.ocn.ne.jp

日文版工作人員
攝影　小林淳
設計　シマノノノ
編輯　浅井潤一
　　　島野聡子

天然寶石百科

2012年 5 月 1 日初版第一刷發行
2022年 6 月15日初版第十二刷發行

作　　者　飯田孝一
譯　　者　何姵儀
編　　輯　湯家寧
美　　編　吳金樺
發 行 人　南部裕
發 行 所　台灣東販股份有限公司
　　　　　<地址>台北市南京東路4段130號2F-1
　　　　　<電話>(02)2577-8878
　　　　　<傳真>(02)2577-8896
　　　　　<網址>www.tohan.com.tw
郵撥帳號　1405049-4
法律顧問　蕭雄淋律師
總 經 銷　聯合發行股份有限公司
　　　　　<電話>(02)2917-8022